JN431143

직업기초능력 향상을 위한

공학기초수학

김도열 저

도서출판
구미서관

머리말

Preface

수학은 이공계의 각 분야를 공부함에 있어 가장 중요한 기초학문이다. 대학에서 오랜기간 역학과 관련된 전공과목을 강의하면서 많은 학생들이 전공과목을 학습하는데 어려움을 겪고 있음을 새삼 느낄 수 있었으며, 이는 아마도 수학에 대한 기초적 이론 및 지식의 부재에 기인하는 것으로 판단된다.

따라서 이 책에서는 이공계 분야를 전공하는 학생들뿐만 아니라 건설관련 현업에 종사하는 실무자들이 꼭 알고 있어야 할 수학의 기본적인 내용을 위주로 구성하였으며, 이론과 관련된 내용을 보다 쉽게 이해할 수 있도록 하기위해, 관련된 예제를 많이 수록하여 "예제풀이"를 통해 독자 스스로 학습이 가능할 수 있도록 구성하였다.

또한, 건설분야에서 전공과 관련하여 수학적 또는 물리적으로 이해를 필요로 하는 다양한 문제들을 수록하였으며, 이들 전공관련 문제들을 학습함으로써 수학적 사고력과 응용력을 한층 배양하여 전공과목에 대한 이해와 자신감을 갖는데 도움을 줄 수 있을 것으로 판단된다.

본 도서는 총 14장으로 구성되어 있으며, 이공계 분야를 전공하는 학생들에게 전공분야 학습에 조금이나마 도움이 될 수 있도록 학교에서 강의한 내용을 토대로 "예제풀이"에 중점을 두고 이 책을 집필하기는 하였으나 아직도 부족한 점이 많은 것으로 생각되며, 향후 더욱 좋은 교재가 될 수 있도록 지속적으로 보완할 것임을 약속드린다. 끝으로 이 책의 출판에 도움을 주신 구미서관 사장님 및 임직원들께 진심으로 감사드린다.

2015년 3월
저자 일동

목 차

Contents

제1장 수와 식

1.1 유리수와 무리수

실수에는 유리수와 무리수가 있다. 유리수는 분자와 분모(단, 분모는 0이 아닌 정수)를 정수인 분수로 나타낼 수 있는 수를 말한다. 무리수는 순환하지 않는 무한소수를 말하며, 유리수인 분수로 나타낼 수 없는 경우를 말한다.

일반적으로 수의 체계를 분류하면 다음과 같다.

- 실수
  - 유리수
    - 정수
      - 양의 정수(자연수) : 1, 2, 3, ⋯
      - 영 : 0
      - 음의 정수 : -1, -2, -3, ⋯
    - 정수가 아닌 유리수
      - 유한소수 : $\frac{1}{2}$, 0.3, 0.16, 등
      - 순환소수 : $\frac{1}{3}$, 0.166⋯, 0.3636⋯, 등 (무한소수)
  - 무리수 : $\sqrt{2}$, $\sqrt{3}$, $\sqrt{5}$, $\sqrt{6}$, $\sqrt{7}$, π, e, 등 순환하지 않는 무한소수 (무한소수)

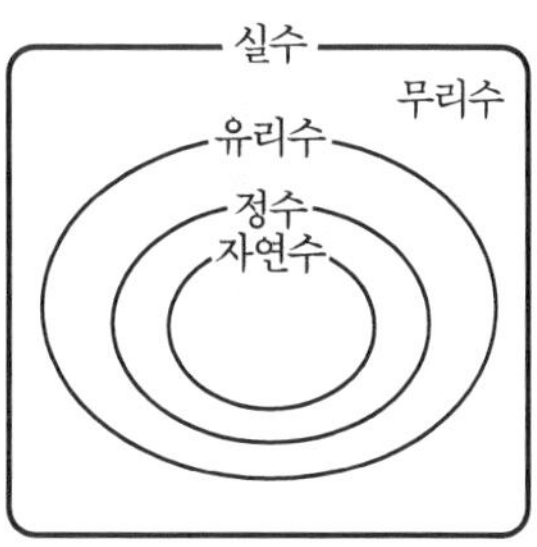

1.1.1 유리수

분자와 분모(단, 분모는 절대로 0이 아닌 정수)가 정수인 분수로 나타낼 수 있는 수를 유리수라고 한다.

① $3 = \frac{3}{1} = \frac{6}{2} = \frac{9}{3}$

② $0,\ \frac{3}{4},\ \frac{10}{7}$

③ $-0.3 = -\frac{3}{10}$

유리수를 소수로 나타낼 때 소수점 아래의 숫자가 유한개 일 경우 유한소수라 하고, 무

한개이면서 숫자의 배열이 일정하게 계속 되풀이 되는 소수를 순환소수라고 한다.

유한소수의 예) 0.13, 0.16, 0.999, 등

무한소수의 예) $0.333..... = 0.\dot{3} = \frac{3}{9} = \frac{1}{3}$

$0.166..... = 0.1\dot{6} = \frac{(16-1)}{90} = \frac{1}{6}$

$0.3636..... = 0.\dot{3}\dot{6} = \frac{36}{99}$

$0.117777..... = 0.11\dot{7} = \frac{(117-11)}{900} = \frac{106}{900}$

$0.2345454545.... = 0.23\dot{4}\dot{5} = \frac{(2,345-23)}{9,900} = \frac{2,322}{9,900}$

(변환방법) 분모에서는 소수점 아랫부분에 대해 뒤에서부터 차례로 점이 찍힌 부분은 9, 점이 안 찍힌 부분은 0을 쓴다. 분자에서는 모든 숫자를 그대로 쓰고, 여기에 점이 안 찍힌 부분의 수를 뺀다.

1.1.2 무리수

소수점 아래의 숫자가 일정하게 반복되지 않는 무한소수를 무리수라고 하며, 절대로 분자와 분모를 모두 정수인 유리수로 나타낼 수 없는 수를 말한다.

무리수의 예) $\sqrt{2} = 1.414.....$, $\sqrt{3} = 1.732.....$, $\sqrt{5} = 2.236.....$,

$\pi = 3.141592.....$, $e = 2.71828181828.....$

1.2 단항식과 다항식

1.2.1 차수와 계수 및 상수항

단항식이란 단순히 숫자와 문자의 곱으로 이루어진 식을 단항식이라고 하고, 다항식은 2개 이상의 단항식의 합으로 나타내어진 식을 말한다.

예) 단항식 : $-5x^3y^2$, $8x$, -3

다항식 : $-5x^3y^2 + 8x - 3$

단항식의 차수와 계수란 단항식에서 특정한 문자에 대해 생각할 때, 곱하여진 문자의 개수를 "차수"라고 하고, 그 문자를 제외한 나머지 부분을 "계수"라고 한다.

예제 1.1

$-5x^3y^2$에 대해 차수와 계수를 정의하라.

풀이

① x 에 대해 3차식이고, 계수는 $-5y^2$

② y 에 대해 2차식이고, 계수는 $-5x^3$

다항식에서는 문자를 포함하지 않은 항을 "상수항"이라고 하고, 그 문자에 대하여 다항식의 각항의 차수 중에서 최대인 것을 그 다항식의 "차수"라고 한다.

예제 1.2

다항식 $-5x^3y^2+8x-3$에 대해 차수와 상수항을 정의하라.

풀이

① x 에 대해 3차식이고, 상수항은 -3

② y 에 대해 2차식이고, 상수항은 $8x-3$

또한, 다항식을 차수가 높은 항부터 낮은 항의 순으로 정리하는 것을 내림차순정리, 반대로 차수가 낮은 항부터 높은 항의 순으로 정리한 것을 오름차순정리하고 한다.

예제 1.3

다항식 $5x^3y^2+4x^2y^3+3xy+7$에 대해 차수와 상수항을 정의하라.

풀이

① x 에 대한 내림차순정리 : $5y^2x^3+4y^3x^2+3yx+7$

x 에 대한 오름차순정리 : $7+3yx+4y^3x^2+5y^2x^3$

② y 에 대한 내림차순정리 : $4x^2y^3+5x^3y^2+3xy+7$

y 에 대한 오름차순정리 : $7+3xy+5x^3y^2+4x^2y^3$

1.2.2 다항식의 계산

(1) 다항식의 덧셈과 뺄셈

다항식의 덧셈과 뺄셈을 할 때에는 제일 먼저 괄호를 풀고, 그 다음으로 각 항을 동류항끼리 모아서 간단하게 정리하면 된다. 여기서 동류항이란 계수는 다르지만, 문자와 차수가 같은 항을 동류항이라고 한다.

예제 1.4

$2(3x^2+x+2)-(x^2-x-3)$을 계산하라.

풀이

$$
\begin{aligned}
(\text{주어진 식}) &= 6x^2+2x+4-x^2+x+3 \\
&= 5x^2+3x+7
\end{aligned}
$$

(2) 다항식의 덧셈 기본법칙

일반적으로 다항식의 덧셈에 대해서는 다음과 같은 법칙이 성립한다.

① $A+B=B+A$ (교환법칙)

② $(A+B)+C=A+(B+C)$ (결합법칙)

(3) 다항식의 곱셈 기본법칙

일반적으로 다항식의 곱셈에 대해서는 다음과 같은 법칙이 성립한다.

① $AB=BA$ (교환법칙)

② $(AB)C=A(BC)$ (결합법칙)

③ $A(B+C)=AB+AB$ (분배법칙)

다항식의 곱셈은 다음과 같이 분배법칙을 적용하여 전개하면 된다.

$$(x+y)(a+b+c)=ax+bx+cx+ay+by+cy$$

예제 1.5

다음을 계산하라

(1) $(x+1)(x^2+2x+3)$　　(2) $(x^2-3xy+y)(2x-3y)$

풀이

(1) (주어진 식)$= x^3+2x^2+3x+x^2+2x+3 = x^3+3x^2+5x+3$

(2) (주어진 식)$= 2x^3-3x^2y-6x^2y+9xy^2+2xy-3y^2$

$= 2x^3-9x^2y+9xy^2+2xy-3y^2$

(4) 곱셈공식

다항식의 곱셈계산을 할 때, 다음의 곱셈공식을 이용하면 편리하다.

① $m(a+b)=ma+mb$

② $(a+b)^2=a^2+2ab+b^2$

$(a-b)^2=a^2-2ab+b^2$

③ $(a+b)(a-b)=a^2-b^2$

④ $(x+a)(x+b)=x^2+(a+b)x+ab$

⑤ $(ax+b)(cx+d)=acx^2+(ad+bc)x+bd$

⑥ $(a+b)^3=a^3+3a^2b+3ab^2+b^3$

$(a-b)^3=a^3-3a^2b+3ab^2-b^3$

⑦ $(a+b+c)^2=a^2+b^2+c^2+2(ab+bc+ca)$

⑧ $(a+b)(a^2-ab+b^2)=a^3+b^3$

$(a-b)(a^2+ab+b^2)=a^3-b^3$

1.2.3 인수분해와 전개

하나의 다항식을 두 개 이상의 다항식의 곱으로 나타내는 것을 “인수분해”라고 하고, 반대로 두 개 이상의 다항식의 곱으로 되어 있는 식을 하나의 다항식으로 나타내는 것을 “전개”라고 한다.

$$x^2+5x+6 \underset{\leftarrow \text{전 개}—}{\overset{—\text{인수분해}\rightarrow}{\rightleftarrows}} (x+2)(x+3)$$

예제 1.6

다음 식을 전개하라

(1) $(x+1)(x+3)$ (2) $(x-2)(x-5)$ (3) $(2x+4)^3$ (4) $(2x-4)^3$

풀이

(1) $(x+1)(x+3)=x^2+3x+x+3=x^2+(3+1)x+3=x^2+4x+3$

(2) $(x-2)(x-5)=x^2-5x-2x+10=x^2-(5+2)x+10=x^2-7x+10$

(3) $(2x+4)^3=(2x)^3+3(2x)^2\cdot 4+3(2x)\cdot 4^2+4^3=8x^3+48x^2+96x+64$

(4) $(2x-4)^3=[2x+(-4)]^3$

$$=(2x)^3+3(2x)^2\cdot(-4)+3(2x)\cdot(-4)^2+(-4)^3$$

$$=8x^3-48x^2+96x-64$$

인수분해의 기본공식

인수분해는 곱셈공식을 역으로 이용하면 된다.

① $ma+mb=m(a+b)$

② $a^2+2ab+b^2=(a+b)^2$

$a^2-2ab+b^2=(a-b)^2$

③ $a^2-b^2=(a+b)(a-b)$

④ $x^2+(a+b)x+ab=(x+a)(x+b)$

⑤ $acx^2+(ad+bc)x+bd=(ax+b)(cx+d)$

⑥ $a^3+3a^2b+3ab^2+b^3=(a+b)^3$

$a^3-3a^2b+3ab^2-b^3=(a-b)^3$

⑦ $a^2+b^2+c^2+2(ab+bc+ca)=(a+b+c)^2$

⑧ $a^3+b^3=(a+b)(a^2-ab+b^2)$

$a^3-b^3=(a-b)(a^2+ab+b^2)$

예제 1.7

다음식을 인수분해 하라.

(1) x^2+4x+3　　(2) $x^2+6x-16$　　(3) $x^2-7x+10$　　(4) x^2-9x+8

풀이

(1) 곱해서 +3, 더해서 +4가 되는 수는,

x	$+3$	$3x$
x	$+1$	$1x$
x^2	$+3$	$+4x$

(2) 곱해서 −16, 더해서 +6이 되는 수는,

x	$+8$	$8x$
x	-2	$-2x$
x^2	-16	$+6x$

(3) 곱해서 +10, 더해서 −7이 되는 수는,

x	-2	$-2x$
x	-5	$-5x$
x^2	$+10$	$-7x$

(4) 곱해서 +8, 더해서 −9가 되는 수는,

x	-1	$-1x$
x	-8	$-8x$
x^2	$+8$	$-9x$

1.2.4 다항식의 약수와 배수

(1) 약수와 배수의 정의

B와 Q의 배수 → A

$$A = B \cdot Q$$

B · Q : A의 약수

세 개의 정수 또는 다항식 A, B, Q 사이에 $A = B \cdot Q$ $(B \neq 0,\ Q \neq 0)$ 인 관계가 성립하면, B와 Q는 A의 약수라고 하고, A는 B, Q의 배수라고 한다.

예를 들면, 21=3×7 인 관계에서 3과 7은 21의 약수라고 하고, 21은 3과 7의 배수라고 한다. 다항식에서도 마찬가지로 적용된다.

$x^2+x-12=(x-3)(x+4)$이므로 $(x-3)$과 $(x+4)$는 x^2+x-12의 약수이고, x^2+x-12는 $(x-3)$과 $(x+4)$의 배수이다.

두 개 이상의 다항식에서 공통인 약수를 공약수(common divisor)라고 하고, 공약수 중에서 차수가 가장 높은 것을 최대공약수(greatest common divisor, GCD)라고 한다. 또한 두 개 이상의 다항식에서 공통인 배수를 공배수(common multiple)라고 하고, 공배수 중에서 차수가 가장 낮은 것을 최소공배수(least common multiple, LCM)라고 한다.

예제 1.8

다음의 수와 식에 대해 최대공약수와 최소공배수를 구하라.

(1) 54와 90의 최대공약수와 최소공배수

(2) 420과 660의 최대공약수와 최소공배수

(3) 두 개의 다항식 $x(x+1)(x-2)^2$ 와 $3x^2(x-2)$ 의 최대공약수와 최소공배수

(4) 두 개의 다항식 x^2+4x+3 와 x^2+5x+6 의 최대공약수와 최소공배수

풀이

(1)

$$\begin{array}{r|rr} 2 & 54 & 90 \\ \hline 3 & 27 & 45 \\ \hline 3 & 9 & 15 \\ \hline & 3 & 5 \end{array}$$

최대공약수=$2\times 3^2=18$

최소공배수=$2\times 3^3 \times 5=270$

(2)

$$\begin{array}{r|rr} 2 & \begin{array}{c}42\\0\end{array} & \begin{array}{c}66\\0\end{array} \\ \hline 2 & 210 & \begin{array}{c}33\\0\end{array} \\ \hline 3 & 105 & 165 \\ \hline 5 & 35 & 55 \\ \hline & 7 & 11 \end{array}$$

최대공약수=$2^2\times 3 \times 5=60$

최소공배수=$2^2\times 3\times 5\times 7\times 11=4{,}620$

(3)

$$\begin{array}{r|ll} x & x(x+1)(x-2)^2 & 3x^2(x-2) \\ \hline (x-2) & (x+1)(x-2)^2 & 3x(x-2) \\ \hline & (x+1)(x-2) & 3x \end{array}$$

최대공약수=$x(x-2)$

최소공배수=$3x(x+1)(x-2)^2$

(4) 두 개의 다항식에 대해 인수분해를 하면,

$$x^2+4x+3= (x+1)(x+3)$$

$$x^2+5x+6= (x+2)(x+3)$$

$$\begin{array}{r|ll} (x+3) & (x+1)(x+3) & (x+2)(x+3) \\ \hline & (x+1) & (x+2) \end{array}$$

최대공약수=$(x+3)$

최소공배수=$(x+1)(x+2)(x+3)$

1.3 유리식

1.3.1 유리수와 유리식

유리수란 $\frac{a}{b}$ 의 형태(단, a, b 는 정수, $b \neq 0$) 로 나타내어지는 수를 유리수라고 한다(예, -5, 0, 3, $-\frac{1}{3}$, 3^2, -0.3 등).

유리식은 두 개의 다항식 A, B 에 대하여 $\frac{A}{B}$ (단, $B \neq 0$) 의 형태로 나타내어지는 식을 유리식이라고 한다. 이때, 분모 B 가 상수일 경우, 유리식 $\frac{A}{B}$ 는 다항식의 형태가 되므로 다항식도 유리식이라고 할 수 있다. 반면, 분모 B 에 상수가 아닌 문자가 포함된 유리식을 분수식이라고 한다.

유리식
- 다항식 : B 가 상수일 때
  (예, $3x$, x^2+1, $\frac{x^2-1}{2}$, $\cdots$)
- 분수식 : B 에 문자가 포함될 때
  (예, $\frac{1}{x}$, $\frac{2}{x+1}$, $\frac{2y}{y+1}$, $\frac{x+1}{x^2+1}$ $\cdots$)

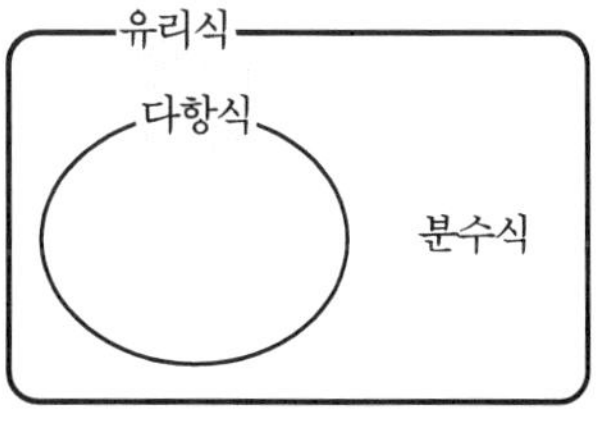

1.3.2 유리식의 성질

유리수와 마찬가지로 유리식의 분모, 분자에 같은 식(단, $C \neq 0$)을 곱하거나 나누어도 성립한다.

- $\dfrac{A}{B} = \dfrac{A \times C}{B \times C}$
- $\dfrac{A}{B} = \dfrac{A \div C}{B \div C}$

유리식의 성질을 이용하여 분수식의 분모와 분자를 그들의 공약수로 나누어 식을 간단히 하는 것을 "약분한다"고 하고, 또 유리수에서와 같이 두 개 이상의 분수식을 분모가 같은 분수식으로 고치는 것을 "통분한다"고 한다. 분수식을 통분할 때에는 분모들의 최소공배수를 공통분모로 하는 분수식으로 고치면 된다.

예제 1.9

다음의 분수식을 약분하라.

$$\frac{x^2+4x+3}{x^2+2x+1}$$

풀이

분모, 분자를 인수분해 하면,

$$\frac{x^2+4x+3}{x^2+2x+1} = \frac{(x+1)(x+3)}{(x+1)^2} = \frac{x+3}{x+1}$$

예제 1.10

다음의 분수식을 통분하라.

$$\frac{x+5}{x^2+4x+3}, \quad \frac{x+4}{x^2+5x+6}$$

풀이

2개 분수식의 분모를 인수분해한 후, 분모들의 최소공배수를 구하여 공통분모로 하면 됨.

$(x+1)(x+3)$과 $(x+2)(x+3)$의 최소공배수=$(x+1)(x+2)(x+3)$ 이므로,

$$\frac{x+5}{x^2+4x+3} = \frac{x+5}{(x+1)(x+3)} = \frac{(x+5)(x+2)}{(x+1)(x+3)(x+2)}$$

$$\frac{x+4}{x^2+5x+6} = \frac{x+4}{(x+2)(x+3)} = \frac{(x+4)(x+1)}{(x+2)(x+3)(x+1)}$$

1.3.3 유리식의 사칙연산

(1) 유리식의 덧셈, 뺄셈

① 분모가 같을 때 : $\frac{A}{C}+\frac{B}{C}=\frac{A+B}{C}$, $\frac{A}{C}-\frac{B}{C}=\frac{A-B}{C}$

② 분모가 다를 때 : 분모의 최소공배수를 구하여 공통분모로 하면 됨.

$$\frac{A}{C}+\frac{B}{D}=\frac{AD+BC}{CD}$$

예제 1.11

$\frac{x+5}{(x+1)(x+3)} - \frac{x+4}{(x+2)(x+3)}$ 를 계산하라.

풀이

분모의 최소공배수를 구해서 공통분모로 하여 통분하면,

$(x+1)(x+3)$과 $(x+2)(x+3)$의 최소공배수=$(x+1)(x+2)(x+3)$ 이므로,

$$\begin{aligned}
&\frac{x+5}{(x+1)(x+3)} - \frac{x+4}{(x+2)(x+3)} \\
&= \frac{(x+5)(x+2)}{(x+1)(x+3)(x+2)} - \frac{(x+4)(x+1)}{(x+2)(x+3)(x+1)} \\
&= \frac{x^2+7x+10}{(x+1)(x+3)(x+2)} - \frac{x^2+5x+4}{(x+2)(x+3)(x+1)} \\
&= \frac{2x+6}{(x+1)(x+3)(x+2)} \\
&= \frac{2(x+3)}{(x+1)(x+3)(x+2)} \\
&= \frac{2}{(x+1)(x+2)}
\end{aligned}$$

(2) 유리식의 곱셈, 나눗셈

① 곱셈 : 통분할 필요없이 분모는 분모끼리, 분자는 분자끼리 곱한다.

$$\frac{A}{B}\times\frac{C}{D}=\frac{AC}{BD}$$

② 나눗셈 : 역수를 취해서 곱한다.

$$\frac{A}{B}\div\frac{C}{D}=\frac{A}{B}\times\frac{D}{C}=\frac{AD}{BC}$$

예제 1.12

$\dfrac{x^2-3x+2}{x^2-x-6}\times\dfrac{x^2-4x+3}{x^2-4}$ 를 계산하라.

풀이

인수분해를 하면,

$x^2-3x+2=(x-1)(x-2)$

$x^2-x-6=(x+2)(x-3)$

$x^2-4x+3=(x-1)(x-3)$

$x^2-4=(x+2)(x-2)$

$$(\text{주어진 식})=\frac{(x-1)(x-2)}{(x+2)(x-3)}\times\frac{(x-1)(x-3)}{(x+2)(x-2)}$$
$$=\frac{(x-1)^2(x-2)(x-3)}{(x+2)^2(x-3)(x-2)}$$
$$=\frac{(x-1)^2}{(x+2)^2}$$

예제 1.13

$\dfrac{x+2}{x^2-9}\div\dfrac{x^2+3x+2}{x-3}$ 를 계산하라.

풀이

인수분해를 하면,

$x^2+3x+2=(x+1)(x+2)$

$x^2-9=(x+3)(x-3)$

$$(\text{주어진 식})=\frac{(x+2)}{(x+3)(x-3)}\div\frac{(x+1)(x+2)}{(x-3)}$$
$$=\frac{(x+2)}{(x+3)(x-3)}\times\frac{(x-3)}{(x+1)(x+2)}$$
$$=\frac{(x+2)(x-3)}{(x+3)(x-3)(x+1)(x+2)}$$
$$=\frac{1}{(x+3)(x+1)}$$

1.3.4 번분수식의 계산

번분수식이란 분수식의 분모 또는 분자에 다시 분수식이 들어 있는 $\frac{(\text{분수식})}{(\text{분수식})}$의 형태이며, 계산방법은 차례차례 순차적으로 계산해야 한다.

예제 1.14

$\dfrac{1}{1+\dfrac{1}{1-\dfrac{1}{x}}}$를 계산하여 간단히 하라.

풀이

순서 ① $1-\dfrac{1}{x}=\dfrac{x}{x}-\dfrac{1}{x}=\dfrac{x-1}{x}$

순서 ② $\dfrac{1}{1-\dfrac{1}{x}}=\dfrac{1}{\dfrac{x-1}{x}}=\dfrac{\dfrac{1}{1}}{\dfrac{x-1}{x}}=\dfrac{x}{x-1}$

순서 ③ $1+\dfrac{1}{1-\dfrac{1}{x}}=1+\dfrac{x}{x-1}=\dfrac{x-1}{x-1}+\dfrac{x}{x-1}=\dfrac{2x-1}{x-1}$

순서 ④ $\dfrac{1}{1+\dfrac{1}{1-\dfrac{1}{x}}} = \dfrac{1}{\dfrac{2x-1}{x-1}} = \dfrac{\dfrac{1}{1}}{\dfrac{2x-1}{x-1}} = \dfrac{x-1}{2x-1}$

예제 1.15

$\dfrac{\dfrac{1}{1-x} - \dfrac{1}{1+x}}{\dfrac{1}{1-x} + \dfrac{1}{1+x}}$ 를 계산하여 간단히 하라.

풀이

순서 ① $\dfrac{1}{1-x} - \dfrac{1}{1+x} = \dfrac{(1+x)}{(1-x)(1+x)} - \dfrac{(1-x)}{(1-x)(1+x)} = \dfrac{2x}{(1-x)(1+x)}$

순서 ② $\dfrac{1}{1-x} + \dfrac{1}{1+x} = \dfrac{(1+x)}{(1-x)(1+x)} + \dfrac{(1-x)}{(1-x)(1+x)} = \dfrac{2}{(1-x)(1+x)}$

순서 ③ $\dfrac{\dfrac{1}{1-x} - \dfrac{1}{1+x}}{\dfrac{1}{1-x} + \dfrac{1}{1+x}} = \dfrac{\dfrac{2x}{(1-x)(1+x)}}{\dfrac{2}{(1-x)(1+x)}} = x$

1.4 무리식

1.4.1 무리수와 무리식

무리수란 절대로 $\dfrac{a}{b}$ 의 형태(단, a, b 는 정수, $b \neq 0$) 로 나타낼 수 없는 수를 무리수라고 한다(예, $\sqrt{2}$, $\sqrt{3}$, $\sqrt{5}$, $\cdots$,π , e , $\cdots$ 등).

무리식은 근호($\sqrt{\ }$) 안에 문자를 포함하고 있는 식을 무리식이라고 한다.

식
- 유리식
  - 다항식 : B 가 상수일 때 (예, $3x$, $\frac{x^2-1}{2}$, …)
  - 분수식 : B 에 문자가 포함될 때 (예, $\frac{1}{x}$, $\frac{x+1}{x^2+1}$ …)
- 무리식 (예, $\sqrt{x}$, $\sqrt{2x+1}$, $\sqrt{x^2+5x+5}$ …)

식
- 유리식
  - 다항식
  - 분수식
- 무리식

1.4.2 제곱근과 세제곱근의 의미

제곱하여 a $(a \geq 0)$가 되는 수, 즉 $x^2 = a$ 를 만족시키는 x를 "a 의 제곱근"이라고 한다. $x^2 = a$ 를 만족시키는 x 값은 $\pm\sqrt{a}$ 가 있으며, 이때 양의 제곱근을 $\sqrt{a}$, 음의 제곱근을 $-\sqrt{a}$ 로 나타낸다(증명: $(\sqrt{a})^2 = a$, $(-\sqrt{a})^2 = a$).

예제 1.16

다음의 문제에 대해 제곱근을 구하라.

(1) 5의 제곱근 (2) 16의 제곱근

풀이

(1) $x^2 = 5 \quad \therefore x = \pm\sqrt{5}$

즉, 5의 제곱근에는 양의 제곱근 $x = \sqrt{5}$ 와 음의제곱근 $x = -\sqrt{5}$ 가 있다.

(2) $x^2 = 16 \quad \therefore x = \pm\sqrt{16} = \pm 4$

즉, 16의 제곱근에는 양의 제곱근 $x = 4$ 와 음의제곱근 $x = -4$ 가 있다.

또 세제곱해서 a 가 되는 수, 즉 $x^3 = a$ 를 만족시키는 x를 "a 의 세제곱근"이라고 한다. $x^3 = a$ 를 만족시키는 x 값 중에서 실수인 것은 1개 있으며, 이것을 $\sqrt[3]{a}$ 로 나타낸다(증명: $(\sqrt[3]{a})^3 = a$).

예제 1.17

다음의 문제에 대해 세제곱근을 구하라.

(1) 5의 세제곱근

(2) 27의 세제곱근을 구하라.

풀이

(1) $x^3 = 5 \quad \therefore x = \sqrt[3]{5}$

(2) $x^3 = 27 \quad \therefore x = \sqrt[3]{27} = \sqrt[3]{3^3} = 3$

1.4.3 제곱근, 세제곱근을 읽는 방법

- $\sqrt{a}$ 는 "제곱근 a" 또는 "루트(root) a"라고 읽는다. 따라서 $\sqrt{5}$ 는 "제곱근 5" 또는 "루트(root) 5"라고 읽으면 된다.
- "제곱근 a"는 $\sqrt{a}$ 를 의미함(예, "제곱근 9"는 $\sqrt{9} = 3$).
- "a 의 제곱근"은 $\pm\sqrt{a}$ 를 의미함("9의 제곱근"은 $\pm\sqrt{9} = \pm 3$)
- $\sqrt[3]{a}$ 는 "세제곱근 a"라고 읽는다. 따라서 $\sqrt[3]{5}$ 는 "세제곱근 5"라고 읽으면 된다.

1.4.4 제곱근의 성질

제곱근의 성질은 다음과 같다(단, $a \geq 0$, $b \geq 0$일 때).

① $\sqrt{a}\,\sqrt{b} = \sqrt{ab}$ ② $\dfrac{\sqrt{a}}{\sqrt{b}} = \sqrt{\dfrac{a}{b}}$

③ $\sqrt{a^2 b} = a\sqrt{b}$ ④ $\dfrac{\sqrt{a}}{\sqrt{b^2}} = \dfrac{\sqrt{a}}{b}$

1.4.5 분모의 유리화

분모에 근호($\sqrt{\ }$)를 포함한 수나 식이 있을 때, 계산을 편리하게 하기위해 분모, 분자에 같은수 또는 같은식을 곱하여 분모에 근호($\sqrt{\ }$)가 없는 꼴(유리수 또는 유리식)로 만드는 것을 "분모의 유리화"라고 한다.

① $\dfrac{a}{\sqrt{b}} = \dfrac{a\sqrt{b}}{\sqrt{b}\,\sqrt{b}} = \dfrac{a\sqrt{b}}{b}$

② $\dfrac{c}{\sqrt{a}+\sqrt{b}} = \dfrac{c(\sqrt{a}-\sqrt{b})}{(\sqrt{a}+\sqrt{b})(\sqrt{a}-\sqrt{b})} = \dfrac{c(\sqrt{a}-\sqrt{b})}{a-b}$

③ $\dfrac{c}{\sqrt{a}-\sqrt{b}}=\dfrac{c\,(\sqrt{a}+\sqrt{b})}{(\sqrt{a}-\sqrt{b})(\sqrt{a}+\sqrt{b})}=\dfrac{c(\sqrt{a}+\sqrt{b})}{a-b}$

예제 1.18

다음을 유리화하라.

(1) $\dfrac{5}{\sqrt{10}}$　　(2) $\dfrac{4+\sqrt{2}}{3-\sqrt{2}}$　　(3) $\dfrac{4}{\sqrt{x+2}+\sqrt{x-2}}$

풀이

(1) $\dfrac{5}{\sqrt{10}}=\dfrac{5\sqrt{10}}{\sqrt{10}\sqrt{10}}=\dfrac{5\sqrt{10}}{10}=\dfrac{\sqrt{10}}{2}$

(2) $\dfrac{4+\sqrt{2}}{3-\sqrt{2}}=\dfrac{(4+\sqrt{2})(3+\sqrt{2})}{(3-\sqrt{2})(3+\sqrt{2})}=\dfrac{12+7\sqrt{2}+(\sqrt{2})^2}{3^2-(\sqrt{2})^2}$

$$=\frac{14+7\sqrt{2}}{9-2}=\frac{14+7\sqrt{2}}{7}=2+\sqrt{2}$$

(3) $\dfrac{4}{\sqrt{x+2}+\sqrt{x-2}}=\dfrac{4(\sqrt{x+2}-\sqrt{x-2})}{(\sqrt{x+2}+\sqrt{x-2})(\sqrt{x+2}-\sqrt{x-2})}$

$$=\frac{4(\sqrt{x+2}-\sqrt{x-2})}{(\sqrt{x+2})^2-(\sqrt{x-2})^2}=\frac{4(\sqrt{x+2}-\sqrt{x-2})}{(x+2)-(x-2)}$$

$$=\frac{4(\sqrt{x+2}-\sqrt{x-2})}{4}=\sqrt{x+2}-\sqrt{x-2}$$

예제 1.19

다음을 무리식을 계산하라.

$$\frac{2\sqrt{x}}{x+1}+\frac{2}{\sqrt{2x+1}+\sqrt{x}}$$

풀이

$$\frac{2\sqrt{x}}{x+1}+\frac{2}{\sqrt{2x+1}+\sqrt{x}}$$

$$= \frac{2\sqrt{x}}{x+1} + \frac{2(\sqrt{2x+1} - \sqrt{x})}{(\sqrt{2x+1} + \sqrt{x})(\sqrt{2x+1} - \sqrt{x})}$$

$$= \frac{2\sqrt{x}}{x+1} + \frac{2(\sqrt{2x+1} - \sqrt{x})}{(\sqrt{2x+1})^2 - (\sqrt{x})^2}$$

$$= \frac{2\sqrt{x}}{x+1} + \frac{2(\sqrt{2x+1} - \sqrt{x})}{2x+1-x}$$

$$= \frac{2\sqrt{x}}{x+1} + \frac{2(\sqrt{2x+1} - \sqrt{x})}{x+1}$$

$$= \frac{2(\sqrt{2x+1})}{x+1}$$

연습문제

1.1 단항식 $5x^3y^7$ 의 경우 차수와 계수를 정의하라.

1.2 다음의 수와 식에 대해 최대공약수와 최소공배수를 구하라.

(1) 50과 100의 최대공약수와 최소공배수

(2) 두 개의 다항식 x^2+6x+5 와 x^2-2x-3 의 최대공약수와 최소공배수

(3) 두 개의 다항식 x^2-5x+6 와 x^2-2x-3 의 최대공약수와 최소공배수

1.3 다음의 분수식을 계산하라.

(1) $\dfrac{x-2}{x^2-4x+3}-\dfrac{x-3}{x^2-6x+5}$

(2) $\dfrac{x-8}{x^2-x-2}-\dfrac{x-11}{x^2-2x-3}$

(3) $\dfrac{x-3}{x^2-6x+5}-\dfrac{x-2}{x^2-4x+3}$

(4) $\dfrac{x-1}{(x+1)(x+2)}-\dfrac{x+1}{(x+2)(x+3)}$

(5) $\dfrac{x-4}{x^2-5x+6}-\dfrac{x-2}{x^2-7x+12}$

1.4 다음의 번분수식을 계산하라.

(1) $\dfrac{-2}{1-\dfrac{1}{1+\dfrac{1}{x}}}$

(2) $\dfrac{x+1}{1-\dfrac{1}{1+\dfrac{1}{x}}}$

(3) $\dfrac{x-1}{1-\dfrac{1}{1-\dfrac{1}{x}}}$

(4) $\dfrac{1}{1-\dfrac{1}{1+\dfrac{1}{x}}}$

1.5 다음의 무리식을 계산하라.

(1) $\dfrac{4\sqrt{x}}{x+1}+\dfrac{4}{\sqrt{2x+1}+\sqrt{x}}$

(2) $\dfrac{2\sqrt{x}}{x-3}+\dfrac{2}{\sqrt{2x-3}+\sqrt{x}}$

(3) $\dfrac{3\sqrt{x}}{x-2}+\dfrac{3}{\sqrt{2x-2}+\sqrt{x}}$

제2장 도형의 성질

2.1 각(角, angle)

2.1.1 각의 종류

각을 표현하는 방법에는 2가지가 있으며, 하나는 육십분법(도, °)으로 나타내는 방법이고, 다른 하나는 호도법(radian)으로 나타내는 방법이다.

육십분법에서는 한 바퀴가 360도인 것을 기준으로 하여 각의 크기를 상대적으로 표현하는 방법이며, 호도법에서는 각의 크기를 $\frac{\pi}{6}, \frac{\pi}{4}, \frac{\pi}{3}, \pi$ 등 실수로 표현하는 방법이다.

(1) 육십분법의 각(도, °)

동경 OP 가 시초선 OX 와 이루는 최소각의 크기를 α° 라 하면, 일반각 θ 는,

$$\theta = 360^\circ \times \mathrm{n} + \alpha^\circ \text{(단, n은 정수)}$$

로 표시되는 각 θ 를 동경 OP 가 나타내는 일반각이라고 한다. 이때 반시계방향으로 회전한 각을 양의 각, 시계방향으로 회전한 각을 음의 각이라고 한다.

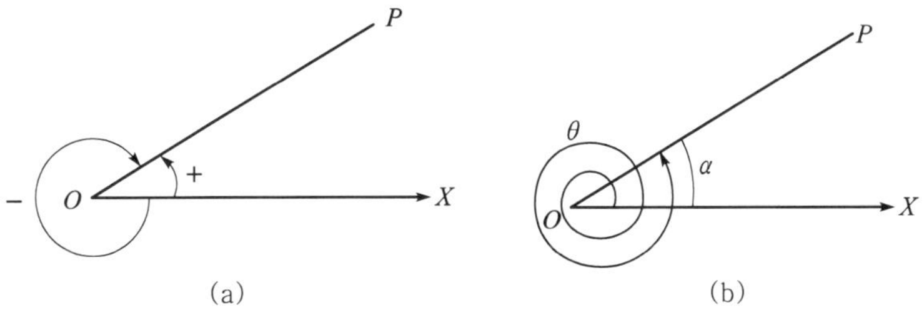

그림 2.1 일반각의 표기

각을 나타내는 동경 OP 가 좌표평면 위에서 어디에 위치하느냐에 따라 제 1,2,3,4 사분면의 각이라고 한다. 이때, x 축과 y 축(0°, 90°, 180°, 270°, 360° … 등) 은 어느 사분면에도 속하지 않는다.

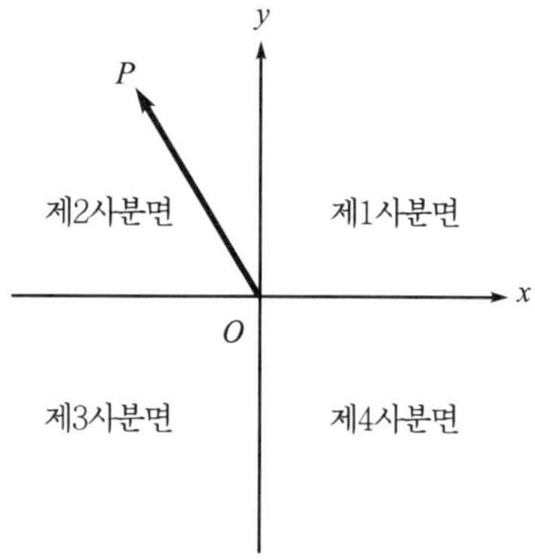

그림 2.2 사분면의 구분

(2) 호도법의 각(라디안, radian)

그림 2.3과 같이 반지름이 r 인 원에서 원주상의 거리가 r 일 때, 즉 반지름과 원호의 길이가 같을 때, 부채꼴의 중심각을 "1 라디안(rad 또는 radian)"이라고 하고, $1\,\text{rad} = \dfrac{180°}{\pi} \fallingdotseq 57.29°$ 이다.

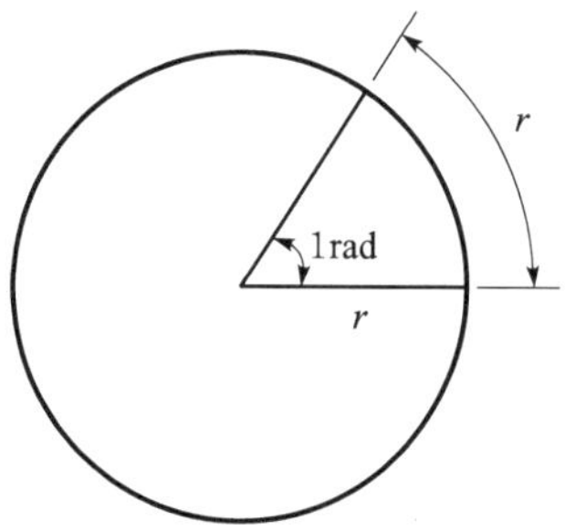

그림 2.3 "1 radian"의 정의

(3) 라디안과 도(°) 의 관계

$2\pi\,\text{rad} = 360°$ 이므로,

$$1\,\text{rad} = \frac{360°}{2\pi} = \frac{180°}{\pi}$$

반대로,

$$1° = \frac{2\pi}{360°}\,\text{rad} = \frac{\pi}{180°}\,\text{rad}$$

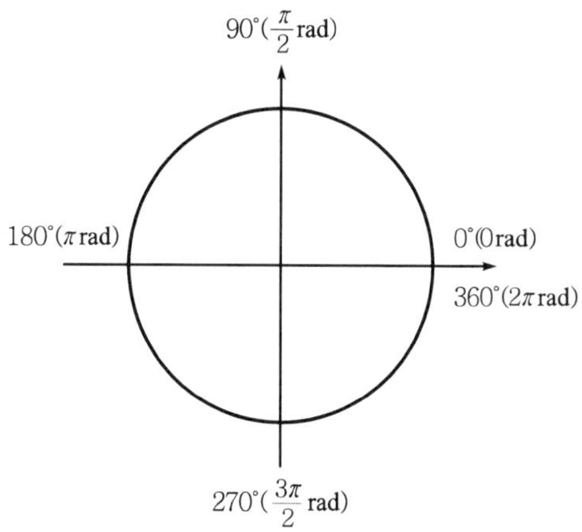

그림 2.4 라디안(rad)과 도(°)의 관계

표 2.1 각도와 라디안의 변환방법

구 분	변환방법	계산예
도(°) → 라디안(rad)	도(°) $\times \dfrac{\pi}{180}$	$90° \times \dfrac{\pi}{180} = \dfrac{\pi}{2}$ rad
라디안(rad) → 도(°)	라디안(rad) $\times \dfrac{180°}{\pi}$	$\dfrac{\pi}{2}(\text{rad}) \times \dfrac{180°}{\pi} = 90°$

예제 2.1

육십분법의 각(°) 은 라디안(rad)으로, 라디안(rad)은 육십분법의 각(°) 으로 변환하라.

(1) $60°$ (2) $120°$ (3) $\dfrac{\pi}{3}$ rad (4) $\dfrac{3\pi}{2}$ rad

풀이

(1) $60° \times \dfrac{\pi}{180} = \dfrac{\pi}{3}$ rad

(2) $120° \times \dfrac{\pi}{180} = \dfrac{2\pi}{3}$ rad

(3) $\dfrac{\pi}{3}\text{rad} \times \dfrac{180°}{\pi} = 60°$

(4) $\dfrac{3\pi}{2}\text{ rad} \times \dfrac{180°}{\pi} = 270°$

2.1.2 예각과 둔각

1) 예각(銳角) : $0°$ 보다 크고 $90°$ 보다 작은 각($0° < \alpha < 90°$) (예, ∠AOB)

2) 직각(直角) : $90°$ ($\alpha = 90°$) (예, ∠AOC)

3) 둔각(鈍角) : $90°$ 보다 크고 $180°$ 보다 작은 각($90° < \alpha < 180°$) (예, ∠AOD)

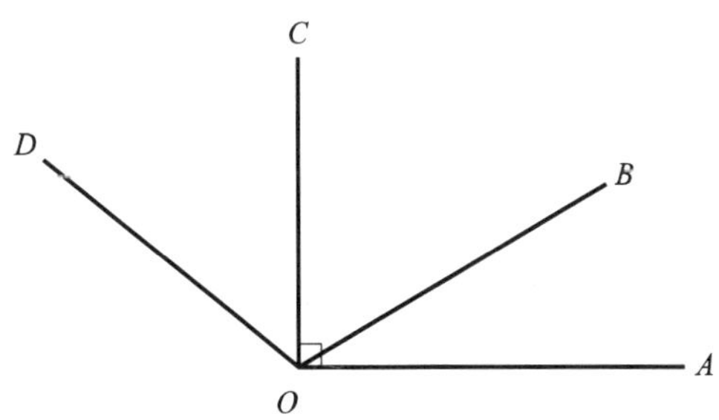

그림 2.5 예각, 직각, 둔각

2.1.3 각의 성질

① 서로 다른 두 직선이 교차할 때, 맞꼭지각이 생성되는데, 이때 맞꼭지각의 크기는 같다(그림 2.6 참조).

② 평행인 두 직선과 다른 한 직선이 만날 때 동위각과 엇각이 생성되는데, 이때 동위각과 엇각의 크기는 같다(그림 2.7 및 2.8 참조).

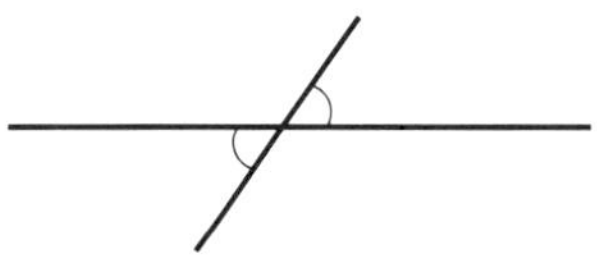

그림 2.6 맞꼭지각

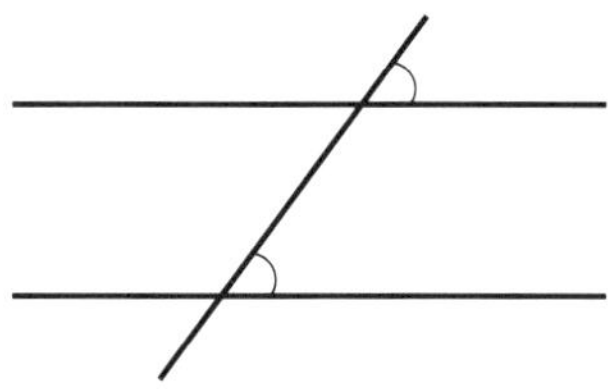

그림 2.7 동위각

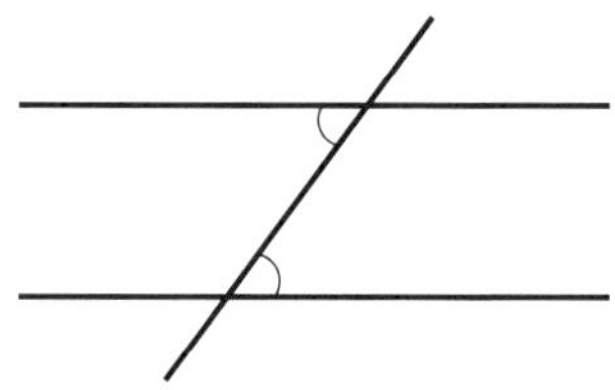

그림 2.8 엇각

2.2 호(弧, arc) 또는 원호

원주(圓周) 상의 두점 사이의 부분을 호(弧, arc) 또는 원호(圓弧)라고 한다. 원주상의 두 점은 원주를 두 부분, 즉 2개의 호로 나누게 되는데, 이때 짧은 호를 열호(劣弧), 긴 호를 우호(優弧)라고 한다.

2.2.1 원호의 길이와 면적

두점 A 와 B 를 양끝으로 하는 호를 AB 로 표기하며, 원호와 원의 중심을 연결하면 부채꼴 형상이 된다.

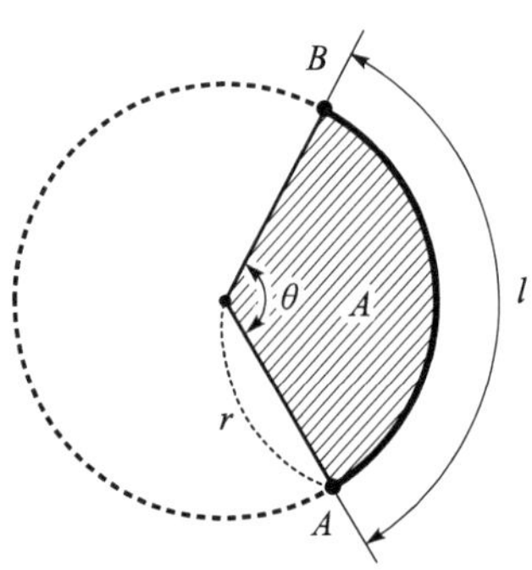

그림 2.9 원호

반지름의 길이가 r 인 원에서 중심각의 크기가 θ(rad) 인 부채꼴에서 원호의 길이, l 과 원호의 면적을 A 라 하면,

$$l = r\theta$$

$$A = \frac{1}{2}r^2\theta$$

2.2.2 원호의 길이와 면적을 구하는 공식의 유도과정

원에서 원호의 길이(l) 는 중심각(θ) 의 크기에 비례하므로,

$$2\pi : 2\pi r = \theta : l$$

$$2\pi l = 2\pi r\theta \qquad \therefore\ l = r\theta$$

원에서 원호의 면적(A) 은 중심각(θ) 의 크기에 비례하므로,

$$2\pi : \pi r^2 = \theta : A$$

$$2\pi A = \pi r^2\theta \qquad \therefore\ A = \frac{1}{2}r^2\theta$$

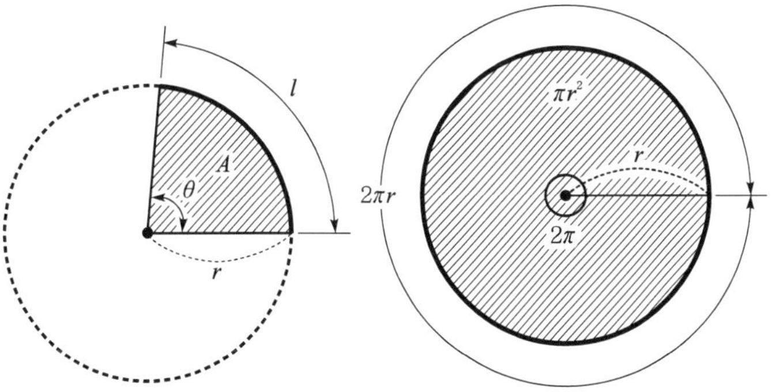

그림 2.10 원호의 길이(l) 와 원호의 면적(A)

예제 2.2

반지름이 3cm 이고, 중심각(θ) 의 크기가 60° 인 부채꼴에서 원호의 길이(l) 와 원호의 면적(A) 을 구하라.

풀이

중심각 60° 를 호도법인 radian으로 변환하면,

$$60^\circ \times \frac{\pi}{180} = \frac{\pi}{3}\,\text{rad}$$

원호의 길이, $l = r\theta = 3 \times \frac{\pi}{3} = \pi\,\text{cm} = 3.14\,\text{cm}$

원호의 면적, $A = \frac{1}{2} r^2 \theta = \frac{1}{2} \times 3^3 \times \frac{\pi}{3} = \frac{3\pi}{2}\,\text{cm}^2 = 4.71\,\text{cm}^2$

2.3 삼각형(三角形, triangle)

삼각형(三角形, triangle)은 세 점을 연결하여 만든 도형이다. 세 점을 연결하게 되면 3개의 선분과 3개의 각이 형성되는데, 이때 3개의 선분을 변, 삼각형 내부의 3개의 각을 내각이라고 하며, 3변과 3개의 내각을 삼각형의 6요소라고 한다. 삼각형은 이들 6개의 요소 중에서 (1) 3변의 길이가 결정되었을 때, (2) 2변과 그 사잇각의 크기가 결정되었을 때, (3) 1변과 양끝각의 크기가 결정되면 삼각형의 모양과 크기가 결정된다.

삼각형의 종류에는 정삼각형, 이등변삼각형, 직각삼각형, 둔각삼각형, 예각삼각형 등이 있다. 이들 삼각형의 특징을 살펴보면 다음과 같다.

2.3.1 삼각형의 세 내각의 합은 180° 이다(그림 2.11 참조).

[참고] n 각형의 내각의 합은 $180° \times (n-2)$ 이다.

[따라서 삼각형의 내각의 합 $= 180° \times (3-2) = 180°$]

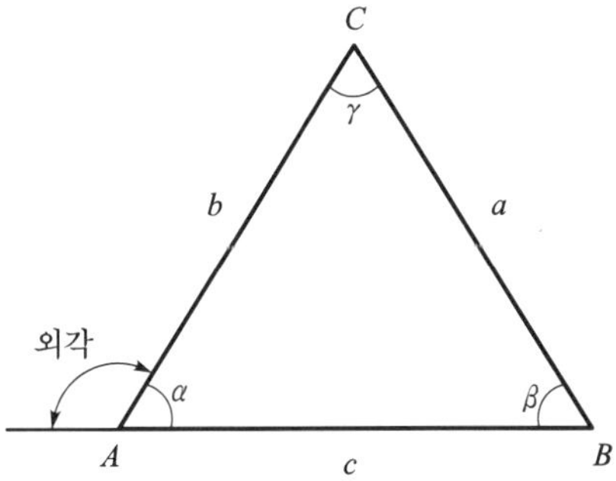

그림 2.11 삼각형의 내각 및 외각

2.3.2 삼각형에서 어떤 각의 외각은 그 각을 제외한 다른 두 각의 합과 같다 (그림 2.11 참조).

A 점에서 외각은 $(180-\alpha)^\circ$

그 각을 제외한 다른 두 각의 합은 $(\beta+\gamma)$

$\therefore (180-\alpha)^\circ = (\beta+\gamma)$

2.3.3 3선분의 길이가 a, b, c 일 때, $(b+c) > a > (b-c)$일 때에만 삼각형이 형성된다.

2.3.4 정삼각형

- 세 변의 길이가 같은 삼각형
- 세 각의 크기가 60˚로 모두 같은 삼각형

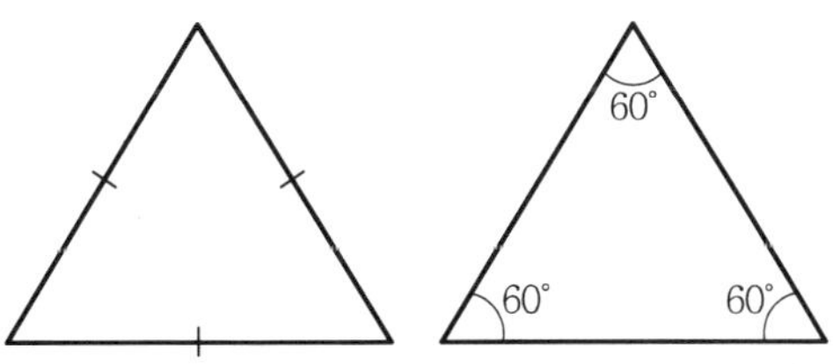

2.3.5 이등변삼각형

• 두 변의 길이가 같은 삼각형
• 두 밑각의 크기가 같은 삼각형

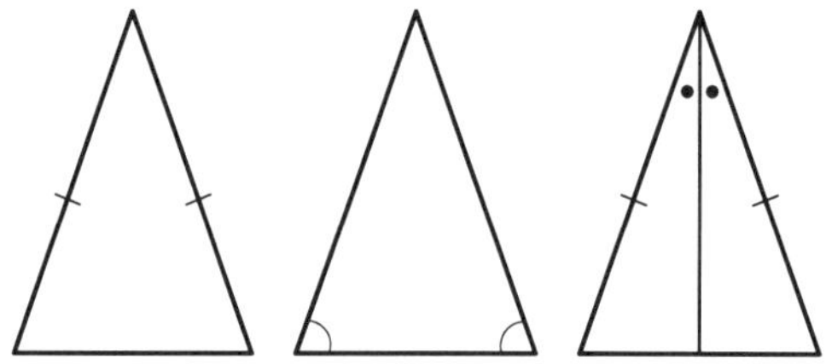

2.3.6 직각삼각형

• 하나의 내각이 90° 인 삼각형

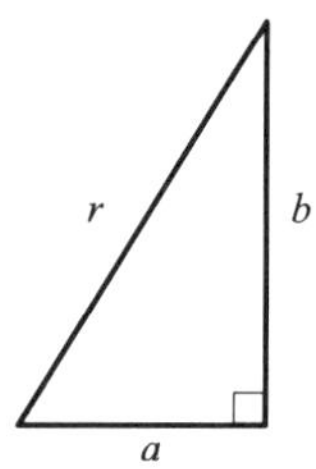

2.3.7 둔각삼각형

• 하나의 내각이 90° 보다 큰 삼각형

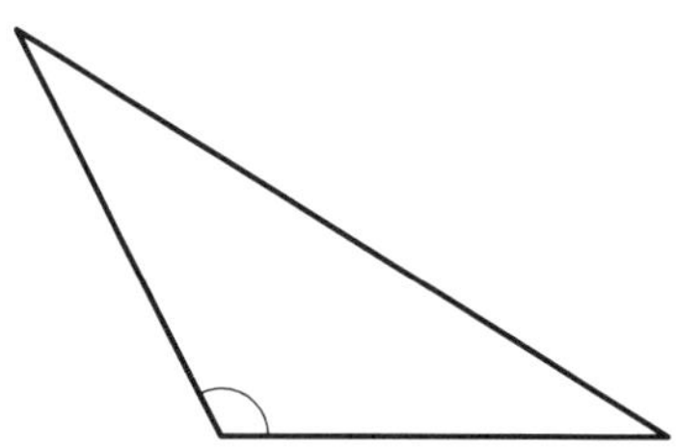

2.3.8 예각삼각형

• 3개의 내각의 크기가 모두 90° 보다 작은 삼각형
• 따라서, 정삼각형은 예각삼각형에 포함된다.

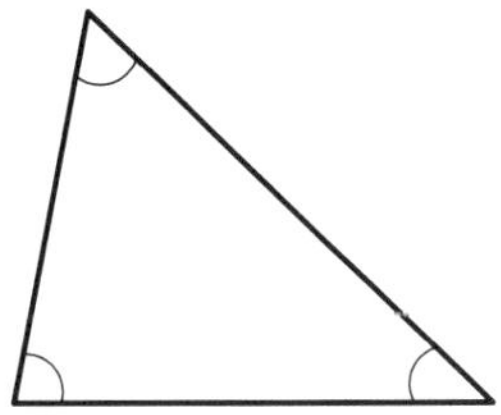

2.3.9 피타고라스의 정리

하나의 내각이 90° 인 직각삼각형에서 90° 인 각에 대응하는 변을 빗변 c 라 하고, 직각(90°)을 끼고 있는 두변의 길이를 각각 a 와 b 라 하면, 이들 사이의 관계는 다음과 같다.

$$a^2 + b^2 = c^2 \qquad \therefore\ c = \sqrt{a^2 + b^2}$$

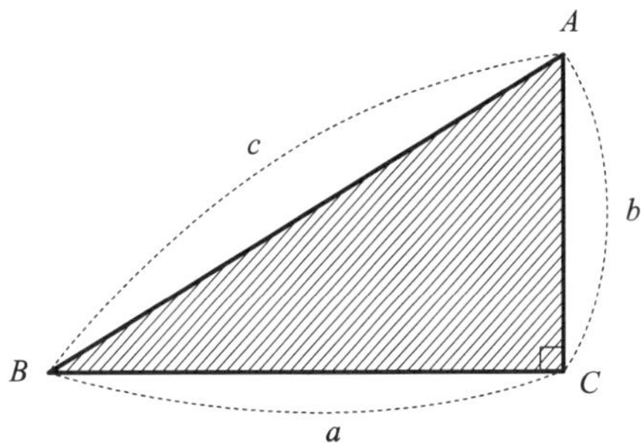

그림 2.12 직각삼각형에서의 피타고라스 정리

2.3.10 삼각형의 면적계산

(1) 밑변의 길이와 높이를 알 때

밑변의 길이가 b 이고, 높이가 h 인 삼각형의 면적은,

$$A = \frac{1}{2}\, b\, h$$

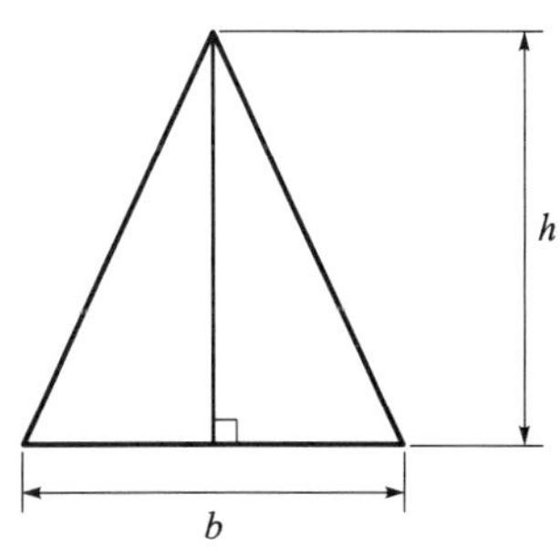

(2) 세변의 길이를 알 때(헤론의 공식)

세변의 길이가 각각 a, b, c 일 때, 삼각형의 면적은,

$$s = \frac{a+b+c}{2}$$

$$A = \sqrt{s(s-a)(s-b)(s-c)}$$

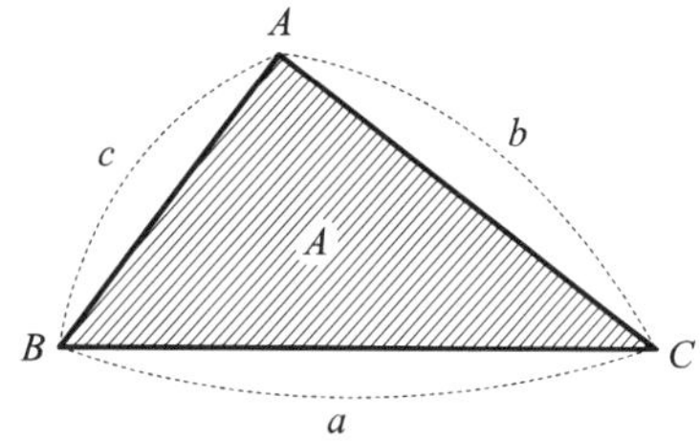

예제 2.3

세변의 길이가 5cm, 6cm, 7cm인 삼각형의 면적은?

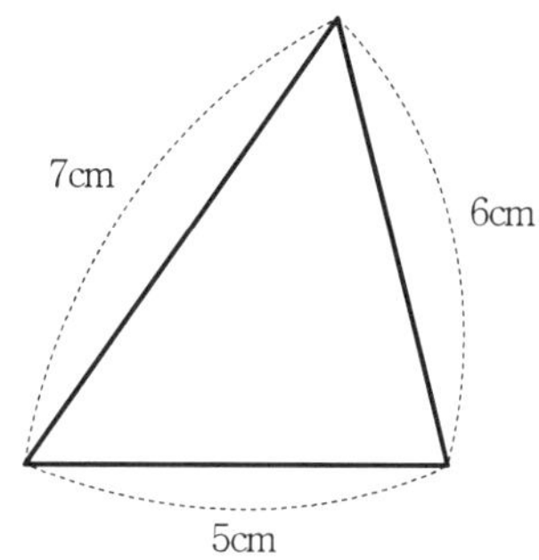

풀이

헤론의 공식을 적용하여 구하면,

$$s = \frac{a+b+c}{2} = \frac{5+6+7}{2} = 9$$

$$A = \sqrt{s(s-a)(s-b)(s-c)}$$

$$= \sqrt{9(9-5)(9-6)(9-7)} = 14.70\ \text{cm}^2$$

(3) 두변의 길이와 그 사잇각을 알 때

세변의 길이가 각각 a, b, c 이고, 세 각의 크기가 각각 α, β, γ 인 삼각형의 면적은,

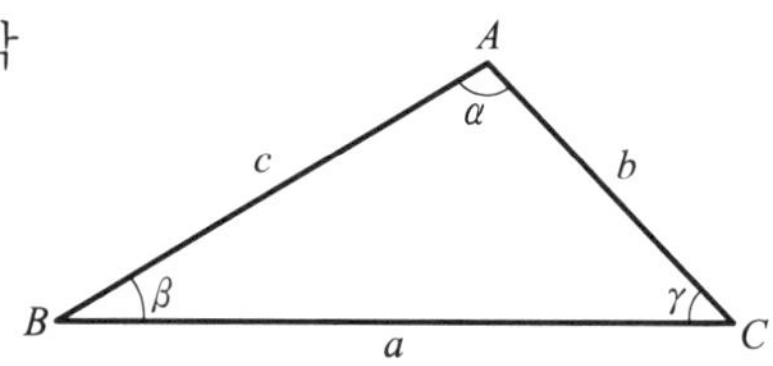

$$A = \frac{bc\sin\alpha}{2} = \frac{ca\sin\beta}{2} = \frac{ab\sin\gamma}{2}$$

예제 2.4

삼각형 ABC에서 $a=3$, $b=5$, $\angle C = 60°$ 일 때, 삼각형의 면적은?

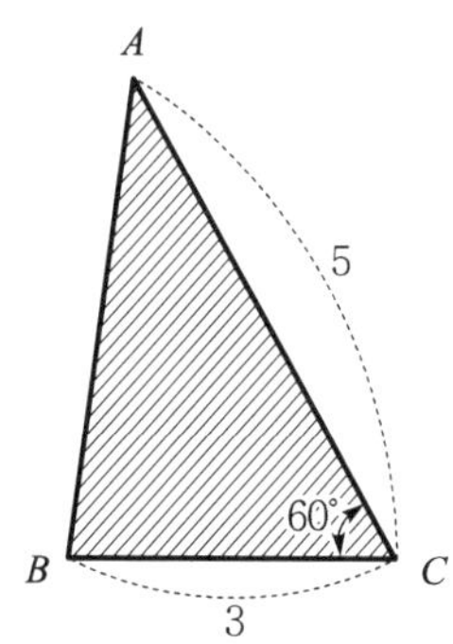

풀이

$$A = \frac{1}{2}ab\sin C = \frac{1}{2}\times 3\times 5\times \sin 60 = \frac{15\sqrt{3}}{4} = 6.50\ \text{m}^2$$

(4) 한 변의 길이와 양 ,끝 각의 크기를 알 때

세변의 길이가 각각 a, b, c이고, 세 각의 크기가 각각 α, β, γ인 삼각형의 면적은,

$$A=\frac{a^2\sin\beta\sin\gamma}{2\sin(\beta+\gamma)}=\frac{b^2\sin\gamma\sin\alpha}{2\sin(\gamma+\alpha)}=\frac{c^2\sin\alpha\sin\beta}{2\sin(\alpha+\beta)}$$

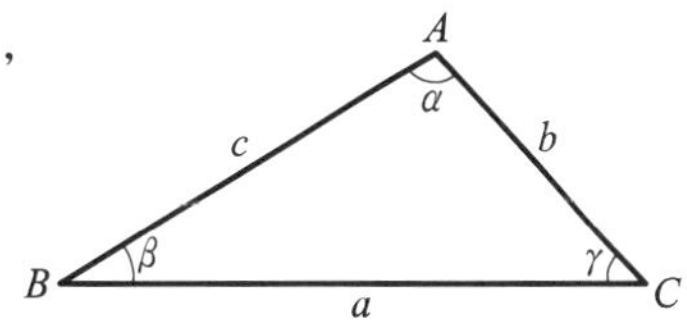

예제 2.5

삼각형 ABC에서 $a=5\text{cm}$, $\angle B=60^\circ$, $\angle C=60^\circ$일 때, 삼각형의 면적은?

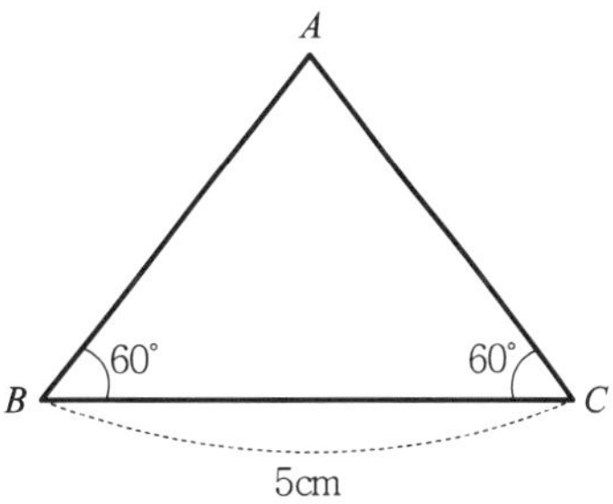

풀이

삼각형의 세 내각의 합은 180°이므로 $\angle A=60^\circ$임을 알 수 있다.

$$A=\frac{a^2\sin\beta\sin\gamma}{2\sin(\beta+\gamma)}=\frac{5^2\times\sin 60\times\sin 60}{2\sin(60+60)}=10.825\text{ cm}^2$$

(5) 2차원 직교좌표에서 세 점의 좌표를 알 때

세 점의 좌표가 $(0, 0)$, (x_1, y_1) (x_2, y_2)인 삼각형의 면적은,

$$A=\frac{|x_1 y_2-x_2 y_1|}{2}$$

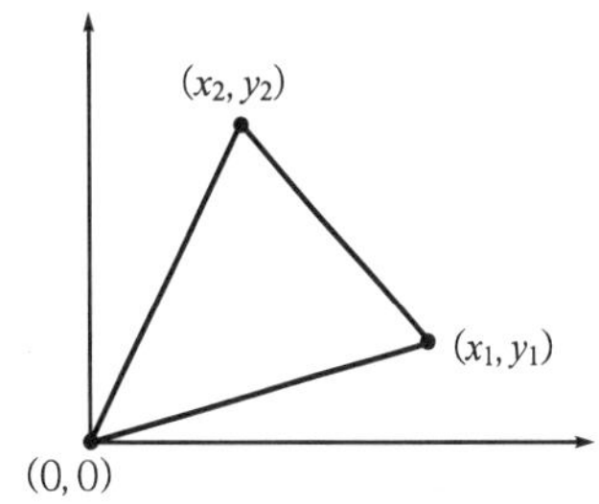

예제 2.6

삼각형의 세 점의 좌표가 $(0, 0)$, $(3, 1)$, $(2, 3)$인 삼각형의 면적은?

풀이

$$A=\frac{|x_1 y_2-x_2 y_1|}{2}=\frac{|3\times3-2\times1|}{2}=3.5$$

(6) 한 변의 길이가 a 인 정삼각형의 면적은

$$A = \frac{\sqrt{3}}{4}a^2$$

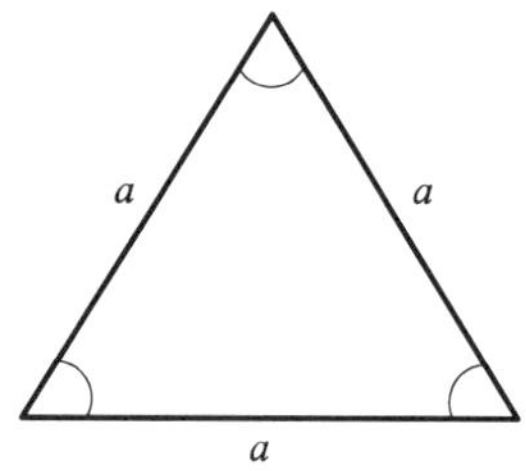

예제 2.7

한 변의 길이가 5cm 인 정삼각형의 면적은?

풀이

$$A = \frac{\sqrt{3}}{4}a^2 = \frac{\sqrt{3}}{4} \times 5^2 = 10.825\ \mathrm{cm}^2$$

2.4 사각형(四角形, quadrangle)

사각형(四角形, quadrangle)은 네 점을 연결하여 만든 도형으로 사변형(四邊形)이라고도 한다. 사각형의 종류에는 사다리꼴, 평행사변형, 마름모, 직사각형, 정사각형 등이 있다.

n 각형의 내각의 합을 계산하는 공식은 $180° \times (n-2)$ 이므로 사각형의 내각의 합은 $= 180° \times (4-2) = 360°$ 이다.

2.4.1 정사각형

1) 4변의 길이 및 4각의 크기가 같은 사각형
2) 두 대각선의 길이가 같다.
3) 두 대각선이 서로 직교한다.

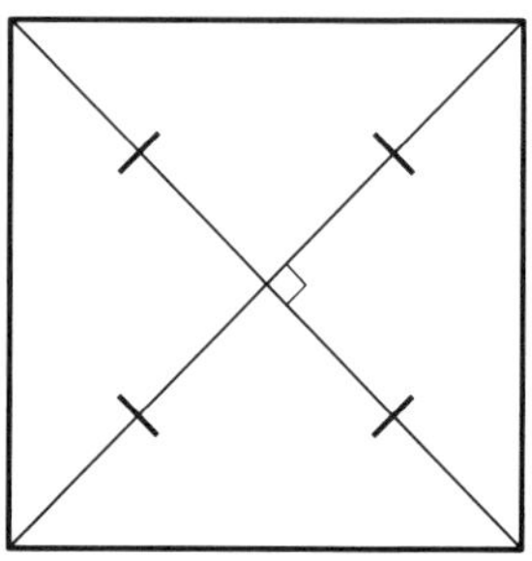

2.4.2 직사각형

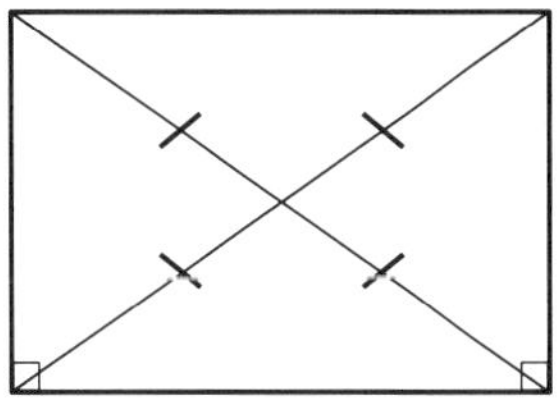

① 4각의 크기가 같은 사각형
② 두 대각선의 길이가 같다.
③ 두 대각선이 서로 직교하지 않는다.

2.4.3 평행사변형

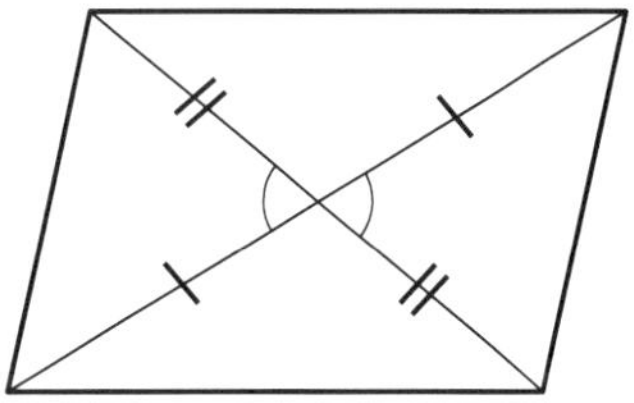

① 두 쌍의 대변이 각각 평행인 사각형
② 두 쌍의 대변의 길이가 각각 같다.
③ 두 쌍의 대각의 크기가 각각 같다.
④ 두 대각선은 서로 다른 것을 이등분한다.
⑤ 두 밑각의 크기의 합은 180° 이다.

2.4.4 마름모

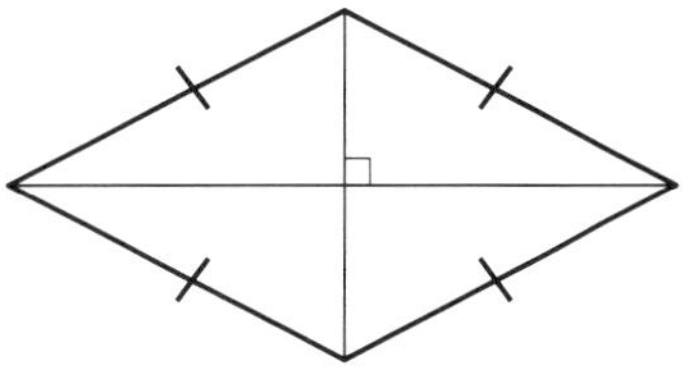

① 4변의 길이가 모두 같다.
② 이웃하는 두변의 길이가 같다.
③ 두 대각이 직교한다.

2.4.5 사다리꼴

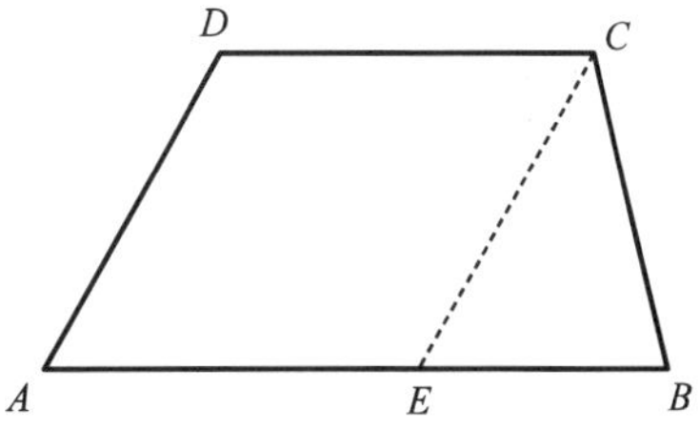

① 한 쌍의 대변이 평행인 사각형이다.
② 사각형 ABCD 및 AECD는 사다리꼴이다.
③ 평행사변형, 정사각형, 직사각형, 마름모도 사다리꼴에 포함된다.

위에서와 같이 사각형의 종류 및 성질에 대해 살펴보았다. 이들 사각형의 성질에 의하면, 정사각형은 마름모 또는 평행사변형이 된다. 또한, 마름모와 직사각형은 평행사변형도 된다. 그리고 평행사변형은 사다리꼴도 된다.

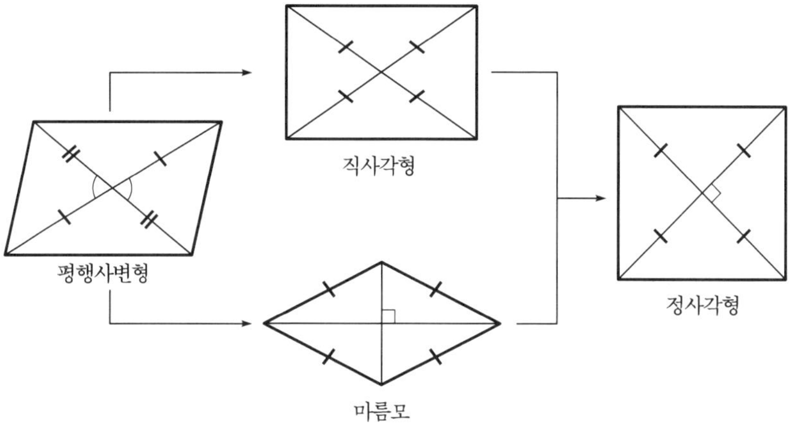

그림 2.13 사각형의 종류 및 포함 관계

2.4.6 평행사변형의 면적계산

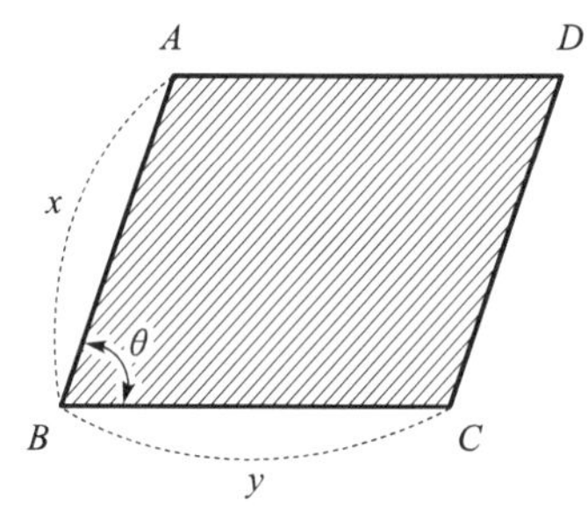

$$A = x\,y\sin(\theta)$$

예제 2.8

다음 그림의 평행사변형 $ABCD$의 면적을 구하라.

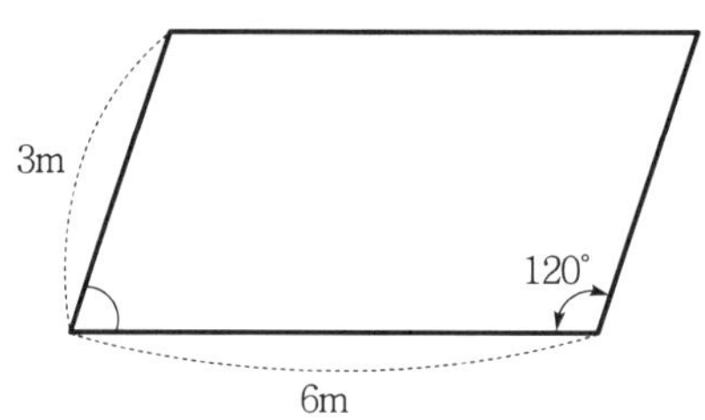

풀이

평행사변형의 성질에서, 두 밑각의 크기의 합은 180° 이다.

따라서 $\angle B + \angle C = 180°$ 이므로,

$\therefore\ \angle B = 180° - \angle C = 180° - 120° = 60°$

$A = xy\sin\theta = 3 \times 6 \times \sin 120 = 15.59\ m^2$

2.4.7 사각형의 면적계산

사각형의 두 대각선의 길이를 각각 x, y 라 하고, 두 대각선이 이루는 각을 θ 라 할 때, 사각형의 면적 A 는 다음과 같다.

$$A = \frac{1}{2}xy\sin\theta$$

예제 2.9

등변사다리꼴 $ABCD$에서 한 대각선의 길이가 4m이고, 두 대각선이 이루는 각의 크기중 하나가 60° 일 때, 이 사다리꼴의 면적은?

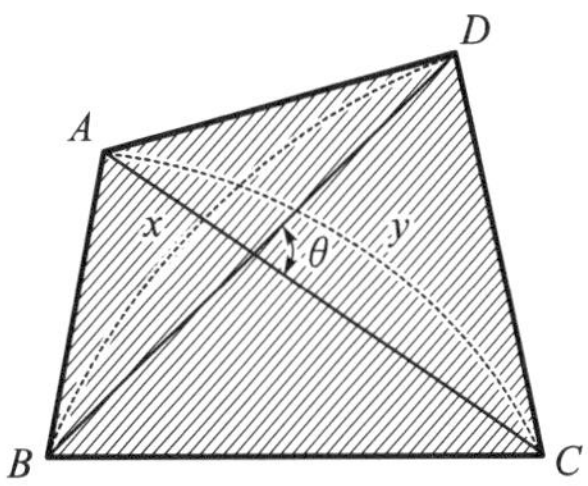

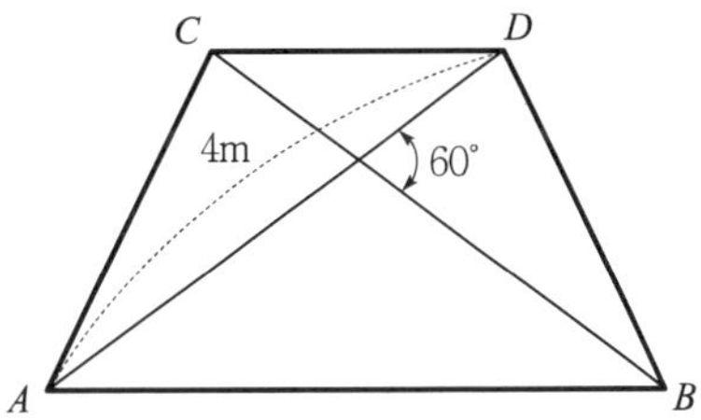

풀이

사각형의 면적 계산식 $A = \frac{1}{2}xy\sin\theta$를 적용하면 됨.

$\overline{AC} = \overline{BD} = 4\,m$ 인 등변사다리꼴이므로,

$$\therefore\ A = \frac{1}{2}xy\sin\theta = \frac{1}{2}\times 4\times 4\times\sin 60^{\circ}$$

$$= 6.93\ m^2$$

2.5 원(圓, circle)

평면상에서 한점 O로부터 거리(r)가 같은 점들의 집합을 원(圓, circle)이라고 한다. 반지름이 r인 원의 성질은 다음과 같다.

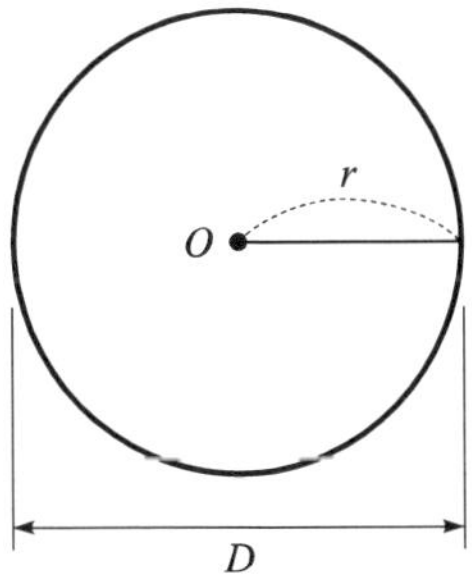

그림 2.14 원의 지름과 반지름

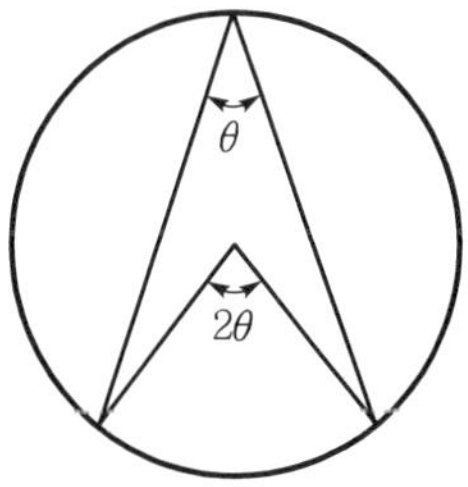

그림 2.15 중심각과 원주각

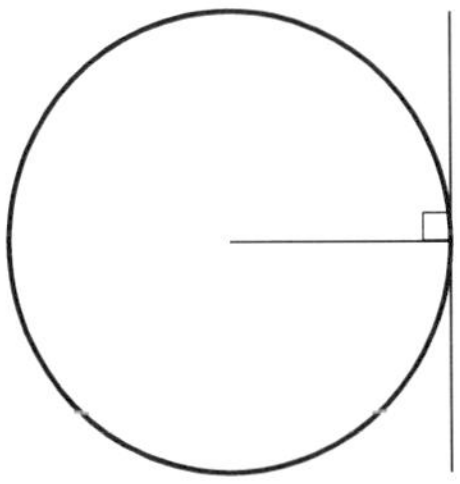

그림 2.16 원의 접선

① 원주율(圓周率) : $\pi = 3.141592$ ...

② 원둘레의 길이 : $l = 2\pi r = \pi D$ (여기서, r :반지름, D:지름).

③ 원의 면적 : $A = \pi r^2 = \dfrac{\pi D^2}{4}$

④ 하나의 호에 대하여 중심각은 원주각의 2배이다(그림 2.15 참조)..

⑤ 원주상에 있는 한 점의 접선은 그 점과 원의 중심을 지나는 선분과 직교한다(그림 2.16 참조).

2.6 여러도형의 면적과 체적

2.6.1 면적

평면도형	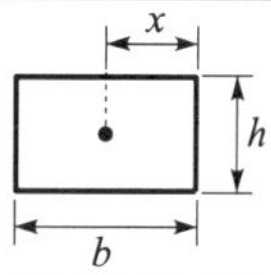	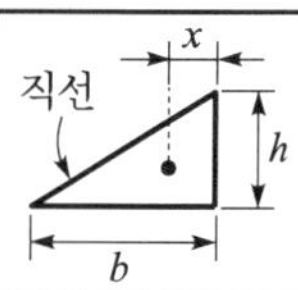	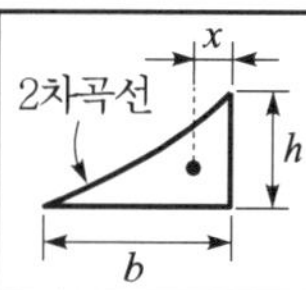	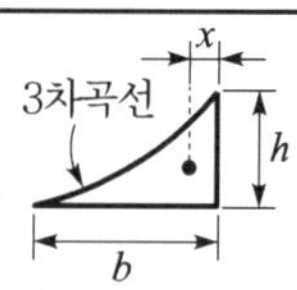	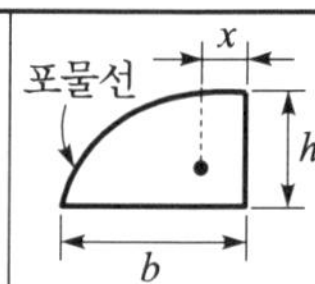
도심 x	$\frac{1}{2}b$	$\frac{1}{3}b$	$\frac{1}{4}b$	$\frac{1}{5}b$	$\frac{3}{8}b$
면적 A	bh	$\frac{1}{2}bh$	$\frac{1}{3}bh$	$\frac{1}{4}bh$	$\frac{2}{3}bh$
평면도형	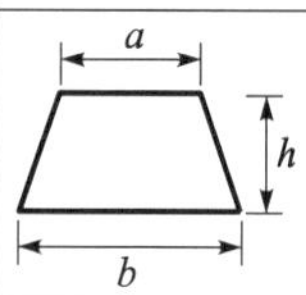	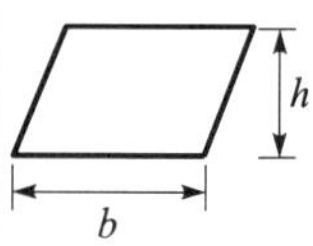	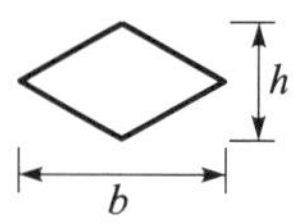	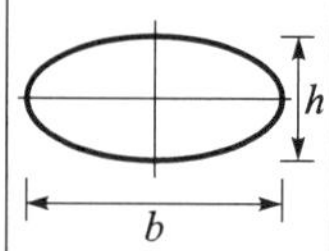	
면적 A	$\left(\frac{a+b}{2}\right)\cdot h$	bh	$\frac{bh}{2}$	πab	

2.6.2 체적

(1) 정육면체, 직육면체 체적

V = 가로×세로×높이=면적×높이= $A \times h$ (A : 면적, h : 높이)

(2) 원기둥의 체적

$$V = \text{면적} \times \text{높이} = A \times h \ = A \times h = \pi r^2 \times h = \frac{\pi D^2}{4} \times h \ \ (r\text{: 반지름, } D\text{: 지름})$$

(3) 구(球)의 체적

$$V = \ \frac{4}{3}\pi r^3 = \ \frac{4}{3}\pi\left(\frac{D}{2}\right)^3 = \frac{4\pi D^3}{24} = \frac{\pi D^3}{6} \quad (r\text{: 반지름, } D\text{: 지름})$$

●● 연습문제

2.1 육십분법의 각($^\circ$) 은 라디안(rad)으로, 라디안(rad)은 육십분법의 각($^\circ$) 으로 변환하라.

(1) 45°　　　　(2) 180°

(3) $\dfrac{\pi}{4}$ rad　　　　(4) 2π rad

2.2 다음과 같은 원호에서 반지름 $r = 10\,m$, $\theta = 60^\circ$ 일 때, 원호의 길이 l과 면적 A 를 구하라.

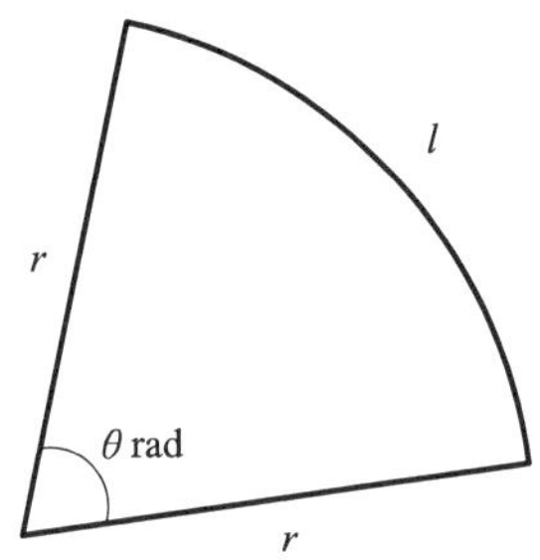

2.3 반지름이 $4\,\mathrm{cm}$ 이고, 중심각(θ) 의 크기가 45° 인 부채꼴에서 원호의 길이(l) 와 원호의 면적(A) 을 구하라.

2.4 삼각형의 세변의 길이가 $a = 30\,\mathrm{cm}$, $b = 22\,\mathrm{cm}$, $c = 18\,\mathrm{cm}$ 일 때, 삼각형의 면적을 구하라.

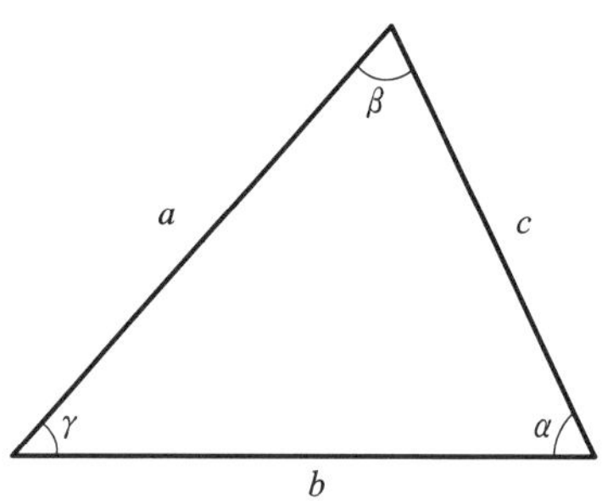

2.5 다음의 삼각형에서 두변의 길이는 $b = 10\,\mathrm{cm}$, $c = 8\,\mathrm{cm}$ 이고, $\alpha = 30^\circ$ 일 때, 삼각형의 면

적을 구하라.

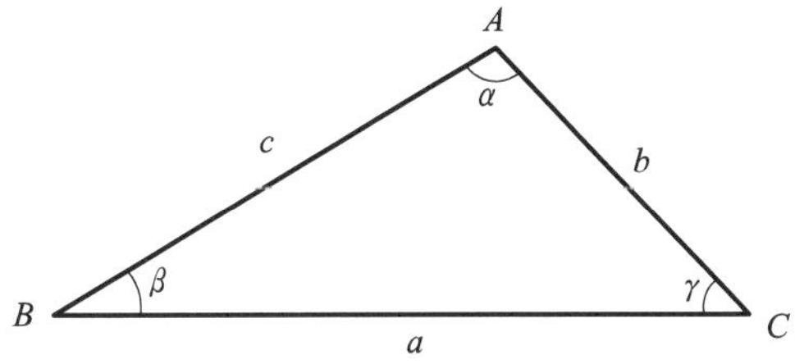

2.6 삼각형의 세 점의 좌표가 $(0,0)$, $(4,0)$, $(2,0)$ 인 삼각형의 면적을 구하라.

2.7 한 변의 길이가 $10\,\mathrm{cm}$ 인 정삼각형의 면적을 구하라.

2.8 $x=8\,\mathrm{cm}$, $y=10\,\mathrm{cm}$, $\theta=60°$ 인 평행사변형의 면적을 구하라.

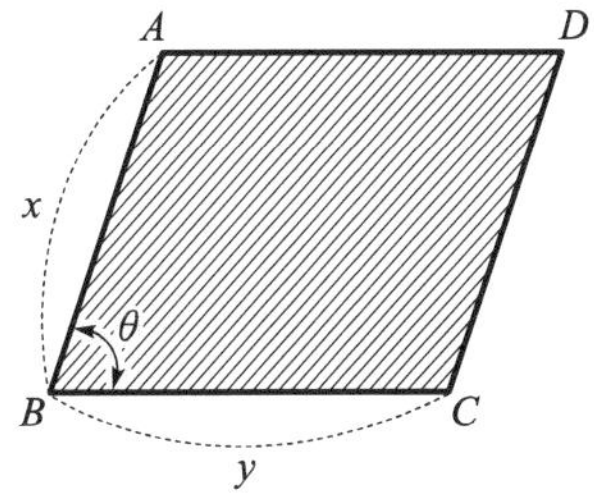

2.9 사각형의 두 대각선의 길이가 $x=12\,\mathrm{cm}$, $y=10\,\mathrm{cm}$ 이고, 두 대각선이 이루는 각, $\theta=45°$ 인 사각형의 면적을 구하라.

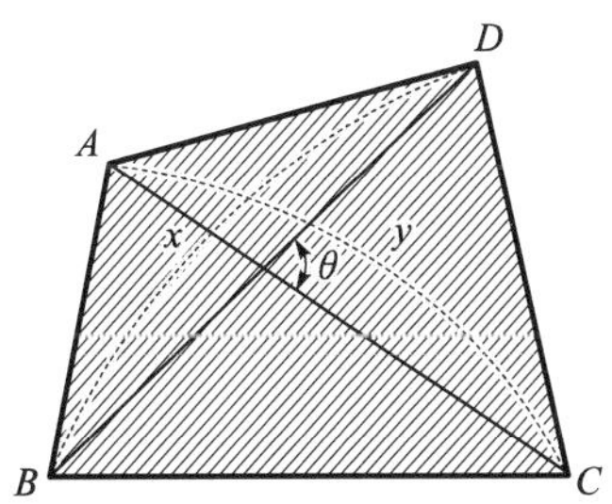

제3장 방정식

문자의 값에 따라 참, 거짓이 달라지는 등식을 방정식이라고 한다. 예를 들어 $2x-1=0$, $x^2-2x+1=0$, $x^3-4x^2-2x+5=0$와 같은 등식을 방정식이라고 하며, x의 차수에 따라 1차 방정식, 2차 방정식, 3차 방정식이라고 한다. 또 방정식을 성립시키는 x의 값을 "해 또는 근"이라고 하고, 해 전체를 구하는 것을 "방정식을 푼다"라고 한다.

3.1 1차 방정식

$ax+b=0$ 의 형태(단, $a \neq 0$, b는 상수)

미지수를 포함하는 항, ax를 좌변으로, 상수항을 우변으로 이항하여 $ax=-b$로 만든 다음, 풀면 된다.

$$ax=-b \qquad \therefore \quad x=-\frac{b}{a}$$

예제 3.1

다음 x에 대한 1차 방정식을 풀어라.

$2(x-4) = x-2$

풀이

$2(x-4) = x-2$

$2x-8 = x-2$

$2x-x = -2+8$

$\therefore \quad x=6$

3.2 2차 방정식

$ax^2+bx+c=0$ 의 형태(단, $a \neq 0$, b와 c는 상수)

2차방정식을 푸는 방법에는 크게 ① 인수분해에 의한 풀이, ② 근의 공식에 의한 풀이로 2가지 방법이 있다. 이때 구한 해가 $x=\pm 3$ 과 같이 실수인 근을 "실근"이라고 하고, $x=\pm 3i$ 와 같이 허수인 근을 "허근"이라고 한다.

$x^2=4$를 풀면, $x=\pm 2$ (실근)

$x^2=-4$를 풀면, $x=\pm 2i$ (허근)

3.2.1 인수분해에 의한 풀이

x에 관한 2차방정식이 $(dx-e)(mx+n)=0$ 의 형태로 인수분해 될 때,

$(dx-e)(mx+n)=0$ 의 해는 → $\therefore\ x=\dfrac{e}{d}$, 또는 $x=-\dfrac{n}{m}$

3.2.2 근의 공식에 의한 풀이

$ax^2+bx+c=0$ 인 2차 방정식이 간단하게 인수분해가 되지 않을 경우에는 근의 공식을 사용하면 쉽게 구할 수 있다. 근의 공식은 다음과 같다.

$$x=\frac{-b\pm\sqrt{b^2-4ac}}{2a}$$

이때, 근의 공식에서 근호 안에 있는 식을 판별식(Discriminant)이라고 하고, 영문자의 첫 글자를 따서 D로 나타낸다. 판별식으로부터 실근의 존재여부 및 실근의 갯수를 판단할 수 있다.

판별식, $D=b^2-4ac<0$ 이면, 실근이 존재하지 않음(ex. $x^2+4x+5=0$)

$D=b^2-4ac=0$ 이면, 실근이 1개 존재(ex. $x^2+4x+4=0$)

$D=b^2-4ac>0$ 이면, 실근이 2개 존재(ex. $x^2+4x+3=0$)

예제 3.2

다음의 2차 방정식을 풀어라.

$x^2 - 5x + 6 = 0$

풀이

1. 인수분해에 의한 풀이

$(x-2)(x-3) = 0$

$x - 2 = 0$ 또는 $x - 3 = 0$

$\therefore\ x = 2$ 또는 $\therefore\ x = 3$

2. 근의 공식에 의한 풀이

$a = 1,\ b = -5,\ c = 6$ 이므로,

판별식 $D = b^2 - 4ac = (-5)^2 - 4\times1\times6 = 1 > 0$ $\therefore$ 실근 2개 존재

$$x = \frac{-b \pm \sqrt{b^2 - 4ac}}{2a} = \frac{-(-5) \pm \sqrt{(-5)^2 - 4\times1\times6}}{2\times1} = \frac{5 \pm \sqrt{1}}{2}$$

$\therefore\ x = 3$ 또는 $x = 2$

예제 3.3

다음의 2차 방정식을 풀어라.

$x^2 - 6x - 1 = 0$

풀이

1. 인수분해에 의한 풀이

인수분해가 되지 않으므로 근의 공식을 적용해서 풀어야 한다.

2. 근의 공식에 의한 풀이

$a = 1,\ b = -6,\ c = -1$ 이므로,

판별식, $D = b^2 - 4ac = (-6)^2 - 4\times1\times(-1) = 40 > 0$ $\therefore$ 실근 2개 존재

$$x = \frac{-b \pm \sqrt{b^2 - 4ac}}{2a} = \frac{-(-6) \pm \sqrt{(-6)^2 - 4\times1\times(-1)}}{2\times1} = \frac{6 \pm \sqrt{40}}{2}$$

$$= \frac{6 \pm \sqrt{4\times10}}{2} = \frac{6 \pm 2\sqrt{10}}{2} = 3 \pm \sqrt{10}$$

$\therefore\ x = 3 + \sqrt{10}$ 또는 $x = 3 - \sqrt{10}$

예제 3.4

다음의 2차 방정식을 풀어라.

$2x^2+1=0$

풀이

1. 인수분해에 의한 풀이
   인수분해가 되지 않으므로 근의 공식을 적용하여 풀어야 한다.

2. 근의 공식에 의한 풀이
   $a=2,\ b=0,\ c=1$ 이므로,
   판별식, $D=b^2-4ac=0^2-4\times2\times1=-8<0$
   ∴ 실근이 존재하지 않음, 허근이 존재

$$x=\frac{-b\pm\sqrt{b^2-4ac}}{2a}=\frac{-0\pm\sqrt{0^2-4\times2\times1}}{2\times2}=\frac{-0\pm\sqrt{-8}}{4}$$

$$=\frac{\pm2\sqrt{-2}}{4}=\frac{\pm\sqrt{2}\,i}{2}$$

($i=\sqrt{-1}$, $i^2=-1$, $i^3=-i$, $i^4=+1$ 이므로)

∴ $x=\dfrac{+\sqrt{2}\,i}{2}$ 또는, $x=\dfrac{-\sqrt{2}\,i}{2}$

예제 3.5

$ax^2+bx+c=0\ (a\neq0)$으로부터 근의 공식을 유도하라.

풀이

이차방정식, $ax^2+bx+c=0$ 에서, $a\neq0$ 이므로 양변을 a 로 나누면,

$$x^2+\frac{b}{a}x+\frac{c}{a}=0$$

$$x^2+\frac{b}{a}x+\left(\frac{b}{2a}\right)^2-\left(\frac{b}{2a}\right)^2+\frac{c}{a}=0$$

$$\left(x+\frac{b}{2a}\right)^2-\frac{b^2}{4a^2}+\frac{c}{a}=0$$

$$\left(x+\frac{b}{2a}\right)^2=\frac{b^2-4ac}{4a^2}$$

$$x+\frac{b}{2a}=\pm\sqrt{\frac{b^2-4ac}{4a^2}}$$

$$x=-\frac{b}{2a}\pm\sqrt{\frac{b^2-4ac}{4a^2}}$$

$$\therefore\ x=\frac{-b\pm\sqrt{b^2-4ac}}{2a}$$

예제 3.6

오른쪽 그림과 같이 한변의 길이가 20 m 인 정사각형의 잔디밭에 폭이 일정한 "ㅏ" 모양의 길을 만들었더니 남은 잔디밭의 면적은 225 m^{2}이 되었다. 이때, 길의 폭은 몇 m 인지 구하라.

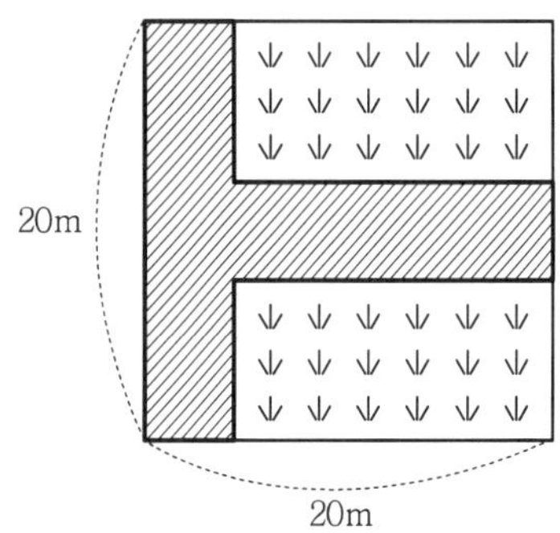

풀이

길의 폭을 x 라 하면 길의 면적은,

$20\times x+(20-x)\cdot x$

이때, 길을 제외한 잔디밭의 면적이 225이므로

길의 면적 = 정사각형의 전체면적−225

$20x+(20-x)x=20^2-225$

$20x+20x-x^2=175$

$x^2-40x+175=0$

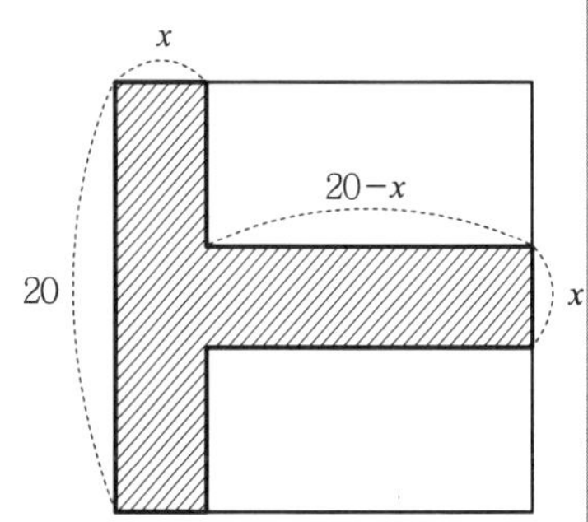

(1) 인수분해에 의한 풀이

$(x-5)(x-35)=0$

$x-5=0 \qquad \therefore\ x=5\,\text{m}$

$x-35=0 \qquad \therefore\ x=35\,\text{m}$

따라서 길의 폭은 5m이다. ($\because\ 0<x<20$이므로)

(2) 근의 공식에 의한 풀이

$a=1,\ b=-40,\ c=175$

판별식, $D = b^2 - 4ac = (-40)^2 - 4 \times 1 \times 175 > 0 \quad \therefore$ 실근 2개 존재

$$x = \frac{-(-40) \pm \sqrt{(-40)^2 - 4 \times 1 \times 175}}{2 \times 1} = \frac{40 \pm \sqrt{900}}{2} = \frac{40 \pm \sqrt{30^2}}{2}$$

$$= \frac{40 \pm 30}{2}$$

$$x = \frac{40+30}{2} = \frac{70}{2} = 35 \quad \text{또는,} \quad x = \frac{40-30}{2} = \frac{10}{2} = 5$$

따라서 길이 폭은 5m이다. ($\because \ 0 < x < 20$이므로)

예제 3.7

오른쪽 그림과 같이 가로 40m, 세로 20m 인 직사각형 모양의 잔디밭에 폭이 일정한 "+"자형의 길을 만들었더니, 길을 제외한 잔디밭의 면적이 $525\,\text{m}^2$ 되었다.
길의 폭은 몇 m 인지 구하여라.

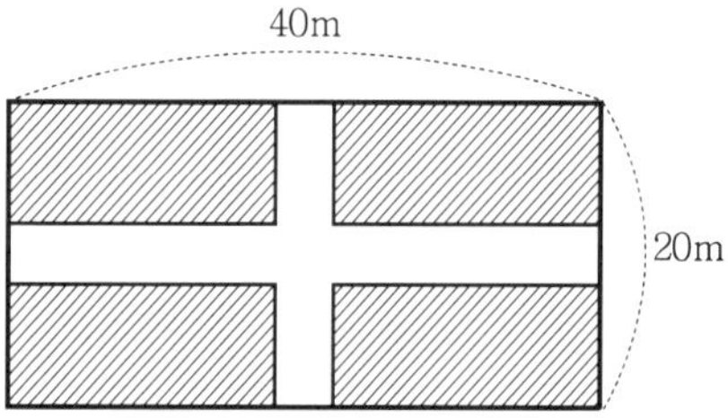

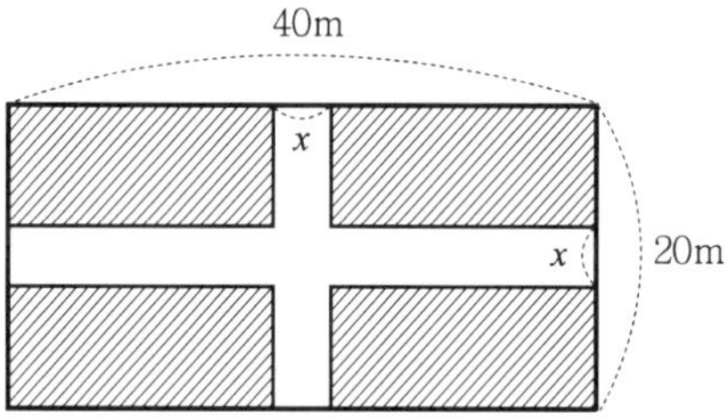

풀이

길의 폭을 x라고 하면, 길의 면적은

$x \times 20 + x \times 40 - x^2$

길의 면적 = 직사각형의 전체면적-525

$20x + 40x - x^2 = 40 \times 20 - 525$

$60x - x^2 = 275$

$x^2 - 60x + 275 = 0$

(1) 인수분해에 의한 풀이

$(x-5)(x-55) = 0$

$x - 5 = 0 \quad \therefore \ x = 5$

$x - 55 = 0 \quad \therefore \ x = 55$

따라서 길의 폭은 5m이다 ($\because \ 0 < x < 20$ 이므로)

(2) 근의 공식에 의한 풀이

$a = 1, \ b = -60, \ c = 275$

판별식, $D = b^2 - 4ac = (-60)^2 - 4 \times 1 \times 275 > 0 \quad \therefore$ 실근 2개 존재

$$x = \frac{-(-60) \pm \sqrt{(-60)^2 - 4 \times 1 \times 275}}{2 \times 1} = \frac{60 \pm \sqrt{2500}}{2} = \frac{60 \pm \sqrt{50^2}}{2}$$

$$= \frac{60 \pm 50}{2}$$

$x = \frac{60+50}{2} = \frac{110}{2} = 55$ 또는, $x = \frac{60-50}{2} = \frac{10}{2} = 5$

따라서 길의 폭은 5m 이다. ($\because\ 0 < x < 20$)

3.3 고차방정식

$x^3 + 3x^2 + 3x + 1 = 0$ 은 x 에 대한 3차방정식이고, $x^4 - 3x^3 - x + 3 = 0$ 은 x 에 대한 4차 방정식이다.

3차 이상의 방정식을 "고차방정식"이라고 하며, 고차방정식은 인수정리 및 조립제법을 이용하여 근을 구할 수 있다.

3.3.1 인수정리

다항식 $f(x)$ 에 대하여 $f(x) = 0$ 이면 $f(x)$ 는 $(x - \alpha)$ 를 인수로 갖는다는 성질을 이용한다. 일반적으로 3차방정식에서는 1개의 인수를, 4차방정식에서는 2개의 인수를 찾아낸 후, 조립제법을 이용하여 풀면 된다.

3.3.2 인수$(x - \alpha)$를 찾는 요령

인수를 찾는 요령은, $\pm \dfrac{\text{상수항의 약수}}{\text{최고차항 계수의 약수}}$ 중에 α 가 있다.

예제 3.8

다음의 3차방정식을 풀어라.

$x^3 - 12x + 16 = 0$

풀이

먼저 인수(α)를 찾아보면,

$$\pm\frac{\text{상수항의 약수}}{\text{최고차항 계수의 약수}} = \pm\frac{16\text{의 약수}(1, 2, 4, 8)}{1\text{의 약수}(1)} = \pm 1,\ \pm 2,\ \pm 4,\ \pm 8$$

중에서,

$f(\alpha)=0$ 이 되는 인수 α가 있다.

$f(x)=x^3-12x+16$ 이라고 하면,

$f(2)=2^3-12\times 2+16=0$ 이므로 주어진 3차방정식은 $(x-2)$를 인수로 갖는다.

이후에는 $f(x)$를 $(x-2)$로 나눈 몫을 조립제법으로 구하면,

	1	0	−12	16
2		2	4	−16
	1	2	−8	0

$$\begin{aligned} f(x) &= (x-2)(x^2+2x-8) \\ &= (x-2)(x-2)(x+4) \\ &= (x-2)^2(x+4) \end{aligned}$$

따라서,

$(x-2)^2(x+4)=0$

$\therefore\ x=2$(중근), $\quad x=-4$

예제 3.9

다음의 4차방정식을 풀어라.

$x^4+4x^3-x^2-16x-12=0$

풀이

먼저 인수(α)를 찾아보면,

$$\pm\frac{\text{상수항의 약수}}{\text{최고차항 계수의 약수}} = \pm\frac{12\text{의 약수}(1, 2, 3, 4, 6)}{1}$$

$$= \pm 1, \pm 2, \pm 3, \pm 4, \pm 6 \text{ 중에서,}$$

$f(\alpha)=0$ 이 되는 인수 α가 있다.

$f(x)=x^4+4x^3-x^2-16x-12$ 라고 하면,

$f(-1)=(-1)^4+4(-1)^3-(-1)^2-16\times(-1)-12=0$이므로, $(x+1)$은 인수임.

$f(2)=2^4+4\cdot 2^3-2^2-16\times 2-12=0$ 이므로, $(x-2)$ 는 인수임.

이후에도 같은 방법으로 계속하여 인수를 구해도 되지만, 나머지 2개의 인수가 허수일 경우에는 찾는 것이 불가능해지므로 4차방정식에서는 인수를 2개만 구하고, 이후에는 조립제법으로 푸는 것이 타당하다.

	1	4	−1	−16	−12
−1		−1	−3	4	+12
	1	3	−4	−12	0
2		2	10	12	
	1	5	6	0	

$f(x)=(x+1)(x-2)(x^2+5x+6)=(x+1)(x-2)(x+2)(x+3)$

따라서, $(x+1)(x-2)(x+2)(x+3)=0$

$\therefore\ x=-1\ ,\ x=2\ ,\ x=-2\ ,\ x=-3$

3.4 연립방정식

3.4.1 2원 1차 연립방정식

미지수가 2개이고, 차수가 1차인 연립방정식을 2원 1차 연립방정식이라고 하며, 문제를 푸는 방법은 미지수를 소거하여 1개의 1차방정식으로 만들어서 푼다. 이때, 미지수를 소거하는 방법에는 가감법, 대입법, 등치법의 3가지 방법이 있다.

- 2원 1차연립방정식 해의 판별

$ax+by+c=0$

$a'x+b'y+c'=0$

① $\dfrac{a}{a'}\neq\dfrac{b}{b'}$ 이면, 해는 한쌍 ⇒ 두직선이 한점에서 만난다.

② $\dfrac{a}{a'}=\dfrac{b}{b'}\neq\dfrac{c}{c'}$ 이면, 해가 없다(불능) ⇒ 두직선이 평행하다.

③ $\dfrac{a}{a'}=\dfrac{b}{b'}=\dfrac{c}{c'}$ 이면, 해가 무수히 많다(부정) ⇒ 두 직선이 일치한다.

예제 3.10

다음의 2원 1차 연립방정식을 풀어라.

$x-2y=3$ …… ①

$3x-5y=6$ …… ②

풀이

문제를 풀기 전에, 위의 판별방법을 적용하여 해의 존재여부를 확인해 보면,

$\frac{1}{3} \neq \frac{-2}{-5}$ 이므로, 해는 한쌍이 존재할 것으로 예상된다.

(1) 가감법에 의한 풀이

x 의 항을 소거하기 위해 ①×3−② 하면,

$$\begin{array}{rl} & 3x-6y=9 \quad \cdots\cdots ①\times 3 \\ - & 3x-5y=6 \quad \cdots\cdots ② \\ \hline & -y=3 \quad \therefore\ y=-3 \end{array}$$

$y=-3$ 을 ①식 또는 ②식에 대입하면 x 가 구해짐.

①식이 조금 더 간단하므로

①식에 대입하면,

$x-2\times(-3)=3 \quad \therefore\ x=-3$

(2) 대입법에 의한 풀이

x 항을 소거하기 위해 ①을 x 에 대하여 풀면,

$x=2y+3$ …… ③

③을 ②에 대입하면,

$3(2y+3)-5y=6$

$6y+9-5y=6 \quad \therefore\ y=-3$

$y=-3$ 을 ①, ②, ③ 아무곳이나 대입하면 x 가 구해진다.

여기서는 ③식이 조금 더 간단하므로 ③식에 대입하면,

$x=2\times(-3)+3=-3 \quad \therefore\ x=-3$

(3) 등치법에 의한 방법

①에서 $x=2y+3$ …… ③

②에서 $x=\frac{5}{3}y+2$ …… ④

③=④ 로 놓으면,

$$2y+3=\frac{5}{3}y+2 \qquad \therefore\ y=-3$$

$y=-3$ 을 ①, ②, ③, ④식 아무곳이나 대입하면 x 가 구해진다.
여기서는 ③식이 가장 간단하므로,

$$\therefore\ x=2\times(-3)+3=-3$$

예제 3.11

오른쪽 그림과 같이 $P=100\,\text{kgf}$ 가 C 점에 작용할 때, AC 부재 및 BC 부재가 받는 인장력을 구하라.

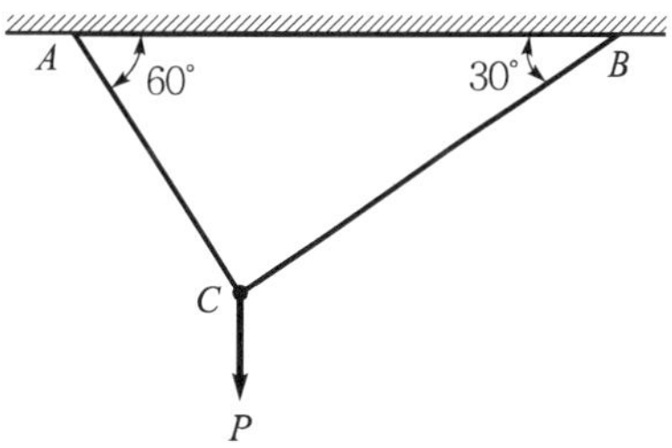

풀이

힘의 평형조건식을 적용하면,

• $\sum V=0$

$$\overline{AC}\sin 60+\overline{BC}\sin 30-100=0$$

$$\overline{AC}\times\frac{\sqrt{3}}{2}+\overline{BC}\times\frac{1}{2}-100=0$$

양변에 2를 곱하면, $\sqrt{3}\times\overline{AC}+\overline{BC}-2\times 100=0$ …… ①

• $\sum H=0$

$$-\overline{AC}\cos 60+\overline{BC}\cos 30=0$$

$$-(\overline{AC}\times\frac{1}{2})+(\overline{BC}\times\frac{\sqrt{3}}{2})=0$$

양변에 2를 곱하면, $-\overline{AC}+\sqrt{3}\times\overline{BC}=0$ …… ②

$\overline{AC}$ 항을 소거하기 위해 $①+(②\times\sqrt{3})$ 가감법으로 풀면,

$$\begin{array}{rl} & \sqrt{3}\times\overline{AC}+\overline{BC}-2\times 100=0 \qquad \cdots\cdots ① \\ + & -\sqrt{3}\times\overline{AC}+\sqrt{3}\times\sqrt{3}\times\overline{BC}=0 \qquad \cdots\cdots ②\times\sqrt{3} \\ \hline & 4\times\overline{BC}-2\times 100=0 \end{array}$$

$$\therefore\ \overline{BC}=\frac{1}{2}\times 100=50\,\text{kgf}$$

$\overline{BC}=50$ 을 ②식에 대입하면,

$$-\overline{AC}+\sqrt{3}\times 50=0$$

$$\therefore\ \overline{AC}=50\sqrt{3}\ \text{kgf}$$

3.4.2 3원 1차 연립방정식

미지수가 3개인 1차 연립방정식을 3원 1차 연립방정식이라고 하며, 문제를 푸는 방법은 먼저 미지수 가운데 하나를 소거하여, 미지수가 2개인 2원 1차 연립방정식으로 만든 다음 푼다.

예제 3.12

다음의 3원 1차 연립방정식을 풀어라.

$x+y+z=3$ …… ①

$x+y=2$ …… ②

$y+z=2$ …… ③

풀이

미지수가 3개 이므로 ①, ②, ③식을 각각 더하거나 빼면,

①-② 에서,

$\therefore\ z=1$

①-③에서,

$\therefore\ x=1$

$x=1,\ z=1$ 을 원래의 식 ①,②,③ 중에 대입하면 y를 구할 수 있다.

$x=1,\ z=1$ 을 ①에 대입하면,

$1+y+1=3 \quad \therefore\ y=1$

$\therefore\ x=1,\ y=1,\ z=1$

예제 3.13

다음의 3원 1차 연립방정식을 풀어라.

$2x-2y+z=2$ …… ①

$3x-y+z=2$ …… ②

$x+2y-4z=-8$ …… ③

풀이

미지수가 2개인 2원1차 연립방정식이 되도록 z를 소거하여야 한다.

②-① 에서,

$x+y=0 \quad \cdots\cdots ④$

① × 4 + ③ 에서

$9x-6y=0 \quad \cdots\cdots ⑤$

④와 ⑤를 연립하여 풀면,

④ × 9 − ⑤을 하면

$0+15y=0 \quad \therefore \ y=0$

$y=0$ 을 ④ 또는 ⑤에 대입하면 x 를 구할 수 있다.

$y=0$ 을 ④에 대입하면,

$x+0=0 \quad \therefore \ x=0$

$x=0$, $y=0$ 을 원래의 식 ①,②,③ 중에 대입하면 z 를 구할 수 있다.

$x=0$, $y=0$ 을 ①에 대입하면,

$2\times0-2\times0+z=2 \quad \therefore \ z=2$

3.4.3 2원 2차 연립방정식

미지수가 2개인 연립방정식에서 차수가 가장 높은 방정식이 2차 방정식 일 때, 이것을 2원 2차 연립방정식이라고 한다. 문제를 푸는 방법은 어느 한 미지수를 소거하여 하나의 미지수에 대한 방정식으로 고쳐서 풀면 된다.

예제 3.14

다음의 2원 2차 연립방정식을 풀어라.

$x-y=-1 \quad \cdots\cdots ①$

$x^2+y^2=25 \quad \cdots\cdots ②$

풀이

①에서, $y=x+1 \quad \cdots\cdots ③$

③을 ②에 대입하면,

$x^2+(x+1)^2=25$

$x^2+x^2+2x+1-25=0$

$2x^2+2x-24=0$

$2(x^2+x-12)=0$ 을 풀면,

$x^2+x-12=0$ 을 인수분해하면,

$(x+4)(x-3)=0 \quad \therefore\ x=-4,\ x=3$

$x=-4,\ x=3$ 을 원래의 식① 또는 ②에 대입하면 y를 구할 수 있다.

①식이 더 간단하므로 ①식을 적용하면,

$x=-4$ 를 ①식에 대입하면, $-4-y=-1 \quad \therefore\ y=-3$

$x=3$ 을 ①식에 대입하면, $3-y=-1 \quad \therefore\ y=4$

$\therefore$ 해는 $\begin{cases} x=-4 \\ y=-3 \end{cases}$ 또는, $\begin{cases} x=3 \\ y=4 \end{cases}$

예제 3.15

다음의 2원 2차 연립방정식을 풀어라.

$3x-y=2 \qquad \cdots\cdots$ ①

$2x^2-3xy+y^2=0 \qquad \cdots\cdots$ ②

풀이

①에서, $y=3x-2 \quad \cdots\cdots$ ③

③을 ②에 대입하면,

$2x^2-3x(3x-2)+(3x-2)^2=0$

$2x^2-9x^2+6x+9x^2-12x+4=0$

$2x^2-6x+4=0$

$2(x^2-3x+2)=0$ 을 풀면,

$x^2-3x+2=0$ 을 인수분해하면,

$(x-1)(x-2)=0 \quad \therefore\ x=1,\ x=2$

$x=1,\ x=2$ 을 원래의 식 ①, ②에 대입하면 y를 구할 수 있다.

①식이 더 간단하므로, ①식을 적용하면

$x=1$을 ①식에 대입하면, $3\times1-y=2 \quad \therefore\ y=1$

$x=2$을 ①식에 대입하면, $3\times2-y=2 \quad \therefore\ y=4$

$\therefore$ 해는 $\begin{cases} x=1 \\ y=1 \end{cases}$ 또는, $\begin{cases} x=2 \\ y=4 \end{cases}$

예제 3.16

오른쪽 그림과 같이 지름이 5cm 인 원형강봉을 가공하여 직사각형으로 만들었더니, 둘레의 길이가 14cm 가 되었다. 이 직사각형의 가로, 세로중 긴 변의 길이를 구하라.

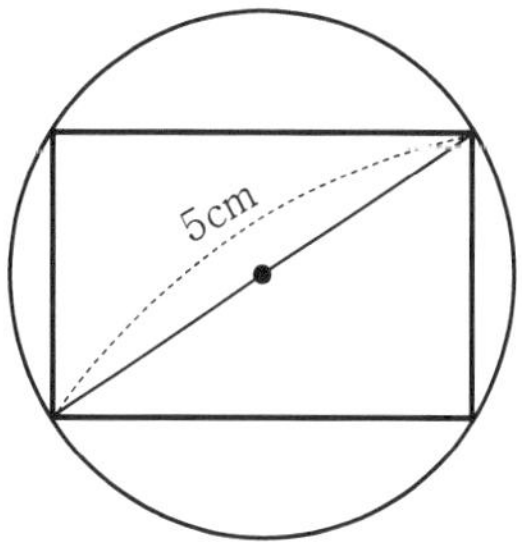

풀이

직사각형의 가로의 길이를 $x$cm , 세로의 길이를 $y$cm 라고 하면,

$2x + 2y = 14$ …… ①

$x^2 + y^2 = 5^2$ …… ② (피타고라스 정리를 적용)

①에서 $y = -x + 7$

이것을 ②에 대입하면,

$x^2 + (-x+7)^2 = 5^2$

$x^2 + x^2 - 14x + 49 = 25$

$2x^2 - 14x + 24 = 0$

$2(x^2 - 7x + 12) = 0$ 풀면,

$(x^2 - 7x + 12)$ 를 인수분해하면,

$(x-3)(x-4) = 0 \quad \therefore \quad x = 3, \quad x = 4$

$x = 3$ 또는 $x = 4$ 를 원래의 식① 또는 ②에 대입하면 y 를 구할 수 있다.

①식이 더 간단하므로 ①식을 적용하면,

$x = 3$을 ①식에 대입하면, $2 \times 3 + 2y = 14 \quad \therefore \quad y = 4$

$x = 4$을 ①식에 대입하면, $2 \times 4 + 2y = 14 \quad \therefore \quad y = 3$

$\therefore$ 해는 $\begin{cases} x = 3 \\ y = 4 \end{cases}$ 또는, $\begin{cases} x = 4 \\ y = 3 \end{cases}$

따라서 가로, 세로 중 긴 변의 길이는 4 cm

3.5 분수방정식

분수방정식이란 분모에 미지수, x 가 포함되어 있는 방정식을 말하며, 분수방정식을 풀려면 양변에 분모의 최소공배수를 곱하여, 일반적인 형태의 방정식으로 변형하여 풀면 된다.

이때, 방정식의 근중에서 원래식의 분모를 "0"으로 하는 가짜근이 포함될 수 있으며, 이 가짜의 근을 "무연근"이라고 하며, 버려야 한다.

예제 3.17

다음의 분수방정식을 풀어라.

$$\frac{1}{x-2} - \frac{3}{x^2-4} = \frac{1}{4} \quad (\text{단, } x \neq \pm 2)$$

풀이

양변에 분모의 최소공배수인 $4(x-2)(x+2)$ 를 곱하면,

$4(x+2) - 3 \times 4 = (x-2)(x+2)$

$4x + 8 - 12 = x^2 - 4$

$x^2 - 4x = 0 \rightarrow x(x-4) = 0 \qquad \therefore x = 0, \quad x = 4$

예제 3.18

다음의 분수방정식을 풀어라.

$$\frac{1}{x} + \frac{1}{x^2-x} = \frac{1}{2} \quad (\text{단, } x \neq 0, \ x \neq 1)$$

풀이

분모의 최소공배수 $2x(x-1)$ 을 곱하면,

$2(x-1) + 2 = x(x-1)$

$2x - 2 + 2 = x^2 - x$

$x^2 - 3x = 0 \rightarrow x(x-3) = 0$

$\therefore \quad x = 0, \ x = 3$

$x = 0, \ x = 3$ 을 원식에 대입해 보면,

$\therefore$ $x = 0$ 은 분수방정식의 분모를 0으로 하므로 근이 아님(무연근).

$\therefore$ 해는, $x = 3$

예제 3.19

다음의 분수방정식을 풀어라.

$$\frac{1}{x+1}+\frac{2}{(x+1)(x+3)}=\frac{1}{3}$$

풀이

양변에 분모의 최소공배수인 $3(x+1)(x+3)$ 을 곱하면,

$3(x+3)+2\times 3=(x+1)(x+3)$

$3x+9+6=x^2+4x+3$

$x^2+x-12=0 \quad \rightarrow (x+4)(x-3)=0 \qquad \therefore\ x=-4,\ x=3$

$\therefore\quad x=-4,\ x=3$ 을

원식에 대입해 보면, 분모를 0으로 하지 않으므로 둘다 모두 진짜근 임.

$\therefore$ 해는 $x=-4,\quad x=-3$

3.6 무리방정식

무리방정식이란 근호 또는 루트($\sqrt{\ }$) 안에 미지수, x 가 들어 있는 식을 말하며, 무리방정식을 풀려면, 양변을 제곱하여 일반적인 형태의 방정식으로 변형하여 풀면 된다.

이때 방정식의 근 중에서 원래식을 만족시키지 않는 가짜근이 포함될 수 있으며, 이 가짜의 근을 무연근이라고 하며, 버려야 한다.

예제 3.20

다음의 무리방정식을 풀어라.

$\sqrt{x+18}=x-2$

풀이

양변을 제곱하면,

$x+18=(x-2)^2$

$x+18=x^2-4x+4$

$x^2 - 5x - 14 = 0$

$(x-7)(x+2) = 0 \quad \therefore \quad x = 7$ 또는 $x = -2$

무연근인지 확인

$x = 7$ 을 원래식에 대입하면, (좌변)=5, (우변)=5

$\therefore$ 좌변=우변 이므로, $x = 7$ 은 무리방정식의 진짜근

$x = -2$ 를 원래식에 대입하면, 좌변=4, 우변=-4

$\therefore$ 좌변$\neq$우변이므로, $x = -2$ 는 가짜근(무연근)

따라서 무리방정식의 해는 $\therefore \ x = 7$

예제 3.21

다음의 무리방정식을 풀어라.

$\sqrt{x-1} = x - 3$

풀이

$x - 1 = (x-3)^2$

$x - 1 = x^2 - 6x + 9$

$x^2 - 7x + 10 = 0$

$(x-2)(x-5) = 0 \quad \therefore \quad x = 2$ 또는 $x = 5$

무연근인지 확인

$x = 2$ 를 원래식에 대입하면 (좌변)=1, (우변)=-1

$\therefore$ 좌변 $\neq$우변이므로 $x = 2$ 는 가짜근(무연근)

$x = 5$ 를 원래식에 대입하면 (좌변)=2, (우변)=2

$\therefore$ 좌변=우변 이므로 $x = 5$ 는 무리방정식의 근이 된다.(진짜근)

따라서, 무리방정식의 해는 $\therefore \ x = 5$

예제 3.22

다음의 무리방정식을 풀어라.

$x + \sqrt{x-1} = 3$

풀이

좌측에는 루트($\sqrt{\ }$)만 남겨두고 모두 우측으로 이항시키면,

$\sqrt{x-1} = 3-x$

양변을 제곱하면,

$x-1 = (3-x)^2$

정리하면,

$x-1 = 9-6x+x^2$

$x^2-7x+10 = 0$

$(x-2)(x-5) = 0 \quad \rightarrow \quad \therefore \quad x=2$ 또는 $x=5$

무연근인지 확인

$x=2$ 를 원래식에 대입하면, (좌변)=1, (우변)=1

$\therefore$ 좌변=우변 이므로 $x=2$ 는 진짜근

$x=5$ 를 원래식에 대입하면, (좌변)=2, (우변)=-2

$\therefore$ 좌변≠우변이므로 $x=5$ 는 가짜근(무연근)

따라서 무리방정식의 해는 $\therefore\ x=2$

연습문제

3.1 다음의 1차방정식을 풀어라.

(1) $3(x-5) = x-3$

(2) $2(y-3) = y-4$

(3) $5(z-2) = z+2$

3.2 다음의 2차방정식을 풀어라.

(1) $x^2+7x+12=0$

(2) $x^2-9x+14=0$

(3) $x^2+4x+1=0$

(4) $4x^2+8x-5=0$

(5) $x^2-6x+14=0$

3.3 다음의 3차방정식을 풀어라.

(1) $x^3+x^2-x-1=0$

(2) $x^3-10x^2+24x-15=0$

(3) $2x^3-15x^2+37x-30=0$

3.4 다음의 4차방정식을 풀어라.

(1) $x^4+3x^3+x^2-3x-2=0$

(2) $x^4+6x^3+4x^2-6x-5=0$

(3) $x^4-6x^2-3x+2=0$

3.5 다음의 2원 1차연립방정식을 풀어라.

(1) $x-y=1$
$3x+2y=3$

(2) $x+y=3$
$2x+5y=12$

(3) $x-y=3$
$2x+3y=16$

3.6 다음의 3원 1차연립방정식을 풀어라.

(1) $2x+2y-3z=1$
$3x-3y+z=8$
$3x+y+2z=-1$

(2) $2x+2y-3z=1$
$3x-3y+z=8$
$3x+y+2z=-1$

(3) $xy=8$
$yz=-4$
$zx=-2$

3.7 다음의 2원 2차연립방정식을 풀어라.

(1) $x-y=3$
$x^2-3y^2=13$

(2) $x+2y=5$
$2x^2+y^2=19$

(3) $3x-y=2$
$2x^2-3xy+y^2=0$

3.8 다음의 분수방정식을 풀어라.

$$\frac{x+1}{x}-\frac{6x}{x+1}=1$$

3.9 다음의 무리방정식을 풀어라.

$$\sqrt{x+5}=x-1$$

제4장 도형의 방정식

이번 제4장 도형의 방정식에서 주로 다루는 내용은 다음과 같다.

① 평면좌표상에 있는 두 점 사이의 거리를 계산하는 방법

② 1차함수로 표현되는 직선의 방정식을 구하는 방법

③ 점과 직선사이의 거리를 계산하는 방법

④ 위의 (1)~(3)을 적용하여 삼각형의 면적계산에 활용하는 방법

⑤ 또한, 아래 그림과 같이 원, 포물선, 타원, 쌍곡선 등 도형의 방정식에 대한 기본적인 사항과 활용방법에 대해 학습한다.

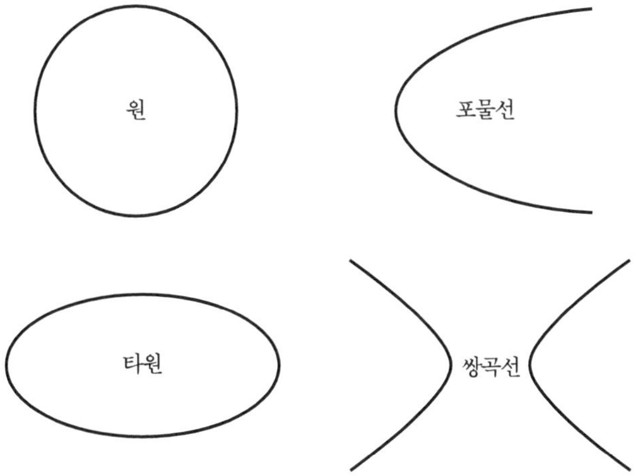

이들 도형의 방정식에 대한 정의를 간략히 정리하면 다음과 같다.

① 원이란? 한 점에서 일정한 거리에 있는 점들의 집합

② 포물선이란? 한 점(초점)과 한 직선(준선)으로부터 같은 거리에 있는 점들의 집합

③ 타원이란? 두 점에서의 거리의 합이 일정한 점들의 집합

④ 쌍곡선이란? 두 점에서의 거리의 차가 일정한 점들의 집합

4.1 평면좌표

4.4.1 직선 위의 두 점 사이의 거리

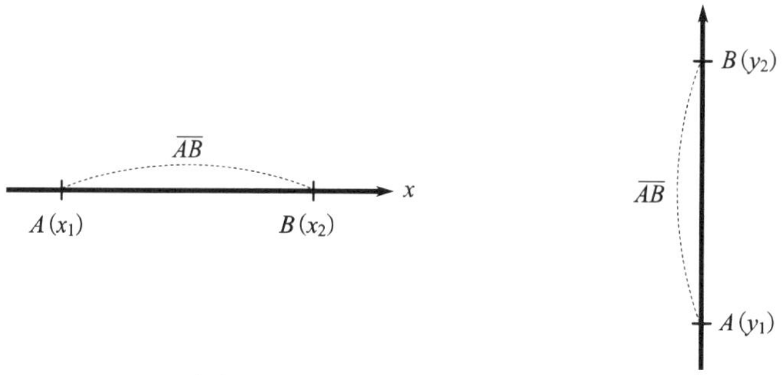

(a) (b)

그림 4.1 직선 위에서 두 점 사이의 거리

(1) x축 위에 있는 두 점 $A(x_1)$, $B(x_2)$ 사이의 거리 $\overline{AB}$는,

$$\overline{AB}=(x_2-x_1)=|x_2-x_1|$$

(2) y축 위에 있는 두 점 $A(y_1)$, $B(y_2)$ 사이의 거리 $\overline{AB}$는,

$$\overline{AB}=(y_2-y_1)=|y_2-y_1|$$

예제 4.1

x축 위에 있는 두 점 $A(2)$, $B(9)$ 사이의 거리를 구하라.

풀이

$\overline{AB}=(x_2-x_1)=|x_2-x_1|$ 에서,

$\overline{AB}=(9-2)=7$

또는, $\overline{AB}=|x_1-x_2|=|2-9|=7$

예제 4.2

y 축 위에 있는 두 점 $A(6)$, $B(12)$ 사이의 거리를 구하라.

풀이

$\overline{AB} = (y_2 - y_1) = |y_2 - y_1|$ 에서,

$\overline{AB} = (12 - 6) = 6$

또는, $\overline{AB} = |y_1 - y_2| = |6 - 12| = 6$

4.1.2 좌표평면 위의 두 점 사이의 거리

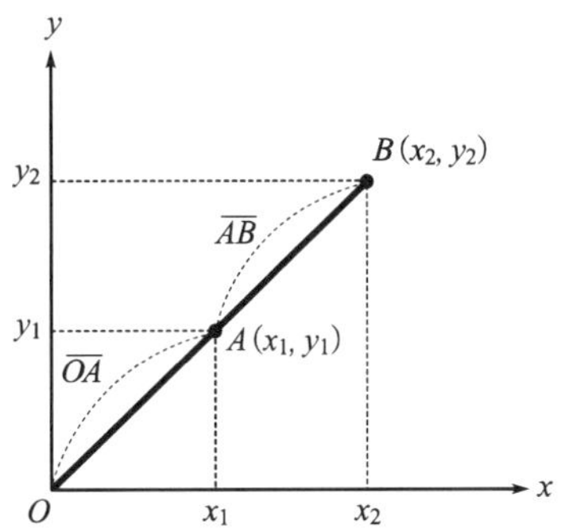

그림 4.2 좌표평면 위에서 두 점 사이의 거리

(1) 좌표평면 위의 두 점 $A(x_1, y_1)$, $B(x_2, y_2)$ 사이의 거리 $\overline{AB}$는,

$$\overline{AB} = \sqrt{(x_2 - x_1)^2 + (y_2 - y_1)^2}$$

이때, $\overline{AB}$의 중점은 $\dfrac{(x_1 + x_2)}{2}$, $\dfrac{(y_1 + y_2)}{2}$이다.

(2) 원점 $O(0, 0)$와 점 $A(x_1, y_1)$ 사이의 거리 $\overline{OA}$는,

$$\overline{OA} = \sqrt{(x_1 - 0)^2 + (y_1 - 0)^2} = \sqrt{x_1^2 + y_1^2}$$

이때, $\overline{OA}$의 중점은 $\dfrac{x_1}{2}$, $\dfrac{y_1}{2}$이다.

예제 4.3

옆의 그림과 같이, 평면상에 있는 두 점, $A(-20\text{m},\ -10\text{m})$, $B(45\text{m},\ 85\text{m})$에 대해 두 점 사이의 거리와 중점의 좌표를 구하라.

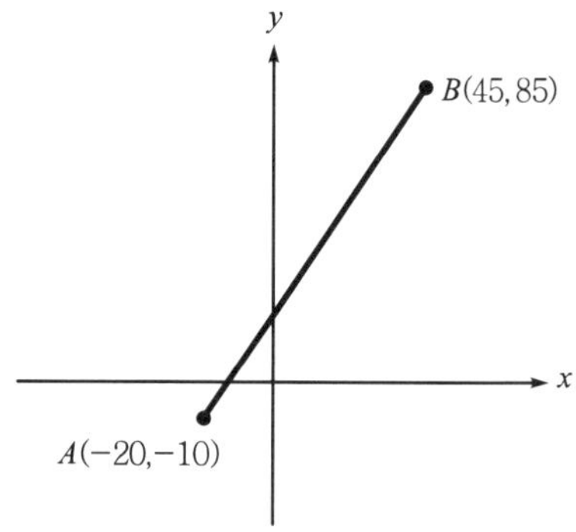

풀이

$$\overline{AB} = \sqrt{(x_2 - x_1)^2 + (y_2 - y_1)^2} \text{ 에서,}$$
$$= \sqrt{\{45 - (-20)\}^2 + \{85 - (-10)\}^2}$$
$$= \sqrt{4{,}225 + 9{,}025} = \sqrt{13{,}250} = 115.11\text{m}$$

$\overline{AB}$의 중점의 좌표$(x,\ y)$는,

$$x = \frac{(x_1 + x_2)}{2} = \frac{-20 + 45}{2} = 12.5$$

$$y = \frac{(y_1 + y_2)}{2} = \frac{-10 + 85}{2} = 37.5$$

$\therefore$ AB의 중점의 좌표는 $(12.5\text{m},\ 37.5\text{m})$

4.2.3 삼각형의 무게중심

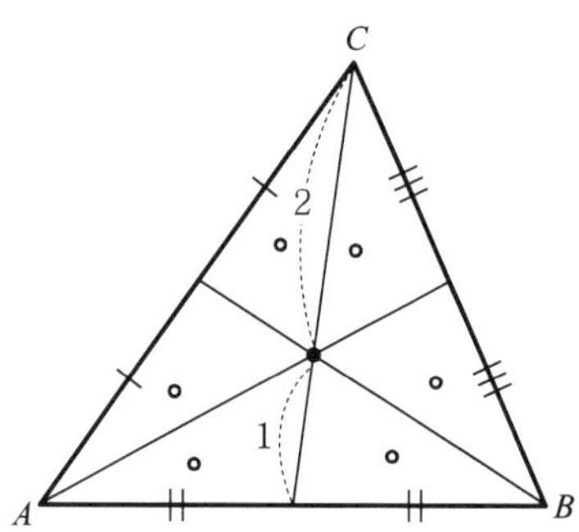

그림 4.3 삼각형의 무게중심

(1) 무게중심과 그 성질

- 정의 : 삼각형의 세 중선의 교점

- 각 중선을 꼭지점으로부터 2:1로 내분한다.
- 삼각형의 세 중선은 삼각형의 넓이를 6등분한다.

(2) 3개의 꼭지점의 좌표가 $A(x_1,\ y_1)$, $B(x_2,\ y_2)$, $C(x_3,\ y_3)$인 삼각형 ABC의 무게중심 G의 좌표는,

$$\left(\frac{x_1+x_2+x_3}{3}\right),\quad \left(\frac{y_1+y_2+y_3}{3}\right)$$

예제 4.4

다음 그림과 같이 세점 $A(1,1)$, $B(3,1)$, $C(2,4)$를 꼭지점으로 하는 삼각형 ABC에 대해, ① 무게중심 G ② 전체면적 ③ 음영으로 나타낸 부분의 면적을 구하라.

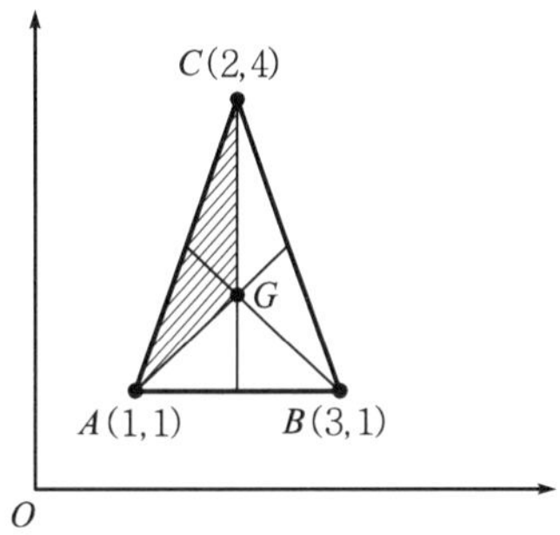

풀이

(1) 무게중심

$$x=\left(\frac{x_1+x_2+x_3}{3}\right)=\frac{1+3+2}{3}=2$$

$$y=\left(\frac{y_1+y_2+y_3}{3}\right)=\frac{1+1+4}{3}=2$$

$$\therefore\ G(2,\ 2)$$

(2) 전체면적

$$\therefore\ A=\frac{1}{2}\times \text{밑변}\times \text{높이}=\frac{1}{2}\times 2\times 3=3$$

(3) 음영부분의 면적

$$\therefore\ \text{음영부분의 면적=전체면적}\times\frac{2}{6}=3\times\frac{2}{6}=1$$

4.2 직선의 방정식

4.2.1 여러 가지 직선의 방정식

(1) x축 또는 y축에 평행한 직선의 방정식

① 점(x_1, y_1)을 지나고, x축에 평행한 직선의 방정식 $\therefore\ y= y_1$

② 점(x_1, y_1)을 지나고, y축에 평행한 직선의 방정식 $\therefore\ x= x_1$

③ x축을 방정식으로 표현하면, $\therefore\ y= 0$

④ y축을 방정식으로 표현하면, $\therefore\ x= 0$

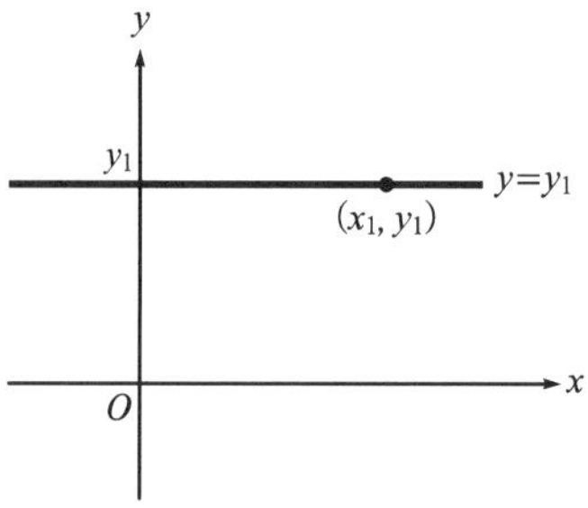

그림 4.4 x축에 평행한 직선

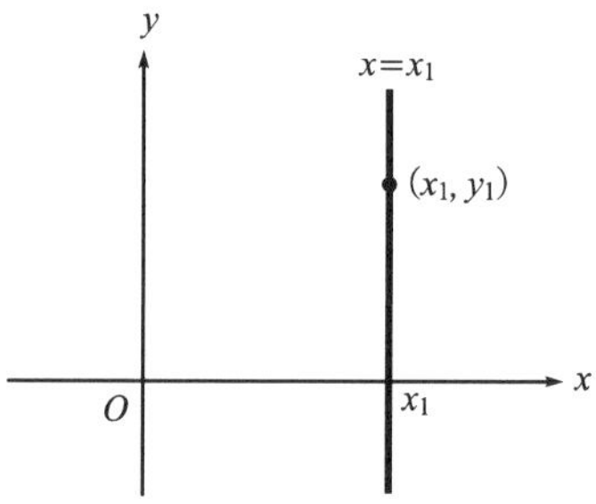

그림 4.5 y축에 평행한 직선

예제 4.5

점$(2, 3)$을 지나고, x축에 평행한 직선의 방정식과 y축에 평행한 직선의 방정식을 구하라.

풀이

점$(2, 3)$을 지나고, x축에 평행한 직선의 방정식 $\therefore\ y= 3$
점$(2, 3)$을 지나고, y축에 평행한 직선의 방정식 $\therefore\ x= 2$

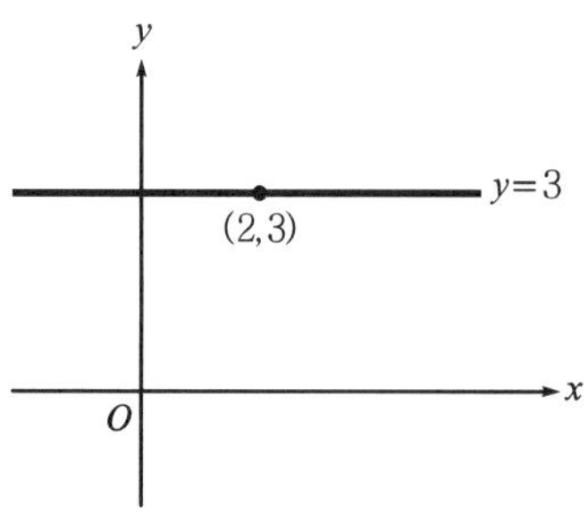

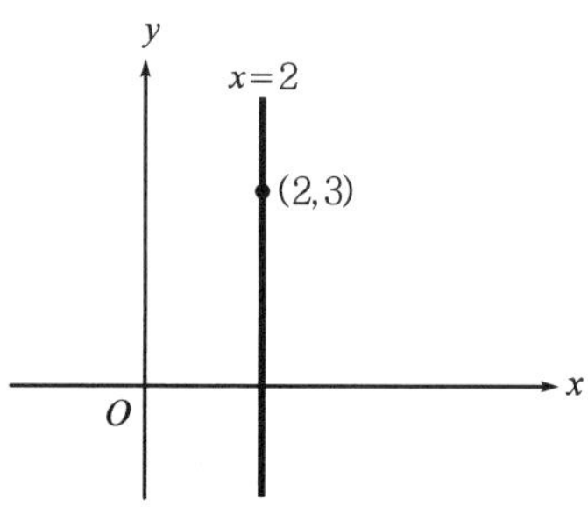

(2) 기울기가 a 이고, y 절편(y 축과 만나는 점)이 c 인 직선의 방정식

$\therefore\ y = ax + c$

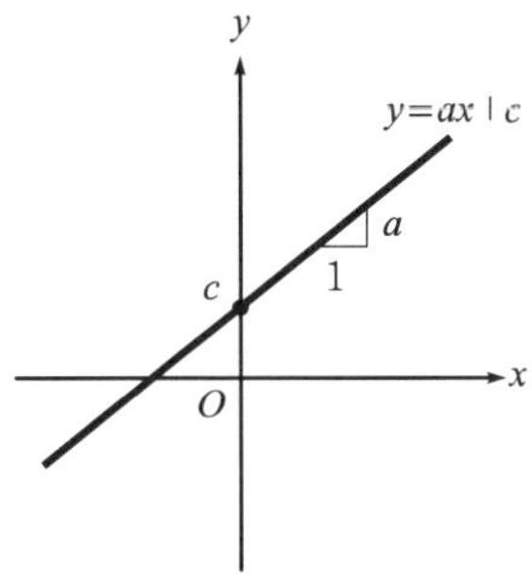

그림 4.6 기울기가 a, y 절편이 c 인 직선

예제 4.6

기울기가 $a = 3$ 이고, y 절편이 $c = 1$ 인 직선의 방정식은?

풀이

$y = ax + c$ 에서, $\therefore\ y = 3x + 1$

(3) 기울기가 a 이고, 점 $A(x_1,\ y_1)$ 를 지나는 직선의 방정식

$\therefore\ y - y_1 = a(x - x_1)$

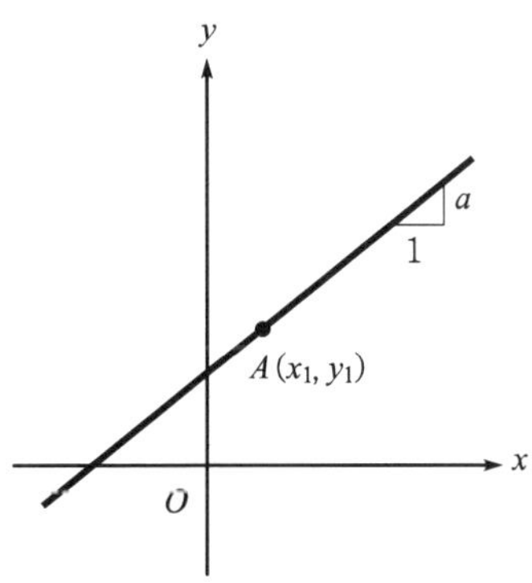

그림 4.7 기울기가 a 이고, 점 $A(x_1,\ y_1)$ 를 지나는 직선

예제 4.7

기울기가 $a=1$ 이고, 점$(3,\ 5)$를 지나는 직선의 방정식은?

풀이

$y-y_1=a(x-x_1)$에서,

$y-5=1(x-3)$

$\therefore\ y=x+2$

(4) 두 점 $A(x_1,\ y_1)$, $B(x_2,\ y_2)$를 지나는 직선의 방정식(단, $x_1 \neq x_2$인 경우)

직선의 기울기 $\therefore\ a=\dfrac{y_2-y_1}{x_2-x_1}$

$\therefore\ y-y_1=\dfrac{y_2-y_1}{x_2-x_1}(x-x_1)$ 또는 $\therefore\ y-y_2=\dfrac{y_2-y_1}{x_2-x_1}(x-x_2)$

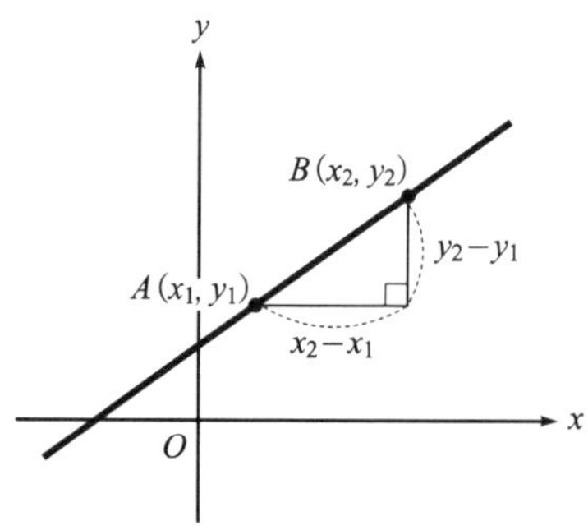

그림 4.8 두 점 $A(x_1,\ y_1)$, $B(x_2,\ y_2)$를 지나는 직선(단, $x_1 \neq x_2$)

(5) 두 점 $A(x_1,\ y_1)$, $B(x_2,\ y_2)$를 지나는 직선의 방정식(단, $x_1=x_2$인 경우)

$\therefore\ x=x_1$

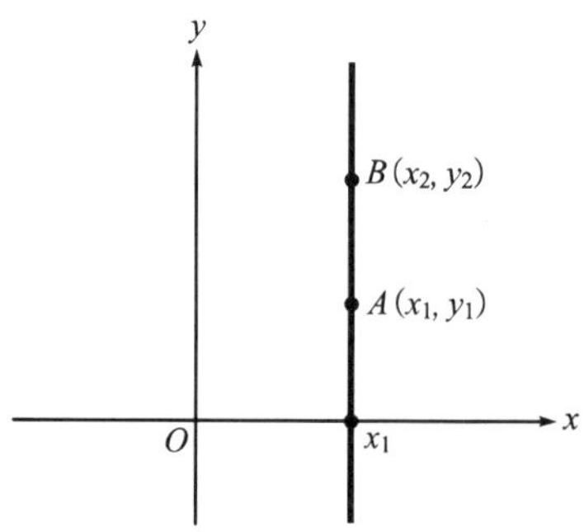

그림 4.9 두 점 $A(x_1,\ y_1)$, $B(x_2,\ y_2)$를 지나는 직선(단, $x_1=x_2$인 경우)

(6) x 절편이 a, y 절편이 b 인 직선의 방정식

$$\therefore \ \frac{x}{a}+\frac{y}{b}=1 \quad (\text{단, } a\neq 0,\ b\neq 0)$$

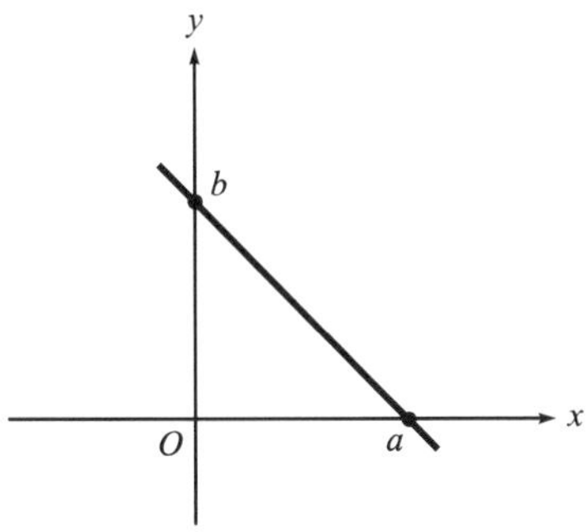

그림 4.10 x 절편이 a, y 절편이 b 인 직선

예제 4.8

두 점 $A(2,\ 0)$, $B(0,\ 4)$ 를 지나는 직선의 방정식은?

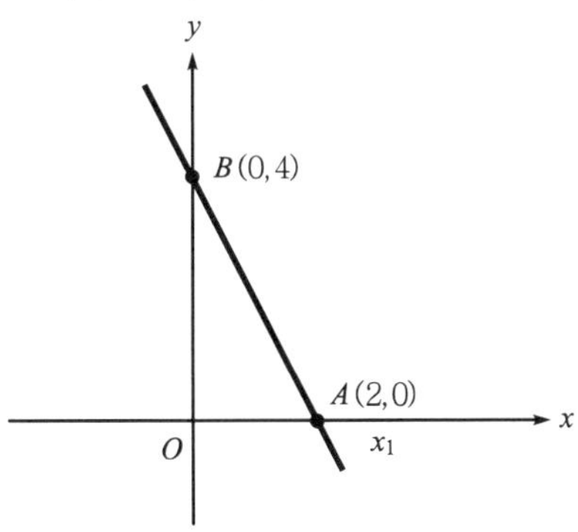

풀이

$$y-y_1=\frac{y_2-y_1}{x_2-x_1}(x-x_1) \text{ 또는 } y-y_2=\frac{y_2-y_1}{x_2-x_1}(x-x_2)\text{에서,}$$

직선의 기울기 $a=\dfrac{y_2-y_1}{x_2-x_1}=\dfrac{4-0}{0-2}=-2$

$$y-0=\frac{4-0}{0-2}(x-2), \quad \therefore\ y=-2x+4$$

또는, $y-4=\dfrac{4-0}{0-2}(x-0) \quad \therefore\ y=-2x+4$

예제 4.9

x 절편이 2, y 절편이 4 인 직선의 방정식은?

풀이

$\frac{x}{a}+\frac{y}{b}=1$ 에서,

$\frac{x}{2}+\frac{y}{4}=1$

$\frac{y}{4}=1-\frac{x}{2}$,

$y=4-2x \quad \therefore\ y=-2x+4$

4.2.2 점과 직선사이의 거리 및 삼각형의 면적계산

(1) 점과 직선사이의 거리

점 $P(x_1,\ y_1)$와 직선 $ax+by+c=0$ 사이의 거리 d는,

$$d=\frac{|ax_1+by_1+c|}{\sqrt{a^2+b^2}}$$

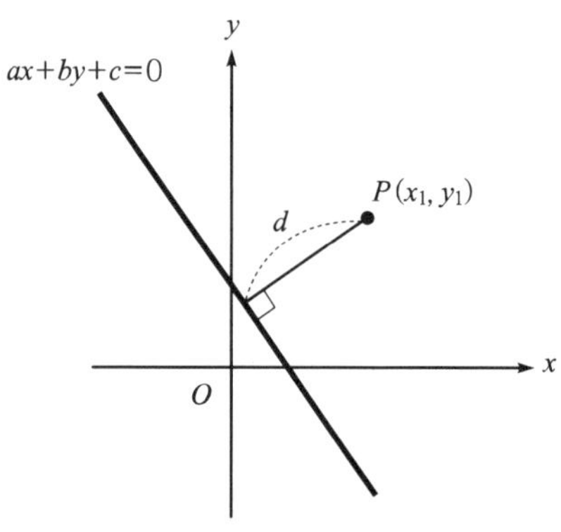

그림 4.11 점과 직선 사이의 거리

예제 4.10

다음의 그림과 같이 점 $P(5,\ 6)$와 직선 $3x+4y-12=0$ 사이의 거리 d를 구하라.

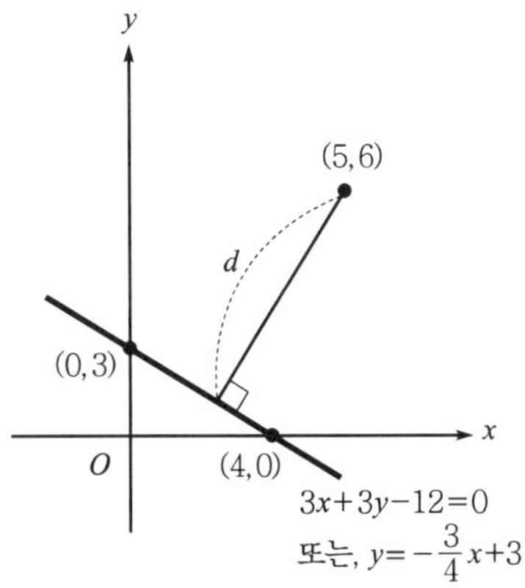

풀이

$$d=\frac{|ax_1+by_1+c|}{\sqrt{a^2+b^2}}=\frac{|(3\times5)+(4\times6)+(-12)|}{\sqrt{3^2+4^2}}=\frac{27}{5}=5.4$$

(2) 삼각형의 면적계산

1) 서로 다른 세 점을 꼭지점으로 하는 삼각형의 면적계산

서로 다른 세 점 $A(x_1,\ y_1)$, $B(x_2,\ y_2)$, $C(x_3,\ y_3)$를 꼭지점으로 하는 ΔABC의 면적 S를 계산하는 식을 유도해 보면 다음과 같다.

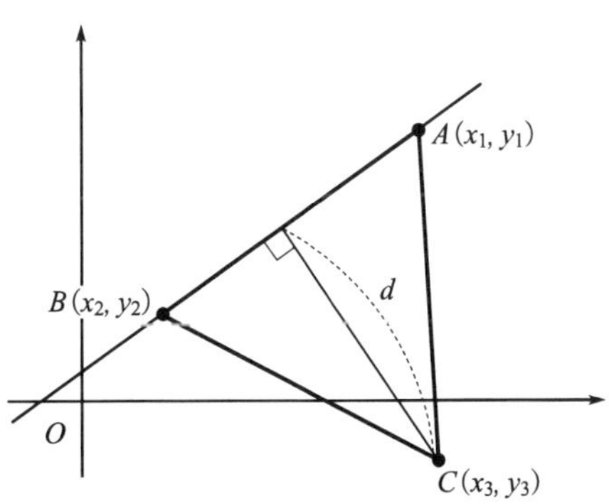

그림 4.12 세 점을 꼭지점으로 하는 삼각형의 면적

① 두 점 A, B 사이의 거리를 구한다.

$$\overline{AB} = \sqrt{(x_2 - x_1)^2 + (y_2 - y_1)^2}$$

② 두 점 A, B를 지나는 직선의 방정식을 구한다.

$$y - y_1 = \frac{y_2 - y_1}{x_2 - x_1}(x - x_1) \quad \text{또는,} \quad y - y_2 = \frac{y_2 - y_1}{x_2 - x_1}(x - x_2)$$

일반형으로 나타내면,

$$(y - y_1)(x_2 - x_1) = (y_2 - y_1)(x - x_1)$$

$$(x_2 - x_1)y - (x_2 - x_1)y_1 = (y_2 - y_1)x - (y_2 - y_1)x_1$$

$$(y_2 - y_1)x - (x_2 - x_1)y + x_2 y_1 - x_1 y_2 = 0 \quad \rightarrow \quad ax + by + c = 0 \text{의 형태임.}$$

$$\underbrace{(y_2 - y_1)}_{a}x + \underbrace{(x_1 - x_2)}_{b}y + \underbrace{x_2 y_1 - x_1 y_2}_{c} = 0 \quad \rightarrow \quad ax + by + c = 0 \text{의 형태임.}$$

③ 두 점 A, B를 지나는 직선의 방정식과 $C(x_{3,}\ y_3)$ 사이의 거리 d를 구한다.

$$d = \frac{|ax_1 + by_1 + c|}{\sqrt{a^2 + b^2}} = \frac{|(y_2 - y_1) \times x_3 + (x_1 - x_2) \times y_3 + x_2 y_1 - x_1 y_2|}{\sqrt{(x_2 - x_1)^2 + (y_2 - y_1)^2}}$$

④ ΔABC의 면적,

$$S = \frac{1}{2} \times \overline{AB} \times d$$

$$= \frac{1}{2} \times \sqrt{(x_2 - x_1)^2 + (y_2 - y_1)^2}$$

$$\times \frac{|(y_2 x_3 + x_1 y_3 + x_2 y_1) - (y_1 x_3 + x_2 y_3 + x_1 y_2)|}{\sqrt{(x_2 - x_1)^2 + (y_2 - y_1)^2}}$$

$$= \frac{1}{2}|(y_2 x_3 + x_1 y_3 + x_2 y_1) - (y_1 x_3 + x_2 y_3 + x_1 y_2)|$$

또는, $S = \frac{1}{2}|(x_1 y_2 + x_2 y_3 + x_3 y_1) - (x_2 y_1 + x_3 y_2 + x_1 y_3)|$

즉,

$$S = \frac{1}{2}\left| \begin{matrix} x_1 & \times & x_2 & \times & x_3 & \times & x_1 \\ y_1 & & y_2 & & y_3 & & y_1 \end{matrix} \right| = \frac{1}{2}|(x_1 y_2 + x_2 y_3 + x_3 y_1) - (x_2 y_1 + x_3 y_2 + x_1 y_3)|$$

가 된다.

예제 4.11

좌표평면 위의 세 점 $A(3,\ 5)$, $B(1,\ 1)$, $C(6,\ -1)$를 꼭지점으로 하는 ΔABC의 면적을 계산하라.

풀이

(1) 두 점 A, B 사이의 거리 계산

$$\overline{AB} = \sqrt{(x_2-x_1)^2+(y_2-y_1)^2} = \sqrt{(1-3)^2+(1-5)^2} = \sqrt{20} = 2\sqrt{5}$$

(2) 두 점 A, B를 지나는 직선의 방정식을 구한다.

$$y-y_1 = \frac{y_2-y_1}{x_2-x_1}(x-x_1) \text{ 또는, } y-y_2 = \frac{y_2-y_1}{x_2-x_1}(x-x_2)\text{에서,}$$

$$y-5 = \frac{1-5}{1-3}(x-3), \quad \therefore\ y = 2x-1$$

$$\text{또는, } y-1 = \frac{1-5}{1-3}(x-1) \quad \therefore\ y = 2x-1$$

(3) 두 점 A, B를 지나는 직선의 방정식, $y = 2x-1$ 과 $C(6,\ -1)$ 사이의 거리 d는,
우선 직선의 방정식을 $ax+by+c=0$의 형태로 바꾸면, $2x-y-1=0$이므로,

$$d = \frac{|ax_1+by_1+c|}{\sqrt{a^2+b^2}} = \frac{|(2\times 6)+(-1)\times(-1)-1|}{\sqrt{2^2+(-1)^2}} = \frac{12}{\sqrt{5}} = \frac{12\sqrt{5}}{5}$$

(4) $\Delta \mathrm{ABC}$의 면적,

$$S = \frac{1}{2}\times\overline{AB}\times d = \frac{1}{2}\times 2\sqrt{5}\times\frac{12\sqrt{5}}{5} = 12$$

또는,

$$S = \frac{1}{2}\begin{vmatrix} x_1 & & x_2 & & x_3 & & x_1 \\ & \times & & \times & & \times & \\ y_1 & & y_2 & & y_3 & & y_1 \end{vmatrix} = \frac{1}{2}\,|(x_1y_2+x_2y_3+x_3y_1) - (x_2y_1+x_3y_2+x_1y_3)|$$

$$S = \frac{1}{2}\begin{vmatrix} 3 & & 1 & & 6 & & 3 \\ & \times & & \times & & \times & \\ 5 & & 1 & & -1 & & 5 \end{vmatrix} = \frac{1}{2}\,|(3\times 1+1\times(-1)+6\times 5) - (1\times 5+6\times 1+3\times(-1))| = \frac{1}{2}\,|32-8| = 12$$

2) 서로 다른 세 점 $O(0,\ 0)$, $A(x_1,\ y_1)$, $B(x_2,\ y_2)$를 꼭지점으로 하는 삼각형의 면적 계산

서로 다른 세 점 중에서 한 점이 원점$(0,\ 0)$에 위치하고 있을 때, ΔOAB의 면적 S를 계산하는 식을 유도해 보면 다음과 같다.

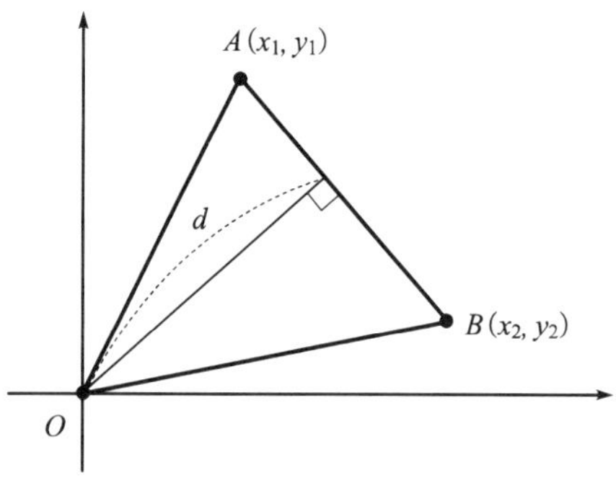

그림 4.13 세 점을 꼭지점으로 하는 삼각형의 면적

① 두 점 A, B 사이의 거리 계산

$$\overline{AB} = \sqrt{(x_2-x_1)^2+(y_2-y_1)^2}$$

② 두 점 A, B를 지나는 직선의 방정식을 구한다.

$$y-y_1 = \frac{y_2-y_1}{x_2-x_1}(x-x_1) \text{ 또는, } y-y_2 = \frac{y_2-y_1}{x_2-x_1}(x-x_2)$$

일반형으로 나타내면,

$$(y-y_1)(x_2-x_1) = (y_2-y_1)(x-x_1)$$

$$(x_2-x_1)y-(x_2-x_1)y_1 = (y_2-y_1)x-(y_2-y_1)x_1$$

$$(y_2-y_1)x-(x_2-x_1)y+x_2y_1-x_1y_2 = 0$$

다시 한번 정리하면,

$$\underbrace{(y_2-y_1)}_{a}x+\underbrace{(x_1-x_2)}_{b}y+\underbrace{x_2y_1-x_1y_2}_{c} = 0 \rightarrow ax+by+c=0 \text{ 의 형태임.}$$

③ 두 점 A, B를 지나는 직선의 방정식과 $O(0,\ 0)$ 사이의 거리 d를 구한다.

$$d = \frac{|ax_1+by_1+c|}{\sqrt{a^2+b^2}} = \frac{|(y_2-y_1)\times 0+(x_1-x_2)\times 0+x_2y_1-x_1y_2|}{\sqrt{(x_2-x_1)^2+(y_2-y_1)^2}}$$

$$= \frac{|x_2 y_1 - x_1 y_2|}{\sqrt{(x_2 - x_1)^2 + (y_2 - y_1)^2}}$$

④ ΔABC 의 면적,

$$S = \frac{1}{2} \times \overline{AB} \times d$$

$$= \frac{1}{2} \times \sqrt{(x_2 - x_1)^2 + (y_2 - y_1)^2} \times \frac{|x_2 y_1 - x_1 y_2|}{\sqrt{(x_2 - x_1)^2 + (y_2 - y_1)^2}}$$

$$= \frac{1}{2} |x_2 y_1 - x_1 y_2|$$

또는, $S = \frac{1}{2} |x_1 y_2 - x_2 y_1|$

즉,

$$S = \frac{1}{2} \left| \begin{matrix} x_1 & \times & x_2 \\ y_1 & & y_2 \end{matrix} \right| = \frac{1}{2} |x_1 y_2 - x_2 y_1|$$

가 된다.

예제 4.12

좌표평면 위의 세 점 $A(3,\ 5)$, $B(1,\ 1)$, $C(6,\ -1)$ 를 꼭지점으로 하는 ΔABC의 면적을 계산하라.

풀이

방법 1

$$S = \frac{1}{2} \left| \begin{matrix} x_1 & \times & x_2 & \times & x_3 & \times & x_1 \\ y_1 & & y_2 & & y_3 & & y_1 \end{matrix} \right| = \frac{1}{2} \left| \begin{matrix} 3 & \times & 1 & \times & 6 & \times & 3 \\ 5 & & 1 & & -1 & & 5 \end{matrix} \right|$$

$$= \frac{1}{2} |(3 \times 1 + 1 \times (-1) + 6 \times 5) - (1 \times 5 + 6 \times 1 + 3 \times (-1))| = \frac{1}{2} |32 - 8| = 12$$

방법 2

좌표 B가 원점에 위치하도록 세 꼭지점을 x 방향으로 −1만큼, y 방향으로 −1만큼 평행이동하면,

$A'(3-1,\ 5-1)$, $B'(1-1,\ 1-1)$, $C'(6-1,\ -1-1)$, 즉 새로운 좌표는 $A'(2,\ 4)$, $B'(0,\ 0)$, $C'(5,\ -2)$ 가 된다.

$$S=\frac{1}{2}\begin{vmatrix} x_1 & \swarrow\!\!\searrow & x_2 \\ y_1 & & y_2 \end{vmatrix}=\frac{1}{2}\,|x_1y_2-x_2y_1|$$

이므로,

$$S=\frac{1}{2}\begin{vmatrix} 2 & \swarrow\!\!\searrow & 5 \\ 4 & & -2 \end{vmatrix}=\frac{1}{2}\,|2\times(-2)-5\times4|=\frac{1}{2}|-24|=12$$

4.3 원의 방정식

평면 위의 한 정점으로부터 일정한 거리에 있는 점의 집합을 원이라고 한다. 이때, 이 정점을 원의 중심, 일정한 거리를 반지름이라고 한다.

4.3.1 원의 방정식의 표준형

중심이 원점$(0,\ 0)$이고, 반지름이 r 인 원의 방정식을 표준형으로 나타내면 식(1)과 같고, 그림으로 나타내면 그림 4.14와 같이 표현된다.

$$x^2+y^2=r^2 \quad \cdots\cdots\cdots (1)$$

중심이 $(a,\ b)$이고, 반지름이 r 인 원의 방정식을 표준형으로 나타내면 식(2)와 같고, 그림으로 나타내면 그림 4.15와 같이 표현된다.

$$(x-a)^2+(y-b)^2=r^2 \quad \cdots\cdots\cdots (2)$$

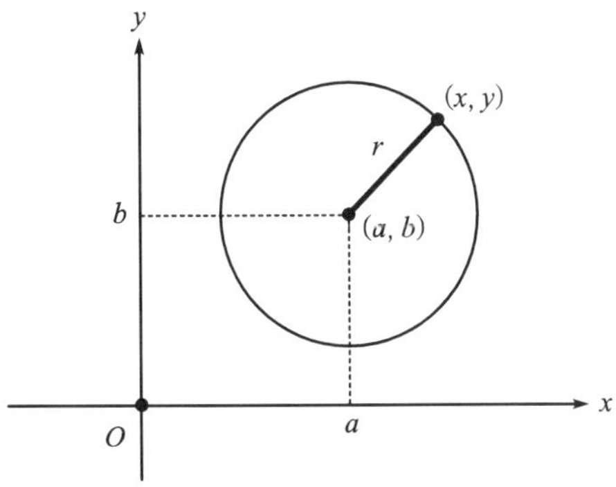

그림 4.14 중심이 원점(0, 0)인 원

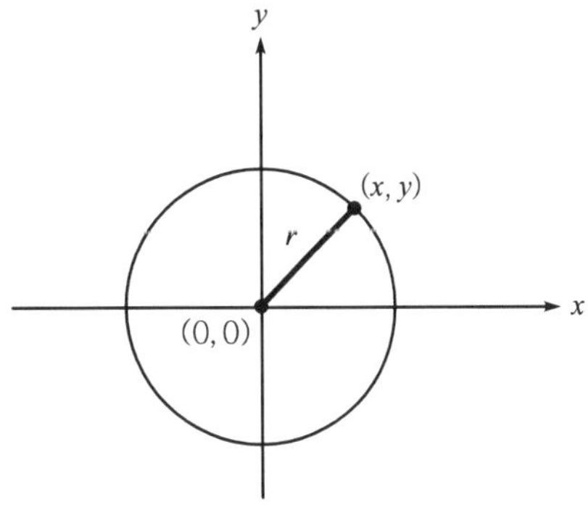

그림 4.15 중심이 (a, b)인 원

예제 4.13

중심이 원점(0, 0)이고, 반지름이 3인 원의 방정식은?

풀이

$x^2 + y^2 = 3^2$

예제 4.14

중심이 원점(2, −3) 이고, 반지름이 5인 원의 방정식은?

풀이

$(x-2)^2 + (y+3)^2 = 5^2$

4.3.2 원의 방정식의 일반형

원의 방정식의 일반형은 식(2)를 전개하여 정리하면 다음과 같은 꼴이 된다.

$x^2 - 2ax + a^2 + y^2 - 2by + b^2 = r^2$

$x^2 + y^2 - 2ax - 2by + a^2 + b^2 - r^2 = 0$

$$x^2+y^2\underbrace{-2ax}_{A}\underbrace{-2by}_{B}+\underbrace{a^2+b^2-r^2}_{C}=0$$

즉,

$$x^2+y^2+Ax+By+C=0$$

원의 방정식의 일반형은 이차항 즉, x^2과 y^2의 계수가 같다는 특징이 있다.

예제 4.15

원의 방정식 $x^2+y^2+4x-6y+9=0$ 일 때, 중심의 좌표와 반지름을 구하라.

풀이

주어진 식을 원의 방정식의 형태로 변환하면,

$x^2+4x+4+y^2-6y+9-4=0$

$(x+2)^2+(y-3)^2=2^2$

중심의 좌표=$(-2,\ 3)$, 반지름 $r=2$

4.4 포물선 방정식

평면 위의 한 점(초점)과 한 직선(준선)이 주어질 때, 한 점(초점)과 한 직선(준선)으로부터 같은 거리에 있는 점들의 집합을 포물선이라고 한다. 이때, 주어진 한 점을 초점이라 하고, 주어진 한 직선을 준선이라고 하며, 포물선의 초점을 지나고 준선에 수직인 직선을 포물선의 축, 축과 포물선의 교점을 꼭지점이라고 한다.

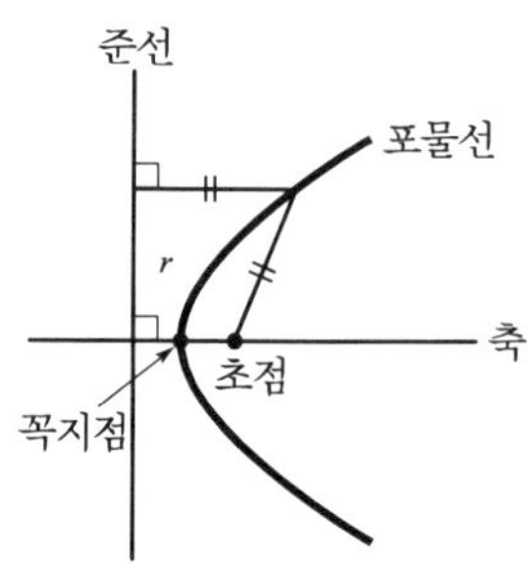

그림 4.16 포물선의 형태

포물선의 성질 2가지는 다음과 같다.

① 포물선 위의 점에서 초점까지의 거리와 준선까지의 거리는 같다.
② 꼭지점은 항상 초점과 준선의 중간에 위치한다.

포물선의 대표적인 예에 대해서는 그림 4.17과 같이 이미 2차함수 $y = ax^2$ 과 동일한 형태임을 익히 알고 있다. 이 식은 꼭지점이 $(0, 0)$, 축이 $x = 0$ 인 포물선이다.

또한 2차함수 $y = ax^2$ 의 그래프를 x 으로 m 만큼, y 으로 n 만큼 평행이동하면 2차함수는 다음식과 같이 된다.

$$y = a(x - m)^2 + n$$

이 식은 그림 4.18과 같이 꼭지점이 (m, n)이고, 축이 $x = m$ 인 포물선이다.

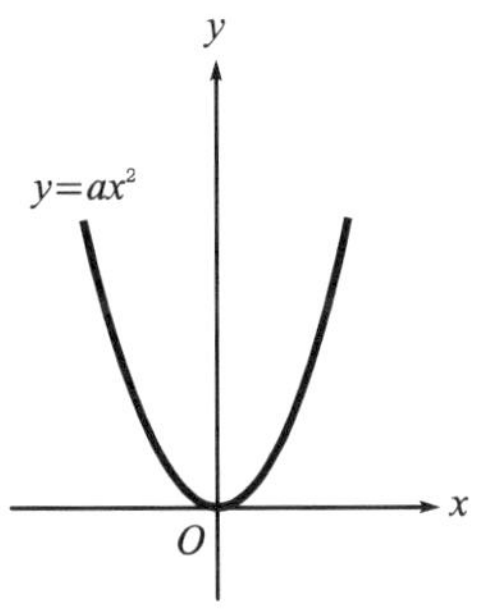

그림 4.17 $y = ax^2$ 인 포물선

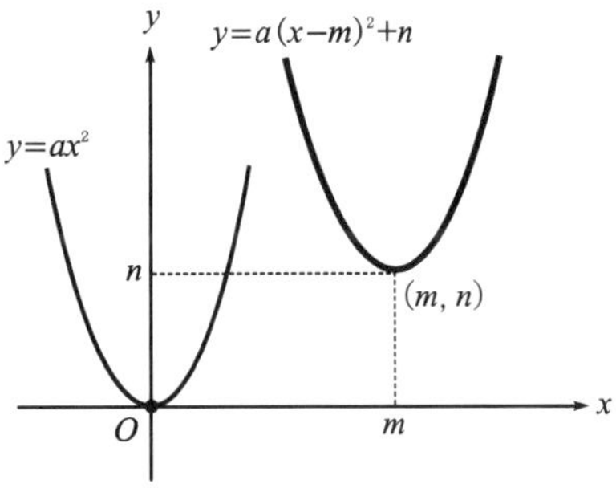

그림 4.18 $y = a(x - m)^2 + n$ 인 포물선

따라서, 2차함수와 포물선 방정식의 차이점이라고 한다면, 2차함수에서는 꼭지점과 축을 중심으로 포물선을 다루었고, 포물선 방정식에서는 기존의 2차함수와는 전혀 다른시각, 즉 초점과 준선의 관점에서 다루게 된다는 것이다.

4.4.1 포물선 방정식의 표준형

① 초점 $F(p, 0)$, 준선이 $x = -p$ 인 포물선 방정식(그림 4.19 참조)

$y^2 = 4px$ (단, $p \neq 0$)

② 초점 $F(0, p)$, 준선이 $y = -p$ 인 포물선 방정식(그림 4.20 참조)

$x^2 = 4py$ (단, $p \neq 0$)

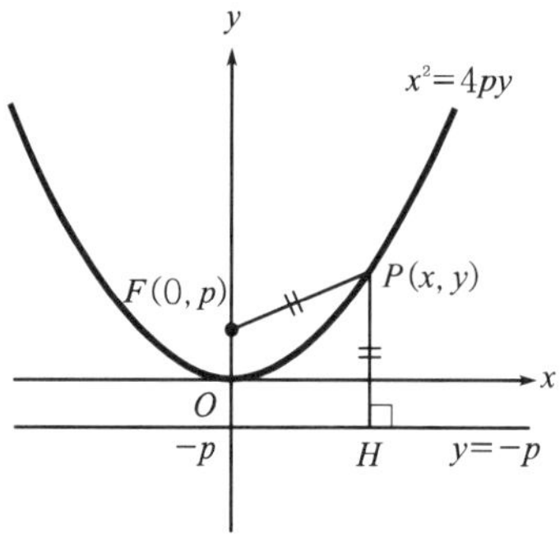

그림 4.19 $y^2 = 4px$ 인 포물선

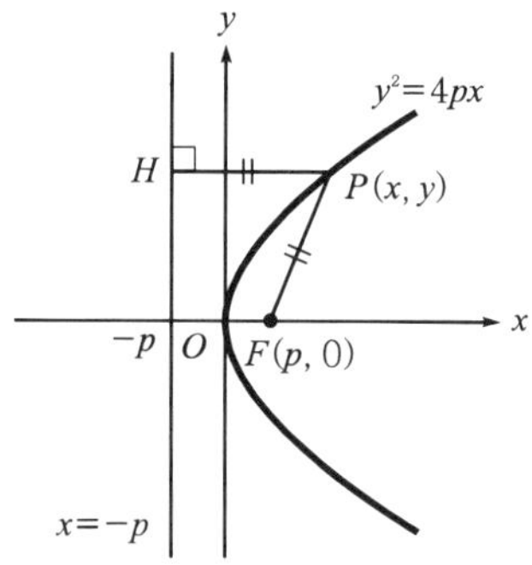

그림 4.20 $x^2 = 4py$ 인 포물선

예제 4.16

초점 $F(p, 0)$, 준선이 $x = -p$ 인 경우, 포물선 방정식이 $y^2 = 4px$ 가 됨을 증명하라.

풀이

그림 4.19에서, 포물선 위의 임의의 점 $P(x, y)$에서 준선에 내린 수선의 교점을 H라 하면, $\overline{PF} = \overline{PH}$ 이므로

$\overline{PF} = \sqrt{(x-p)^2 + y^2}$

$\overline{PH} = |x+p|$

$\sqrt{(x-p)^2 + y^2} = |x+p|$

양변을 제곱하면, $(x-p)^2 + y^2 = (x+p)^2$

정리하면, $\therefore\ y^2 = 4px \quad (단,\ p \neq 0)$

예제 4.17

초점 $F(0, p)$, 준선이 $y = -p$ 인 경우, 포물선 방정식이 $x^2 = 4py$ 가 됨을 증명하여라.

풀이

방법 1

그림 4.20에서, 포물선 위의 임의의 점 $P(x, y)$에서 준선에 내린 수선의 교점을 H라 하면, $\overline{PF} = \overline{PH}$ 이므로

$\overline{PF} = \sqrt{x^2 + (y-p)^2}$

$\overline{PH} = |y+p|$

$\sqrt{x^2+(y-p)^2} = |y+p|$

양변을 제곱하면, $x^2+(y-p)^2 = (y+p)^2$

정리하면, $\therefore\ x^2 = 4py \quad (단, p \neq 0)$

방법 2

그림 4.19의 포물선을 직선 $y=x$에 대해 대칭이동하면 그림 4.20의 포물선이 된다.

따라서, $y^2 = 4px$ 에서 x 대신 y를, y 대신 x를 대입하면,

$\therefore\ x^2 = 4py \quad (단, p \neq 0)$

예제 4.18

다음 포물선 방정식을 구하라.

(1) 초점 $F(2, 0)$, 준선이 $x=-2$ 인 포물선 방정식

(2) 초점 $F(0, 3)$, 준선이 $y=-3$ 인 포물선 방정식

풀이

(1) $y^2 = 4px$ 에 $p=2$ 를 대입하면, $\therefore\ y^2 = 4\cdot 2x = 8x$

(2) $x^2 = 4py$ 에 $p=3$ 을 대입하면, $\therefore\ x^2 = 4\cdot 3y = 12y$

4.4.2 포물선 방정식의 일반형

(1) 좌우방향으로 열린 포물선방정식의 일반형

포물선방정식의 표준형, $y^2 = 4px$ 를 x 축으로 m 만큼, y 축으로 n 만큼 평행이동하면,

$(y-n)^2 = 4p(x-m)$

이 식을 전개하여 정리하면, $y^2 - 2ny + n^2 = 4px - 4pm$

$$y^2 \underbrace{-\,4px}_{A} \underbrace{-\,2ny}_{B} + \underbrace{n^2 + 4pm}_{C} = 0$$

즉, $y^2 + Ax + By + C = 0$의 꼴이 된다.

(2) 상하방향으로 열린 포물선방정식의 일반형

포물선방정식의 표준형, $x^2 = 4py$ 를 x 축으로 m 만큼, y 축으로 n 만큼 평행이동하면,
$(x-m)^2 = 4p(y-n)$
이 식을 전개하여 정리하면, $x^2 - 2mx + m^2 = 4py - 4pn$

$$x^2 \underbrace{-4py}_{B} \underbrace{-2mx}_{A} + \underbrace{m^2 + 4pn}_{C} = 0$$

즉, $x^2 + Ax + By + C = 0$ 의 꼴이 된다.

따라서 포물선 방정식의 일반형은 다음과 같이 이차항은 x^2 과 y^2 의 둘 중 1개만 존재하는 형태이다.

1) $y^2 + Ax + By + C = 0$
2) $x^2 + Ax + By + C = 0$

예제 4.19

다음 포물선에 대해 초점의 좌표, 준선의 방정식을 구하고 그래프를 그려라.
$y^2 - 8x - 2y + 25 = 0$

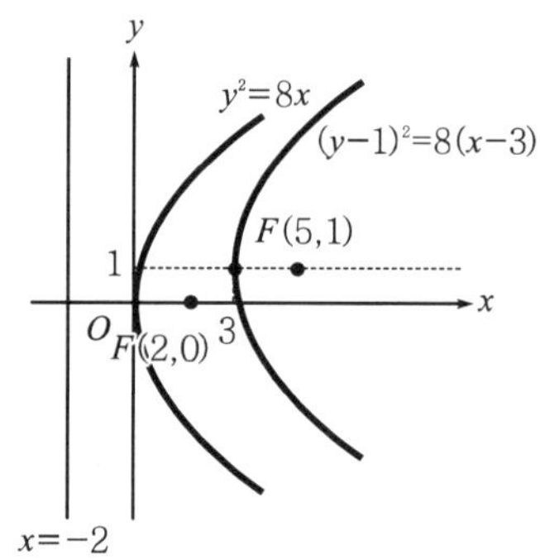

그림 4.21 $y^2 = 8x$ 및 $(y-1)^2 = 8(x-3)$ 인 포물선

풀이

일단, $(y-n)^2 = 4p(x-m)$ 의 형태로 고치면,
$(y^2 - 2y + 1) - 1 - 8x + 25 = 0$
$\therefore\ (y-1)^2 = 8(x-3)$
$y^2 = 8x$ 의 포물선을 x 축으로 3 만큼, y 축으로 1 만큼 평행이동하면 된다.
먼저, $y^2 = 8x$ 를 포물선 방정식의 표준형, $y^2 = 4px$ 로 나타내면,
$\therefore y^2 = 4 \cdot 2x$ 에서, $p = 2$ 이므로 초점 $F(2, 0)$, 준선은 $x = -p = -2$ 이다.
그러므로 $(y-1)^2 = 8(x-3)$ 의 그래프는,
$\therefore$ 초점 $F(5, 1)$, 준선은 $x = 1$

예제 4.20

다음 포물선에 대해 초점의 좌표, 준선의 방정식을 구하고 그래프를 그려라.

$x^2+2x+4y+9=0$

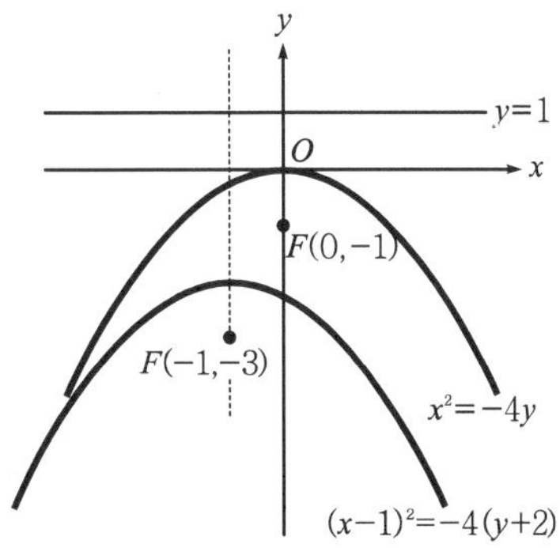

그림 4.22 $x^2=-4y$ 및 $(x+1)^2=-4(y+2)$ 인 포물선

풀이

일단, $(x-m)^2=4p(y-n)$ 의 형태로 고치면,

$(x^2+2x+1)-1+4y+9=0$

$(x+1)^2=-4y-8$

$\therefore\ (x+1)^2=-4(y+2)$

$x^2=-4y$ 의 포물선을 x축으로 -1만큼, y축으로 -2만큼 평행이동하면 된다.

먼저, $x^2=-4y$를 포물선 방정식의 표준형, $x^2=4py$로 나타내면,

$\therefore\ x^2=4\cdot(-1)y$ 에서, $p=-1$ 이므로 초점 $F(0,-1)$, 준선은 $y=-p=-(-1)=1$ 이다.

그러므로 $(x+1)^2=-4(y+2)$ 의 그래프는

$\therefore$ 초점 $F(-1,-3)$, 준선은 $y=-1$

예제 4.21

다음 포물선의 초점의 좌표와 준선의 방정식을 구하고 그래프를 구하여라.

(1) $y^2=x$ (2) $y^2=-2x$ (3) $x^2=3y$ (4) $x^2=-4y$

풀이

(1) $y^2=x$

포물선 방정식의 표준형 $y^2=4px$ 의 형태로 만들면,

초점은 $F(p,0)$, 준선은 $x=-p$ 이므로,

$y^2=4\cdot\dfrac{1}{4}x$ 에서, $p=\dfrac{1}{4}$ 이므로,

$\therefore$ 초점은 $F(\dfrac{1}{4},0)$, 준선의 방정식은 $x=-p=-\dfrac{1}{4}$

(2) $y^2 = -2x$

포물선 방정식의 표준형 $y^2 = 4px$ 의 형태로 만들면,

초점은 $F(p, 0)$, 준선은 $x = -p$ 이므로,

$y^2 = 4\cdot(-\frac{1}{2})x$ 에서, $p = -\frac{1}{2}$ 이므로,

$\therefore$ 초점은 $F(-\frac{1}{2}, 0)$, 준선의 방정식은 $x = -p = -(-\frac{1}{2}) = \frac{1}{2}$

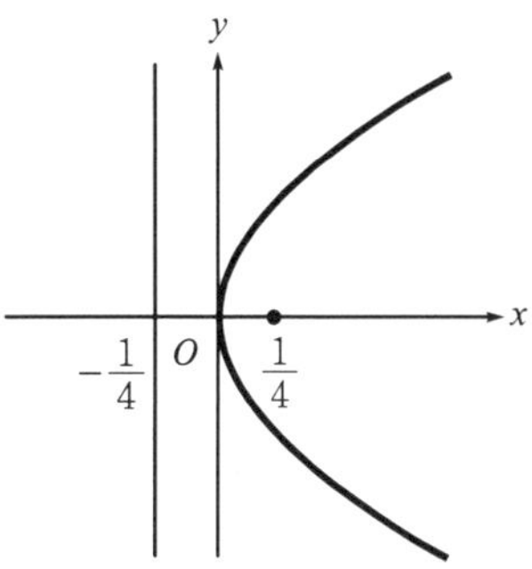

그림 4.23 $y^2 = x$ 인 포물선

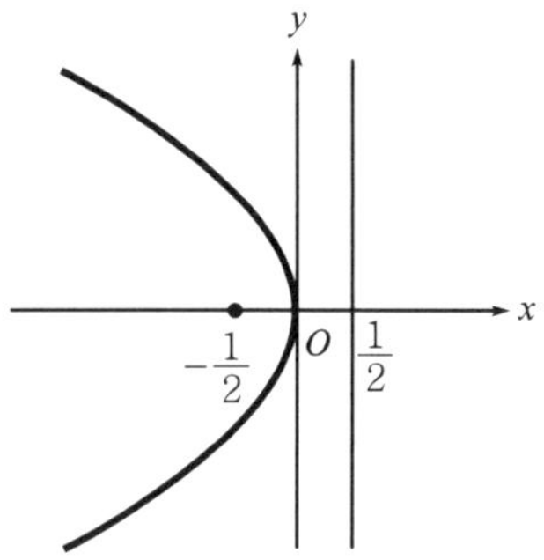

그림 4.24 $y^2 = -2x$ 인 포물선

(3) $x^2 = 3y$

포물선 방정식의 표준형 $x^2 = 4py$ 의 형태로 만들면,

초점은 $F(0, p)$, 준선은 $y = -p$ 이므로,

$x^2 = 4\cdot\frac{3}{4}y$ 에서, $p = \frac{3}{4}$ 이므로,

$\therefore$ 초점은 $F(0, \frac{3}{4})$, 준선의 방정식은 $y = -p = -\frac{3}{4}$

(4) $x^2 = -4y$

포물선 방정식의 표준형 $x^2 = 4py$ 의 형태로 만들면,

초점은 $F(0, p)$, 준선은 $y = -p$ 이므로,

$x^2 = 4\cdot(-1)y$ 에서, $p = -1$ 이므로,

$\therefore$ 초점은 $F(0, -1)$, 준선의 방정식은 $y = -p = -(-1) = 1$

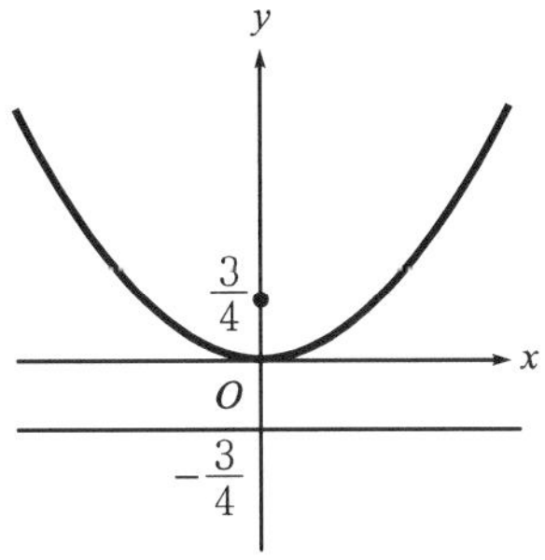

그림 4.25 $x^2 = 3y$ 인 포물선

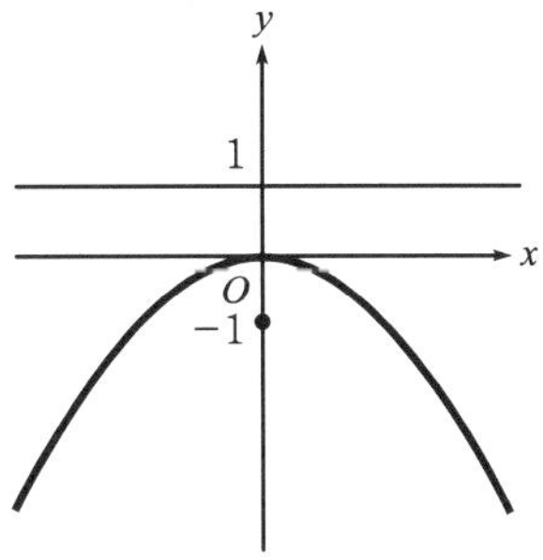

그림 4.26 $x^2 = -4y$ 인 포물선

4.5 타원의 방정식

평면 위에 두 점(초점)이 주어질 때, 두 점에서의 거리의 합이 일정한 점들의 집합을 타원이라고 한다. 이때 주어진 두 점을 초점이라고 하고, 두 초점의 중점을 중심이라고 한다. 또한 대칭인 축 중에서 긴 축을 장축, 짧은 축을 단축이라 하고, 타원의 2개 축과 타원이 만나는 4개의 교점을 꼭지점이라고 한다.

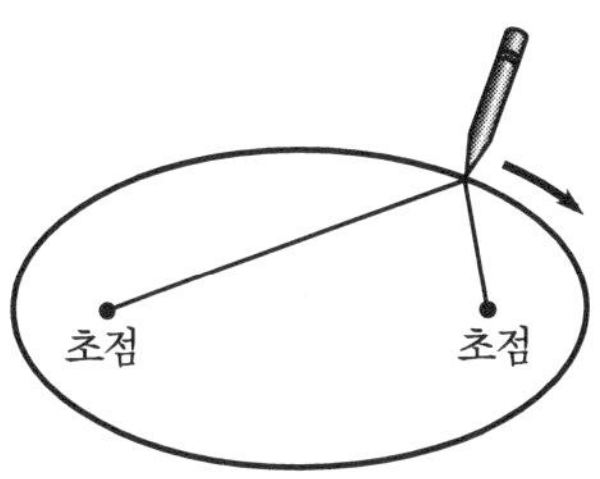

그림 4.27 타원의 작도

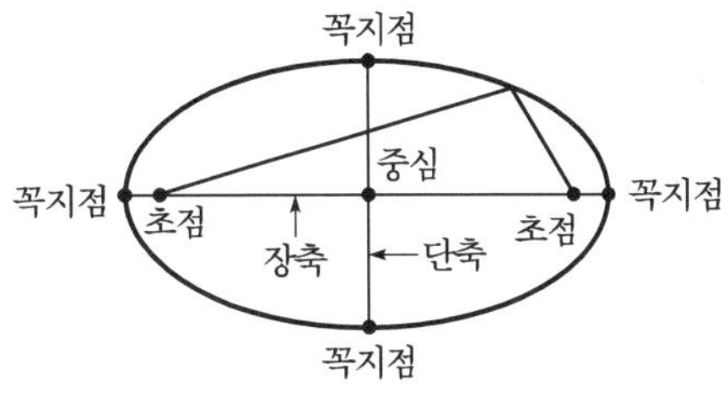

그림 4.28 타원의 형태

타원의 성질 2가지는 다음과 같다.

① 타원 위의 점에서 두 초점까지의 거리의 합은 장축의 길이와 같다.
② 중심은 두 초점의 중점이다.

4.5.1 타원 방정식의 표준형

① 두 점 $F(c,0)$, $F'(-c,0)$에서의 거리의 합이 $2a$인 타원의 방정식(그림 4.29 참조)

$$\frac{x^2}{a^2}+\frac{y^2}{b^2}=1 \quad (\text{단}, a>b>0,\quad c^2=a^2-b^2)$$

② 두 점 $F(0,c)$, $F'(0,-c)$ 에서의 거리의 합이 $2b$인 타원의 방정식(그림 4.30 참조)

$$\frac{x^2}{a^2}+\frac{y^2}{b^2}=1 \quad (\text{단}, b>a>0,\quad c^2=b^2-a^2)$$

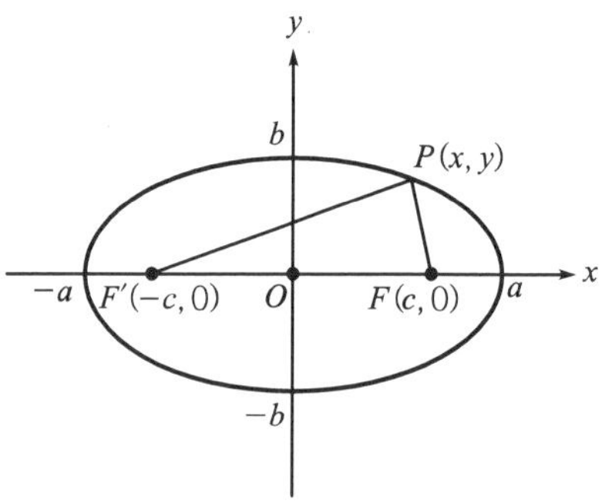

그림 4.29 $F(c,0)$, $F'(-c,0)$인 타원

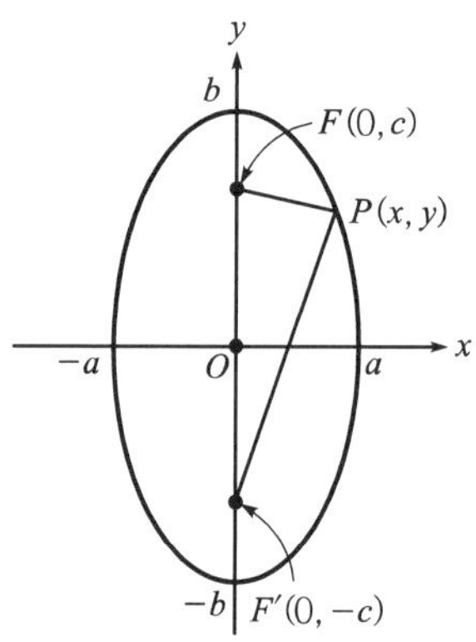

그림 4.30 $F(0,c)$, $F'(0,-c)$인 타원

예제 4.22

위의 그림 4.29에서 두 점 $F(c,0)$, $F'(-c,0)$ 에서의 거리의 합이 $2a$(일정)인 타원의 방정식이 $\frac{x^2}{a^2}+\frac{y^2}{b^2}=1$ 임을 증명하라.

풀이

타원의 정의에 의해,

$\overline{PF'}+\overline{PF}=2a$이므로

$\sqrt{(x+c)^2+y^2}+\sqrt{(x-c)^2+y^2}=2a$

루트 하나를 넘겨 제곱하면,

$(x+c)^2+y^2=(2a-\sqrt{(x-c)^2+y^2})^2$

$(x+c)^2+y^2 = 4a^2-4a\sqrt{(x-c)^2+y^2} + (x-c)^2+y^2$

이 식을 다시 정리하면,

$4cx = 4a^2-4a\sqrt{(x-c)^2+y^2}$

$4a\sqrt{(x-c)^2+y^2} = 4a^2-4cx$

$a\sqrt{(x-c)^2+y^2} = a^2-cx$

다시 양변을 제곱하면,

$a^2[(x-c)^2+y^2] = (a^2-cx)^2$

$a^2[x^2-2cx+c^2+y^2] = a^4-2a^2cx+c^2x^2$

$a^2x^2-2a^2cx+a^2c^2+a^2y^2 = a^4-2a^2cx+c^2x^2$

정리하면,

$(a^2-c^2)x^2+a^2y^2 = a^2(a^2-c^2)$

$b^2 = a^2-c^2$ 이라 놓으면,

$b^2x^2+a^2y^2 = a^2b^2$

양변을 a^2b^2 으로 나누면,

$\therefore \dfrac{x^2}{a^2}+\dfrac{y^2}{b^2}=1 \quad$ (단, $a>b>0$, $c^2=a^2-b^2$)

예제 4.23

두 초점 $F(4,0)$, $F'(-4,0)$에 이르는 거리의 합이 10 인 타원의 방정식을 구하라.

풀이

초점이 x축 위에 있으므로 거리의 합은 $2a$, 초점공식은 $c^2=a^2-b^2$

$2a=10$ 이므로, $a=5$

초점의 좌표로부터 $c=4$

$c^2=a^2-b^2$ 에서, $b^2=a^2-c^2$ 이므로 $b^2=5^2-4^2=9$, $\therefore\ b=3$

따라서 타원의 방정식은 $\therefore \dfrac{x^2}{5^2}+\dfrac{y^2}{3^2}=1$

예제 4.24

두 초점 $F(0,4)$, $F'(0,-4)$ 에 이르는 거리의 합이 10 인 타원의 방정식을 구하라.

풀이

초점이 y 축 위에 있으므로 거리의 합은 $2b$, 초점공식은 $c^2=b^2-a^2$

$2b=10$ 이므로, $b=5$

초점의 좌표로부터 $c=4$

$c^2=b^2-a^2$ 에서, $a^2=b^2-c^2$이므로 $a^2=5^2-4^2=9$, $\therefore\ a=3$

따라서 타원의 방정식은 $\therefore\ \dfrac{x^2}{3^2}+\dfrac{y^2}{5^2}=1$

예제 4.25

다음 타원의 그래프를 그리고, 장축 및 단축의 길이와 중심, 꼭지점, 초점의 좌표를 구하라.

(1) $\dfrac{x^2}{25}+\dfrac{y^2}{9}=1$ (2) $\dfrac{x^2}{9}+\dfrac{y^2}{25}=1$

풀이

(1) $\dfrac{x^2}{25}+\dfrac{y^2}{9}=1$

일단 그래프를 그리면 초점을 제외하고 모두 쉽게 구해진다.

$x=0$ 을 대입하면, $y=\pm 3$

$y=0$ 을 대입하면, $x=\pm 5$

그래프를 그리면(그림 4.31),

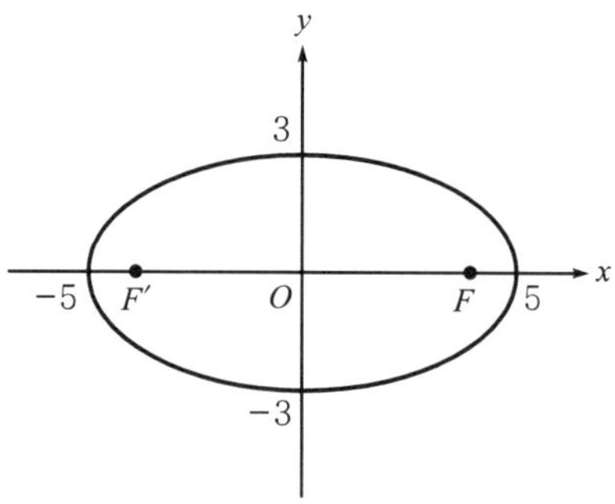

그림 4.31 $\dfrac{x^2}{25}+\dfrac{y^2}{9}=1$인 타원

① 장축은 x 축이고 길이는 10, 단축은 y 축이고 길이는 6

② 중심은 $(0,0)$

③ 꼭지점은 $(5,0)$, $(-5,0)$, $(0,3)$, $(0,-3)$

④ 초점공식, $c=\sqrt{\text{큰분모}-\text{작은분모}}$ 이므로, $c=\sqrt{25-9}=\sqrt{16}=4$

$\therefore$ 초점은 $F(4,0)$, $F'(-4,0)$

(2) $\frac{x^2}{9}+\frac{y^2}{25}=1$

일단 그래프를 그리면 초점을 제외하고 모두 쉽게 구해진다.

$x=0$ 을 대입하면, $y=\pm 5$

$y=0$ 을 대입하면, $x=\pm 3$

그래프를 그리면(그림 4.32)

① 장축은 y 축이고 길이는 10, 단축은 x 축이고 길이는 6

② 중심은 $(0,0)$

③ 꼭지점은 $(3,0)$, $(-3,0)$, $(0,5)$, $(0,-5)$

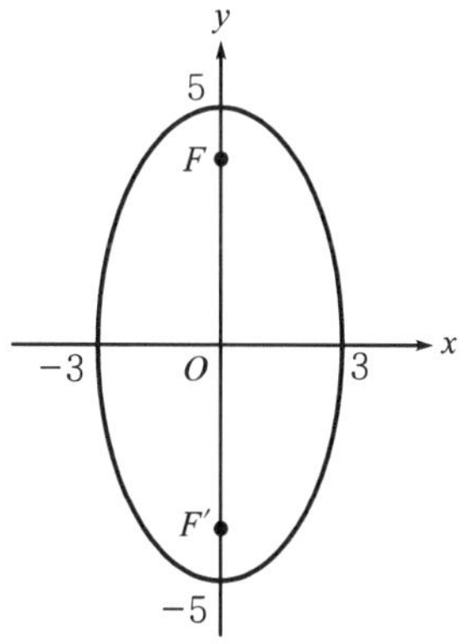

그림 4.32 $\frac{x^2}{9}+\frac{y^2}{25}=1$인 타원

④ 초점공식, $c=\sqrt{\text{큰분모}-\text{작은분모}}$ 이므로, $c=\sqrt{25-9}=\sqrt{16}=4$

$\therefore$ 초점은 $F(0,4)$, $F'(0,-4)$

4.5.2 타원 방정식의 일반형

타원 방정식의 표준형, $\frac{x^2}{a^2}+\frac{y^2}{b^2}=1$을 x 축으로 m 만큼, y 축으로 n 만큼 평행 이동하면,

$$\frac{(x-m)^2}{a^2}+\frac{(y-n)^2}{b^2}=1$$

양변에 a^2b^2 을 곱하면,

$$b^2(x-m)^2+a^2(y-n)^2=a^2b^2$$

전개하면,

$$b^2(x^2-2mx+m^2)+a^2(y^2-2ny+n^2)=a^2b^2$$

정리하면,

$$\underbrace{b^2}_{A}x^2+\underbrace{a^2}_{B}y^2\underbrace{-2mb^2}_{C}x\underbrace{-2na^2}_{D}y+\underbrace{b^2m^2+a^2n^2-a^2b^2}_{E}=0$$

즉, $Ax^2+By^2+Cx+Dy+E=0$의 형태가 된다.

이때, 이차항의 계수 A 와 B 는 반드시 "값은 서로 다르지만, 부호는 같다"는 특징이 있다.

예제 4.26

타원, $4x^2+9y^2-8x+36y+4=0$의 장축 및 단축의 길이와 중심, 꼭지점, 초점의 좌표를 구하라.

풀이

일단, $\dfrac{(x-m)^2}{a^2}+\dfrac{(y-n)^2}{b^2}=1$ 의 형태로 고치면,

$4(x^2-2x)+9(y^2+4y)+4=0$ 에서,

$4(x-1)^2-4+9(y+2)^2-36+4=0$

$4(x-1)^2+9(y+2)^2=36$

양변을 36으로 나누면,

$$\frac{(x-1)^2}{9}+\frac{(y+2)^2}{4}=1$$

윗식은 $\dfrac{x^2}{9}+\dfrac{y^2}{4}=1$ 의 타원을 x 축으로 1 만큼, y 축으로 -2 만큼 평행이동한 것이다.

따라서 $\dfrac{x^2}{9}+\dfrac{y^2}{4}=1$ 의 그래프를 먼저 그려보면,

$x=0$ 을 대입하면, $y=\pm 2$

$y=0$ 을 대입하면, $x=\pm 3$

그래프를 그리면,

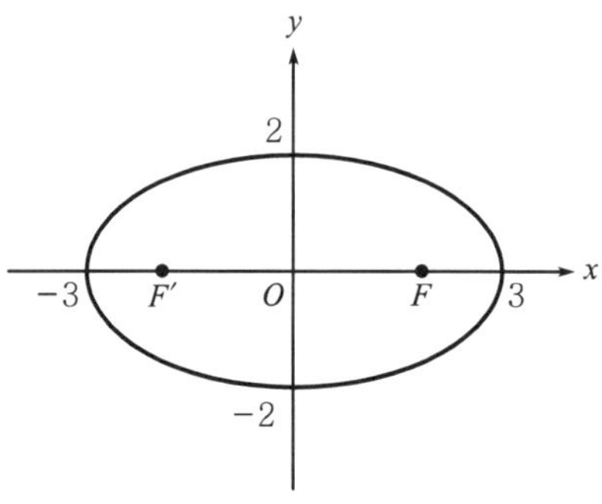

그림 4.33 $\dfrac{x^2}{9}+\dfrac{y^2}{4}=1$ 인 타원

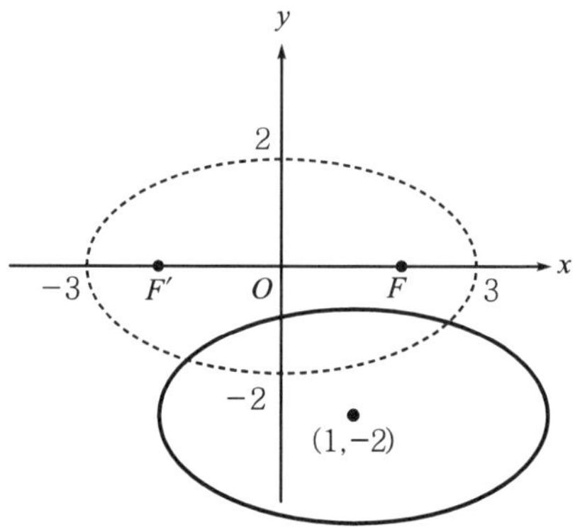

그림 4.34 $\dfrac{(x-1)^2}{9}+\dfrac{(y+2)^2}{4}=1$ 인 타원

① 장축은 x 축이고 길이는 6, 단축은 y 축이고 길이는 4
② 중심은 $(0, 0)$
③ 꼭지점은 $(3, 0)$, $(-3, 0)$, $(0, 2)$, $(0, -2)$
④ 초점공식, $c = \sqrt{\text{큰분모} - \text{작은분모}}$ 이므로, $c = \sqrt{9-4} = \sqrt{5}$
$\therefore$ 초점은 $F(\sqrt{5}, 0)$, $F'(-\sqrt{5}, 0)$

원래의 문제로 돌아와 $\dfrac{(x-1)^2}{9} + \dfrac{(y+2)^2}{4} = 1$ 의 그래프는,
x 축으로 1 만큼, y 축으로 -2 만큼 평행이동하면,
① 장축은 x 축이고 길이는 6, 단축은 y 축이고 길이는 4
② 중심은 $(1, -2)$
③ 꼭지점은 $(4, -2)$, $(-2, -2)$, $(1, 0)$, $(1, -4)$
④ 초점은 $F(\sqrt{5}+1, -2)$, $F'(-\sqrt{5}+1, -2)$

4.6 쌍곡선의 방정식

평면 위에 두 점(초점)이 주어질 때, 그림 4.35와 같이 두 점에서의 거리의 차가 일정한 점들의 집합을 쌍곡선이라고 한다. 이때 주어진 두 점을 초점이라 하고, 두 초점의 중점을 중심이라고 한다.

또한, 그림 4.36과 같이 두 초점을 지나는 직선과 쌍곡선이 만나는 교점을 꼭지점이라 하고 꼭지점을 이은 선분을 주축이라고 한다.

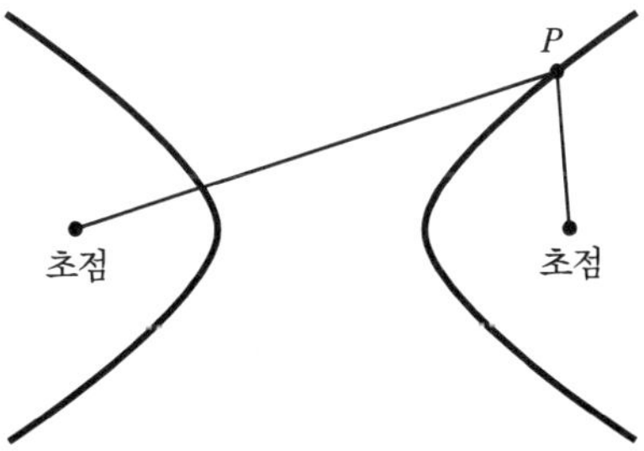

그림 4.35 쌍곡선의 작도

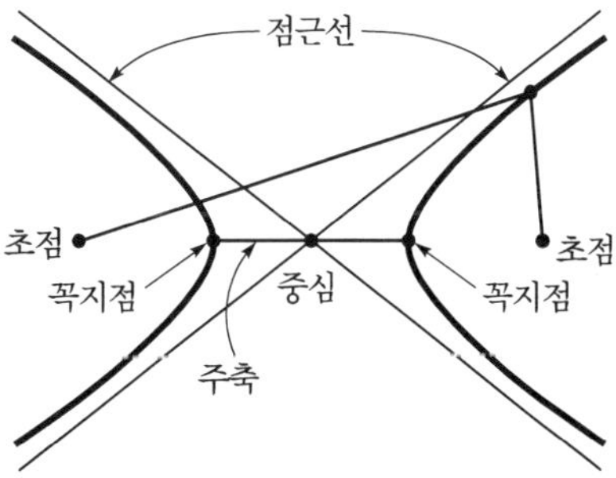

그림 4.36 쌍곡선의 형태

쌍곡선의 성질 2가지는 다음과 같다.

① 쌍곡선의 점에서 두 초점까지의 거리의 차는 주축의 길이와 같다.
② 중심은 두 초점의 중점이다.

4.6.1 쌍곡선 방정식의 표준형

① 두 점 $F(c,0)$, $F'(-c,0)$에서의 거리의 차가 $2a$인 쌍곡선의 방정식(그림 4.37 참조)

$$\frac{x^2}{a^2}-\frac{y^2}{b^2}=1 \qquad (\text{단}, a>0,\ b>0,\quad c^2=a^2+b^2)$$

② 두 점 $F(0,c)$, $F'(0,-c)$에서의 거리의 차가 $2b$인 쌍곡선의 방정식(그림 4.38 참조)

$$\frac{x^2}{a^2}-\frac{y^2}{b^2}=-1 \qquad (\text{단}, a>0,\ b>0,\quad c^2=a^2+b^2)$$

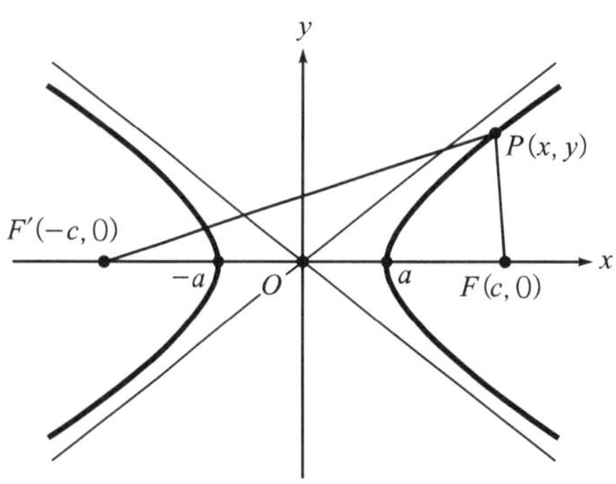

그림 4.37 $\frac{x^2}{a^2}-\frac{y^2}{b^2}=1$ 인 쌍곡선

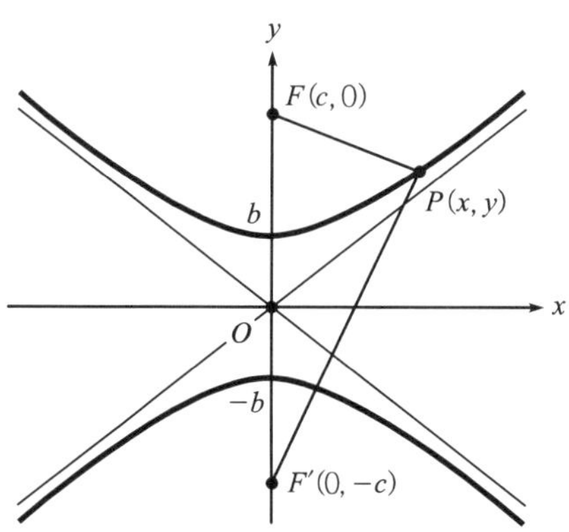

그림 4.38 $\frac{x^2}{a^2}-\frac{y^2}{b^2}=-1$ 인 쌍곡선

예제 4.27

위의 그림 4.37에서 두 점 $F(c,0)$, $F'(-c,0)$에 이르는 거리의 차가 $2a$(일정)인 쌍곡선의 방정식이 $\frac{x^2}{a^2}-\frac{y^2}{b^2}=1$ 이 됨을 증명하라.

풀이

쌍곡선의 정의에 의해,

$|\overline{PF'} - \overline{PF}| = 2a$ 이므로

$\sqrt{(x+c)^2+y^2} - \sqrt{(x-c)^2+y^2} = \pm 2a$

루트 하나를 넘겨 제곱하면,

$(x+c)^2+y^2 = (\pm 2a + \sqrt{(x-c)^2+y^2})^2$

$(x+c)^2+y^2 = 4a^2 \pm 4a\sqrt{(x-c)^2+y^2} + (x-c)^2+y^2$

이 식을 다시 정리하면,

$4cx = 4a^2 \pm 4a\sqrt{(x-c)^2+y^2}$

$\pm 4a\sqrt{(x-c)^2+y^2} = 4a^2 - 4cx$

$\pm a\sqrt{(x-c)^2+y^2} = a^2 - cx$

다시 양변을 제곱하면,

$a^2[(x-c)^2+y^2] = (a^2-cx)^2$

$a^2[x^2-2cx+c^2+y^2] = a^4-2a^2cx+c^2x^2$

$a^2x^2-2a^2cx+a^2c^2+a^2y^2 = a^4-2a^2cx+c^2x^2$

정리하면,

$(a^2-c^2)x^2+a^2y^2 = a^2(a^2-c^2)$

$b^2 = c^2-a^2$ 이라 놓으면,

$-b^2x^2+a^2y^2 = -a^2b^2$

양변을 $-a^2b^2$ 으로 나누면,

$\therefore \dfrac{x^2}{a^2} - \dfrac{y^2}{b^2} = 1 \quad$ (단, $a>0,\ b>0,\quad c^2 = a^2+b^2$)

모든 쌍곡선에는 한없이 가까워지는 점근선이 있다. 점근선을 구하는 공식은 다음과 같이 우변의 ± 1 을 "0"으로 고쳐놓고 풀면 점근선이 된다.

즉, $\dfrac{x^2}{a^2} - \dfrac{y^2}{b^2} = \pm 1$ 의 점근선을 구해보면,

$\dfrac{x^2}{a^2} - \dfrac{y^2}{b^2} = 0$

$y^2 = \dfrac{b^2}{a^2}x^2$

$\therefore\ y = \pm \dfrac{b}{a}x$

또한, 쌍곡선을 그릴 때에는 다음의 그림과 같이 $(\pm a, \pm b)$를 찍어서 Box를 만든 후, 점근선과 쌍곡선을 그려 넣으면 된다.

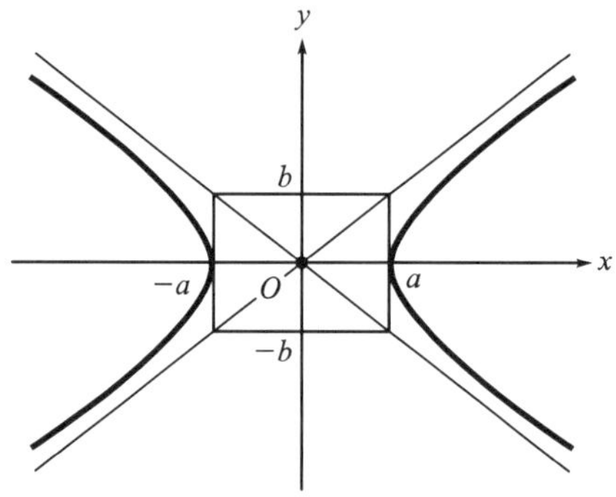

그림 4.39 점근선과 쌍곡선의 작도방법

예제 4.28

두 초점 $F(5,0)$, $F'(-5,0)$에 이르는 거리의 차가 8 인 쌍곡선 방정식을 구하라.

풀이

초점이 x축 위에 있으므로 거리의 차는 $2a$, 방정식은 $\dfrac{x^2}{a^2}-\dfrac{y^2}{b^2}=1$

$2a=8$ 이므로, $a=4$

초점의 좌표로부터 $c=5$

$c^2=a^2+b^2$ 에서, $b^2=c^2-a^2$ 이므로 $b^2=5^2-4^2=9$, $\therefore\ b=3$

따라서, 쌍곡선의 방정식은 $\therefore\ \dfrac{x^2}{4^2}-\dfrac{y^2}{3^2}=1$

예제 4.29

두 초점 $F(0,5)$, $F'(0,-5)$에 이르는 거리의 차가 8 인 쌍곡선 방정식을 구하라.

풀이

초점이 y축 위에 있으므로 거리의 차가 $2b$, 방정식은 $\dfrac{x^2}{a^2}-\dfrac{y^2}{b^2}=-1$

$2b=8$ 이므로, $b=4$

초점의 좌표로부터 $c=5$

$c^2=a^2+b^2$ 에서, $a^2=c^2-b^2$ 이므로 $a^2=5^2-4^2=9$, $\therefore\ a=3$

따라서 쌍곡선의 방정식은 $\therefore\ \dfrac{x^2}{3^2}-\dfrac{y^2}{4^2}=-1$

예제 4.30

다음 쌍곡선의 그래프를 그리고, 점근선의 방정식과 주축의 길이 및 중심, 꼭지점, 초점의 좌표를 구하라.

(1) $\frac{x^2}{16}-\frac{y^2}{9}=1$ (2) $\frac{x^2}{16}-\frac{y^2}{9}=-1$

풀이

(1) $\frac{x^2}{16}-\frac{y^2}{9}=1$

① 그래프를 그릴 때 $(\pm a, \pm b)=(\pm 4, \pm 3)$를 찍어서 Box를 만든 후, 점근선과 쌍곡선을 그려 넣으면 된다. 이때,
우변이 1일 때에는 x축 방향으로 뻗어나가는 그래프가 되고,
우변이 −1일 때에는 y축 방향으로 뻗어나가는 그래프가 된다.

② 점근선을 구하는 식
$\frac{x^2}{16}-\frac{y^2}{9}=0$ 에서, $\therefore\ y=\pm\frac{3}{4}x$

③ 주축의 길이
꼭지점 사이의 거리이므로 8

④ 중심은 $(0,0)$

⑤ 꼭지점은 $(4,0)$, $(-4,0)$

⑥ 초점은 $c^2=a^2+b^2$ 또는 $c=\sqrt{\text{분모의 합}}$ 이므로
$c=\pm\sqrt{4^2+3^2}=\pm\sqrt{25}=\pm 5$ 또는, $c=\sqrt{16+9}=\sqrt{25}=5$
$\therefore$ 초점은 $F(5,0)$, $F'(-5,0)$

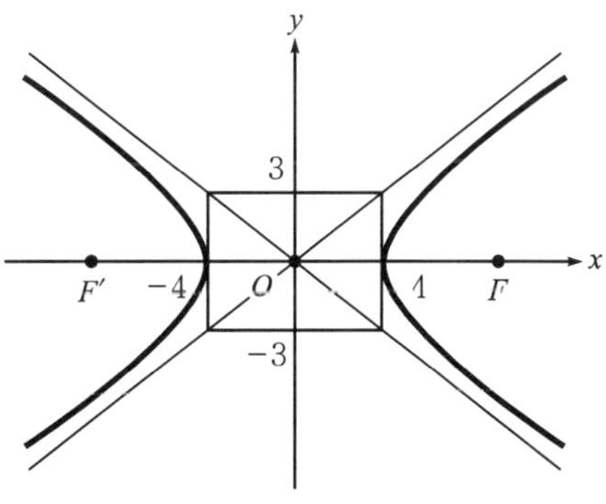

그림 4.40 $\frac{x^2}{16}-\frac{y^2}{9}=1$인 쌍곡선

(2) $\frac{x^2}{16}-\frac{y^2}{9}=-1$

① 그래프를 그릴 때 $(\pm a, \pm b)=(\pm 4, \pm 3)$를 찍어서 Box를 만든 후, 점근선과 쌍곡선을 그려 넣으면 된다. 이때,
우변이 1일 때에는 x축 방향으로 뻗어나가는 그래프가 되고,
우변이 −1일 때에는 y축 방향으로 뻗어나가는 그래프가 된다.

② 점근선을 구하는 식

$\frac{x^2}{16}-\frac{y^2}{9}=0$ 에서, $\therefore\ y=\pm\frac{3}{4}x$

③ 주축의 길이
꼭지점 사이의 거리이므로 6

④ 중심은 $(0, 0)$

⑤ 꼭지점은 $(0, 3)$, $(0, -3)$

⑥ 초점은 $c^2=a^2+b^2$ 또는 $c=\sqrt{\text{분모의 합}}$ 이므로

$c=\pm\sqrt{4^2+3^2}=\pm\sqrt{25}=\pm 5$ 또는, $c=\sqrt{16+9}=\sqrt{25}=5$

$\therefore$ 초점은 $F(0, 5)$, $F'(0, -5)$

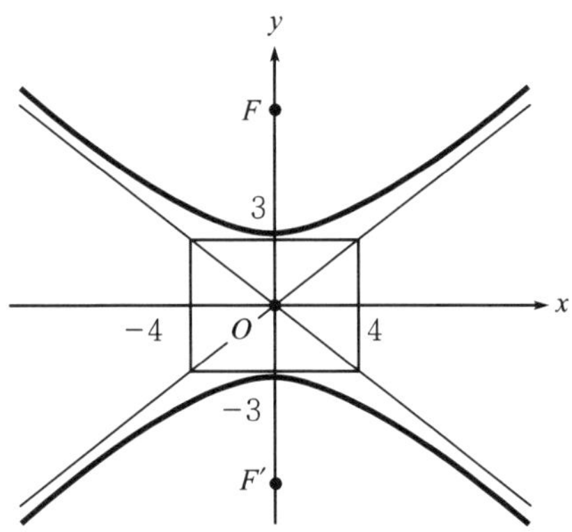

그림 4.41 $\frac{x^2}{16}-\frac{y^2}{9}=-1$인 쌍곡선

4.6.2 쌍곡선 방정식의 일반형

쌍곡선 방정식의 표준형, $\frac{x^2}{a^2}-\frac{y^2}{b^2}=\pm 1$ 을 x 축으로 m 만큼, y 축으로 n 만큼 평행이동하면,

$$\frac{(x-m)^2}{a^2}-\frac{(y-n)^2}{b^2}=\pm 1$$

양변에 a^2b^2 을 곱하면,

$$b^2(x-m)^2-a^2(y-n)^2=\pm a^2b^2$$

전개하면,

$$b^2(x^2-2mx+m^2)-a^2(y^2-2ny+n^2)=\pm a^2b^2$$

정리하면,

$$\underset{A}{\underline{b^2x^2}}\underset{B}{\underline{-a^2y^2}}\underset{C}{\underline{-2mb^2x}}\underset{D}{\underline{+2na^2y}}+\underset{E}{\underline{b^2m^2-a^2n^2\pm a^2b^2}}=0$$

즉, $Ax^2+By^2+Cx+Dy+E=0$의 형태가 된다.

이때, 이차항의 계수 A 와 B 는 "값이 서로 다르며, 또한 부호가 서로 다르다"는 특징이 있다.

예제 4.31

쌍곡선, $4x^2-9y^2-8x-36y-68=0$의 점근선의 방정식과 주축의 길이 및 중심, 꼭지점, 초점의 좌표를 구하라.

풀이

일단, $\frac{(x-m)^2}{a^2}-\frac{(y-n)^2}{b^2}=\pm 1$의 형태로 고치면,

$4(x^2-2x)-9(y^2+4y)-68=0$에서,

$4[(x-1)^2-1]-9[(y+2)^2-4]-68=0$

$4(x-1)^2-4-9(y+2)^2+36-68=0$

$4(x-1)^2-9(y+2)^2=36$

양변을 36으로 나누면,

$$\frac{(x-1)^2}{9}-\frac{(y+2)^2}{4}=1$$

윗식은 $\frac{x^2}{9}-\frac{y^2}{4}=1$ 의 쌍곡선을 x 축으로 1 만큼, y 축으로 -2 만큼 평행이동한 것이다.

따라서 $\frac{x^2}{9}-\frac{y^2}{4}=1$ 의 그래프를 먼저 그려보면,

① $(\pm a, \pm b)=(\pm 3, \pm 2)$를 찍어서 Box를 만든 후, 점근선과 쌍곡선을 그려 넣으면 된다. 이때,
우변이 1일 때에는 x 축 방향으로 뻗어나가는 그래프를,
우변이 −1일 때에는 y 축 방향으로 뻗어나가는 그래프를 그리면 된다.

② 점근선을 구하면,
$\frac{x^2}{16}-\frac{y^2}{9}=0$ 에서, $\therefore\ y=\pm\frac{2}{3}x$

③ 주축의 길이
꼭지점 사이의 거리이므로 6

④ 중심은 $(0,0)$

⑤ 꼭지점은 $(3,0)$, $(-3,0)$

⑥ 초점은 $c^2=a^2+b^2$ 또는 $c=\sqrt{\text{분모의 합}}$ 이므로
$c=\pm\sqrt{3^2+2^2}=\pm\sqrt{13}$ 또는, $c=\sqrt{9+4}=\sqrt{13}$
$\therefore$ 초점은 $F(\sqrt{13},0)$, $F'(-\sqrt{13},0)$

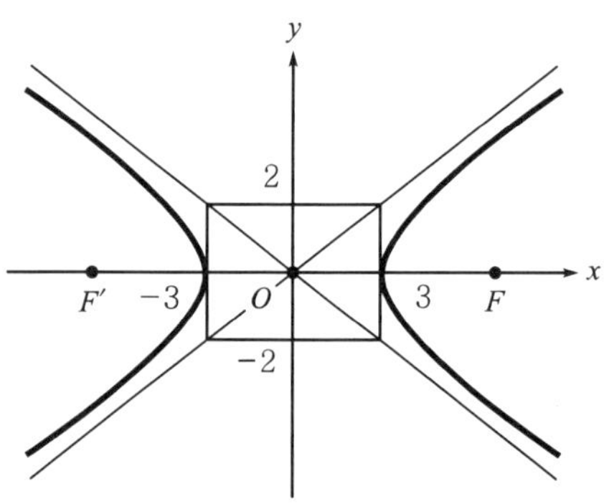

그림 4.42 $\frac{x^2}{9}-\frac{y^2}{4}=1$인 쌍곡선

$\frac{(x-1)^2}{9}-\frac{(y+2)^2}{4}=1$는 $\frac{x^2}{9}-\frac{y^2}{4}=1$의 쌍곡선을 x축으로 1만큼, y축으로 -2만큼 평행이동한 것이므로,

① 점근선을 구하면,

$y+2=\pm\frac{2}{3}(x-1)\quad\therefore\ y=\pm\frac{2}{3}(x-1)-2$

② 주축의 길이

꼭지점 사이의 거리이므로 6

③ 중심은 $(0+1,\ 0-2)=(1,\ -2)$

④ 꼭지점은 $(3+1,\ 0-2)$, $(-3+1,\ 0-2)=(4,\ -2)$, $(-2,\ -2)$

⑤ 초점 $F(\sqrt{13}+1,\ 0-2)$, $F'(-\sqrt{13}+1,\ 0-2)=(\sqrt{13}+1,\ -2)$, $(-\sqrt{13}+1,\ -2)$

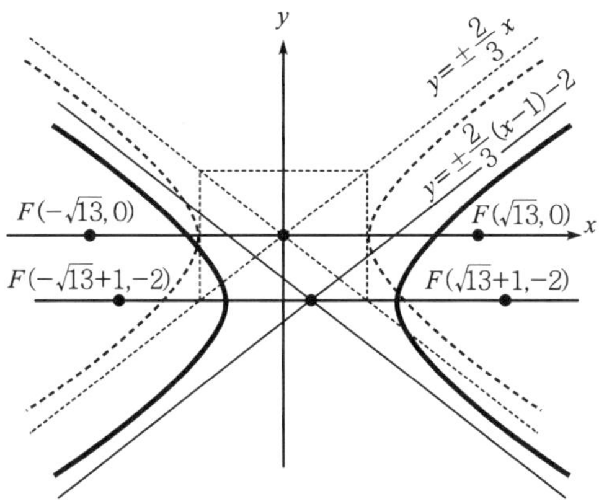

그림 4.43 $\frac{(x-1)^2}{9}-\frac{(y+2)^2}{4}=1$인 쌍곡선

●● 연습문제

4.1 평면상에 있는 두 점 A와 B의 좌표가 다음과 같을 때, 두 점 사이의 거리와 중점의 좌표를 구하라.

$A(-70\,\mathrm{m},\ 120\,\mathrm{m})$, $B(50\,\mathrm{m},\ -90\,\mathrm{m})$

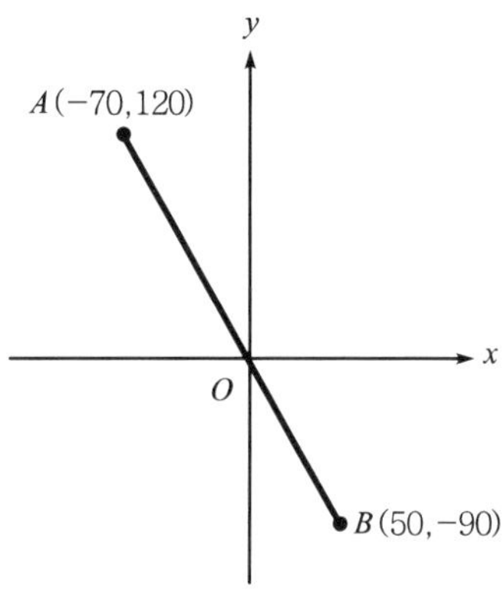

4.2 점$(3,\ 4)$을 지나고, x축에 평행한 직선의 방정식과 y축에 평행한 직선의 방정식을 구하라.

4.3 기울기가 $a=2$이고, y절편이 $c=3$인 직선의 방정식은?

4.4 기울기가 $a=1$이고, 점$(3,\ 5)$를 지나는 직선의 방정식은?

4.5 두 점 $A(4,\ 0)$, $B(0,\ 2)$를 지나는 직선의 방정식은?

4.6 x절편이 4, y절편이 2인 직선의 방정식은?

4.7 다음의 그림과 같이 점 $P(6,\ 5)$와 직선 $4x+3y-14=0$ 사이의 거리 d를 구하라.

4.8 다음 그림과 같이 세점 $A(2,3)$, $B(0,0)$, $C(7,0)$를 꼭지점으로 하는 삼각형 ABC에 대해, ① 무게중심 G ② 전체면적 ③ 음영으로 나타낸 부분의 면적을 구하라.

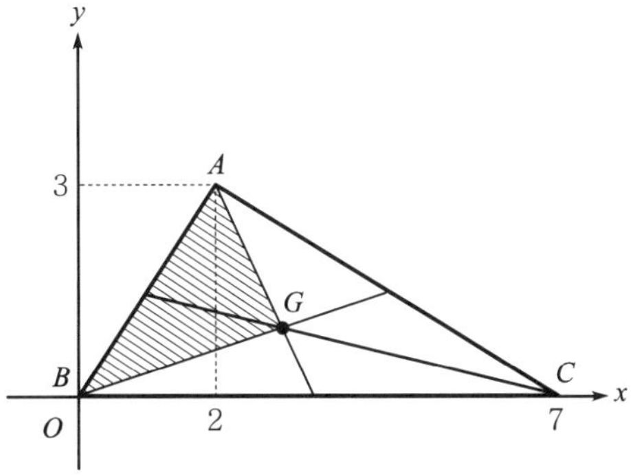

4.9 다음 세 점을 꼭지점으로 하는 삼각형 ΔABC의 면적을 구하라.

(1) A(2, 3), B(−2, −1), C(4, −3)

(2) O(0, 0), A(2, 3), B(3, 1)

제5장 지수와 대수

5.1 지수

5.1.1 거듭제곱

임의의 실수 a 와 양의정수 n 에 대하여, a 를 n 번 거듭하여 곱한 것을 "a의 n제곱" 이라 하고 a^n 으로 나타낸다. 이때 a^2 을 a 의 제곱, a^3 을 a 의 세제곱, a^n 을 a 의 n 제곱이라 하고, 통틀어서 a 의 거듭제곱이라 하며, a 를 거듭제곱의 밑, n 을 거듭제곱의 지수라고 한다.

$a^2 = a \times a$	a의 제곱
$a^3 = a \times a \times a$	a의 세 제곱
$a^n = a \times a \times a \times a \times \cdots\cdots$	a의 n 제곱

a, b 가 임의의 실수이고, m, n 이 양의 정수 일 때, 다음의 지수법칙이 성립한다.

① $a^m a^n = a^{m+n}$

② $(a^m)^n = a^{mn}$

③ $(ab)^n = a^n b^n$

④ $\left(\dfrac{a}{b}\right)^n = \dfrac{a^n}{b^n}$ (단, $b \neq 0$)

⑤ $a^m \div a^n = \begin{cases} a^{m-n} & (m > n \text{ 일 때}) \\ 1 & (m = n \text{ 일 때}) \\ \dfrac{1}{a^{n-m}} & (m < n \text{ 일 때}) \end{cases}$ (단, $a \neq 0$)

예제 5.1

지수법칙을 이용하여 다음을 간단히 하라.

(1) $x^3 \times x^4$ (2) $(xy)^3 \div x$ (3) $\left(\dfrac{x^2}{y}\right)^3 \times y^3$

풀이

(1) $x^3 \times x^4 = x^{3+4} = x^7$

(2) $(xy)^3 \div x = x^3 \times y^3 \div x = x^{3-1} \times y^3 = x^2 y^3$

(3) $\left(\dfrac{x^2}{y}\right)^3 \times y^3 = \dfrac{x^{2\times 3}}{y^3} \times y^3 = \dfrac{x^6}{y^3} \times y^3 = x^6$

5.1.2 거듭제곱근

실수 a와 2 이상의 정수 n에 대하여 n제곱하여 a가 되는 수, 즉 방정식으로 표현하면 $x^n = a$를 만족하는 x를 "a의 n제곱근"이라고 하고, $\sqrt[n]{a}$로 나타낸다. 이때 $\sqrt{a}$를 a의 제곱근, $\sqrt[3]{a}$를 a의 세제곱근, $\sqrt[4]{a}$를 a의 네제곱근, $\sqrt[n]{a}$를 a의 n제곱근 이라하고 통틀어서 a의 거듭제곱근이라고 한다.

$x^2 = a,\quad x = \sqrt{a} = a^{\frac{1}{2}}$ a의 제곱근 (읽을 때, 제곱근 a 또는, 루트 a)

$x^3 = a,\quad x = \sqrt[3]{a} = a^{\frac{1}{3}}$ a의 세제곱근 (읽을 때, 세제곱근 a)

$x^4 = a,\quad x = \sqrt[4]{a} = a^{\frac{1}{4}}$ a의 네제곱근 (읽을 때, 네제곱근 a)

$x^n = a,\quad x = \sqrt[n]{a} = a^{\frac{1}{n}}$ a의 n제곱근 (읽을 때, n제곱근 a)

거듭제곱근에 대해서는 다음과 같은 성질이 성립한다.

$a > 0$, $b > 0$이고 m과 n이 2 이상의 정수일 때,

① $(\sqrt[n]{a})^n = a$ ② $\sqrt[n]{a}\,\sqrt[n]{b} = \sqrt[n]{ab}$

③ $\dfrac{\sqrt[n]{a}}{\sqrt[n]{b}} = \sqrt[n]{\dfrac{a}{b}}$ ④ $(\sqrt[n]{a})^m = \sqrt[n]{a^m}$

⑤ $\sqrt[m]{\sqrt[n]{a}} = \sqrt[mn]{a}$ ⑥ $\sqrt[np]{a^{mp}} = \sqrt[n]{a^m}$ (단, p는 양의 정수)

5.1.3 지수의 확장

지금까지는 지수가 양의 정수인 경우(a^2, a^5 등)에 대해 공부하였다. 그러나 공학에서는 a^0, a^{-2}, $a^{\frac{3}{2}}$ 처럼 지수가 정수가 아닌 경우가 많이 나온다. 지수가 0 또는 음수, 유리수인 경우에도 성립하도록 지수의 범위를 확장하면 다음과 같다.

(1) 지수가 0 또는 음수인 경우

$a \neq 0$ 이고, n 이 양의 정수일 때,

① $a^0 = 1$

② $a^{-n} = (a^{-1})^n = \left(\frac{1}{a}\right)^n = \frac{1}{a^n}$

(2) 지수가 유리수인 경우

$a > 0$ 이고, n 은 2 이상의 정수일 때,

① $a^{\frac{m}{n}} = \sqrt[n]{a^m}$　　　② $a^{\frac{1}{n}} = \sqrt[n]{a}$

예제 5.2

다음을 간단히 하라.

(1) $\sqrt[4]{16}$　　(2) $\sqrt[3]{3} \times \sqrt[3]{9}$　　(3) $\sqrt[4]{\left(\frac{16}{81}\right)}$

풀이

(1) $\sqrt[4]{16} = \sqrt[4]{2^4} = (2^4)^{\frac{1}{4}} = 2^{4 \times \frac{1}{4}} = 2^1 = 2$

(2) $\sqrt[3]{3} \times \sqrt[3]{9} = \sqrt[3]{3 \times 9} = \sqrt[3]{3^3} = (3^3)^{\frac{1}{3}} = 3^{3 \times \frac{1}{3}} = 3^1 = 3$

(3) $\sqrt[4]{\left(\frac{16}{81}\right)} = \frac{\sqrt[4]{16}}{\sqrt[4]{81}} = \frac{\sqrt[4]{2^4}}{\sqrt[4]{3^4}} = \frac{(2^4)^{\frac{1}{4}}}{(3^4)^{\frac{1}{4}}} = \frac{2^{4 \times \frac{1}{4}}}{3^{4 \times \frac{1}{4}}} = \frac{2^1}{3^1} = \frac{2}{3}$

예제 5.3

다음을 간단히 하라.

(1) $\left(\frac{2}{3}\right)^0$　　(2) $(-3)^{-4}$　　(3) $25^{\frac{1}{2}} \times 64^{-\frac{1}{3}}$

풀이

(1) $\left(\frac{2}{3}\right)^0 = \frac{2^0}{3^0} = \frac{1}{1} = 1$

(2) $(-3)^{-4} = \frac{1}{(-3)^4} = \frac{1}{81}$

(3) $25^{\frac{1}{2}} \times 64^{-\frac{1}{3}} = (5^2)^{\frac{1}{2}} \times (4^3)^{-\frac{1}{3}} = 5^{2\times\frac{1}{2}} \times 4^{3\times(-\frac{1}{3})} = 5 \times 4^{-1} = \frac{5}{4}$

5.1.4 오일러의 수, e

오일러의 수, e는 자연로그의 밑이 되는 수이며, 값은 대략 다음과 같다.

$$e = 2.7182818281828\cdots\cdots$$

스위스의 수학자 오일러의 이름을 따서 "오일러(Euler)의 수"라고 하며, e라고 표기한다. 오일러의 수를 극한으로 표현하면 다음과 같다.

$$e = \lim_{n\to\infty}(1+\frac{1}{n})^n$$

또한, 무한급수로 나타내면 다음과 같다.

$$e = \sum_{n=0}^{\infty}\frac{1}{n!} = \frac{1}{0!} + \frac{1}{1!} + \frac{1}{2!} + \frac{1}{3!} + \cdots\cdots$$

윗 식에서 $n! = 1\times2\times3\times4\times5\times\cdots\cdots\times n$ 까지의 곱을 의미한다.

e는 지수함수가 e^x와 일치하기 때문에 매우 중요하다. 지수함수와 지수함수의 상수배는 자신의 도함수와 같게 표현되는 유일한 함수이므로 자연에서 발견되는 다양한 성장 및 감소 현상의 모델을 계산할 때 자주 사용된다.

5.2 로그(ℓog)

5.2.1 로그의 정의

$10^x = 100$ 을 만족하는 x의 값은 $10^x = 10^2$ 에서, $x = 2$ 임을 쉽게 알 수 있다. 그러나 $10^x = 99$ 를 만족하는 x 의 값은 $10^1 = 10$, $10^2 = 100$ 이므로 $x = 1$ 과 2 사이의 어떤 수인 것은 알지만, 정확히 얼마인지는 알 수 없다. 이러한 경우 로그를 적용하면 정확히 계산할 수 있다.

수식을 로그로 나타내면,

$$10^x = 99 \qquad \therefore\ x = \ell og_{10} 99 = 1.9956\cdots\cdots$$

일반적으로 $a > 0$, $a \neq 1$, $b > 0$ 일 때, $a^x = b$ 를 만족하는 실수 x 는 반드시 한 개 존재한다. 이 x 를 "a 를 밑으로 하는 b 의 로그"라 하고, 기호로 다음과 같이 나타낸다.

	$x = \ell og_a b$	a를 밑으로 하는 b의 로그
$ex)$	$x = \ell og_{10}100$	10을 밑으로 하는 100의 로그

5.2.2 로그의 성질

로그의 정의와 지수법칙을 이용하여 다음과 같은 로그의 성질을 얻을 수 있다.

$a > 0$, $a \neq 1$이고, $A > 0$, $B > 0$ 일 때,

① $\ell og_a a = 1$

② $\ell og_a 1 = 0$

③ $\ell og_a AB = \ell og_a A + \ell og_a B$

④ $\ell og_a \dfrac{A}{B} = \ell og_a A - \ell og_a B$

⑤ $\ell og_a A^n = n \ell og_a A$

⑥ $\ell og_a b = \dfrac{\ell og_c b}{\ell og_c a}$ (단, $c > 0$, $c \neq 1$)

⑦ $\ell og_a b = \dfrac{1}{\ell og_b a}$ $(b \neq 1)$

예제 5.4

다음을 계산하라.

(1) $\ell og_{10} 100$ (2) $\ell og_{10} 0.01$ (3) $\ell og_{10} 10$ (4) $\ell og_{10} 1$

(5) $\ell og_2 8$ (6) $\ell og_5 \sqrt{5}$ (7) $\ell og_2 \dfrac{1}{\sqrt{8}}$

풀이

(1) $\ell og_{10} 100 = \ell og_{10} 10^2 = 2\,\ell og_{10} 10 = 2$

(2) $\ell og_{10} 0.01 = \ell og_{10} 10^{-2} = -2\,\ell og_{10} 10 = -2$

(3) $\ell og_{10} 10 = \ell og_{10} 10^1 = 1\,\ell og_{10} 10 = 1$

(4) $\ell og_{10} 1 = \ell og_{10} 10^0 = 0\,\ell og_{10} 10 = 0$

(5) $\ell og_2 8 = \ell og_2 2^3 = 3\,\ell og_2 2 = 3$

(6) $\ell og_5 \sqrt{5} = \ell og_5 5^{\frac{1}{2}} = \dfrac{1}{2} \ell og_5 5 = \dfrac{1}{2}$

(7) $\ell og_2 \dfrac{1}{\sqrt{8}} = \ell og_2 \dfrac{1}{\sqrt{2^3}} = \ell og_2 \dfrac{1}{(2^3)^{\frac{1}{2}}} = \ell og_2 2^{-\frac{3}{2}} = -\dfrac{3}{2} \ell og_2 2 = -1.5$

5.2.3 상용로그

상용로그는 $\ell og_{10} 2$ 와 같이 10을 밑으로 하는 로그이다. 일반적으로 밑의 10은 생략하여 $\ell og\, 2$ 로 나타낸다.

상용로그는 10^n(n은 정수)인 형태의 수에 대한 로그값을 구하는 것이므로 계산기 또는 수계산으로 다음과 같이 쉽게 계산할 수 있다.

$$\ell og\, 1000 = \ell og_{10} 10^3 = 3\,\ell og_{10} 10 = 3$$

$$\ell og\, 0.000001 = \ell og_{10} 10^{-6} = -6\,\ell og_{10} 10 = -6$$

예제 5.5

$\ell og\, 2 = 0.3010$, $\ell og\, 3 = 0.4771$ 이다. 이를 이용하여 다음을 구하라(계산기를 사용하지 말 것).

(1) $\ell og\, 300$ (2) $\ell og\, 0.02$ (3) $\ell og\, 0.6$

풀이

(1) $\ell og\, 300 = \ell og(3\times 100) = \ell og\, 3 + \ell og\, 100 = \ell og\, 3 + \ell og\, 10^2$
$= \ell og\, 3 + 2\,\ell og\, 10 = 0.4771 + 2 = 2.4771$

(2) $\ell og\, 0.02 = \ell og(2\times 10^{-2}) = \ell og\, 2 + \ell og\, 10^{-2} = \ell og\, 2 + (-2)\,\ell og 10$
$= 0.3010 + (-2) = -1.699$

(3) $\ell og\, 0.6 = \ell og(2\times 3\times 10^{-1}) = \ell og\, 2 + \ell og\, 3 + \ell og\, 10^{-1}$
$= \ell og\, 2 + \ell og\, 3 + (-1) = 0.3010 + 0.4771 + (-1) = -0.2219$

예제 5.6

다음의 값을 구하라 (계산기를 사용할 것).

(1) $\ell og_3\, 7$ (2) $\ell og_5\, 0.55$

풀이

로그의 성질을 이용하여 상용로그로 변환한다.

앞의 로그의 성질 ⑥을 이용하여 주어진 로그를 상용로그로 변환하면,

(1) $\ell og_3\, 7 = \dfrac{\ell og_{10}\, 7}{\ell og_{10}\, 3} = \dfrac{\ell og\, 7}{\ell og\, 3} = 1.771$

(2) $\ell og_5\, 0.55 = \dfrac{\ell og_{10}\, 0.55}{\ell og_{10}\, 5} = \dfrac{\ell og\, 0.55}{\ell og\, 5} = -0.371$

5.2.4 상용로그의 활용

로그는 산술눈금으로 표현할 때 데이터의 범위가 너무 큰 경우와 데이터의 크기 차이보다는 데이터의 비율이 중요한 경우에 물리적 양을 매우 간편하게 표현하는 강점이 있기 때문에 데이터 분석에서 많이 활용되고 있다. 특히 공학에서는 입도분석시험, 액성한계시험, 압밀시험의 결과분석에서는 x축이나 y축 중에서 한 축만 로그로 나타내는 semi-log graph를, 평판재하시험, 말뚝재하시험 등의 결과분석에서는 x축 및 y축 모두가 로그인 log-log graph를 사용하고 있다.

(1) 산술눈금으로 표현할 때 데이터의 범위가 너무 큰 경우

입도분석시험을 실시하고 이를 그래프로 나타낸 것이 입도분포곡선(Particle-Size Distribution Curve)이다. 이때, x축은 흙입자의 직경(데이터의 범위는 0.001~76.2mm)을, y축은 통과백분율(데이터의 범위는 0~100%)로 입도분포곡선을 작성하게 된다. 이 경우 x축 데이터의 범위는 0.001~76.2mm이며, 데이터의 범위가 76,200배 정도로 매우 크게 차이가 나게 되므로 산술눈금 보다는 로그눈금으로 표현하는 것이 데이터를 효율적으로 처리할 수 있다.

예제 5.7

어떤 흙에 대해 입도분석시험(체분석+비중계분석)을 실시하여 다음의 값을 얻었다. 입도분포곡선을 작도하라.

입경(mm)	통과백분율(%)	입경(mm)	통과백분율(%)
38.1	100	0.25	28.6
25.4	99.1	0.105	20.0
19.0	98.7	0.074	18.0
9.51	91.5	0.040	14.2
4.76	80.5	0.010	8.3
2.00	62.1	0.005	6.2
0.84	47.2	0.001	2.3
0.42	36.1		

풀이

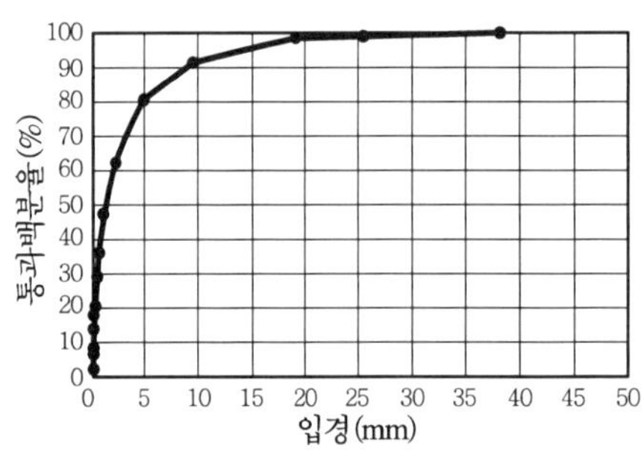

그림 5.1 산술눈금으로 나타낸 경우

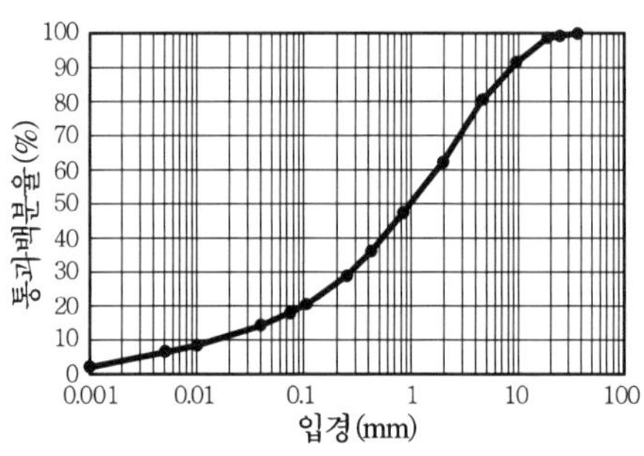

그림 5.2 로그눈금으로 나타낸 경우

그림 5.1과 같이 x축을 산술눈금으로 그래프를 작도하면, 0.001~2mm 사이에 10개의 데이터가 집중되어 있어 그림만 봐서는 그래프에서 x축의 값을 눈으로 확인하는 것이

불가능하게 된다. 따라서 그림 5.2와 같이 x축을 로그눈금으로 그래프를 작도하면 그림에서 0.001~2mm 사이의 데이터에 대해서도 쉽게 x축의 값을 눈으로 확인할 수 있게 된다.

(2) 데이터의 크기 차이 보다는 데이터의 비율이 중요한 경우

액성한계시험을 실시하고 이를 그래프로 나타낸 것이 유동곡선(flow curve)이다. 이때, x축은 타격회수(데이터의 범위는 1~50회 정도)를, y축은 함수비(데이터의 범위는 0~100% 정도)로 유동곡선을 작성하게 된다. 이 경우에는 데이터의 범위는 크지 않지만, x축을 산술눈금으로 작성하면 곡선이 그려지게 되고, 로그눈금으로 작성하면 선형의 관계가 나타나므로, x축을 로그눈금으로 나타낼 경우 액성한계를 쉽게 찾을 수 있게 된다.

예제 5.8

어느 점토에 대해 액성한계시험을 실시하여 다음의 값을 얻었다. 유동곡선을 작도하여 액성한계를 구하라.

측정번호	1	2	3	4	5
낙하회수(회)	8	16	28	33	48
함수비(%)	56.4	52.0	48.0	46.8	44.2

풀이

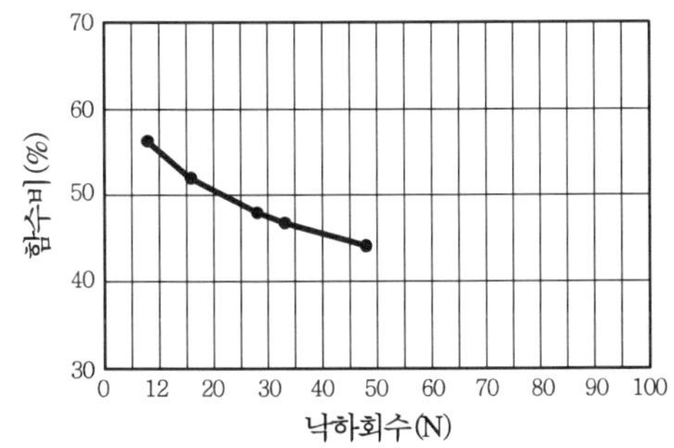

그림 5.3 산술눈금으로 나타낸 경우

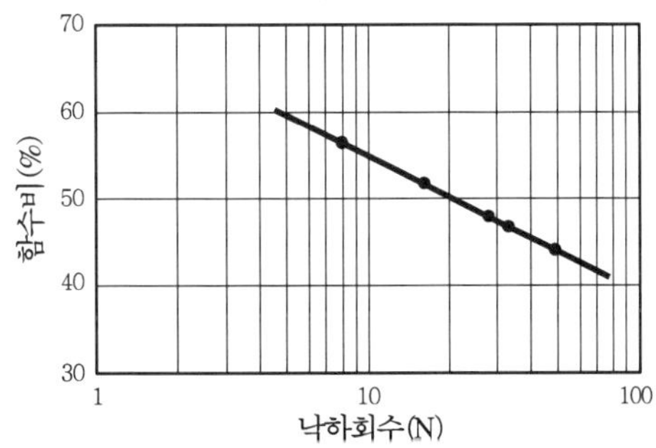

그림 5.4 로그눈금으로 나타낸 경우

그림 5.4와 같이 x축을 로그눈금으로 그래프를 작도하면 선형의 관계가 나타나며, $N=25$ 회에 대응하는 값을 구하면 액성한계($Liquid\ Limit$: LL)를 쉽게 구할 수 있게 된다.

5.2.5 자연로그

식 $\left(1+\frac{1}{n}\right)^n$ 에서 n 이 무한대로 커지면 일정한 값에 접근한다. 이때, 그 수를 e 라고 쓰고 오일러(Euler)의 수라 한다.

$$e = \lim_{n\to\infty}\left(1+\frac{1}{n}\right)^n = 2.718281828\cdots\cdots$$

자연로그는 밑이 e 인 로그이며, $\ell og_e\, x$ 로 표현한다. 또한 밑 e 를 쓰지 않고, $\ell n x$ 라고 표기한다.

예제 5.9

다음의 값을 구하라.

(1) $\ell n e$　　　　(2) $\ell n 5$

풀이

(1) $\ell n\, e = \ell og_e\, e = 1$　또는, 계산기로 직접 계산하면, $\ell n\, e = 1$

(2) $\ell n\, 5 = \ell og_e\, 5 = \dfrac{\ell og_{10}\, 5}{\ell og_{10}\, e} = \dfrac{0.6990}{0.4343} = 1.609$

또는, 계산기로 직접 계산하면, $\ell n\, 5 = 1.609$

연습문제

5.1 지수법칙을 이용하여 다음을 계산하라.

(1) $4^{1/2} \times 125^{-1/3}$를 계산하라.

(2) $9^{1/2} \times 64^{-1/3}$를 계산하라.

5.2 다음의 로그 값을 구하라.

(1) $\ell og_{10} 0.01$

(2) $\ell og_{10} 0.0001$

(3) $\ell og_{10} 1$

(4) $\ell og_{10} 1000$

(5) $\ell og_{2} 16$

(6) $\ell og_{2} 8$

(7) $\ell og_{3} \sqrt{3}$

(8) $\ell og_{3} \frac{1}{\sqrt{27}}$

5.3 $\ell og\, 2 = 0.3010$, $\ell og\, 3 = 0.4771$ 이다. 이를 이용하여 다음을 구하라.

(1) $\ell og\, 600$

(2) $\ell og\, 0.03$

(3) $\ell og\, 0.8$

제6장 함 수

일정한 값을 갖는 수를 정수라 하고, 여러 가지의 값으로 변하는 수를 변수라고 한다. 2개의 변수 x, y가 있을 때, x의 변화에 따라 일정한 법칙을 갖고 y값이 변화하게 되면 y를 x의 함수(function)라고 한다. 즉 $y=x$, $y=x^2$, $y=x^2+2x+1$ 에서 y를 x의 함수라고 하고, $y=f(x)$라고 표기한다.

방정식은 함수에서 y값이 특정한 값으로 설정된 식으로 변수의 값에 따라 참과 거짓이 달라지게 되며, 방정식을 성립시키는 x의 값을 "해 또는 근"이라고 하고, "해" 전체를 구하는 것을 "방정식을 푼다"라고 한다.

다음에서 여러가지 함수의 형태 및 방정식의 형태에 대해 알아보자.

6.1 상수함수

$y=c$ (c는 상수)

상수함수는 x값에 상관없이 y값은 일정한 값을 갖는 함수이다(ex. $y=5$, $y=-3$).

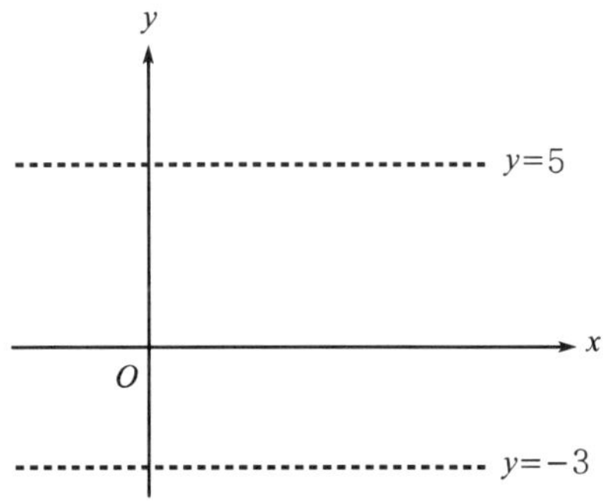

그림 6.1 상수함수

6.2 1차함수

$y = ax + c$ (단, $a \neq 0$)

$y = ax + c$ 의 함수에서 x 에 여러 가지 값을 대입하여 y 값을 구해서 그래프로 나타내면 기울기 a, y 절편이 c 인 직선이 된다.

즉, 1차함수에서 a 는 "계수"라고 하고 "직선의 기울기"를 의미하며, c 는 "절편"이라고 하고 "y 축과 만나는 점"을 의미한다.

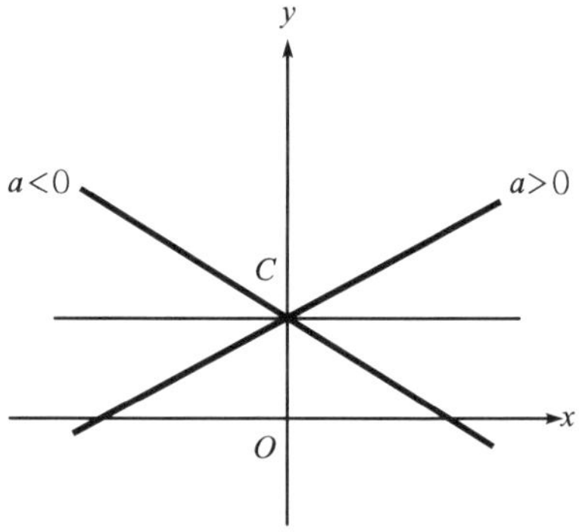

그림 6.2 1차함수에서 기울기 a 의 변화

1) $y = ax + c$ 에서 a 의 성질(그림 6.2 참조)

- $a > 0$ 이면, x 가 증가하면 y 도 증가한다.
  → 오른쪽이 위로 올라가는 직선
- $a < 0$ 이면, x 가 증가하면 y 는 감소한다.
  → 오른쪽이 아래로 내려가는 직선
- $a = 0$ 이면, $y = c$ 가 되어 상수함수가 된다.

2) $y = ax + c$ 에서 c 의 성질 (그림 6.3 참조)

- $b > 0$: 직선이 원점의 위쪽에서 y 축과 만난다.
- $b < 0$: 직선이 원점의 아래쪽에서 y 축과 만난다.
- $b = 0$: 직선이 원점을 지난다.

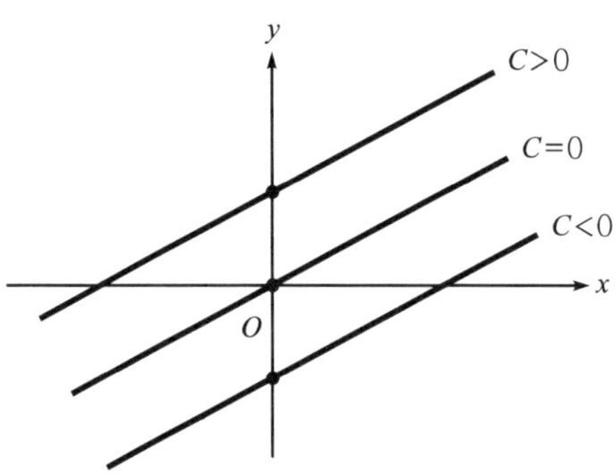

그림 6.3 1차함수에서 y 절편 c의 변화

예제 6.1

1차함수 $y = x + 1$ 의 그래프를 작도하고, 기울기 및 y 절편을 구하라. 그리고 x축과 이루는 각도(θ)를 구하라.

풀이

$y = ax + c$ 와 비교했을 때,

$a = 1$, $c = +1$ 이므로 기울기는 1, y 절편은 1이므로,

$$기울기 = \frac{y축\ 변화량}{x축\ 변화량} = \tan\theta$$

즉, $\tan\theta = 1$

$\theta = \tan^{-1}1 \qquad \therefore\ \theta = 45°$

☆ 계산기 활용 : [Shift] [tan] 1 = 45°

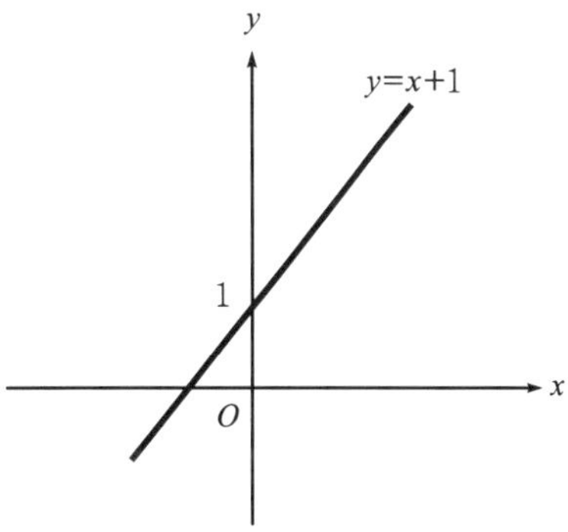

그림 6.4 $y = x + 1$의 그래프

예제 6.2

1차함수 $y = 2x + 1$ 의 그래프를 작도하고, 기울기 및 y 절편을 구하라. 그리고 x축과 이루는 각도(θ)를 구하라.

풀이

$y = ax + c$ 와 비교했을 때,

$a = 2$, $c = 1$이므로 기울기는 2, y 절편은 1이며,

$$기울기 = \frac{y축\ 변화량}{x축\ 변화량} = \tan\theta$$

즉, $\tan\theta = 2$

$\theta = \tan^{-1}2 \qquad \therefore\ \theta = 63.43°$

☆ 계산기 활용 : [Shift] [tan] 2 = 63.43°

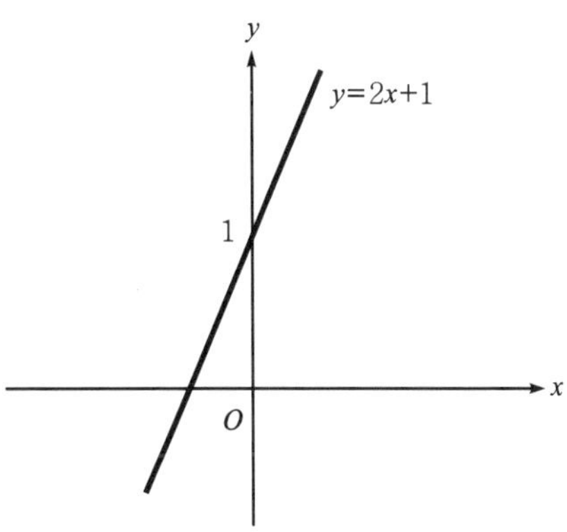

그림 6.5 $y = 2x + 1$의 그래프

예제 6.3

철근에 대한 인장시험 결과, 다음과 같은 응력(σ)–변형률(ε)의 관계곡선을 얻었다. 실험결과를 수식으로 표현하라.

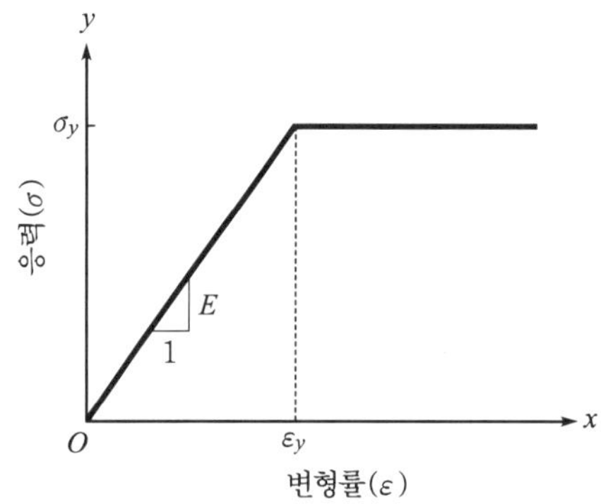

풀이

2개 구간으로 나누면,

① $\varepsilon < \varepsilon_y$ 인 구간 : 1차 함수로 표현됨 ($y = ax + c$ 의 형태)

기울기, $a = \dfrac{y\text{축 변화량}}{x\text{축 변화량}} = \dfrac{E}{1} = E$

y 절편 $c = 0$ 임 (∵ 원점을 지나므로)

대입하면

$\therefore\ y = Ex + 0 \quad \rightarrow \quad \sigma = E\varepsilon$

↑ ↑

σ축 ε축

② $\varepsilon \geq \varepsilon_y$인 구간 : y 값이 일정하므로 상수함수로 표현됨 ($y = c$ 의 형태)

$\therefore\ y = \sigma_y \quad \rightarrow \quad \sigma = \sigma_y$

↑

σ축

6.3 2차함수

$y = ax^2$ 또는,

$y = a(x-m)^2 + n$ (단, $a \neq 0$)

6.3.1 $y = ax^2$의 그래프

$y = ax^2$ 의 함수에서 x 에 여러 가지 값을 대입하여 y 값을 구해서 그래프로 나타내면, 그림 6.6과 같이 원점을 꼭지점으로 하고, y 축을 축으로 하는 포물선이 된다.

여기서,

1) $a > 0$ 이면, 아래로 볼록한 포물선(∪꼴)이 되고,
 $a < 0$ 이면, 위로 볼록한 포물 선(∩꼴)이 된다.

2) 또한, a 값이 클수록, y 축 쪽으로 오므라드는 포물선이 된다.

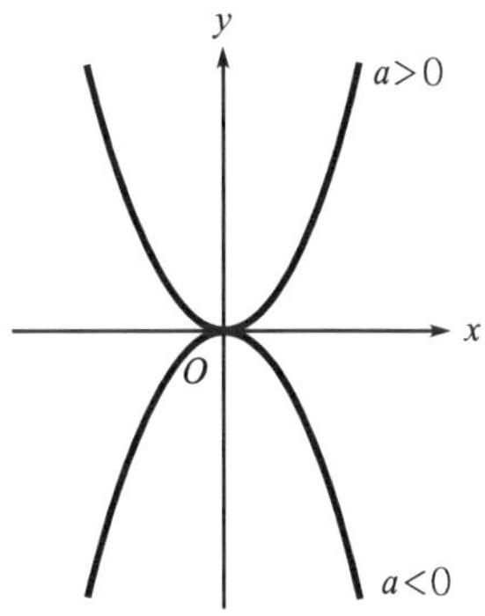

그림 6.6 $y = ax^2$의 그래프

6.3.2 $y=a(x-m)^2+n$의 그래프

$y = ax^2$ 의 그래프를 x 축으로 m 만큼, y 축으로 n 만큼 평행이동한 그래프이며, 따라서 $y = ax^2$의 그래프와 똑같고, 단지 꼭지점의 위치가 (m, n) 으로 이동된 그래프이다.

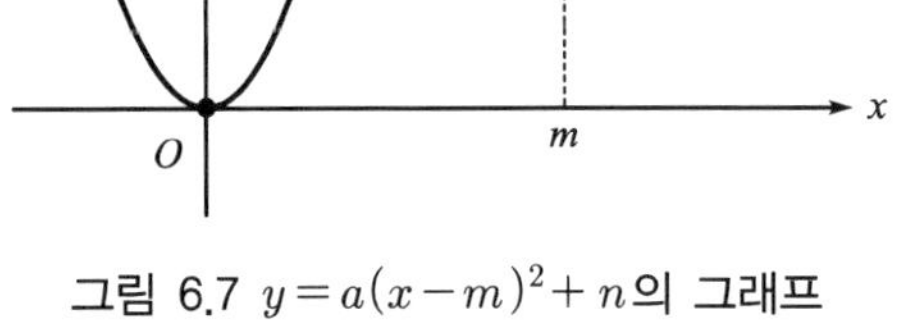

그림 6.7 $y=a(x-m)^2+n$의 그래프

예제 6.4

다음 2차함수의 그래프를 그려라.

(1) $y = x^2$ (2) $y = -x^2$ (3) $y = 2x^2$ (4) $y = -2x^2$

(5) $y = x^2 + 1$ (6) $y = (x-2)^2 + 1$ (7) $y = x^2 - 4x + 5$

풀이

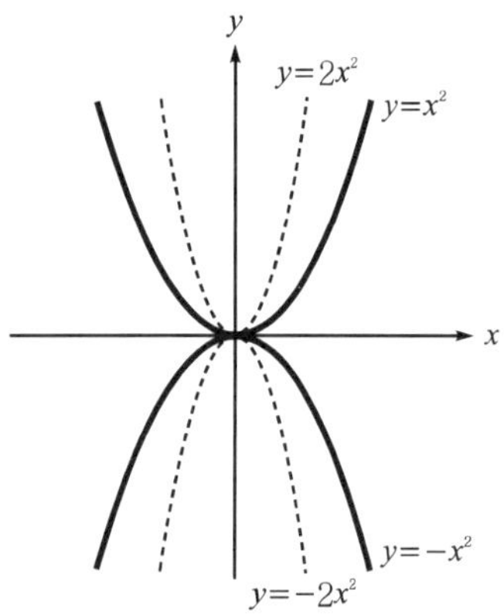

그림 6.8 $y=x^2$, $y=-x^2$, $y=2x^2$, $y=-2x^2$의 그래프

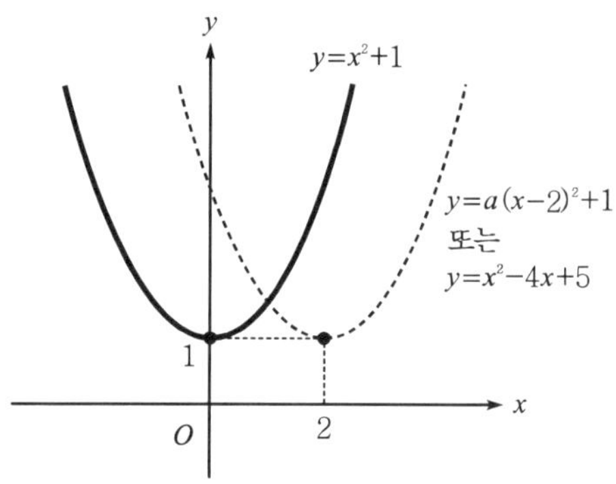

그림 6.9 $y=x^2+1$, $y=(x-2)^2+1$, $y=x^2-4x+5$의 그래프

6.4 3차함수

$$y = ax^3 \qquad (\text{단, } a \neq 0)$$

$$y = a(x-m)^3 + n \qquad (\text{단, } a \neq 0)$$

6.4.1 $y = ax^3$ 그래프의 특징

$a > 0$ 이면, x가 증가하면, y도 증가한다.

$a < 0$ 이면, x가 증가하면, y는 감소한다.

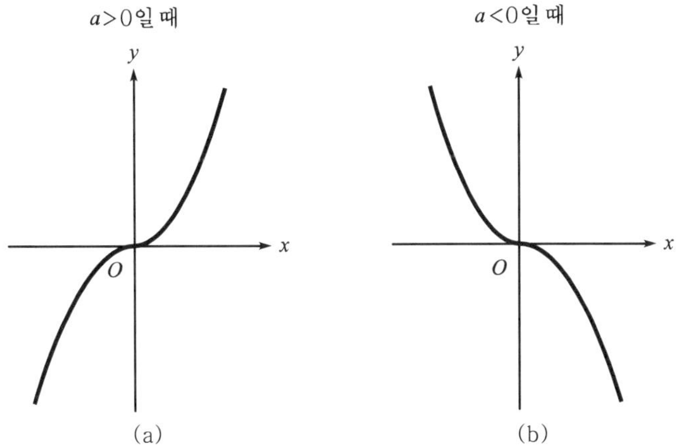

그림 6.10 $y=ax^3$ 의 그래프

6.4.2 $y=a(x-m)^3+n$ 그래프의 특징

$y=ax^3$ 의 그래프를 x 축 방향으로 m 만큼, y 축 방향으로 n 만큼 평행이동한 것이다.

예제 6.5

$y=2x^3$과 $y=-2x^3$의 그래프를 작도하라. 또한 $y=2(x-2)^3+1$의 그래프를 작도하라.

풀이

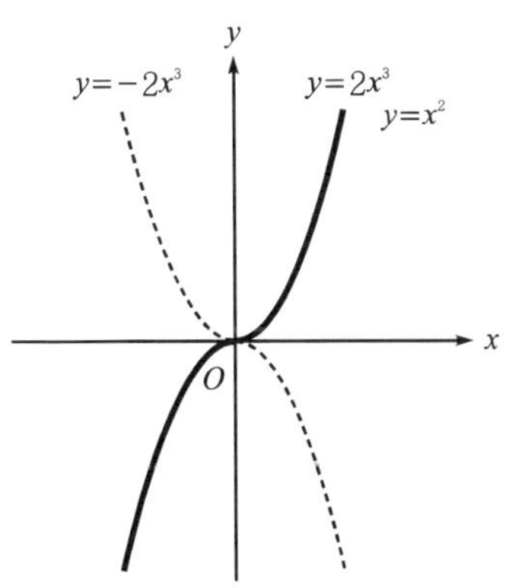

그림 6.11 $y=2x^3$ 및 $y=-2x^3$의 그래프

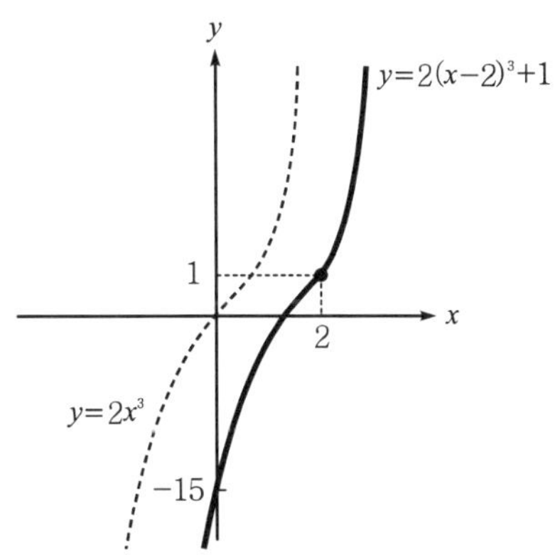

그림 6.12 $y=2x^3$ 및 $y=2(x-2)^3+1$의 그래프

6.5 분수함수

$$y = \frac{a}{x} \qquad (\text{단, } a \neq 0)$$

$$y = \frac{a}{x-m} + n \qquad (\text{단, } a \neq 0)$$

$y = \frac{1}{x}$, $y = \frac{3}{x+2}$, … 와 같이 분모가 상수가 아닌 함수를 "분수함수"라고 한다. 분수함수는 x에 여러 가지 값을 대입하여 y값을 구해서, 그래프로 나타내면 쌍곡선(한쌍의 곡선)이 구해지게 된다.

쌍곡선은 원점으로부터 멀어질수록 x축 또는 y축에 근접하게 되는데, 이러한 x축, y축과 같은 직선을 "점근선"이라고 한다.

6.5.1 $y = \frac{a}{x}$ 그래프의 특징

1) $a > 0$ 이면, 함수의 그래프(쌍곡선)는 1, 3사분면에 그려지게 되고,
   $a < 0$ 이면, 그래프는 2, 4사분면에 그려지게 된다.
2) 원점에 대해 대칭인 쌍곡선이다.
3) x축과 y축을 점근선으로 하는 쌍곡선이다.

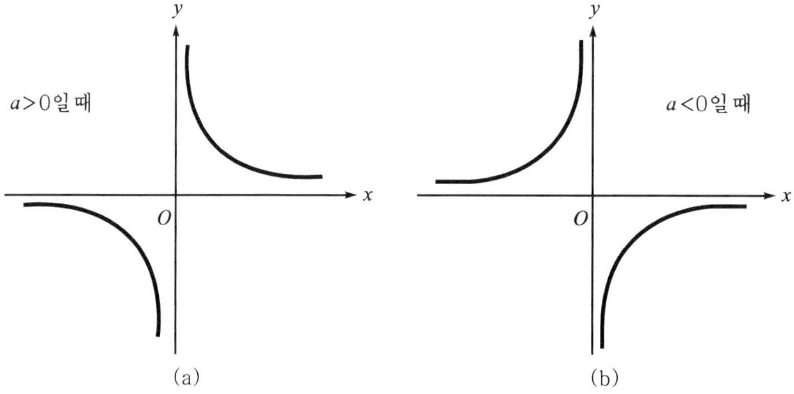

그림 6.13 $y = \frac{a}{x}$ 의 그래프

6.5.2 $y = \frac{a}{x-m} + n$ 그래프의 특징

① $y = \frac{a}{x}$ 의 그래프를 x 축으로 m 만큼, y 축으로 n 만큼 평행이동한 것이다.

② 점(m, n)에 대하여 대칭인 쌍곡선이다.

③ 점근선은 $x = m$, $y = n$ 으로 하는 쌍곡선이다.

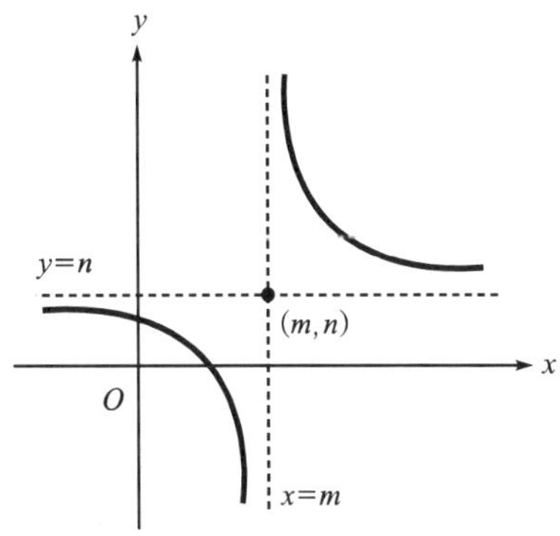

그림 6.14 $y = \frac{a}{x-m} + n$의 그래프

예제 6.6

$y = \frac{1}{x}$ 과 $y = -\frac{1}{x}$ 의 그래프를 그려라.

풀이

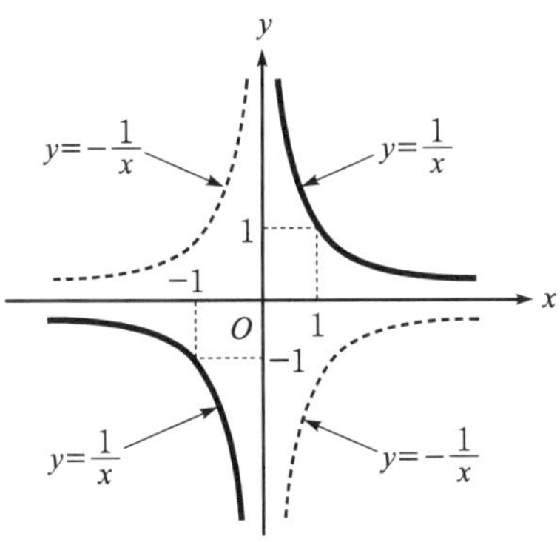

예제 6.7

$y = \frac{1}{x}$ 과 $y = \frac{2}{x}$ 의 그래프를 그려라.

풀이

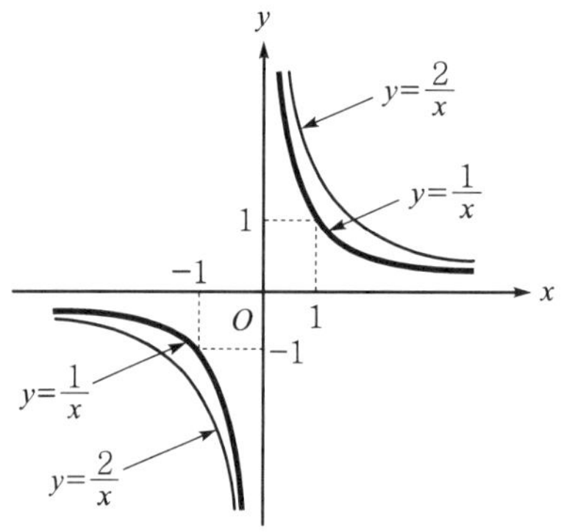

예제 6.8

$y=\dfrac{1}{x-2}+1$ 의 그래프를 그려라.

풀이

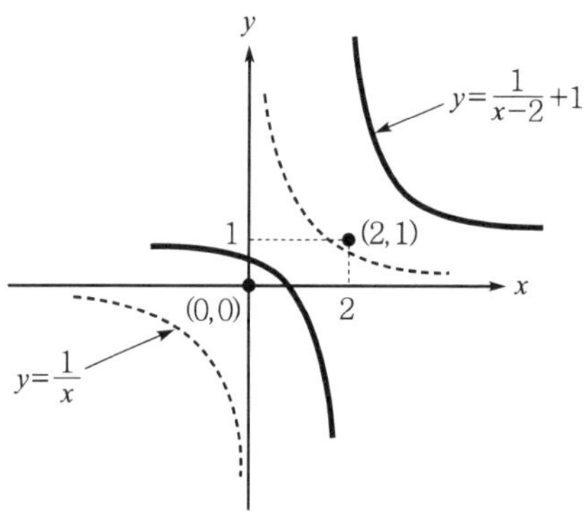

6.6 무리함수

$$y=\sqrt{ax}\ \ (\text{단},\ a\neq 0),\quad y=\sqrt{a(x-m)}+n\ \ (\text{단},\ a\neq 0)$$

$y=\sqrt{x}$, $y=\sqrt{x+2}$ ··· 과 같이 변수 x가 근호($\sqrt{\ }$) 안에 있을 경우, 이 함수를 무리함수라고 한다.

6.6.1 $y = \sqrt{x}$ 의 그래프

무리함수 $y = \sqrt{x}$ 에 대해, x 에 여러 가지 값을 대입하여 y 값을 구해서 그래프를 그리면 다음과 같다.

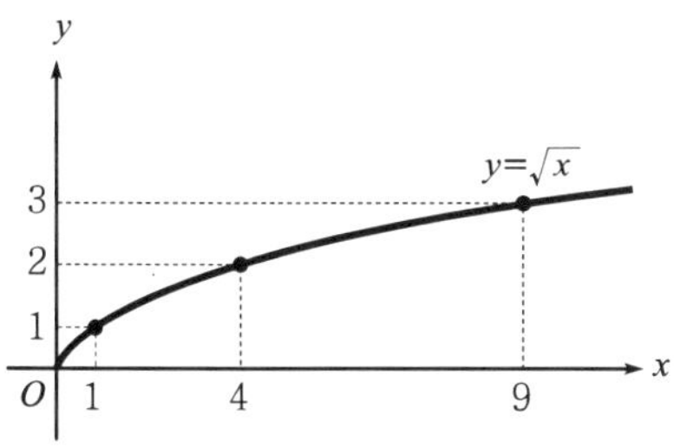

그림 6.15 $y = \sqrt{x}$ 의 그래프

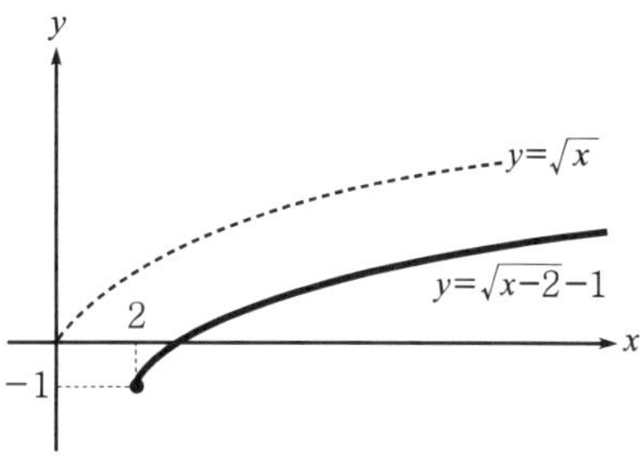

그림 6.16 $y = \sqrt{x}$ 및 $y = \sqrt{x-2} - 1$ 의 그래프

6.6.2 $y = \sqrt{x-2} - 1$ 의 그래프

$y = \sqrt{x}$ 의 그래프를 x 축으로 2, y 축으로 −1만큼 평행이동한 것이다.

6.7 지수함수

$$y = a^x \qquad (\text{단, } a \neq 0,\ a \neq 1)$$

$$y = e^x$$

$y = a^x$ 에서 a 를 밑이라고 하고, x 를 지수라고 한다. 또한, 밑이 e (오일러의 수) 인 경우 지수함수는 $y = e^x$ 가 된다.

지수함수 $y = a^x$ 에서 x 에 여러 가지 값을 대입하여 y 값을 구해서 그래프를 그리면 다음과 같다.

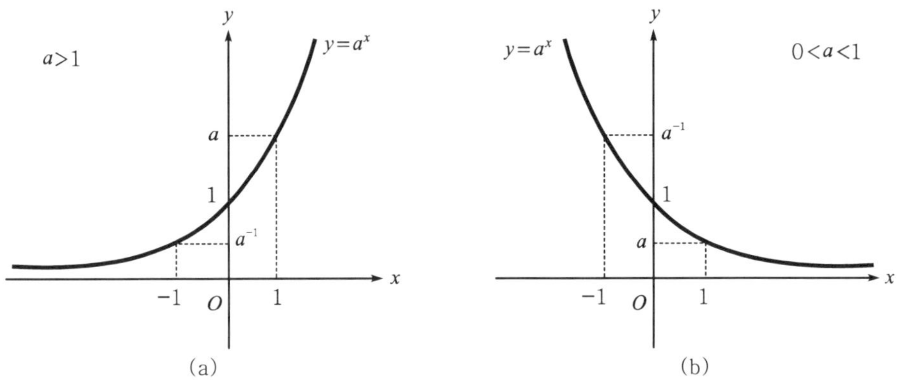

그림 6.17 $y = a^x$ 의 그래프

지수함수 $y = a^x$ 의 특성은 다음과 같다.

1) x 는 모든 실수값($\cdots$, -1, 0, $+1$, $\cdots$)을 갖을 수 있으며, 이때 y 는 항상 양수의 값이 나온다.
2) 따라서, 그래프를 그려보면 x 축($y=0$) 을 점근선으로 하여 항상 x 축의 위쪽에 존재하게 된다($\because$ $y > 0$ 이므로).
3) 그래프는 항상 정점$(0, 1)$ 을 지나게 된다.
4) $a > 1$ 일 때, x 가 증가하면, y 도 증가한다.
   $0 < a < 1$ 일 때, x 가 증가하면, y 는 감소한다.
5) $y = a^x$ 와 $y = \left(\dfrac{1}{a}\right)^x = a^{-x}$ 의 그래프는 y 축에 대해 대칭이다.

예제 6.9

$y = 2^x$ 와 $y = \left(\dfrac{1}{2}\right)^x$ 의 그래프를 그려라.

풀이

지수함수 $y = 2^x$ 와 $y = \left(\dfrac{1}{2}\right)^x$ 에서, x 에 여러 가지 값을 대입하여 y 값을 구해보면,

$y = 2^x$ 에서,

$x = 0$, $y = 2^0 = 1$

$x = 1$, $y = 2^1 = 2$

$x = 2\,,\quad y = 2^2 = 4$

$x = -1\,,\quad y = 2^{-1} = \dfrac{1}{2^1} = \dfrac{1}{2}$

$x - -2\,,\quad y = 2^{-2} = \dfrac{1}{2^2} - \dfrac{1}{4}$

$\vdots$

$y = \left(\dfrac{1}{2}\right)^x$ 에서,

$x = 0,\qquad y = \left(\dfrac{1}{2}\right)^0 = 1$

$x = 1,\qquad y = \left(\dfrac{1}{2}\right)^1 = \dfrac{1}{2}$

$x = 2,\qquad y = \left(\dfrac{1}{2}\right)^2 = \dfrac{1}{4}$

$x = -1,\quad y = \left(\dfrac{1}{2}\right)^{-1} = (2^{-1})^{-1} = 2^1 = 2$

$x = -2,\quad y = \left(\dfrac{1}{2}\right)^{-2} = (2^{-1})^{-2} = 2^2 = 4$

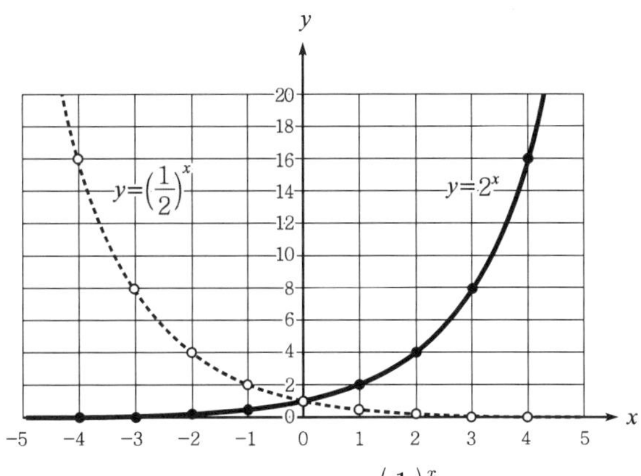

그림 6.18 $y = 2^x$ 와 $y = \left(\dfrac{1}{2}\right)^x$ 의 그래프

예제 6.10

$y=e^x$ 와 $y=\left(\dfrac{1}{e}\right)^x$ 의 그래프를 그려라.

풀이

오일러의 수, $e=2.718281828\cdots$ 이며, 공학용 계산기 하단부에 있다. 따라서 직접 x 에 여러 가지 값을 대입하여 y 값을 구하면, 다음과 같이 그래프를 구할 수 있다.

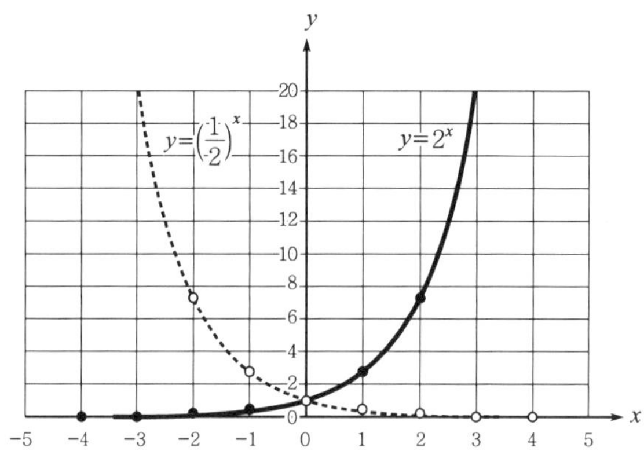

그림 6.19 $y=e^x$ 와 $y=\left(\dfrac{1}{e}\right)^x$ 의 그래프

또한, 지수함수의 특성을 알고 있다면, $y=e^x$ 는 $y=2^x$ 의 그래프와 유사하고, $y=\left(\dfrac{1}{e}\right)^x$ 는 $y=\left(\dfrac{1}{2}\right)^x$ 의 그래프와 유사하다는 것을 알 수 있을 것이다.

6.8 로그함수

$$y=\log_a x$$

$$y=\log_e x=\ln x$$

로그함수 $y=\log_a x$는 a를 밑으로 하는 x의 로그함수라고 하고, $y=\log_e x$는 e를 밑으로 하는 x의 로그함수라고 하며, $y=\ln x$ 라고도 표기한다. 로그함수에서 x에 여러 가지 값을 대입하여 y값을 구해서 그래프로 나타내면 다음과 같다.

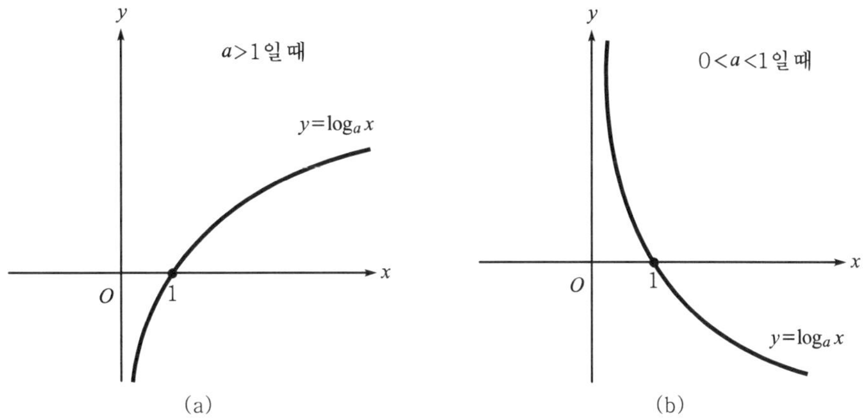

그림 6.20 $y = \log_a x$ 의 그래프

로그함수 $y = \log_a x$ 의 특성은 다음과 같다.

1) x 는 양의 실수값(⋯, 0.01, 0.1, 1, 2, ⋯)만 가질 수 있다.
2) 따라서, 그래프를 그려보면 y 축($x=0$) 을 점근선으로 하여 항상 y 축의 오른쪽에 존재하게 된다($\because$ $x > 0$ 이므로).
3) 그래프는 항상 정점$(1, 0)$을 지나게 된다.
4) $a > 1$ 일 때, x 가 증가하면, y 도 증가한다.
   $0 < a < 1$ 일 때, x 가 증가하면, y 는 감소한다.
5) 지수함수 $y = a^x$ 와 로그함수 $y = \log_a x$는 서로 역함수의 관계에 있으므로 그래프는 $y = x$ 에 대해 대칭이 된다.

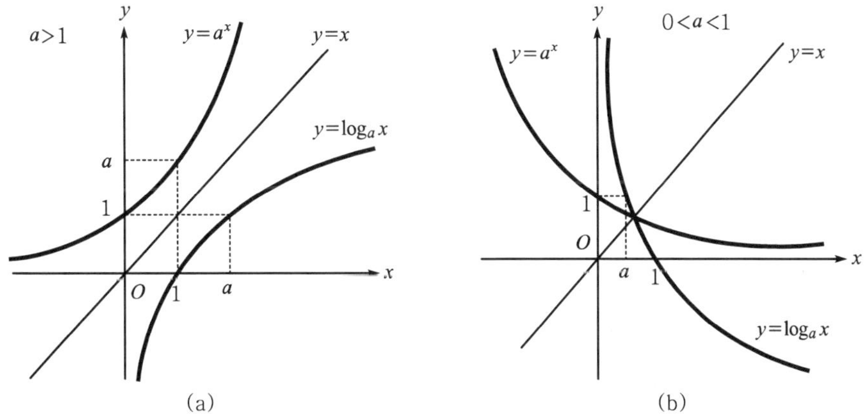

그림 6.21 $y = a^x$ 및 $y = \log_a x$ 의 그래프

예제 6.11

지수함수 $y = a^x$ 와 로그함수 $y = \log_a x$가 서로 역함수임을 증명하라.

풀이

$y = a^x$ 에서, x 와 y 를 서로 바꾸면,

$x = a^y$

양변에 $\log_a$ 를 취하면,

$\log_a x = \log_a a^y$

$\log_a x = y \log_a a$

$\therefore\ y = \log_a x$

따라서 지수함수와 로그함수는 서로 역함수의 관계에 있으므로 $y = x$ 에 대해 대칭을 이루게 된다(그림 6.21 참조).

예제 6.12

다음 로그함수의 그래프를 그려라.

(1) $y = \log_{10} x$ (2) $y = \log_{\left(\frac{1}{10}\right)} x$

풀이

(1) 로그함수 $y = \log_{10} x$ 에서, x 에 여러가지 값을 대입하여 y 값을 구해보면,

$x = 0,\quad y = error$

$x = 1,\quad y = \log_{10} 1 = 0$

$x = 2,\quad y = \log_{10} 2 = 0.3010\cdots$

$x = 3,\quad y = \log_{10} 3 = 0.4771\cdots$

$x = 10,\quad y = \log_{10} 10 = 1$

$x = 0.1,\quad y = \log_{10} 0.1 = \log_{10} 10^{-1} = -1$

$x = 0.01,\quad y = \log_{10} 0.01 = \log_{10} 10^{-2} = -2$

$x = 0.001,\quad y = \log_{10} 0.001 = \log_{10} 10^{-3} = -3$

$\vdots$

(2) 로그함수 $y=\log_{\left(\frac{1}{10}\right)}x$ 에서, x 에 여러 가지 값을 대입하여 y 값을 구해보면,

$x=0$, $y=error$

$$x=1,\quad y=\log_{\left(\frac{1}{10}\right)}1-\frac{\log_{10}1}{\log_{10}\left(\frac{1}{10}\right)}=\frac{0}{\log_{10}10^{-1}}-\frac{0}{-1}=0$$

$$x=2,\quad y=\log_{\left(\frac{1}{10}\right)}2=\frac{\log_{10}2}{\log_{10}\left(\frac{1}{10}\right)}=\frac{\log_{10}2}{\log_{10}10^{-1}}=\frac{0.3010}{-1}=-0.3010$$

$$x=3,\quad y=\log_{\left(\frac{1}{10}\right)}3=\frac{\log_{10}3}{\log_{10}\left(\frac{1}{10}\right)}=\frac{\log_{10}3}{\log_{10}10^{-1}}=\frac{0.4771}{-1}=-0.4771$$

$$x=10,\quad y=\log_{\left(\frac{1}{10}\right)}10=\frac{\log_{10}10}{\log_{10}\left(\frac{1}{10}\right)}=\frac{1}{\log_{10}10^{-1}}=\frac{1}{-1}=-1$$

$$x=0.1,\quad y=\log_{\left(\frac{1}{10}\right)}0.1=\frac{\log_{10}0.1}{\log_{10}\left(\frac{1}{10}\right)}=\frac{\log_{10}10^{-1}}{\log_{10}10^{-1}}=\frac{-1}{-1}=1$$

$$x=0.01,\quad y=\log_{\left(\frac{1}{10}\right)}0.01=\frac{\log_{10}0.01}{\log_{10}\left(\frac{1}{10}\right)}=\frac{\log_{10}10^{-2}}{\log_{10}10^{-1}}=\frac{-2}{-1}=2$$

$$x=0.001,\quad y=\log_{\left(\frac{1}{10}\right)}0.001=\frac{\log_{10}0.001}{\log_{10}\left(\frac{1}{10}\right)}=\frac{\log_{10}10^{-3}}{\log_{10}10^{-1}}=\frac{-3}{-1}=3$$

⋮

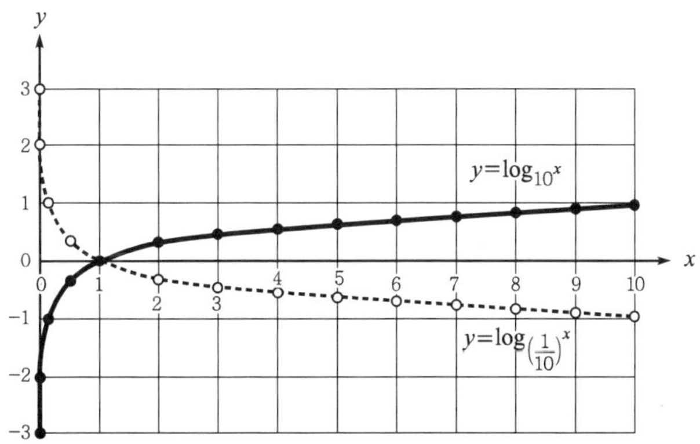

그림 6.22 $y=\log_{10}x$ 및 $y=\log_{\left(\frac{1}{10}\right)}x$ 의 그래프

●● 연습문제

6.1 1차함수 $y=x-2$ 의 그래프를 작도하고, 기울기 및 y 절편을 구하라. 그리고 x축과 이루는 각도(θ)를 구하라.

6.2 다음 2차함수의 그래프를 그려라.

(1) $y=3x^2$

(2) $y=-3x^2$

(3) $y=3x^2+1$

(4) $y=3(x-1)^2-2$

6.3 3차함수 $y=x^3$ 과 $y=(x-1)^3+1$ 의 그래프를 작도하라.

6.4 분수함수 $y=\dfrac{1}{x}$ 과 $y=\dfrac{1}{x+1}-1$ 의 그래프를 그려라.

6.5 무리함수 $y=\sqrt{x}$ 와 $y=\sqrt{x-1}+1$ 의 그래프를 그려라.

6.6 지수함수 $y=3^x$ 와 $y=\left(\dfrac{1}{3}\right)^x$ 의 그래프를 그려라.

제7장 삼각함수

7.1 삼각함수의 정의

평면 위에 O점을 원점으로 하는 좌표계를 정하고, 이 평면 위의 한 점 $P(x, y)$와 원점 O를 연결하면 사선 OP가 그려진다. 이때 동경 OP와 x축의 양의 방향이 이루는 각도를 θ라고 할 때, 각도 θ와 x좌표 및 y좌표와의 관계는 사인함수, 코사인함수, 탄젠트 함수로 다음과 같이 각각 정의된다.

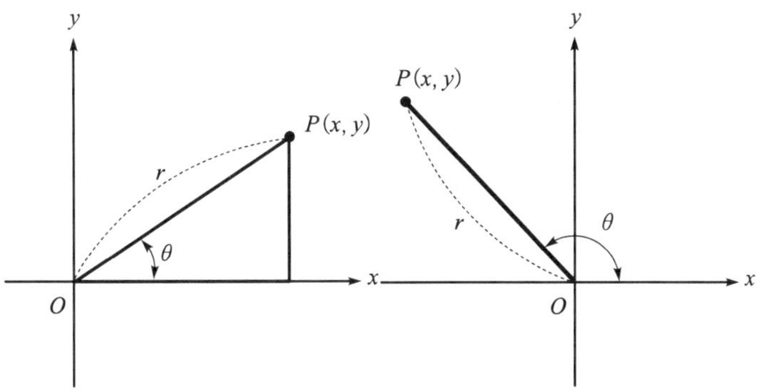

$$\sin\theta = \frac{\text{높이(대응변)}}{\text{빗변}} = \frac{y}{r}, \quad \cos\theta = \frac{\text{밑변}}{\text{빗변}} = \frac{x}{r}, \quad \tan\theta = \frac{\text{높이(대응변)}}{\text{밑변}} = \frac{y}{x}$$

이 밖에도,

$$\sec\theta = \frac{1}{\cos\theta} = \frac{r}{x}, \quad \operatorname{cosec}\theta = \frac{1}{\sin\theta} = \frac{r}{y}, \quad \cot\theta = \frac{\cos\theta}{\sin\theta} = \frac{x}{y}$$

에 의해 정의되는 함수를 각각 시컨트함수, 코시컨트함수, 코탄젠트함수라고 한다. 이들 6개의 함수를 총칭하여 삼각함수라고 한다.

기호 sin, cos, tan, sec, cosec, cot는 각각 sine(사인), cosine(코사인), tangent(탄젠트), secont(시컨트), cosecont(코시컨트), cotangent(코탄젠트)의 약자이다.

삼각함수의 표기법은 $\sin\theta$(예, $\sin 30°$)로 표기한다. 또한 제곱의 표현에서 $\sin^2\theta$ 의 의미와 계산방법에 유의해야 한다.

$$(\sin\theta)^2 = \sin^2\theta \quad (\text{예, } (\sin 30)^2 = \sin^2 30)$$

$$(\sin\theta)^2 \neq \sin\theta^2 \quad (\text{예, } (\sin 30)^2 \neq \sin 30^2)$$

7.2 삼각함수 값의 부호

동경 OP가 나타내는 각 θ의 삼각함수 값의 부호는 동경 OP가 몇 사분면에 위치하는가에 따라 정해진다. 즉, $\overline{OP} = r$ 이 항상 양수이므로 점 $P(x, y)$의 x좌표, y좌표의 부호에 의해 정해지게 된다.

동경 OP의 위치에 따른 삼각함수 값의 부호에 대한 설명은 다음 표 7.1과 같다.

표 7.1 θ의 위치에 따른 삼각함수 값의 부호

구 분	제1사분면	제2사분면	제3사분면	제4사분면
θ의 위치	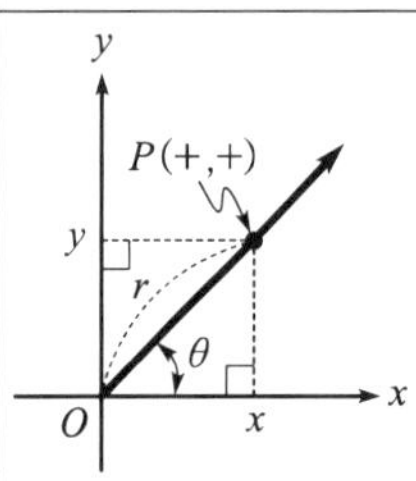	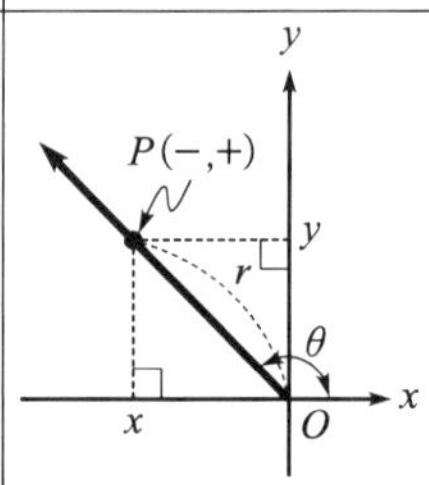	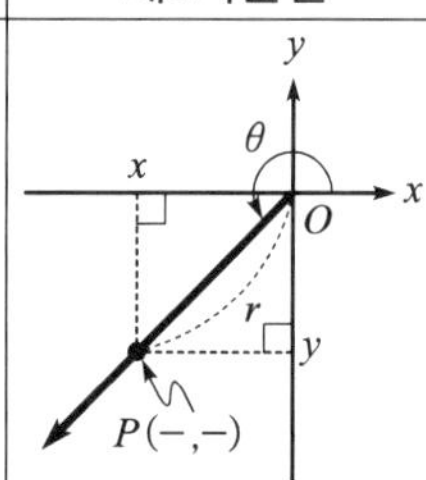	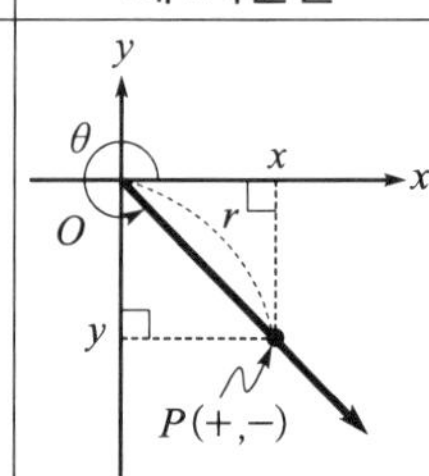
삼각함수 값의 부호	$x>0,\ y>0$이므로 $\sin\theta = \frac{y}{r} > 0$ $\cos\theta = \frac{x}{r} > 0$ $\tan\theta = \frac{y}{x} > 0$	$x<0,\ y>0$이므로 $\sin\theta = \frac{y}{r} > 0$ $\cos\theta = \frac{x}{r} < 0$ $\tan\theta = \frac{y}{x} < 0$	$x<0,\ y<0$이므로 $\sin\theta = \frac{y}{r} < 0$ $\cos\theta = \frac{x}{r} < 0$ $\tan\theta = \frac{y}{x} > 0$	$x>0,\ y<0$이므로 $\sin\theta = \frac{y}{r} < 0$ $\cos\theta = \frac{x}{r} > 0$ $\tan\theta = \frac{y}{x} < 0$
	모두 양수	sin 만 양수	tan 만 양수	cos 만 양수

위의 표 7.1에서 알 수 있듯이 θ 각이 제1사분면에 위치할 때에는 sin, cos, tan 모두 양수(+) 값이고, 제2사분면에 위치할 때에는 sin 만, 제3사분면에 위치할 때에는 tan 만, 제4사분면에 위치할 때에는 cos 만 양수(+) 값이 된다. 이를 그림으로 간략히 표현하면 다음과 같다.

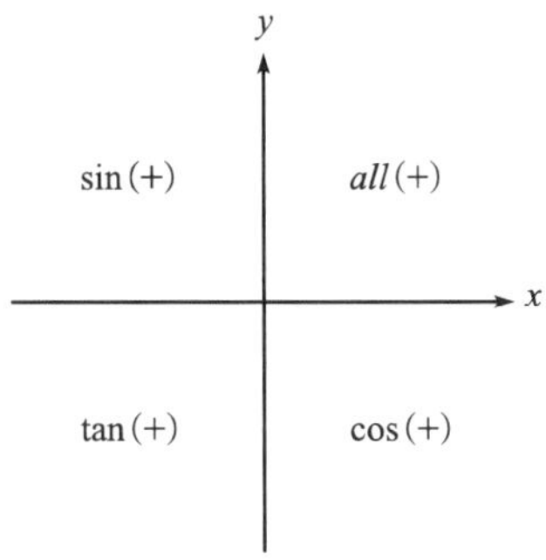

그림 7.1 삼각함수의 상한별 부호

예제 7.1

점 $P(3, -4)$에 대하여 동경 OP가 나타내는 각을 θ라 할 때, $\sin\theta$, $\cos\theta$, $\tan\theta$ 값을 구하라.

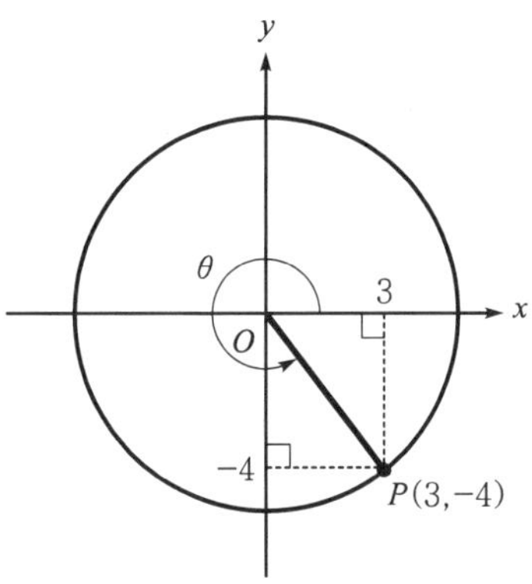

풀이

$$r = \overline{OP} = \sqrt{3^2 + (-4)^2} = 5$$

$$\sin\theta = \frac{\text{높이}}{\text{빗변}} = \frac{-4}{5}$$

$$\cos\theta = \frac{\text{밑변}}{\text{빗변}} = \frac{3}{5}$$

$$\tan\theta = \frac{\text{높이}}{\text{밑변}} = \frac{-4}{3}$$

7.3 삼각함수의 그래프

각도 θ 의 변화에 따른 삼각함수 값의 변화를 식으로 표현하면 다음과 같다.

$$y = \sin\theta$$

$$y = \cos\theta$$

$$y = \tan\theta$$

이들 함수에서 각도 θ의 변화에 따라 y값의 변화상태를 그래프로 나타내면 다음 그림과 같이 된다. $y=\sin\theta$와 $y=\cos\theta$는 $-1 \leq y \leq 1$ 사이의 값을 갖게 되며, $y=\tan\theta$는 최대, 최소값은 없고 무한대로 발산하는 형태를 나타낸다.

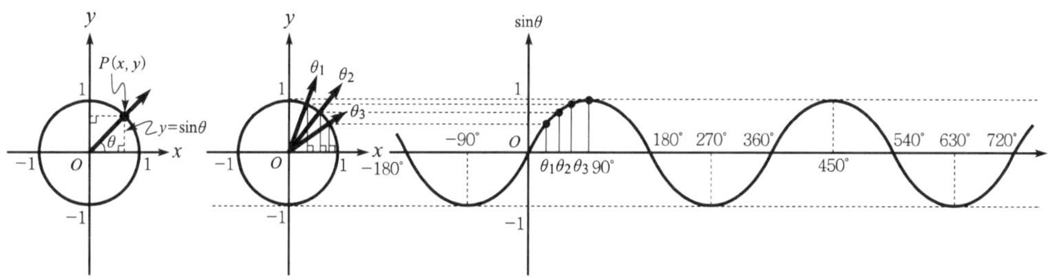

(a) $y=\sin\theta$ 의 그래프

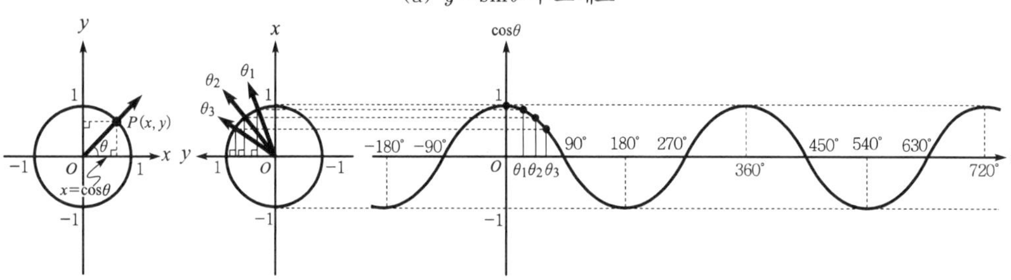

(b) $y=\cos\theta$ 의 그래프

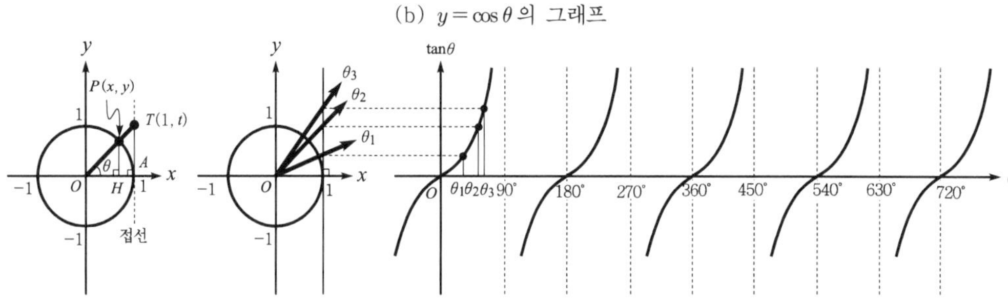

(c) $y=\tan\theta$ 의 그래프

그림 7.2 $\sin\theta$, $\cos\theta$, $\tan\theta$ 함수의 그래프

7.4 삼각비

7.4.1 삼각비의 의미

삼각비는 직각삼각형에서 하나의 각과 두 변의 비를 나타내는 것으로 정의된다. 다음과 같이 하나의 직각삼각형에서 직각(90°)에 대응하는 변을 빗변, 내각 θ에 대응하는 변을 높이(대응변), 나머지 한 변을 밑변이라 할 때, 각 θ와 세 변 a, b, c 사이의 삼각비는 다음과 같다.

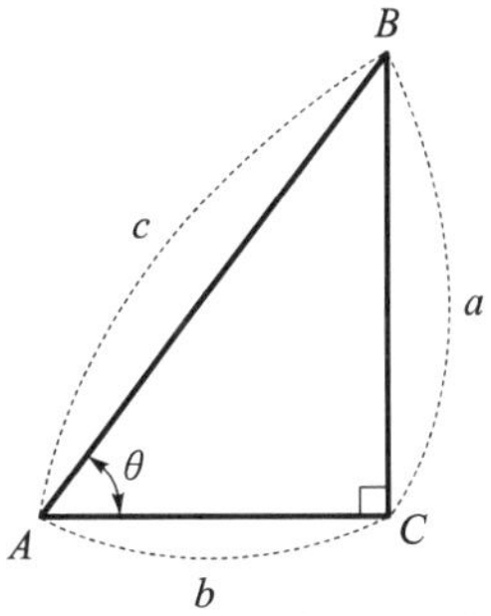

$$\sin\theta = \frac{\text{높이}}{\text{빗변}} = \frac{a}{c}$$
$$\cos\theta = \frac{\text{밑변}}{\text{빗변}} = \frac{b}{c}$$
$$\tan\theta = \frac{\text{높이}}{\text{밑변}} = \frac{a}{b}$$

그림 7.3 정삼각형의 삼각비

예제 7.2

다음 그림과 같은 직각삼각형에서 $\sin\theta$, $\cos\theta$, $\tan\theta$ 의 삼각비를 구하라.

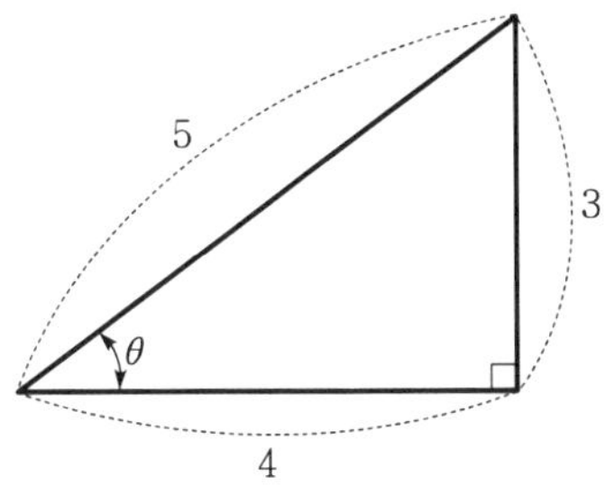

풀이

$$\sin\theta = \frac{\text{높이}}{\text{빗변}} = \frac{3}{5}$$
$$\cos\theta = \frac{\text{밑변}}{\text{빗변}} = \frac{4}{5}$$
$$\tan\theta = \frac{\text{높이}}{\text{밑변}} = \frac{3}{4}$$

7.4.2 특별한 각에서의 삼각비

0°, 30°, 45°, 60°, 90° 와 같이 일반적으로 많이 활용되는 각에서의 삼각비는 표 7.2와 같으며, 도형(정삼각형 및 정사각형 등)을 이용하여 구할 수 있다.

표 7.2 특별한 각에서의 삼각비 (그림 7.4 참조)

구 분	0°	30°	45°	60°	90°	180°	270°
$\sin\theta$	0	$\frac{1}{2}$	$\frac{1}{\sqrt{2}}=\frac{\sqrt{2}}{2}$	$\frac{\sqrt{3}}{2}$	1	0	-1
$\cos\theta$	1	$\frac{\sqrt{3}}{2}$	$\frac{1}{\sqrt{2}}=\frac{\sqrt{2}}{2}$	$\frac{1}{2}$	0	-1	0
$\tan\theta$	0	$\frac{1}{\sqrt{3}}$	1	$\sqrt{3}$	-	0	-

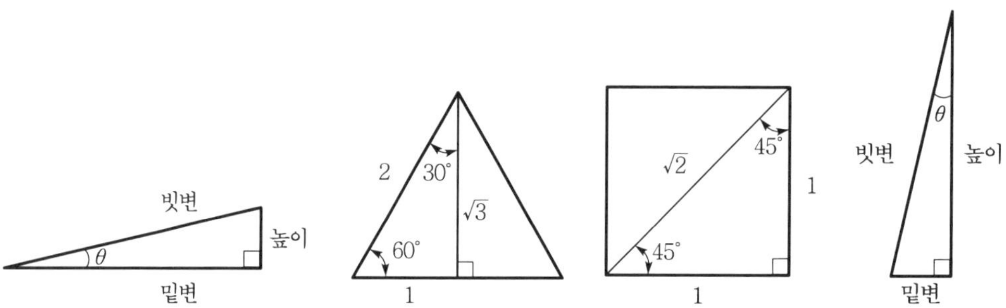

(a) $\theta \cong 0°$인 경우　(b) $\theta = 30°$ 및 $60°$인 경우　(c) $\theta = 45°$인 경우　(d) $\theta \cong 90°$인 경우

그림 7.4 도형을 이용한 삼각비 계산

예제 7.3

그림과 같은 직각삼각형에서 변 AC와 BC의 길이를 구하라.

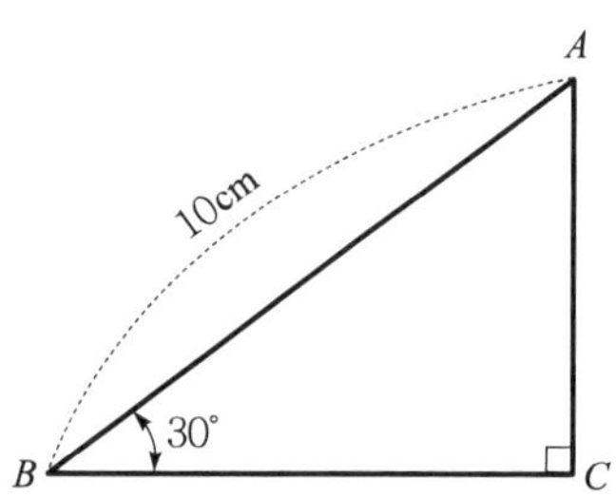

풀이

(1) $\sin 30° = \dfrac{AC}{AB} = \dfrac{AC}{10}$

$\therefore\ AC = 10 \times \sin 30° = 10 \times \frac{1}{2} = 5\,\text{cm}$

(2) $\cos 30° = \frac{BC}{AB} = \frac{BC}{10}$

$\therefore\ BC = 10 \times \cos 30° = 10 \times \frac{\sqrt{3}}{2} = 5\sqrt{3}\ \text{cm} \cong 8.66\ \text{cm}$

예제 7.4

다음 그림과 같이 힘이 작용할 때, O점에 대한 모멘트를 구하라.

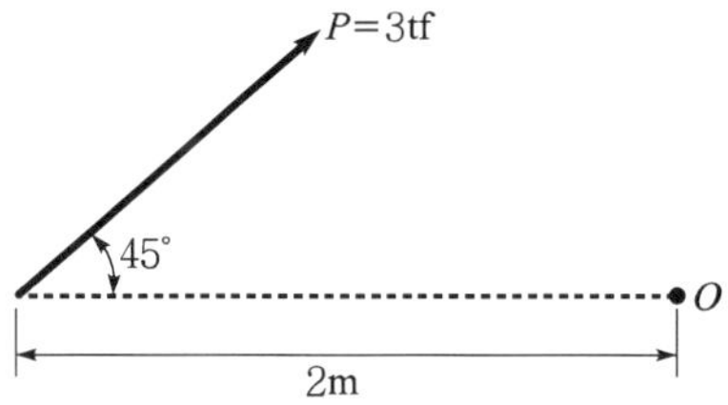

풀이

모멘트 계산식은 $M = P \cdot l$ 이므로, 모멘트의 팔길이 l을 계산하면,

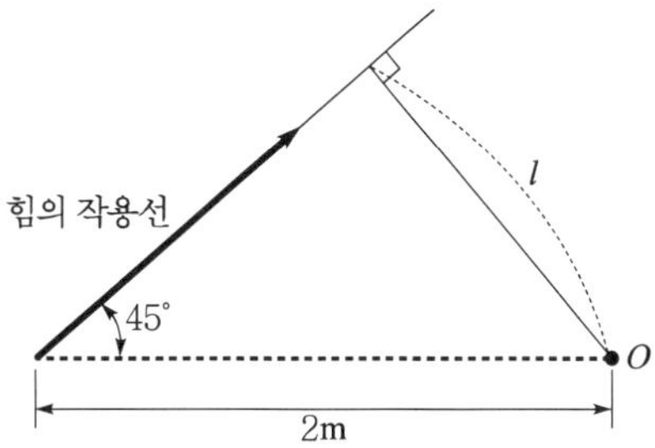

$\sin 45° = \frac{\text{높이}}{\text{빗변}} = \frac{l}{2}$

$\therefore\ l = 2 \times \sin 45° = 2 \times \frac{\sqrt{2}}{2} = \sqrt{2}\ \text{m}$

$\therefore\ M = P \cdot l = 3\,\text{tf} \times \sqrt{2}\ \text{m} = 3\sqrt{2}\ \text{tf·m} = 4.24\ \text{tf·m}$

예제 7.5

다음의 그림과 같은 옹벽이 있다. 옹벽까지의 수평거리는 a이고, 옹벽 벽체의 상단부까지의 각은 θ일 때, 옹벽의 높이 h를 구하라.

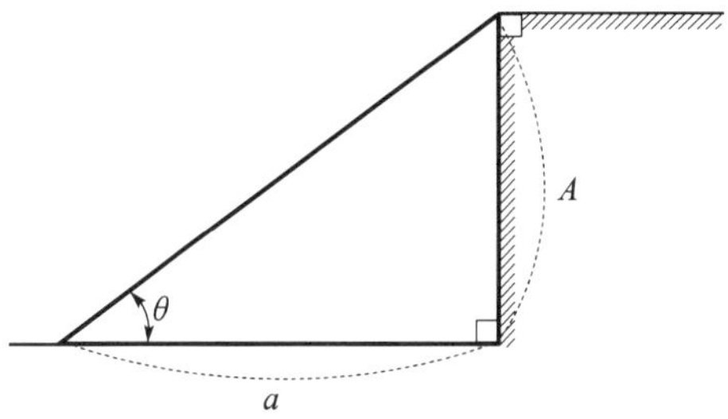

풀이

옹벽까지의 거리와 높이의 비는 $\tan\theta = \dfrac{h}{a}$ 이므로,

$\therefore\ h = a \cdot \tan\theta$

7.5 삼각함수 사이의 관계

삼각함수의 정의에 따라 다음과 같은 관계가 성립한다.

7.5.1 역수관계

$$\operatorname{cosec}\theta = \frac{1}{\sin\theta} \qquad \left(\text{예},\quad \operatorname{cosec}30^\circ = \frac{1}{\sin 30^\circ}\right)$$

$$\sec\theta = \frac{1}{\cos\theta} \qquad \left(\text{예},\quad \sec 30^\circ = \frac{1}{\cos 30^\circ}\right)$$

$$\cot\theta = \frac{1}{\tan\theta} \qquad \left(\text{예},\quad \cot 30^\circ = \frac{1}{\tan 30^\circ}\right)$$

7.5.2 상제관계

$$\tan\theta = \frac{\sin\theta}{\cos\theta} \quad \left(\text{예}, \quad \tan 30° = \frac{\sin 30°}{\cos 30°}\right)$$

$$\cot\theta = \frac{\cos\theta}{\tan\theta} \quad \left(\text{예}, \quad \cot 30° = \frac{\cos 30°}{\sin 30°}\right)$$

7.5.3 제곱관계

$\sin^2\theta + \cos^2\theta = 1$ (예, $\sin^2 30° + \cos^2 30° = 1$)

7.6 역삼각함수

지금까지 삼각함수 $y=\sin\theta$, $y=\cos\theta$, $y=\tan\theta$ 에서는 각도 θ 의 변화에 따라 y 값을 구했지만, 반대로 y 값이 주어졌을 때 $y=\sin\theta$, $y=\cos\theta$, $y=\tan\theta$ 를 만족하는 각 θ 는 $\theta=\sin^{-1}y$, $\theta=\cos^{-1}y$, $\theta=\tan^{-1}y$ 로 표기하고, 역삼각함수(逆三角函數, inverse trigonometric function)라고 한다.

이때, $\sin^{-1}$는 아크사인, $\cos^{-1}$는 아크코사인, $\tan^{-1}$는 아크탄젠트라고 읽는다.

예제 7.6

계산기를 이용하여 다음을 구하라(단, $0° \leqq \theta \leqq 90°$).

(1) $\sin\theta = 0.45$　　(2) $\cos\theta = 0.72$　　(3) $\tan\theta = 0.84$

풀이

(1) $\theta = \sin^{-1}0.45$　$\therefore\ \theta = 26.74°$

(2) $\theta = \cos^{-1}0.72$　$\therefore\ \theta = 43.95°$

(3) $\theta = \tan^{-1}0.84$　$\therefore\ \theta = 40.03°$

예제 7.7

경사가 1:1.5인 성토사면에서 경사면의 거리가 10m일 때, 수평거리 D와 수직거리 H를 구하라.

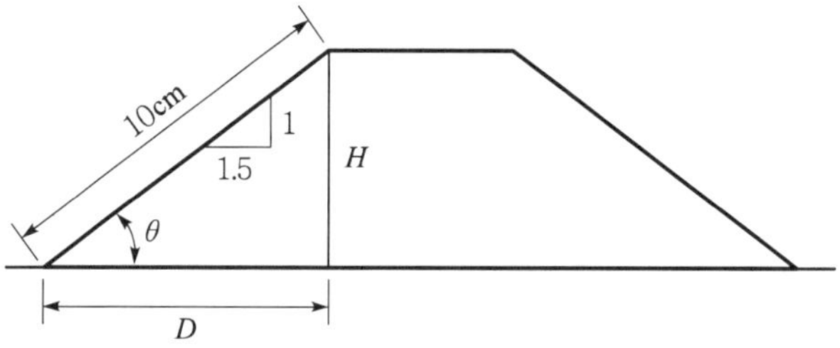

그림 7.5 성토사면

풀이

경사 1:1.5는 "수직거리 1에 대한 수평거리의 비"를 의미한다. 따라서 성토사면의 경사각은 다음과 같이 계산된다.

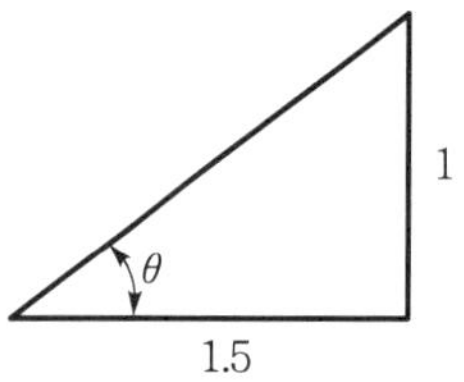

$\therefore\ \theta = \tan^{-1}\left(\dfrac{1}{1.5}\right) = 33.69°$

수평거리, $D = 10 \times \cos 33.69° = 8.32\ \text{m}$

수직거리, $H = 10 \times \sin 33.69° = 5.55\ \text{m}$

예제 7.8

종단구배, $S = 6\,\%$ 인 도로에서 두 지점의 수평거리가 50m일 때, 두 지점의 표고 차이는 얼마인가?

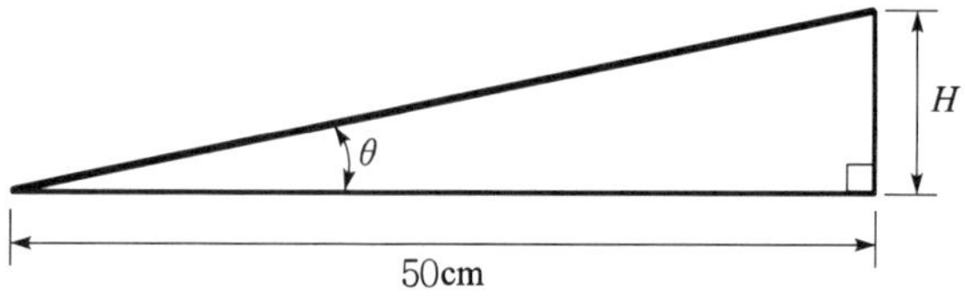

그림 7.6 종단구배 6%인 도로

풀이

구배 6%의 의미는 다음 그림과 같이 "수평거리 100에 대한 수직거리 6"을 의미함.

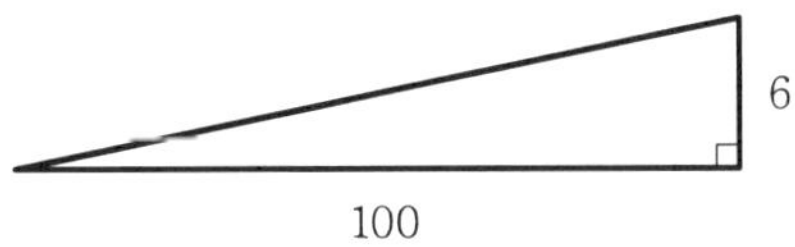

따라서, $\tan\theta = \dfrac{6}{100} = 0.06 \qquad \therefore\ \theta = \tan^{-1}0.06 = 3.43°$

$\tan\theta = \dfrac{H}{50} \qquad \therefore\ H = 50 \times \tan 3.43 = 3\text{m}$

7.7 삼각함수의 응용

7.7.1 사인법칙(sine rule)

삼각형의 각과 변의 관계를 나타낸 법칙으로 다음의 관계가 성립한다.

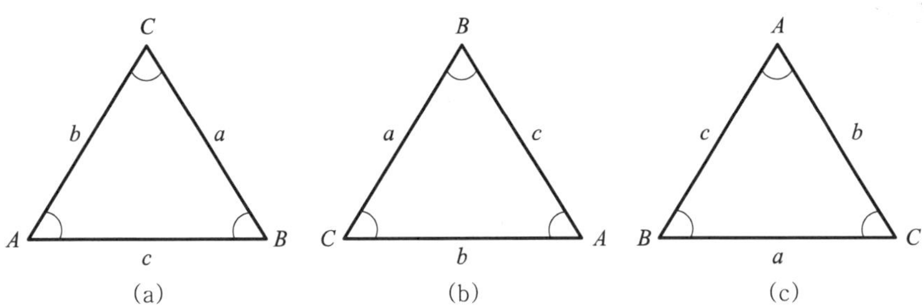

그림 7.7 삼각형에서 세변과 세각의 정의

$$\frac{a}{\sin A} = \frac{b}{\sin B} = \frac{c}{\sin C}$$

예제 7.9

$\triangle ABC$ 에서, $b = 10\text{m}$, $\angle B = 45°$, $\angle C = 60°$ 일 때, 변 c 의 값을 구하라.

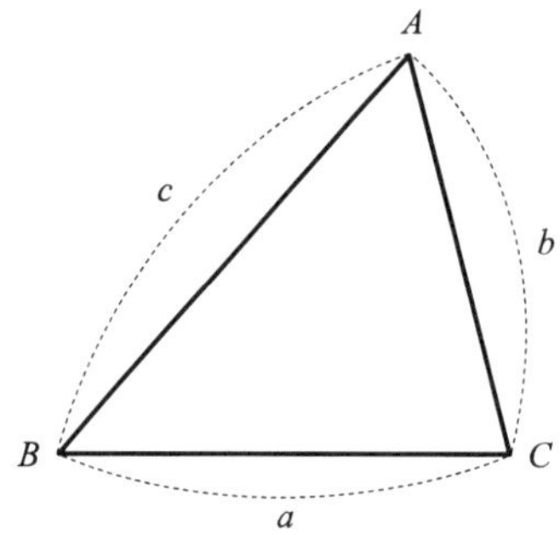

풀이

$$\frac{a}{\sin A} = \frac{b}{\sin B} = \frac{c}{\sin C} \text{에서,}$$

$$\frac{a}{\sin A} = \frac{10\,\text{m}}{\sin 45°} = \frac{c}{\sin 60}$$

$$\therefore c = \frac{10\,\text{m} \times \sin 60°}{\sin 45°} = \frac{10\,\text{m} \times \frac{\sqrt{3}}{2}}{\frac{\sqrt{2}}{2}} = \frac{10\sqrt{3}}{\sqrt{2}} = \frac{10\sqrt{6}}{2} = 12.25\,\text{m}$$

예제 7.10

다음 그림과 같이 중량 500kgf인 물체가 로프에 의해 매달려 있을 때, 로프 AB, AC에 작용하는 인장력을 구하여라.

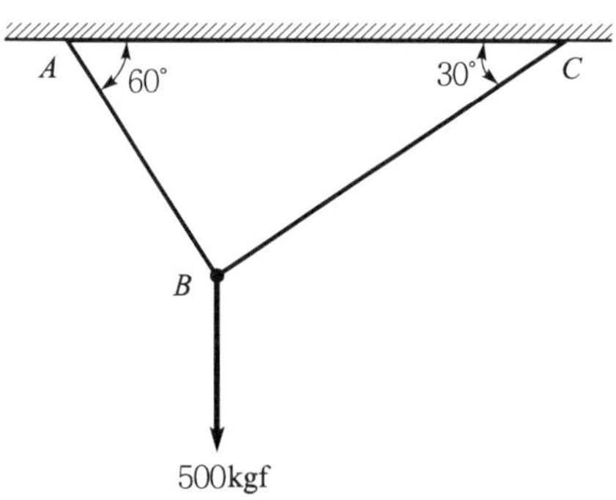

풀이

B점에서 힘의 평형을 생각해 보면,

T_1, T_2는 인장력을 받게 되므로 바깥방향으로 작용한다. T_1, T_2를 평행이동하여 폐

합삼각형을 그리고 사인법칙을 적용하면,

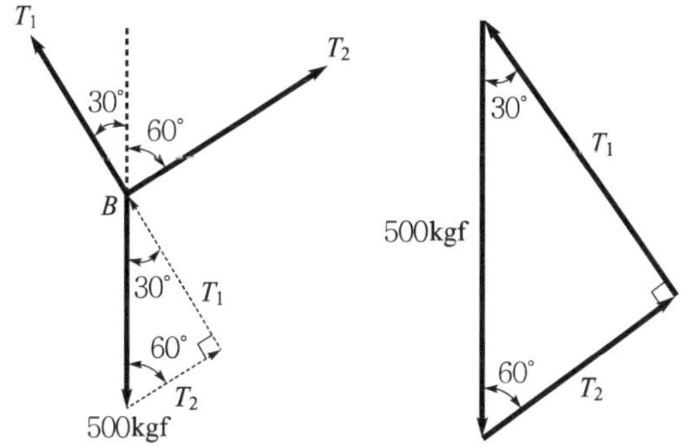

$$\frac{500}{\sin 90°} = \frac{T_2}{\sin 30°} = \frac{T_1}{\sin 60°}$$

$$\therefore\ T_1 = \frac{500 \times \sin 60°}{\sin 90°} = \frac{500 \times \frac{\sqrt{3}}{2}}{1} = 250\sqrt{3}\ \text{kgf} = 433\ \text{kgf}$$

$$\therefore\ T_2 = \frac{500 \times \sin 30°}{\sin 90°} = \frac{500 \times \frac{1}{2}}{1} = 250\ \text{kgf}$$

7.7.2 코사인 법칙

(1) 제1코사인 법칙

제1코사인 법칙은 두변의 길이와 두 각의 크기가 주어져야만 사용할 수 있다. 그런데, 두 각의 크기와 두 변의 길이가 주어질 경우에는 제1코사인법칙 보다 사인법칙을 적용하면 더 쉽게 구할 수 있으므로 활용도는 극히 적다.

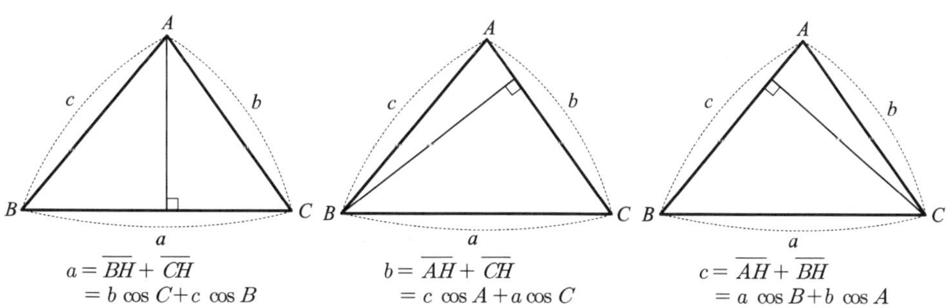

그림 7.8 코사인 제1법칙

예제 7.11

다음 그림과 같을 때, a 변의 길이는 얼마인가?

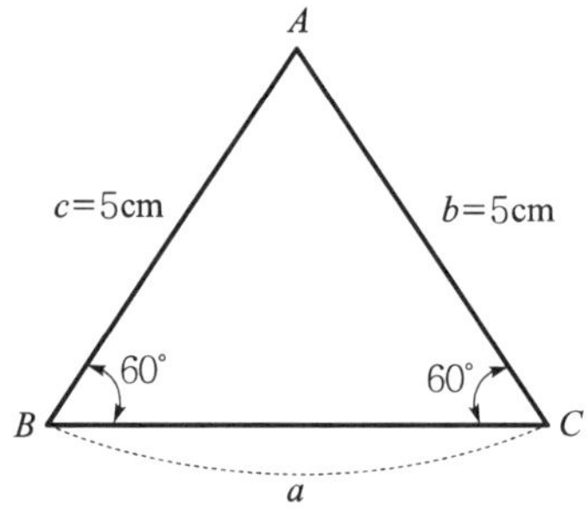

풀이

제1코사인 법칙을 적용하면,

$a = \overline{BH} + \overline{CH}$

$= b \cos C + c \cos B = 5 \times \cos 60 + 5 \times \cos 60 = 2.5 + 2.5 = 5$ cm

(2) 제2코사인 법칙

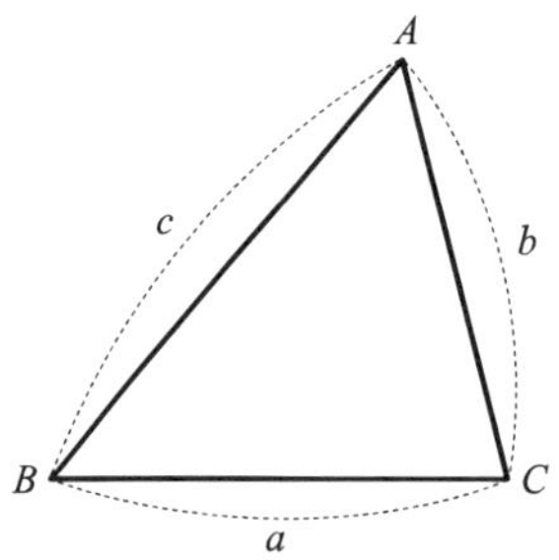

그림 7.9 삼각형에서 세변 및 세각

$$a^2 = b^2 + c^2 - 2bc\cos A$$
$$b^2 = c^2 + a^2 - 2ca\cos B$$
$$c^2 = a^2 + b^2 - 2ab\cos C$$

제2코사인 법칙의 적용방법

- 세 변의 길이가 모두 주어질 때
  - 제2코사인 법칙을 이용하여 세 각의 크기를 구할 수 있다.
- 두변의 길이와 한 각의 크기가 주어질 때
  - 나머지 한 변의 길이는 제2코사인 법칙을 이용하여 구하고,
  - 나머지 2개의 각의 크기는 사인법칙과 $\angle A + \angle B + \angle C = 180°$ 임을 이용하여 구할 수 있다.

예제 7.12

다음 그림과 같은 삼각형에서 a변의 길이는 얼마인가?

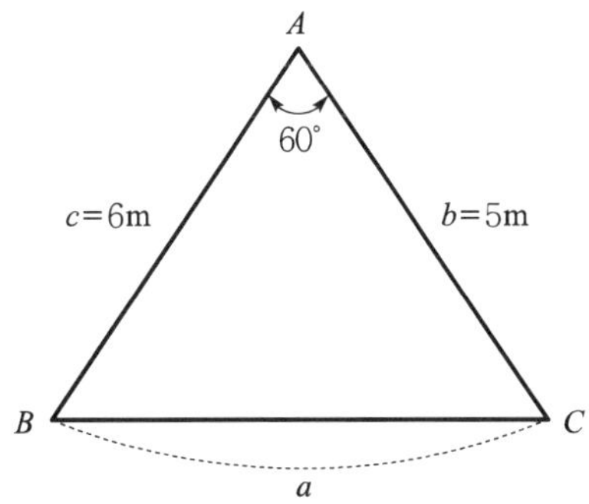

풀이

제2코사인법칙, $a^2 = b^2 + c^2 - 2bc\cos A$를 적용하면,

$a^2 = 5^2 + 6^2 - 2\times5\times6\times\cos 60 = 25+36-30=31$

$\therefore\ a = \sqrt{31} = 5.57\,\text{m}$

예제 7.13

세 변의 길이가 주어질 때, 세 각 $\angle A, \angle B, \angle C$의 크기를 구하여라.

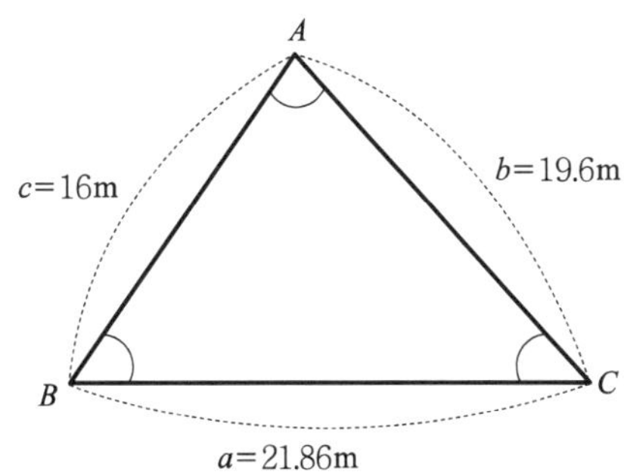

풀이

제2코사인 법칙을 변형하면,

$$\cos A = \frac{b^2+c^2-a^2}{2bc} = \frac{19.6^2+16^2-21.86^2}{2\times19.6\times16} = 0.25877$$

$\therefore\ A = \cos^{-1}0.25877 = 75°$

$$\cos B = \frac{c^2 + a^2 - b^2}{2ca} = \frac{16^2 + 21.86^2 - 19.6^2}{2 \times 16 \times 21.86} = 0.49991$$

$$\therefore\ B = \cos^{-1} 0.49991 = 60°$$

$$\cos C = \frac{a^2 + b^2 - c^2}{2ab} = \frac{21.86^2 + 19.6^2 - 16^2}{2 \times 21.86 \times 19.6} = 0.70721$$

$$\therefore\ C = \cos^{-1} 0.70721 = 45°$$

예제 7.14

다음의 삼각형에서 c 변의 길이와 각$\angle A$, $\angle B$의 크기를 구하여라.

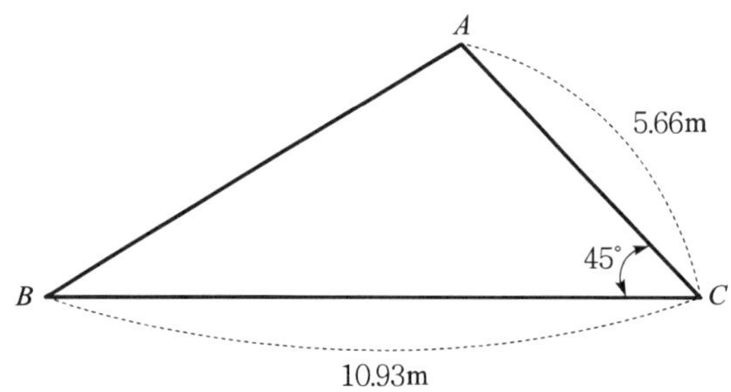

풀이

(1) c 변의 길이 계산

제2코사인 법칙, $c^2 = a^2 + b^2 - 2ab\cos C$ 를 적용하면,

$c^2 = 10.93^2 + 5.66^2 - 2 \times 10.93 \times 5.66 \times \cos 45 = 64.01$

$\therefore c = 8\,\text{m}$

(2) 각$\angle A$, $\angle B$의 계산

sine 법칙을 적용하면,

$\dfrac{a}{\sin A} = \dfrac{b}{\sin B} = \dfrac{c}{\sin C}$ 에서,

$\dfrac{10.93}{\sin A} = \dfrac{5.66}{\sin B} = \dfrac{8}{\sin 45}$

$\therefore \sin B = \dfrac{5.66}{8} \times \sin 45 = 0.5 \qquad \therefore\ B = \sin^{-1} 0.5 = 30°$

삼각형의 내각의 합은 180° 이므로,

$\angle A + \angle B + \angle C = 180°$

$\therefore\ \angle A = 180° - \angle B - \angle C = 180 - 45 - 30 = 105°$

예제 7.15

두 나무 사이의 거리를 측정하고자 하나, 나무 사이에 장애물이 있어 직접 거리를 측정하는 것이 불가능한 상황이다. 이 경우 다음과 같이 두변의 길이, $\overline{BA} = 100\,\text{m}$, $\overline{BC} = 125\text{m}$ 와 그 사잇각 $\angle B = 60°$ 를 측정하였다면, 코사인 제2법칙을 이용하여 두 나무 사이의 거리를 구하라.

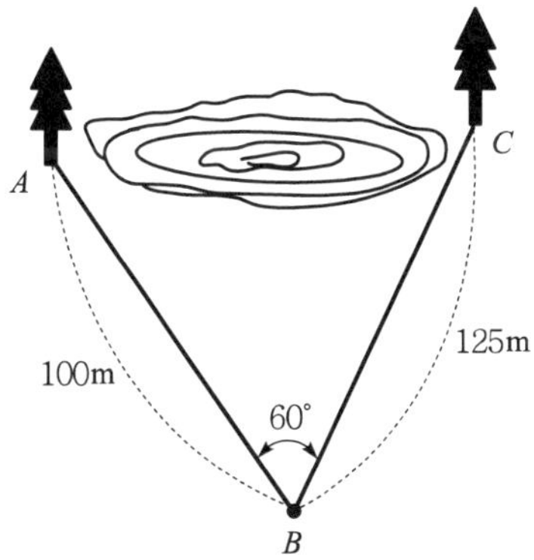

풀이

코사인 법칙으로부터

$$\overline{AC}^2 = \overline{AB}^2 + \overline{BC}^2 - 2\overline{AB}\,\overline{BC}\cos 60°$$

$$= 100^2 + 125^2 - 2 \times 100 \times 125 \times \cos 60°$$

$$= 25{,}625 - 12{,}500 = 13{,}125$$

$\therefore\ \overline{AC} = 114.56\ \text{m}$

●● 연습문제

7.1 다음 그림과 같은 직삼각형에서 $c=20\text{m}$, $\theta=45°$ 일 때, a 변의 길이와 b 변의 길이를 구하라.

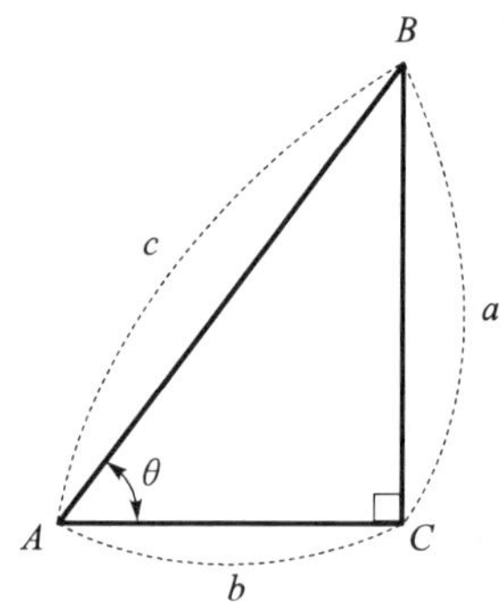

7.2 종단구배, $S=8\%$ 인 도로에서 두 지점의 수평거리가 50m일 때, 두 지점의 표고 차이는 얼마인가?

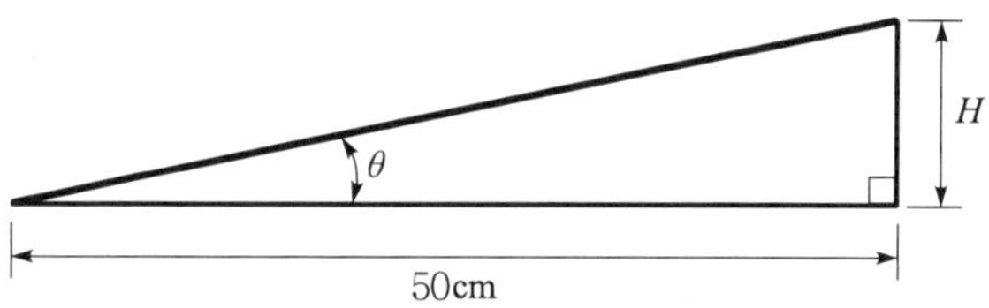

7.3 계산기를 이용하여 다음을 구하라(단, $0° \leqq \theta \leqq 90°$).

(1) $\sin\theta = 0.55$

(2) $\cos\theta = 0.88$

(3) $\tan\theta = 0.5$

7.4 $\triangle ABC$ 에서, $b = 20m$, $\angle B = 50°$, $\angle C = 60°$ 일 때, 변 c 의 값을 구하라.

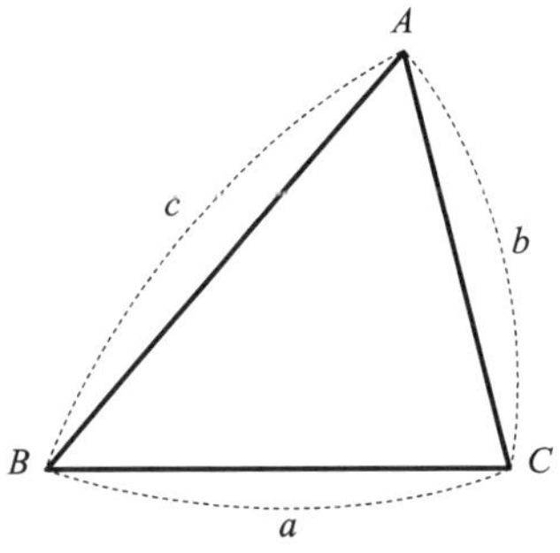

7.5 다음 그림과 같이 중량 1,000kgf인 물체가 로프에 의해 매달려 있을 때, 로프 AB, AC 에 작용하는 인장력을 구하라.

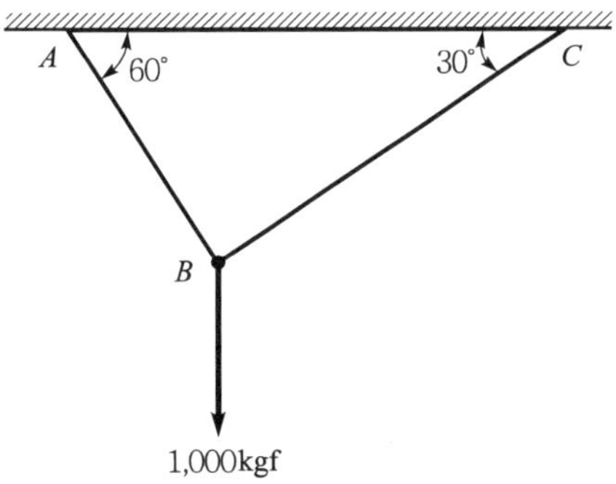

7.6 삼각형의 세 변의 길이가 $a = 50\text{m}$, $\text{b} = 52\text{m}$, $\text{c} = 45\text{m}$ 일 때, 세 각 $\angle A$, $\angle B$, $\angle C$ 의 크기를 구하라.

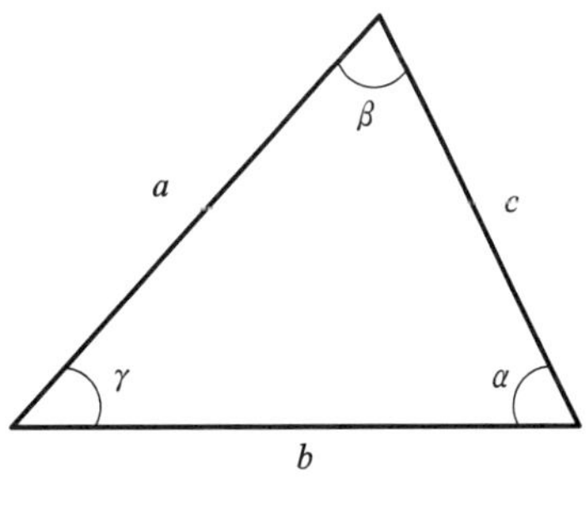

제8장 벡터(Vector)

8.1 벡터의 뜻과 표시방법

벡터(vector)란 크기와 방향을 표현하는 중요한 도구로 사용되고 있으며, 물리학 및 공학 문제에서 유용하게 적용되고 있다. 자연계에는 다양한 종류의 물리량이 있으며, 이들 중에서 길이, 넓이, 부피, 시간, 온도 등과 같이 크기만으로 나타낼 수 있는 양을 스칼라(scalar)라고 하고, 힘, 속도, 가속도 등과 같이 크기와 방향을 갖는 양을 벡터(vector)라고 한다.

크기만을 갖는 스칼라(scalar)는 수학에서 실수로 표현되지만, 벡터(vector)는 크기와 방향을 동시에 갖고 있으므로 그림 8.1과 같이 화살표를 붙인 선분으로 표시한다. 즉, 그림에서 화살표가 향하는 방향은 벡터의 방향을 나타내는 것이고, 화살표의 길이는 벡터의 크기를 나타낸다. 이때, 화살표가 시작되는 점 A를 시점, 끝나는 점 B를 종점이라고 한다.

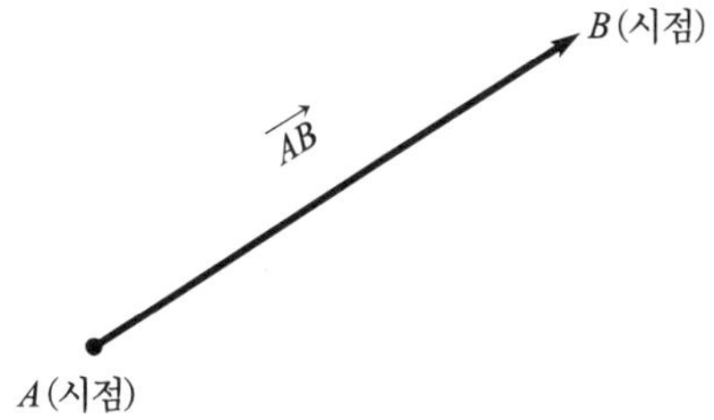

그림 8.1 벡터의 크기와 방향

8.2 벡터를 이용한 힘의 표시방법

벡터는 힘을 나타내는데 사용될 수 있다. 힘은 그림 8.2와 같이 작용점, 방향, 크기의 3요소를 갖고 있으므로 벡터를 이용하여 힘을 표시하고 있다.

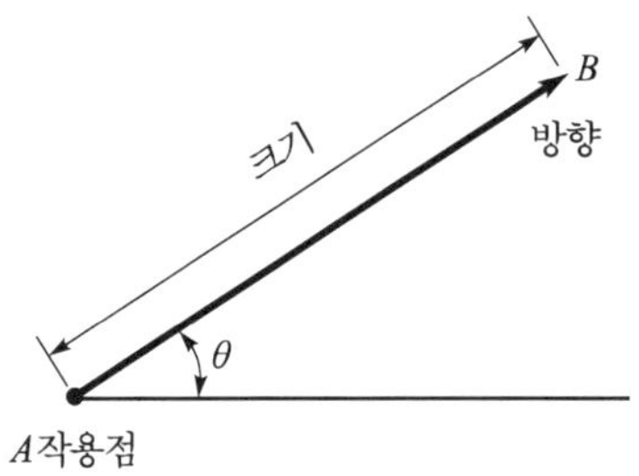

그림 8.2 벡터의 표시방법

또한, 그림 8.3(a)와 같이 교량 위를 통과하는 세미트레일러(semi-trailer)하중 즉, 43.2 tf 의 표준트럭하중(DB-24)에 의해, 교량에 작용하게 되는 전륜하중 및 후륜하중 (P_f, P_{r1}, P_{r2})과 지점에서의 반력(R_A, R_B)을 벡터로 표시하면 그림 8.3(b)와 같이 나타낼 수 있다.

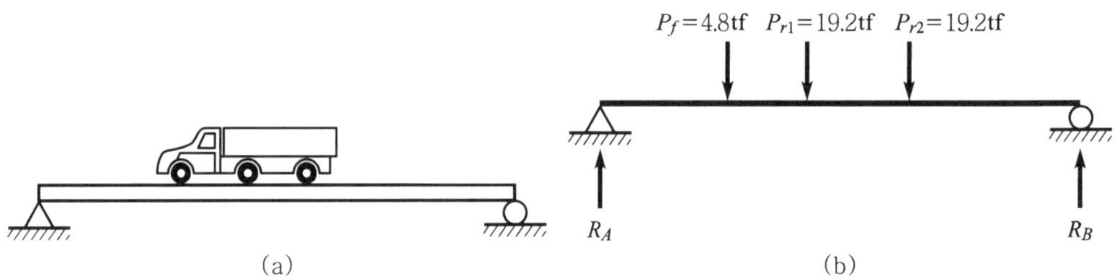

그림 8.3 DB-24 세미트레일러 차량하중을 벡터로 표시한 예

8.3 벡터의 크기와 단위벡터, 영벡터, 역벡터

8.3.1 벡터의 크기

벡터의 표기는 $\overrightarrow{AB}$, $\overrightarrow{CD}$, $\vec{a}$, $\vec{b}$ 등과 같이 나타내지만, 벡터의 크기 즉, 스칼라량 만을 표기할 때는 $|\overrightarrow{AB}|$, $|\overrightarrow{CD}|$, $|\vec{a}|$, $|\vec{b}|$ 등과 같이 절대값 기호를 써서 나타낸다.

그림 8.4의 벡터 $\overrightarrow{AB}$ 의 크기를 기호로는 $|\overrightarrow{AB}|=5$ 로 나타낸다. 즉, 벡터에서 절대값은 벡터의 크기를 의미하며, 스칼라임에 유의해야 한다.

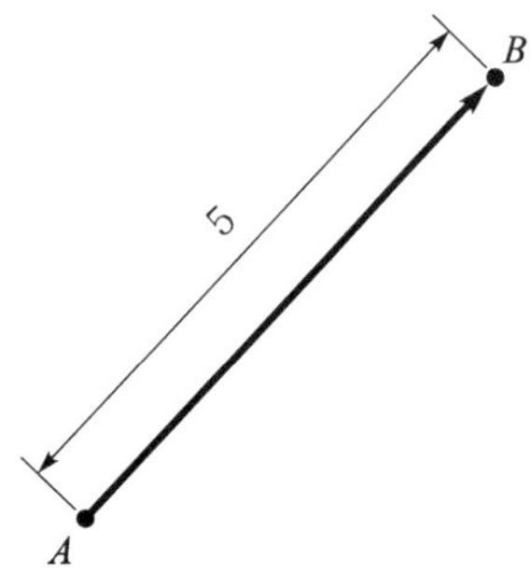

그림 8.4 벡터의 크기

8.3.2 단위벡터(unit vector)

크기가 1인 벡터를 단위벡터(unit vector)라고 한다.

8.3.3 영벡터(zero vector)

시점과 종점이 일치하는 벡터를 영벡터(zero vector)라고 하고, 기호로는 $\vec{0}$ 로 나타낸다.
$\overrightarrow{AA} = \overrightarrow{BB} = \overrightarrow{CC} = \vec{0}$

8.3.4 역벡터(inverse vector)

시점과 종점을 바꾼 벡터를 역벡터(inverse vector)라 하고, $\overrightarrow{AB}$ 의 역벡터는 $-\overrightarrow{AB}$ 또는 $\overrightarrow{BA}$ 와 같다.

$$\overrightarrow{BA} = -\overrightarrow{AB}$$

8.4 벡터의 덧셈과 뺄셈

8.4.1 벡터의 덧셈

두 개의 벡터 $\overrightarrow{OA}$ 와 $\overrightarrow{OB}$ 의 합은 그림 8.5(a)와 같이 선분 OA 와 OB 를 두 변으로 하는 평행사변형 $OACB$ 를 만들었을 때 $\overrightarrow{OC}$ 가 된다. 이것을 "벡터의 평행사변형의 법칙"이라고 하고 식으로 표현하면 다음과 같다.

$$\overrightarrow{OA} + \overrightarrow{OB} = \overrightarrow{OC}$$

또한, 벡터 $\overrightarrow{OB}$ 는 벡터 $\overrightarrow{AC}$ 와 동일하므로 그림 8.5(b)와 같이 벡터 $\overrightarrow{OA}$ 의 종점에서 벡터 $\overrightarrow{OB}$ 를 작도한 것과 동일하다. 이것을 "벡터의 삼가형의 법칙"이라고 히고 식으로 표현하면 다음과 같다.

$$\overrightarrow{OA} + \overrightarrow{AC} = \overrightarrow{OC}$$

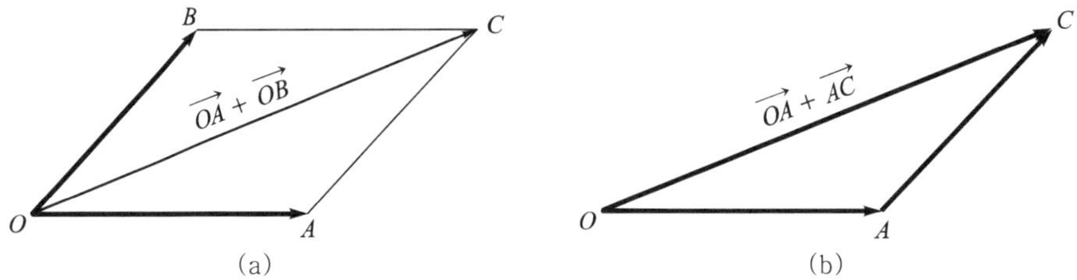

그림 8.5 두 벡터의 덧셈

또한, 그림 8.6과 같이 여러개의 임의의 벡터가 있을 때, 이들 벡터의 합은 폐합다각형이 되도록 작도하면 구할 수 있다.

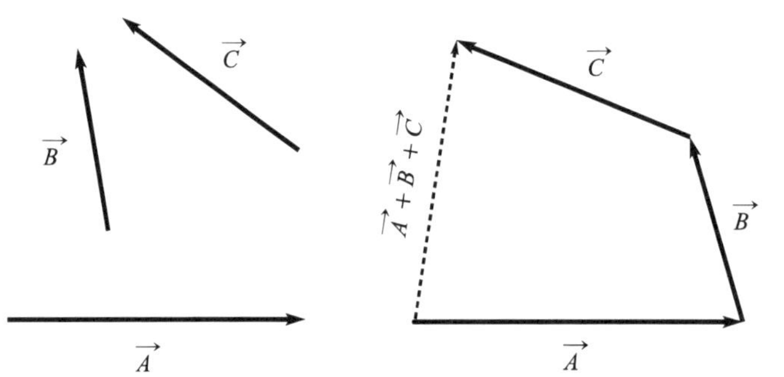

그림 8.6 여러 개 벡터의 합

8.4.2 벡터의 뺄셈

벡터의 뺄셈은 벡터의 덧셈과 유사하며, 벡터의 덧셈으로부터 유도될 수 있다.

$\overrightarrow{OA}+\overrightarrow{AC}=\overrightarrow{OC}$ 에서,

$\overrightarrow{AC}=\overrightarrow{OC}-\overrightarrow{OA}$

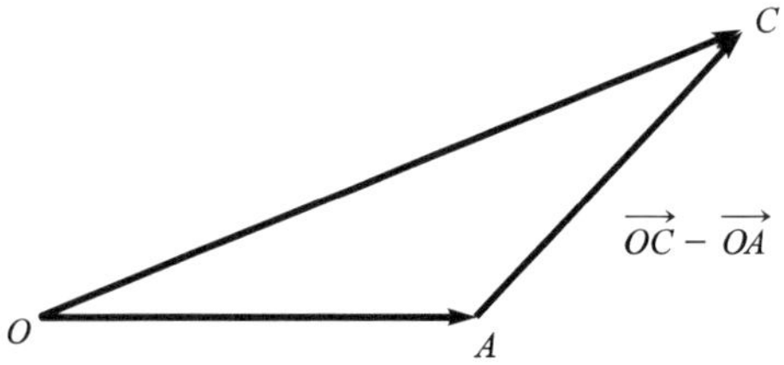

그림 8.7 벡터의 뺄셈

8.4.3 벡터의 실수배

어떤 벡터 $\vec{a}=\overrightarrow{OA}$ 에 실수 k를 곱하면 $k\vec{a}$ 가 된다. 이때 벡터의 크기와 방향은 다음과 같이 된다.

① $k>0$ 일 때, $k\vec{a}$ 는 $\vec{a}$ 의 방향과 같고, 크기는 $k|\vec{a}|$

② $k<0$ 일 때, $k\vec{a}$ 는 $\vec{a}$ 의 방향과 반대이고, 크기는 $|k||\vec{a}|$

③ $k=0$ 일 때, $k\vec{a}=\vec{0}$

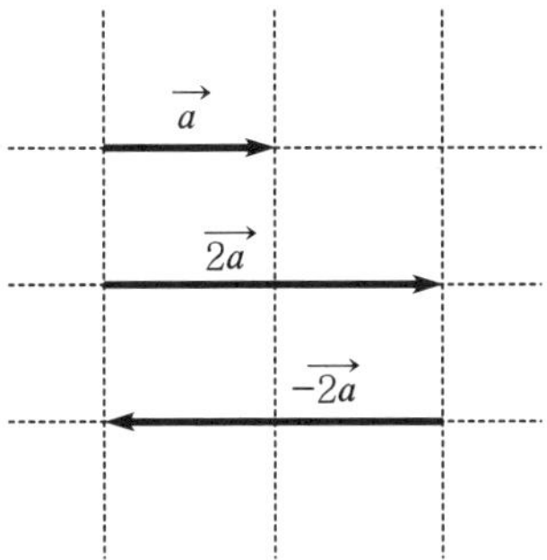

그림 8.8 벡터의 실수배

예제 8.1

그림과 같은 두 개의 벡터 $\vec{a}$, $\vec{b}$ 에 대해 $\vec{a}+\vec{b}$ 를 그림으로 나타내어라.

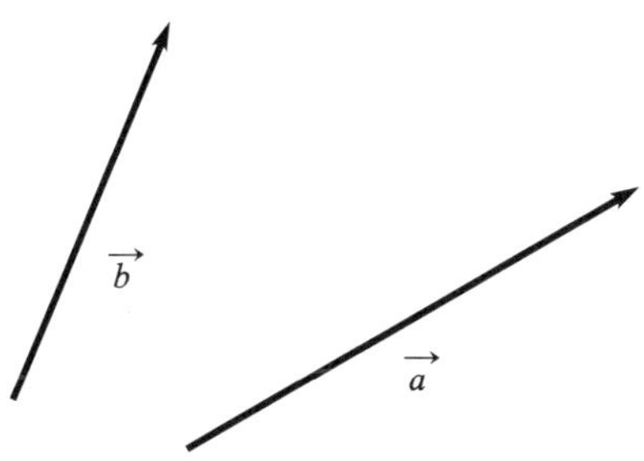

그림 8.9 벡터의 덧셈

풀이

(1) 삼각형의 법칙을 이용

$\vec{a}$ 의 종점에 $\vec{b}$ 의 시점을 평행이동하여 삼각형의 법칙을 이용하면,

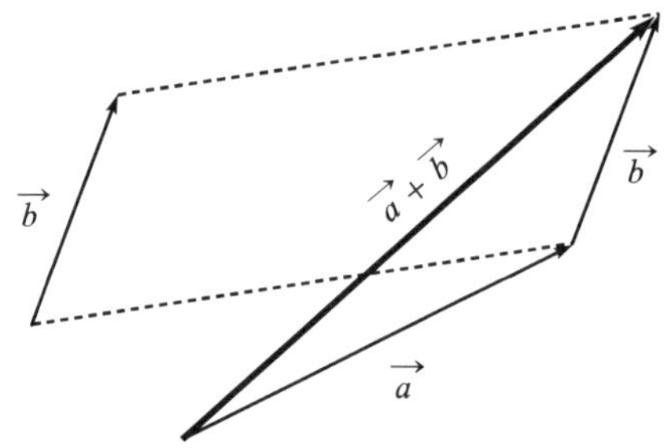

그림 8.10 삼각형의 법칙

(2) 평행사변형의 법칙을 이용

$\vec{a}$ 의 시점에 $\vec{b}$ 의 시점을 평행이동하여 평행사변형의 법칙을 이용하면,

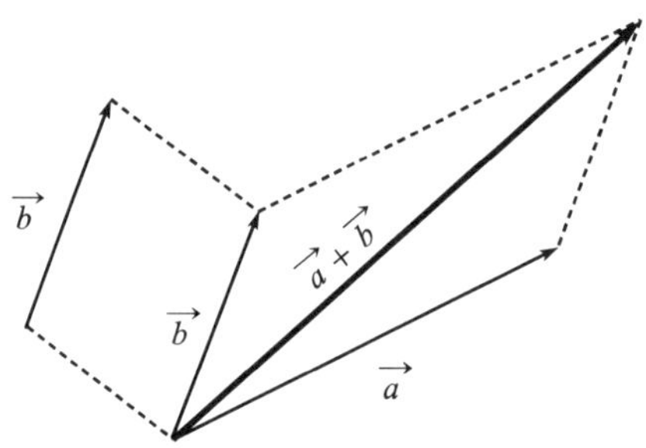

그림 8.11 평행사변형의 법칙

8.5 벡터의 성분 및 크기와 방향

벡터를 평면좌표에 표기하면 벡터의 x성분 및 y성분을 구할 수 있다. 벡터를 x성분 및 y성분으로 분해하는 것은 공학에서 역학적인 문제를 해결하는데 많은 도움을 줄 수 있다.

다음 그림과 같이 $\vec{a}=\overrightarrow{OA}$ 벡터의 시점을 좌표의 원점 O로 하였을 때, 벡터의 종점좌표 (a_1, a_2)를 벡터 $\overrightarrow{OA}$ 의 "성분"이라 하고, a_1을 x성분, a_2를 y성분이라고 하며, $\overrightarrow{OA}=(a_1, a_2)$ 또는 $\overrightarrow{OA}=a_1 i+a_2 j$ 로 나타낸다.

즉, 벡터 $\overrightarrow{OA}$ 의 종점좌표 (a_1, a_2)로부터 벡터의 크기와 방향 등 모든 것을 알 수 있다.

- 벡터의 크기 $|\overrightarrow{OA}|=\sqrt{a_1^2+a_2^2}$

• 벡터의 방향 $\tan\theta = \dfrac{a_2}{a_1}$

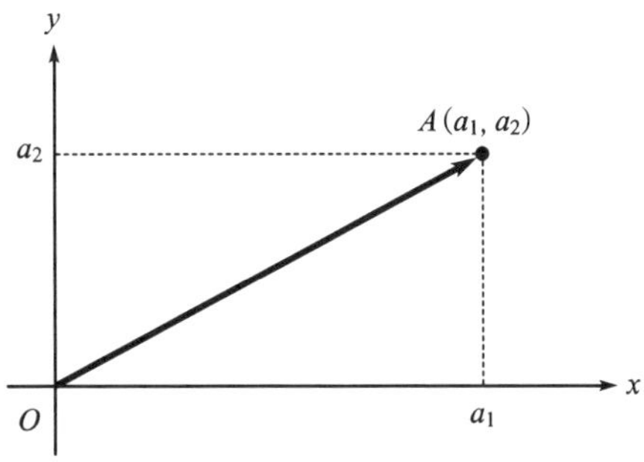

그림 8.12 벡터의 크기와 방향

예제 8.2

다음의 벡터에 대해 x 성분, y 성분, 벡터의 크기 및 방향을 구하여라.

(1) $\vec{a} = (2,\ 2)$ (2) $\vec{b} = (3,\ 4)$

풀이

(1) 벡터의 성분 : x 성분 $a_1 = 2$, y 성분 $a_2 = 2$

벡터의 크기 : $|\vec{a}| = \sqrt{a_1^2 + a_2^2} = \sqrt{2^2 + 2^2} = 2\sqrt{2} = 2.83$

벡터의 방향 : $\tan\theta = \dfrac{a_2}{a_1} = \dfrac{2}{2} = 1$, $\theta = \tan^{-1}1 = 45°$

(2) 벡터의 성분 : x 성분 $b_1 = 3$, y 성분 $b_2 = 4$

벡터의 크기 : $|\vec{b}| = \sqrt{b_1^2 + b_2^2} = \sqrt{3^2 + 4^2} = \sqrt{25} = 5$

벡터의 방향 : $\tan\theta = \dfrac{b_2}{b_1} = \dfrac{4}{3} = 1.333$, $\theta = \tan^{-1}1.333 = 53.1°$

8.6 단위벡터와 방향코사인

어떤 벡터 $\vec{a}$ 가 있을 때, $\vec{a}$ 와 같은 방향의 단위벡터는 벡터 $\vec{a}$ 의 크기 즉, $|\vec{a}|$ 로 주어진 벡터를 나누면 $\vec{a}$ 와 같은 방향의 단위벡터(unit vector)가 된다.

$$(\vec{a} \text{ 와 같은 방향의 단위벡터}) = \frac{\vec{a}}{|\vec{a}|}$$

평면좌표계에서 각 축의 양의 방향과 벡터가 이루는 각을 그 벡터의 "방향각"이라고 하며, 기호로는 α, β, γ 로 나타낸다. 이 방향각의 코사인 값을 "방향코사인"이라고 한다.

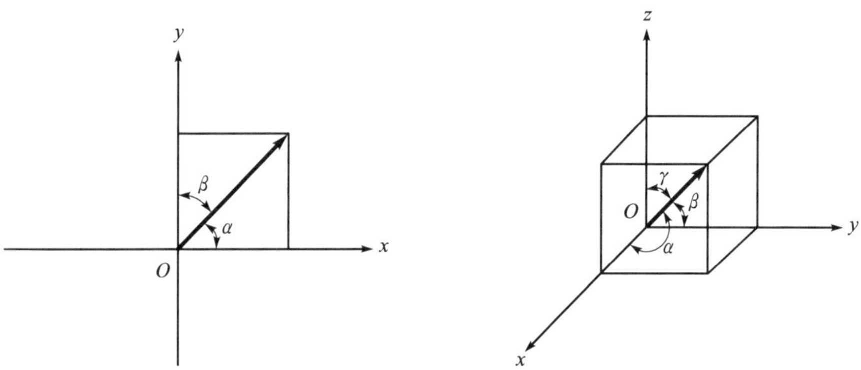

(a) 평면벡터인 경우 (b) 공간벡터인 경우

그림 8.13 벡터의 방향각

① 평면벡터의 방향코사인은 2개 : $\cos\alpha$, $\cos\beta$

② 공간벡터의 방향코사인은 3개 : $\cos\alpha$, $\cos\beta$, $\cos\gamma$

또한, 방향코사인의 성질은 다음과 같다.

① 평면벡터에서는 $\cos^2\alpha + \cos^2\beta = 1$

② 공간벡터에서는 $\cos^2\alpha + \cos^2\beta + \cos^2\gamma = 1$

예제 8.3

다음 그림과 같이 벡터 $\vec{a} = (4, 3) = 4i + 3j$ 일 때, $\vec{a}$ 와 같은 방향의 단위벡터와 방향코사인을 구하라.

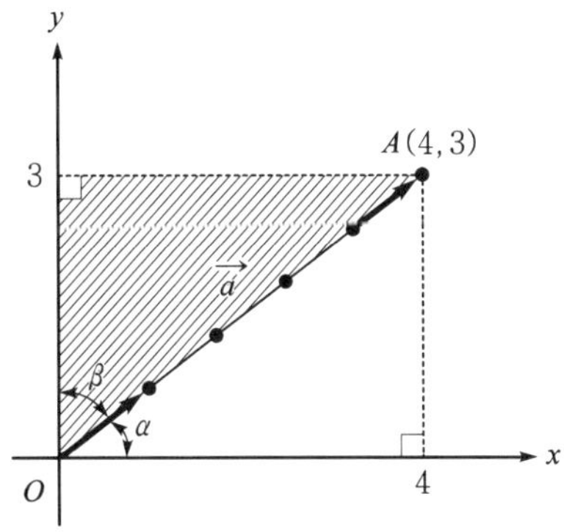

그림 8.14 단위벡터와 방향코사인

풀이

$\vec{a} = (4, 3)$의 크기$= \sqrt{4^2 + 3^2} = 5$

따라서 벡터 $\vec{a}$ 를 5로 나누면 크기가 1인 단위벡터가 된다.

$\therefore$ ($\vec{a}$ 와 같은 방향의 단위벡터) $= \dfrac{1}{5}\vec{a} = \left(\dfrac{4}{5}, \dfrac{3}{5}\right) = \dfrac{4}{5}i + \dfrac{3}{5}j$

방향코사인은 그림에서,

아래쪽 직각삼각형에서, $\cos\alpha = \dfrac{4}{5}$

위쪽 직각삼각형에서, $\cos\beta = \dfrac{3}{5}$ 으로, 같은 방향의 단위벡터의 성분과 동일함을 알 수 있다.

(확인) $(\cos\alpha, \cos\beta)$는 단위벡터이므로 $\sqrt{\cos^2\alpha + \cos^2\beta} = 1$이 되어야 한다.

$$\sqrt{\left(\frac{4}{5}\right)^2 + \left(\frac{3}{5}\right)^2} = \sqrt{\frac{16+9}{25}} = \sqrt{\frac{25}{25}} = 1 \quad \therefore O.K$$

예제 8.4

벡터 $\vec{a} = (-2, -4, -4) = -2i - 4j - 4k$일 때, $\vec{a}$ 와 같은 방향의 단위벡터와 방향코사인을 구하라.

풀이

$\vec{a} = (-2, -4, -4)$의 크기$= \sqrt{(-2)^2 + (-4)^2 + (-4)^2} = \sqrt{36} = 6$

따라서 벡터 $\vec{a}$ 를 6으로 나누면 크기가 1인 단위벡터가 된다.

∴ ($\vec{a}$ 와 같은 방향의 단위벡터)

$$= \frac{1}{6}\vec{a} = \left(-\frac{2}{6}, -\frac{4}{6}, -\frac{4}{6}\right) = -\frac{2}{6}i - \frac{4}{6}j - \frac{4}{6}k$$

방향코사인은 같은 방향의 단위벡터의 성분과 동일하므로,

$$\cos\alpha = -\frac{2}{6}, \quad \cos\beta = -\frac{4}{6}, \quad \cos\gamma = -\frac{4}{6}$$

확인

$(\cos\alpha, \cos\beta, \cos\gamma)$는 단위벡터이므로 $\sqrt{\cos^2\alpha + \cos^2\beta + \cos^2\gamma} = 1$이 되어야 한다.

$$\sqrt{\left(-\frac{2}{6}\right)^2 + \left(-\frac{4}{6}\right)^2 + \left(-\frac{4}{6}\right)^2} = \sqrt{\frac{36}{36}} = 1 \quad \therefore O.K$$

8.7 벡터의 내적(dot product)

벡터의 곱셈에는 내적(內積, inner product)과 외적(外積, outer product)이 있다. 일단, 벡터의 내적에 대해 알아보자.

8.7.1 내적의 정의

벡터의 내적(內積, inner product)은 결과값이 스칼라 값이 나오므로 스칼라곱(scalar product) 또는 다트곱(dot product) 이라고도 한다. 벡터의 내적은 두 벡터의 방향관계를 얻는데 주로 사용된다.

그림 8.15와 같이 영벡터가 아닌 두 개의 벡터 $\vec{a}$, $\vec{b}$ 가 이루는 각이 θ $(0 \leq \theta \leq 180°)$일 때, 두 벡터의 내적은 다음과 같이 정의된다.

$$\vec{a} \cdot \vec{b} = |\vec{a}||\vec{b}|\cos\theta$$

두 벡터의 내적 $\vec{a} \cdot \vec{b}$ 는 벡터가 아니고 스칼라량으로 나타나며, 벡터의 내적은 $\cos\theta$ 의 부호 즉, θ 의 값에 따라 양수, 0, 음수일 수도 있다.

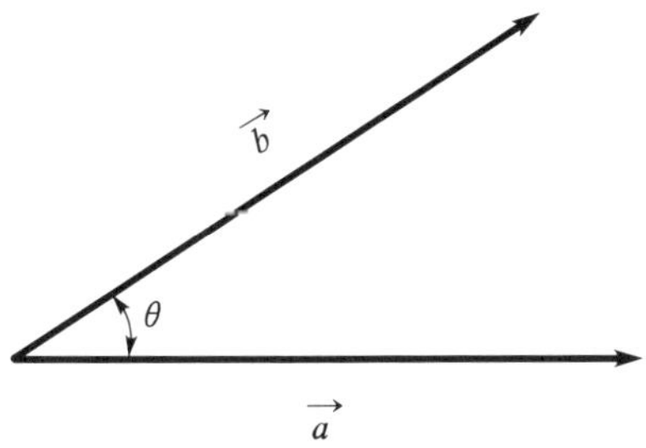

그림 8.15 평면좌표계 밖에서의 내적의 계산

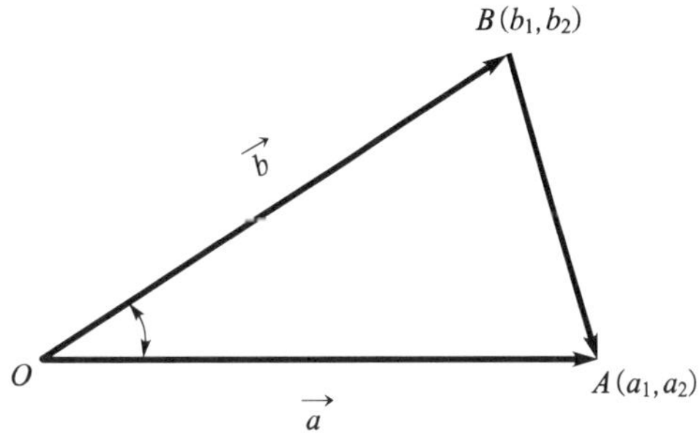

그림 8.16 평면좌표계 내에서의 내적의 계산

8.7.2 평면좌표계 내에서의 내적의 계산

평면좌표계 위에서의 내적을 계산하기 위해, 그림 8.16에 대해 코사인 제2법칙을 적용하면,

$$\overline{AB}^2 = \overline{OA}^2 + \overline{OB}^2 - 2\,\overline{OA}\cdot\overline{OB}\cdot\cos\theta$$
$$|\overline{AB}|^2 = |\vec{a}|^2 + |\vec{b}|^2 - 2|\vec{a}||\vec{b}|\cos\theta$$

여기서, $|\vec{a}||\vec{b}|\cos\theta$ 는 두 벡터의 내적 $\vec{a}\cdot\vec{b}$ 이므로,

$$\vec{a}\cdot\vec{b} = \frac{1}{2}\left[\,|\vec{a}|^2 + |\vec{b}|^2 - |\overline{AB}|^2\,\right] = \frac{1}{2}\left[\,a_1^2 + a_2^2 + b_1^2 + b_2^2 - \left\{(a_1 - b_1)^2 + (a_2 - b_2)^2\right\}\right]$$
$$= \frac{1}{2}(\,2a_1b_1 + 2a_2b_2)$$
$$= a_1b_1 + a_2b_2$$

즉, 평면좌표 내에 있는 두 벡터 $\vec{a} = (a_1,\, a_2)$와 $\vec{b} = (b_1,\, b_2)$의 내적은 "벡터의 성분간의 곱을 모두 더한 값"으로 다음과 같이 된다.

$$\vec{a}\cdot\vec{b} = (a_1,\, a_2)\cdot(b_1,\, b_2) = a_1b_1 + a_2b_2 = |\vec{a}||\vec{b}|\cos\theta$$

예제 8.5

$|\vec{a}|=3$, $|\vec{b}|=6$ 이고 $\vec{a}$ 와 $\vec{b}$ 가 이루는 각이 $60°$ 일 때, 두 벡터의 내적 $\vec{a}\cdot\vec{b}$ 를 구하라.

풀이

$\vec{a}\cdot\vec{b}=|\vec{a}||\vec{b}|\cos\theta=3\times6\times\cos 60°=9$

예제 8.6

$|\vec{a}|=10$, $|\vec{b}|=10$ 인 두 벡터가 이루는 각이 다음 그림과 같이 $60°$, $90°$, $120°$ 일 때, 내적 $\vec{a}\cdot\vec{b}$ 를 구하라.

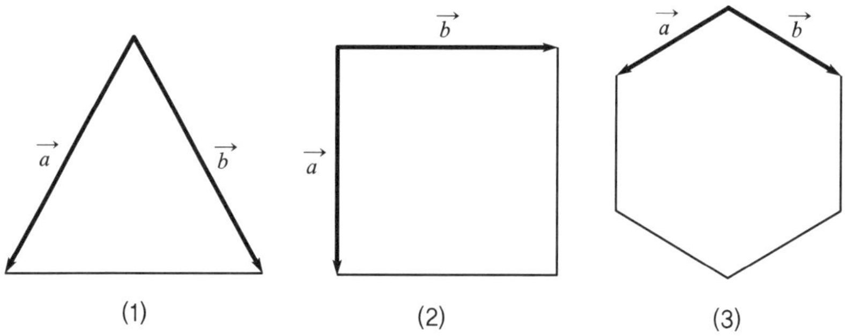

풀이

벡터의 내적은 $\vec{a}\cdot\vec{b}=|\vec{a}||\vec{b}|\cos\theta$ 이므로,

(1) $\vec{a}\cdot\vec{b}=|\vec{a}||\vec{b}|\cos\theta=10\times10\times\cos 60°=50$

(2) $\vec{a}\cdot\vec{b}=|\vec{a}||\vec{b}|\cos\theta=10\times10\times\cos 90°=0$

(3) $\vec{a}\cdot\vec{b}=|\vec{a}||\vec{b}|\cos\theta=10\times10\times\cos 120°=-50$

8.7.3 내적의 연산법칙

벡터의 내적에서는 다음과 같은 교환법칙, 결합법칙, 분배법칙이 성립한다.

① $\vec{a}\cdot\vec{b}=\vec{b}\cdot\vec{a}$ (교환법칙)

② $(k\vec{a})\cdot\vec{b}=\vec{a}\cdot(k\vec{b})=k(\vec{a}\cdot\vec{b})$ (결합법칙)

③ $\vec{a}\cdot(\vec{b}+\vec{c})=\vec{a}\cdot\vec{b}+\vec{a}\cdot\vec{c}$ (분배법칙)

④ $\vec{0} \cdot \vec{a} = \vec{a} \cdot \vec{0} = 0$

8.7.4 내적의 활용

평면좌표계에서 두 개의 벡터 $\vec{a} = (a_1,\ a_2)$ 와 $\vec{b} = (b_1,\ b_2)$ 가 이루는 각은 다음과 같이 계산할 수 있다.

평면좌표계 밖에서의 벡터의 내적은 $\vec{a} \cdot \vec{b} = |\vec{a}||\vec{b}| \cos\theta$

$$\cos\theta = \frac{\vec{a} \cdot \vec{b}}{|\vec{a}|\,|\vec{b}|}$$

가 된다.

평면좌표계 내에서의 벡터의 내적은 $\vec{a} \cdot \vec{b} = a_1b_1 + a_2b_2$ 이며,

벡터의 $\vec{a}$ 의 크기 : $|\vec{a}| = \sqrt{a_1^2 + a_2^2}$

벡터의 $\vec{b}$ 의 크기 : $|\vec{b}| = \sqrt{b_1^2 + b_2^2}$ 이므로,

$$\cos\theta = \frac{\vec{a} \cdot \vec{b}}{|\vec{a}|\,|\vec{b}|} = \frac{a_1 b_1 + a_2 b_2}{\sqrt{a_1^2 + a_2^2}\,\sqrt{b_1^2 + b_2^2}}$$

또한, 공간좌표계의 두 개의 벡터 $\vec{a} = (a_1,\ a_2,\ a_3)$ 와 $\vec{b} = (b_1,\ b_2,\ b_3)$ 가 이루는 각은 다음과 같이 계산할 수 있다.

공간좌표계 밖에서의 벡터의 내적은 $\vec{a} \cdot \vec{b} = |\vec{a}||\vec{b}| \cos\theta$

$$\cos\theta = \frac{\vec{a} \cdot \vec{b}}{|\vec{a}|\,|\vec{b}|}$$

가 된다.

공간좌표계 내에서의 벡터의 내적은 $\vec{a} \cdot \vec{b} = a_1b_1 + a_2b_2 + a_3b_3$ 이며,

벡터의 $\vec{a}$ 의 크기 : $|\vec{a}| = \sqrt{a_1^2 + a_2^2 + a_3^2}$

벡터의 $\vec{b}$ 의 크기 : $|\vec{b}| = \sqrt{b_1^2 + b_2^2 + b_3^2}$ 이므로,

$$\cos\theta = \frac{\vec{a} \cdot \vec{b}}{|\vec{a}|\,|\vec{b}|} = \frac{a_1 b_1 + a_2 b_2 + a_3 b_3}{\sqrt{a_1^2 + a_2^2 + a_3^2}\,\sqrt{b_1^2 + b_2^2 + b_3^2}}$$

예제 8.7

다음 두 벡터가 이루는 각의 크기를 구하라.

$\vec{a}=(1,\ 2)\quad \vec{b}=(-1,\ 3)$

풀이

평면좌표계 밖에서의 내적 $\vec{a}\cdot\vec{b}=|\vec{a}||\vec{b}|\cos\theta$

평면좌표계 내에서의 내적 $\vec{a}\cdot\vec{b}=a_1b_1+a_2b_2$ 이므로,

$\vec{a}\cdot\vec{b}=(1,\ 2)\cdot(-1,\ 3)=1\times(-1)+2\times3=5$

$$\cos\theta=\frac{\vec{a}\cdot\vec{b}}{|\vec{a}|\,|\vec{b}|}=\frac{a_1b_1+a_2b_2}{\sqrt{a_1^2+a_2^2}\,\sqrt{b_1^2+b_2^2}}\text{에서,}$$

$$\cos\theta=\frac{\vec{a}\cdot\vec{b}}{|\vec{a}|\,|\vec{b}|}=\frac{5}{\sqrt{1^2+2^2}\,\sqrt{(-1)^2+3^2}}=\frac{5}{\sqrt{5}\,\sqrt{10}}=\frac{5}{5\sqrt{2}}=\frac{1}{\sqrt{2}}$$

$$\therefore\ \theta=\cos^{-1}\frac{1}{\sqrt{2}}=45°$$

예제 8.8

다음 두 벡터가 이루는 각의 크기를 구하라.

$\vec{a}=(2,1,3)=2i+j+3k$

$\vec{b}=(2,\ -1,\ 2)=2i-j+2k$

풀이

공간좌표계 밖에서의 내적 $\vec{a}\cdot\vec{b}=|\vec{a}||\vec{b}|\cos\theta$

공간좌표계 내에서의 내적 $\vec{a}\cdot\vec{b}=a_1b_1+a_2b_2+a_3b_3$ 이므로,

$\vec{a}\cdot\vec{b}=(2,\ 1,\ 3)\cdot(2,\ -1,\ 2)=2\times2+1\times(-1)+3\times2=9$

$$\cos\theta=\frac{\vec{a}\cdot\vec{b}}{|\vec{a}|\,|\vec{b}|}=\frac{a_1b_1+a_2b_2+a_3b_3}{\sqrt{a_1^2+a_2^2+a_3^2}\,\sqrt{b_1^2+b_2^2+b_3^2}}\text{에서,}$$

$$\cos\theta=\frac{\vec{a}\cdot\vec{b}}{|\vec{a}|\,|\vec{b}|}=\frac{9}{\sqrt{2^2+1^2+3^2}\,\sqrt{2^2+(-1)^2+2^2}}=\frac{9}{\sqrt{14}\,\sqrt{9}}=0.802$$

$$\therefore\ \theta=\cos^{-1}0.802=36.7°$$

8.7.5 내적의 적용예

물리에서 힘이 한 일은 $W = F \cdot s$ 이다. 그림 8.17(a)에서는 힘 F와 물체의 이동거리 s가 같은 방향이므로 힘 F가 한 일은 $W = F \cdot s$ 이지만, 그림 8.17(b)와 같이 힘의 작용방향과 물체의 이동방향이 θ 만큼 경사져 있는 경우에는 힘 F의 s 방향의 분력은 $F\cos\theta$ 가 되고, 이때 한 일은 $W = F\,s\cos\theta$ 가 된다.

즉, 물체를 이동시킬 때 한 일은 그림 8.17(b)에서와 같이 힘의 벡터(F) 와 변위의 벡터(s) 로 표현할 수 있으며, 두 벡터의 내적을 구하면 된다.

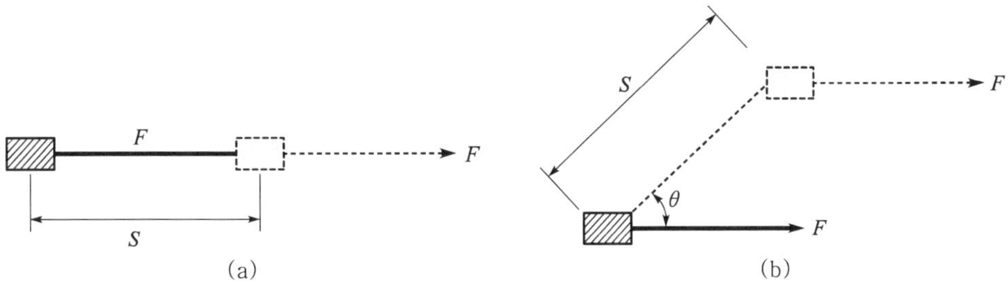

그림 8.17 힘이 한 일

예제 8.9

그림 8.17(b)에서 힘의 벡터가 $\vec{F} = 10\,\text{kN}$, 변위의 벡터 $\vec{s} = 2\,\text{m}$ 이고, 두 벡터 사이의 $\theta = 60°$ 일 때, 힘이 한 일을 계산하라.

풀이

$\vec{a} \cdot \vec{b} = |\vec{a}||\vec{b}|\cos\theta$ 이므로,

$W = \vec{F} \cdot \vec{s} = 10 \times 2 \times \cos 60° = 10\,\text{kN}\cdot\text{m}$

8.8 벡터의 외적(cross product)

8.8.1 외적의 정의

벡터의 외적(外積, outer product)은 벡터 곱셈의 또다른 형태이다. 벡터의 내적(dot product)이 두 벡터가 이루는 사잇각의 관계를 나타내는 스칼라곱인데 비해, 벡터의 외적은

두 벡터에 모두 수직한 새로운 벡터가 결과값으로 나오므로 벡터곱(vector product) 또는 크로스곱(cross product)이라고도 한다.

벡터의 외적은 평면 또는 곡면 상에서 서로 다른 두 접선 벡터가 주어질 때, 그 표면에 수직인 법선벡터를 구하는데 주로 사용된다.

두 벡터 $\vec{a}$와 $\vec{b}$의 외적은 $\vec{a}\times\vec{b}$로 표기하며, 두 벡터가 이루는 평행사변형의 면적, $|\vec{a}||\vec{b}|\sin\theta$을 크기로 갖는다. 두 벡터에 수직인 법선벡터, 즉 외적 벡터의 방향은 그림 8.18과 같이 $\vec{a}$ 벡터에서 $\vec{b}$ 벡터로 오른손을 감아쥐었을 때 엄지손가락이 가리키는 방향이 $\vec{a}\times\vec{b}$의 방향이 된다. 이를 "오른손 법칙"이라고 한다.

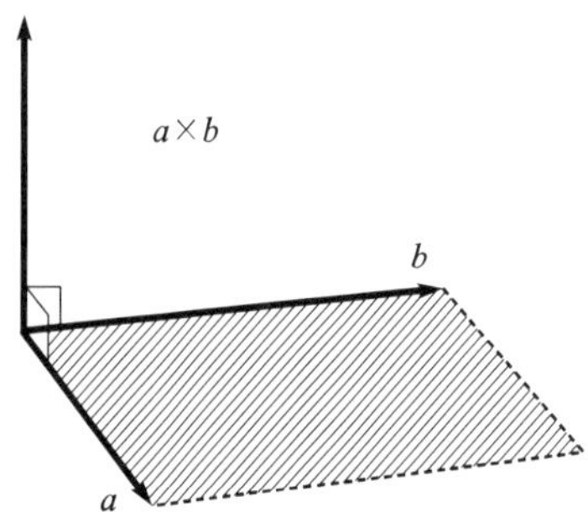

그림 8.18 $\vec{a}\times\vec{b}$의 방향

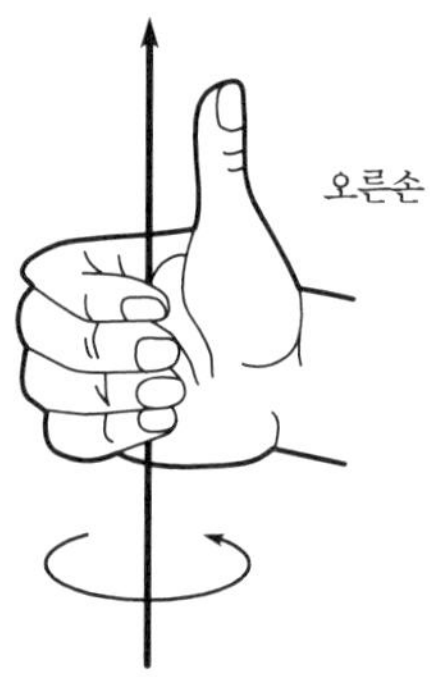

그림 8.19 오른손법칙

영벡터가 아닌 두 개의 벡터 $\vec{a}=a_1 i+a_2 j+a_3 k$, $\vec{b}=b_1 i+b_2 j+b_3 k$ 라 하면, 두 벡터의 외적(cross product)은 다음과 같이 정의된다.

$$\begin{aligned}\vec{a}\times\vec{b} &= (a_1 i+a_2 j+a_3 k)\times(b_1 i+b_2 j+b_3 k)\\ &= a_1b_1 i\times i+a_1b_2 i\times j+a_1b_3 i\times k+a_2b_1 j\times i+a_2b_2 j\times j+a_2b_3 j\times k\\ &\quad +a_3b_1 k\times i+a_3b_2 k\times j+a_3b_3 k\times k\end{aligned}$$

이 때, $i\times i=0$, $j\times j=0$, $k\times k=0$

$i\times j=k$, $j\times k=i$, $k\times i=j$

$j\times i=-k$, $k\times j=-i$, $i\times k=-j$ 이므로,

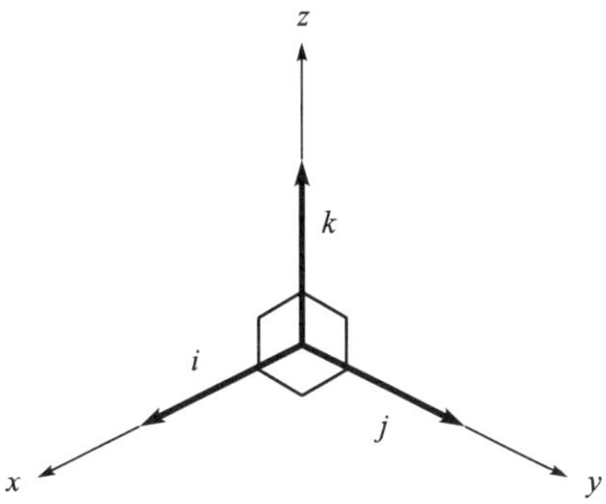

그림 8.20 xyz 좌표계에서 축방향 단위벡터

$$\vec{a}\times\vec{b} = (a_2b_3 - a_3b_2)i + (a_3b_1 - a_1b_3)j + (a_1b_2 - a_2b_1)k$$
$$= (a_2b_3 - a_3b_2,\ a_3b_1 - a_1b_3,\ a_1b_2 - a_2b_1)$$

이를 행열식으로 표현하면 다음과 같이 간단하게 표현된다.

$$\vec{a}\times\vec{b} = \begin{vmatrix} i & j & k \\ a_1 & a_2 & a_3 \\ b_1 & b_2 & b_3 \end{vmatrix}$$

8.8.2 외적의 연산법칙

벡터의 외적은 교환법칙이 성립하지 않으므로 연산을 할 때 주의해야 한다.

① $\vec{a}\times\vec{b} = -\vec{b}\times\vec{a}$

② $\vec{a}\times(\vec{b}+\vec{c}) = (\vec{a}\times\vec{b}) + (\vec{a}\times\vec{c})$

③ $(\vec{a}+\vec{b})\times\vec{c} = (\vec{a}\times\vec{c}) + (\vec{b}\times\vec{c})$

④ $k(\vec{a}\times\vec{b}) = k\vec{a}\times\vec{b} = \vec{a}\times k\vec{b}$

⑤ $\vec{a}\times 0 = 0\times\vec{a} = 0$

⑥ $\vec{a}\times\vec{a} = 0$

8.8.3 외적의 기하학적 성질

벡터의 내적에서는 두 벡터가 수직일 때에는 0이었지만, 벡터의 외적에서는 두 벡터가 평행일 때 영벡터가 되므로 다음의 법칙도 성립한다.

① $\vec{a}\times\vec{b}$ 는 $\vec{a}$ 벡터와 $\vec{b}$ 벡터에 동시에 수직이다. 즉,

$\vec{a}\cdot(\vec{a}\times\vec{b})=0$ $\qquad\qquad$ $\vec{b}\cdot(\vec{a}\times\vec{b})=0$

② $\vec{a}\times\vec{b}$ 의 크기는 $|\vec{a}\times\vec{b}|=|\vec{a}||\vec{b}|\sin\theta$ (단, θ 는 $\vec{a}$ 벡터와 $\vec{b}$ 벡터의 사잇각)

③ $|\vec{a}\times\vec{b}|$ 는 벡터 $\vec{a}$ 와 벡터 $\vec{b}$ 를 변으로 하는 평행사변형의 면적과 같다.

④ $\vec{a}\times\vec{b}=0$ 이면 $\vec{a}$ 와 $\vec{b}$ 는 서로 평행이며, 그 역도 성립한다.

예제 8.10

벡터 $\vec{a}=4i-2j+2k$, $\vec{b}=8i+4j-2k$에 동시에 수직인 벡터를 구하라. 또한 $|\vec{a}\times\vec{b}|$의 크기를 구하라.

풀이

(1) 두 벡터에 동시에 수직인 벡터

벡터의 외적을 구하면 되므로,

방법 1

$\vec{a}\times\vec{b}=(a_2b_3-a_3b_2)i+(a_3b_1-a_1b_3)j+(a_1b_2-a_2b_1)k$ 이므로,

$$\begin{aligned}\vec{a}\times\vec{b}&=(4i-2j+2k)\times(8i+4j-2k)\\&=[(-2\times(-2)-2\times4)i+(2\times8-4\times(-2))j+(4\times4-(-2)\times8)k]\\&=-4i+24j+32k\end{aligned}$$

확인

$$\begin{aligned}\vec{a}\cdot(\vec{a}\times\vec{b})&=(4i-2j+2k)\cdot(-4i+24j+32k)\\&=4\times(-4)+(-2)\times24+2\times32=-16-48+64=0\end{aligned}$$

$$\begin{aligned}\vec{b}\cdot(\vec{a}\times\vec{b})&=(8i+4j-2k)\cdot(-4i+24j+32k)\\&=8\times(-4)+4\times24+(-2)\times32=-32+96-64=0\end{aligned}$$

따라서 $\vec{a}\times\vec{b}$는 벡터 $\vec{a}$ 와 벡터 $\vec{b}$ 에 동시에 수직이다.

방법 2

행열식으로 구하면,

$$\vec{a}\times\vec{b}=\begin{vmatrix} i & j & k \\ 4 & -2 & 2 \\ 8 & 4 & -2 \end{vmatrix}=-4i+24j+32k$$

(2) $|\vec{a}\times\vec{b}|$ 의 크기

$$|\vec{a}\times\vec{b}|=\sqrt{(-4)^2+24^2+32^2}=\sqrt{1,616}=40.2$$

예제 8.11

두 벡터 $\vec{a}=i+2j$, $\vec{b}=-i+3j$일 때, 다음을 구하라.

(1) $\vec{a}\cdot\vec{b}$ 및 두 벡터 사이의 각 θ

(2) $\vec{a}\times\vec{b}$ 및 외적의 크기 $|\vec{a}\times\vec{b}|$

풀이

(1) $\vec{a}\cdot\vec{b}=(i+2j)\cdot(-i+3j)=1\times(-1)+2\times3=5$

$\vec{a}\cdot\vec{b}=|\vec{a}||\vec{b}|\cos\theta$이므로,

$$\cos\theta=\frac{\vec{a}\cdot\vec{b}}{|\vec{a}|\,|\vec{b}|}=\frac{5}{\sqrt{1^2+2^2}\,\sqrt{(-1)^2+3^2}}=\frac{5}{\sqrt{5}\,\sqrt{10}}=\frac{1}{\sqrt{2}}$$

$$\therefore\ \theta=\cos^{-1}\frac{1}{\sqrt{2}}=45^\circ$$

(2) $\vec{a}\times\vec{b}=(a_1b_2-a_2b_1)k$ 이므로,

$$\therefore\ \vec{a}\times\vec{b}=[(1\times3-2\times(-1))]k=5k$$

확인

$\vec{a}\cdot(\vec{a}\times\vec{b})=(i+2j)\cdot(5k)=0$

$\vec{b}\cdot(\vec{a}\times\vec{b})=(-i+3j)\cdot(5k)=0$

행열식으로 구하면,

$$\vec{a}\times\vec{b}=\begin{vmatrix} i & j & k \\ 1 & 2 & 0 \\ -1 & 3 & 0 \end{vmatrix}=5k$$

$$|\vec{a}\times\vec{b}|=\sqrt{5^2}=5$$

예제 8.12

두 벡터 $\vec{a}=i+2j+3k$, $\vec{b}=-3i+j-2k$일 때, 다음을 구하라.

(1) $\vec{a}\cdot\vec{b}$ 및 두 벡터 사이의 각 θ

(2) $\vec{a}\times\vec{b}$ 및 외적의 크기 $|\vec{a}\times\vec{b}|$

풀이

(1) $\vec{a}\cdot\vec{b}=(i+2j+3k)\cdot(-3i+j-2k)=1\times(-3)+2\times1+3\times(-2)=-7$

$\vec{a} \cdot \vec{b} = |\vec{a}||\vec{b}| \cos\theta$ 이므로,

$$\cos\theta = \frac{\vec{a} \cdot \vec{b}}{|\vec{a}|\,|\vec{b}|} = \frac{-7}{\sqrt{1^2+2^2+3^2}\sqrt{(-3)^2+1^2+(-2)^2}}$$

$$= \frac{-7}{\sqrt{14}\sqrt{14}} = \frac{-7}{14} = -\frac{1}{2}$$

$$\therefore \ \theta = \cos^{-1}\left(-\frac{1}{2}\right) = 120^\circ$$

(2) $\vec{a} \times \vec{b} = (a_2b_3 - a_3b_2)i + (a_3b_1 - a_1b_3)j + (a_1b_2 - a_2b_1)k$ 이므로,

$$\vec{a} \times \vec{b} = (i+2j+3k) \times (-3i+j-2k)$$
$$= [2\times(-2) - 3\times 1]i + [3\times(-3) - 1\times(-2)]j + [1\times 1 - 2\times(-3)]k$$
$$= -7i - 7j + 7k$$

확인

$$\vec{a} \cdot (\vec{a} \times \vec{b}) = (i+2j+3k) \cdot (-7i-7j+7k)$$
$$= 1\times(-7) + 2\times(-7) + 3\times 7 = 0 \quad \therefore OK$$

$$\vec{b} \cdot (\vec{a} \times \vec{b}) = (-3i+j-2k) \cdot (-7i-7j+7k)$$
$$= (-3)\times(-7) + 1\times(-7) + (-2)\times 7 = 0 \quad \therefore OK$$

행열식으로 구하면,

$$\vec{a} \times \vec{b} = \begin{vmatrix} i & j & k \\ 1 & 2 & 3 \\ -3 & 1 & -2 \end{vmatrix} = -7i - 7j + 7k$$

$$|\vec{a} \times \vec{b}| = \sqrt{(-7)^2 + (-7)^2 + 7^2} = \sqrt{147} = 12.12$$

8.8.4 외적의 적용예

그림 8.21에서 점 A, B, C에 $F_1 = F_2 = F_3 = 1$의 힘이 작용할 때, 원점 O에 대한 모멘트의 크기는 벡터의 외적의 성질 $|\vec{a} \times \vec{b}| = |\vec{a}||\vec{b}| \sin\theta$ 을 이용하여 구할 수 있다.

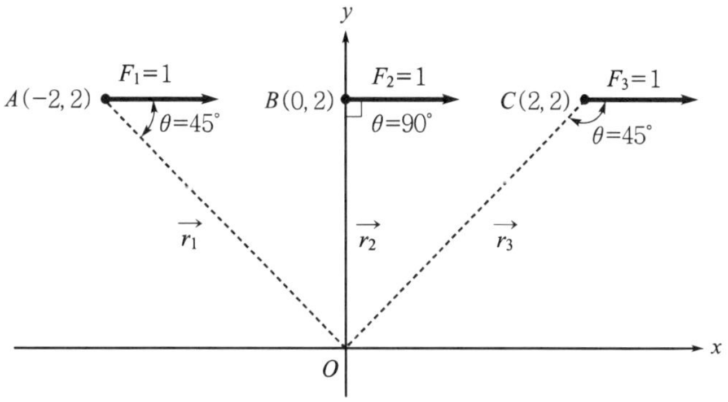

그림 8.21 힘과 모멘트

$$\vec{M} = \vec{F} \times \vec{r}$$

$$|\vec{M}| = |\vec{F}||\vec{r}|\sin\theta$$

$$|\vec{M_1}| = |\vec{F_1}||\vec{r_1}|\sin\theta = 1 \times \sqrt{(-2)^2 + 2^2} \times \sin 45° = 2$$

$$|\vec{M_2}| = |\vec{F_2}||\vec{r_2}|\sin\theta = 1 \times \sqrt{2^2} \times \sin 90° = 2$$

$$|\vec{M_3}| = |\vec{F_3}||\vec{r_3}|\sin\theta = 1 \times \sqrt{2^2 + 2^2} \times \sin 135° = 2$$

세 개의 힘 F_1, F_2, F_3 에 의해 원점 O 에서의 모멘트는 모두 2로 동일하며, 모멘트의 작용방향은 지면을 뚫고 들어가는 방향으로 작용한다.

위에서 계산된 문제에 대해 힘의 벡터 $\vec{F}$ 와 거리의 벡터 $\vec{r}$ 에 대해 벡터의 성분으로 표시하여 모멘트를 다시 계산하면 다음과 같다.

외적의 기본식 $\vec{a} \times \vec{b} = (a_2b_3 - a_3b_2)i + (a_3b_1 - a_1b_3)j + (a_1b_2 - a_2b_1)k$ 에서 a_3 와 b_3 가 0 이므로 2차원 평면좌표계에서 벡터의 외적은 $\vec{a} \times \vec{b} = (a_1b_2 - a_2b_1)k$ 가 되므로,

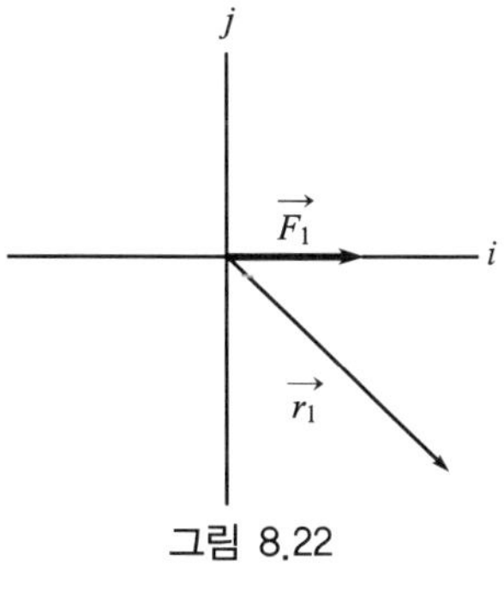

그림 8.22

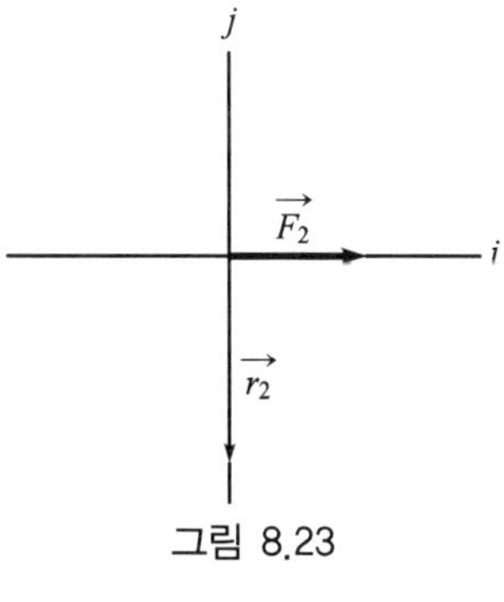

그림 8.23

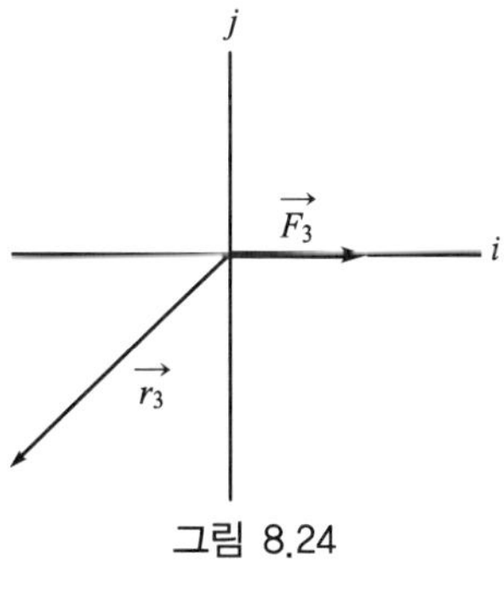

그림 8.24

$$\overrightarrow{F_1} = i \qquad \overrightarrow{F_2} = i \qquad \overrightarrow{F_3} = i$$

$$\overrightarrow{r_1} = 2i - 2j \qquad \overrightarrow{r_2} = -2j \qquad \overrightarrow{r_3} = -2i - 2j$$

$$\begin{aligned} \overrightarrow{M_1} &= \overrightarrow{F_1} \times \overrightarrow{r_1} \\ &= (a_1 b_2 - a_2 b_1) k \\ &= [1 \times (-2) - 0 \times 2] k \\ &= -2k \end{aligned} \qquad \begin{aligned} \overrightarrow{M_2} &= \overrightarrow{F_2} \times \overrightarrow{r_2} \\ &= (a_1 b_2 - a_2 b_1) k \\ &= [1 \times (-2) - 0 \times 0] k \\ &= -2k \end{aligned} \qquad \begin{aligned} \overrightarrow{M_3} &= \overrightarrow{F_3} \times \overrightarrow{r_3} \\ &= (a_1 b_2 - a_2 b_1) k \\ &= [1 \times (-2) - 0 \times (-2)] \\ &= -2k \end{aligned}$$

따라서 계산결과를 보면, 모멘트 벡터는 $\overrightarrow{M} = -2k$이다. 즉 모멘트의 크기는 2이고, 모멘트의 작용방향은 지면을 뚫고 들어가는 방향임을 알 수 있다.

이것을 행열식으로 표현하면,

$$\overrightarrow{M_1} = \begin{vmatrix} i & j & k \\ 1 & 0 & 0 \\ 2 & -2 & 0 \end{vmatrix} = -2k \qquad \overrightarrow{M_2} = \begin{vmatrix} i & j & k \\ 1 & 0 & 0 \\ 0 & -2 & 0 \end{vmatrix} = -2k \qquad \overrightarrow{M_3} = \begin{vmatrix} i & j & k \\ 1 & 0 & 0 \\ -2 & -2 & 0 \end{vmatrix} = -2k$$

8.9 벡터의 응용

8.9.1 힘의 분해

힘 P를 직교하는 두 개의 힘으로 분해하면 다음과 같다.

x축 방향의 분력 : $P_x = P\cos\theta$

y축 방향의 분력 : $P_y = P\sin\theta$

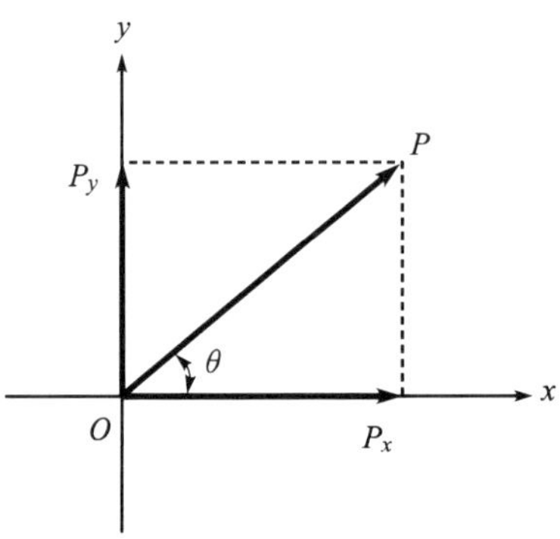

그림 8.25 힘의 분해

예제 8.13

그림 8.25에서, $P = 10\,\text{tf}$, $\theta = 30°$일 때, x축 방향 및 y축 방향의 분력으로 분해하라.

풀이

x축 방향의 분력 : $P_x = P\cos\theta = 10 \times \cos 30 = 8.66\,\text{tf}$

y축 방향의 분력 : $P_y = P\sin\theta = 10 \times \sin 30 = 5\,\text{tf}$

8.9.2 힘의 합성

(1) 두 힘이 직교하는 경우

합력 : $R = \sqrt{P_1^2 + P_2^2}$

방향 : $\tan\alpha = \dfrac{P_2}{P_1}$

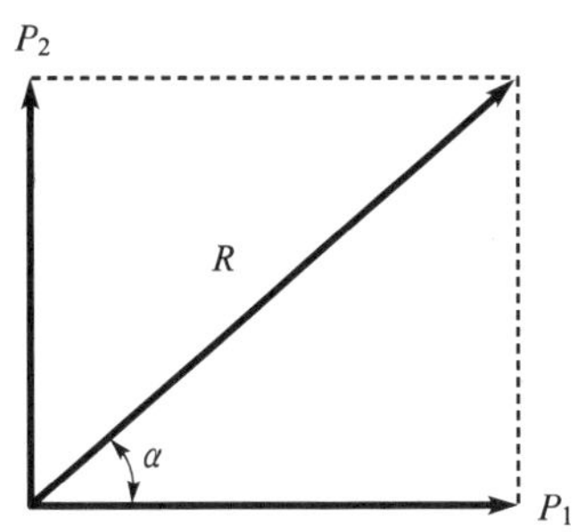

그림 8.26 두 힘이 직교하는 경우 힘의 합성

예제 8.14

다음 그림과 같이 두 힘의 작용방향이 직각($\theta = 90°$)인 경우 합력의 크기 R과 작용방향 α를 구하라.

풀이

$$\therefore\ R = \sqrt{P_1^2 + P_2^2} = \sqrt{10^2 + 5^2}$$
$$= \sqrt{125} = 11.2\,\text{tf}$$
$$\tan\alpha = \frac{P_2}{P_1} = \frac{5}{10} = 0.5$$
$$\therefore\ \alpha = \tan^{-1} 0.5 = 26.6°$$

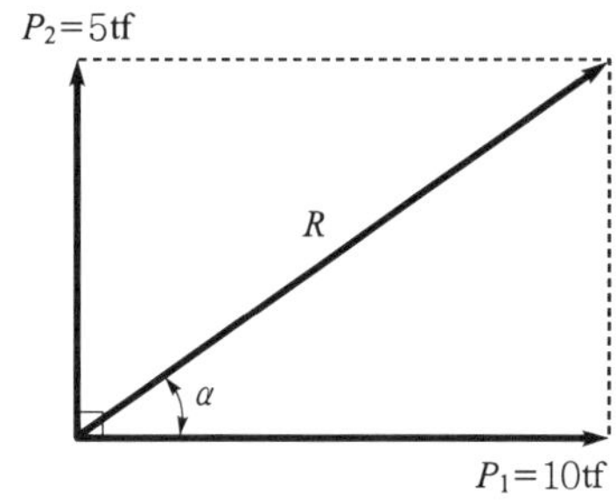

(2) 두 힘이 임의의 각 θ를 이루는 경우

$$\text{합력 : } R = \sqrt{P_1^2 + P_2^2 + 2P_1P_2\cos\theta}$$
$$\text{방향 : } \tan\alpha = \frac{P_2\sin\theta}{P_1 + P_2\cos\theta}$$

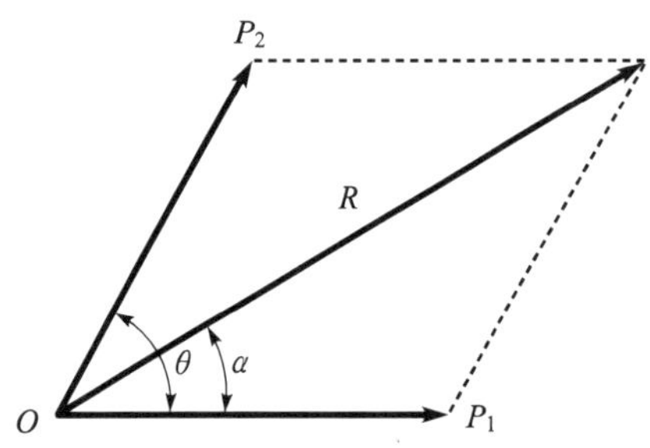

그림 8.27 두 힘이 각 θ를 이룰 때, 힘의 합성

예제 8.15

다음 그림과 같이 두 힘이 $\theta = 60°$ 각도를 이룰 때, 합력의 크기 R과 작용방향 α를 구하라.

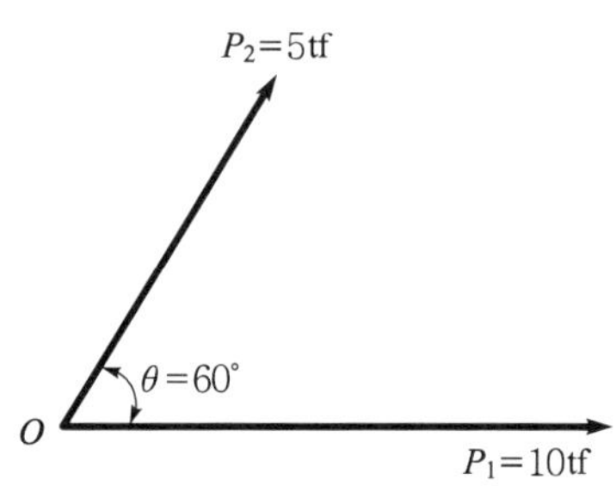

풀이

$$\therefore R = \sqrt{P_1^2 + P_2^2 + 2P_1P_2\cos\theta}$$
$$= \sqrt{10^2 + 5^2 + 2\times10\times5\cos 60}$$

$$= \sqrt{175} = 13.2\,\text{tf}$$

$$\tan\alpha = \frac{P_2 \sin\theta}{P_1 + P_2 \cos\theta} = \frac{5\sin 60}{10 + 5\cos 60} = 0.3464$$

$$\therefore\ \alpha = \tan^{-1} 0.3464 = 19.1°$$

(3) 한 점에 여러 힘이 작용하는 경우

한 점에 P_1, P_2, P_3 의 3개의 힘이 작용할 때에는 모든 힘에 대해 수직분력과 수평분력으로 분해한 다음, 수직분력의 합과 수평분력의 합을 구한 다음, 전체 합력과 방향을 계산한다.

수직분력의 합 : $\sum V = P_1 \sin\theta_1 + P_2 \sin\theta_2 + P_3 \sin\theta_3$

수평분력의 합 : $\sum H = P_1 \cos\theta_1 + P_2 \cos\theta_2 + P_3 \cos\theta_3$

합력 : $R = \sqrt{(\sum V)^2 + (\sum H)^2}$

방향 : $\tan\alpha = \dfrac{\sum V}{\sum H}$

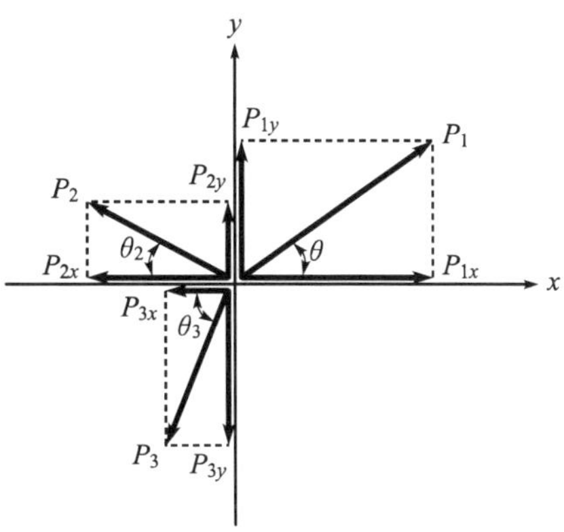

그림 8.28 한 점에 여러 힘이 작용할 때, 힘의 합성

예제 8.16

다음 그림과 같이 두 개의 힘 P_1, P_2가 θ 각도를 이룰 때, 합력 R과 합력의 작용방향 α를 구하라.

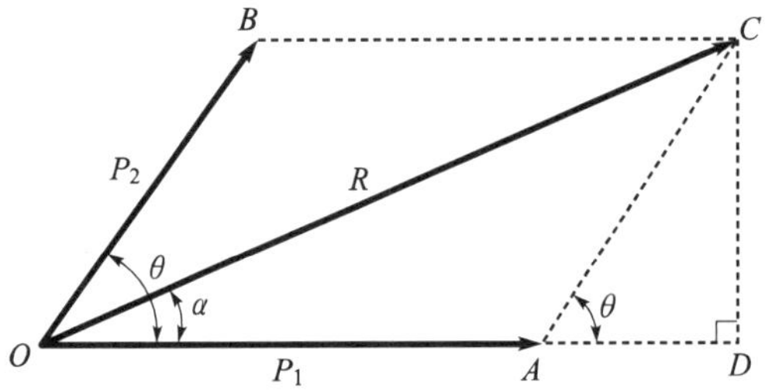

그림 8.29 두 힘이 각 θ를 이룰 때, 합력, R과 작용방향, α

풀이

합력, $R=\overline{OC}=\sqrt{\overline{OD}^2+\overline{CD}^2}$

$$\overline{OD}^2=(\overline{OA}+\overline{AD})^2=(\overline{OA}+\overline{AC}\cos\theta)^2=(\overline{OA}+\overline{OB}\cos\theta)^2$$
$$=\overline{OA}^2+\overline{OB}^2\cos^2\theta+2\,\overline{OA}\cdot\overline{OB}\cos\theta$$
$$\overline{CD}^2=(\overline{AC}\sin\theta)^2=(\overline{OB}\sin\theta)^2=\overline{OB}^2\sin^2\theta$$

$\overline{OD}^2$ 과 $\overline{CD}^2$ 을 합력 R 을 구하는 식에 대입하면,

$$R=\sqrt{\overline{OA}^2+\overline{OB}^2\cos^2\theta+2\,\overline{OA}\cdot\overline{OB}\cos\theta+\overline{OB}^2\sin^2\theta}$$
$$=\sqrt{\overline{OA}^2+\overline{OB}^2(\cos^2\theta+\sin^2\theta)+2\,\overline{OA}\cdot\overline{OB}\cos\theta}$$
$$=\sqrt{\overline{OA}^2+\overline{OB}^2+2\,\overline{OA}\cdot\overline{OB}\cos\theta}$$

여기서, $\overline{OA}=P_1$, $\overline{OB}=P_2$이므로,

$$\therefore\ R=\sqrt{P_1^2+P_2^2+2P_1P_2\cos\theta}$$

또한 합력 R 의 방향은,

$$\tan\alpha=\frac{\overline{CD}}{\overline{OD}}=\frac{\overline{AC}\sin\theta}{\overline{OA}+\overline{AC}\cos\theta}$$

마찬가지로, $\overline{OA}=P_1$, $\overline{AC}=\overline{OB}=P_2$이므로,

$$\therefore\quad \tan\alpha=\frac{P_2\sin\theta}{P_1+P_2\cos\theta}$$

●● 연습문제

8.1 다음의 벡터에 대해 x 성분, y 성분, 벡터의 크기 및 방향을 구하여라.

(1) $\vec{a}=(1,\ 2)$

(2) $\vec{b}=(2,\ -2)$

8.2 벡터 $\vec{a}=(2,1)=2i+j$ 일 때, $\vec{a}$ 와 같은 방향의 단위벡터와 방향코사인을 구하라.

8.3 벡터 $\vec{a}=(2,\ 4,\ -4)=2i+4j-4k$ 일 때, $\vec{a}$ 와 같은 방향의 단위벡터와 방향코사인을 구하라.

8.4 $|\vec{a}|=5$, $|\vec{b}|=5$ 인 두 벡터가 이루는 각이 다음 그림과 같이 $30°$, $45°$, $60°$, $90°$, $120°$ 일 때, 내적 $\vec{a}\cdot\vec{b}$ 를 구하라.

8.5 다음 두 벡터가 이루는 각의 크기를 구하라.

$\vec{a}=(1,\ 1)$ $\vec{b}=(-2,\ 2)$

8.6 다음 두 벡터가 이루는 각의 크기를 구하라.

$\vec{a} = (1, 1, 1) = i + j + k$

$\vec{b} = (2, -2, 2) = 2i - 2j + 2k$

8.7 벡터 $\vec{a} = 2i - 2j + 2k$, $\vec{b} = 4i + 4j - 2k$에 동시에 수직인 벡터를 구하라.

또한, $|\vec{a} \times \vec{b}|$ 의 크기를 구하라.

8.8 두 벡터 $\vec{a} = i + j$, $\vec{b} = 2i + 3j$일 때, 다음을 구하라.

(1) $\vec{a} \cdot \vec{b}$ 및 두 벡터 사이의 각 θ

(2) $\vec{a} \times \vec{b}$ 및 외적의 크기 $|\vec{a} \times \vec{b}|$

8.9 두 벡터 $\vec{a} = i + 2j + 3k$, $\vec{b} = 3i + 2j - k$일 때, 다음을 구하라.

(1) $\vec{a} \cdot \vec{b}$ 및 두 벡터 사이의 각 θ

(2) $\vec{a} \times \vec{b}$ 및 외적의 크기 $|\vec{a} \times \vec{b}|$

8.10 다음 그림에서, $P = 100\,\mathrm{tf}$, $\theta = 45°$ 일 때, x축 방향 및 y축 방향의 분력으로 분해하라.

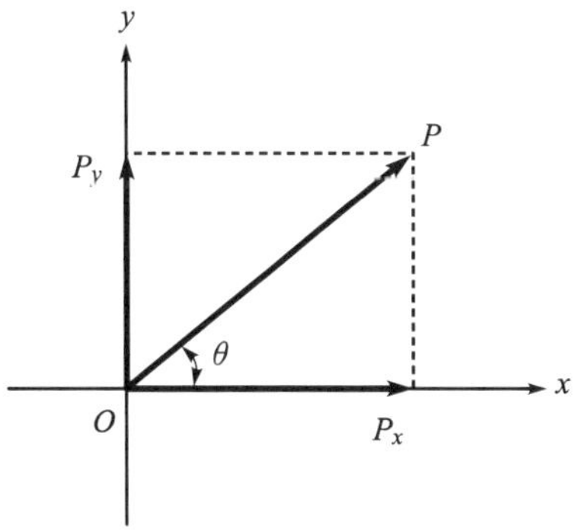

8.11 다음 그림과 같이 두 힘, $P_1 = 20\,\mathrm{tf}$, $P_2 = 10\,\mathrm{tf}$ 의 작용방향이 직각($\theta = 90°$)인 경우 합력의 크기 R과 작용방향 α를 구하라.

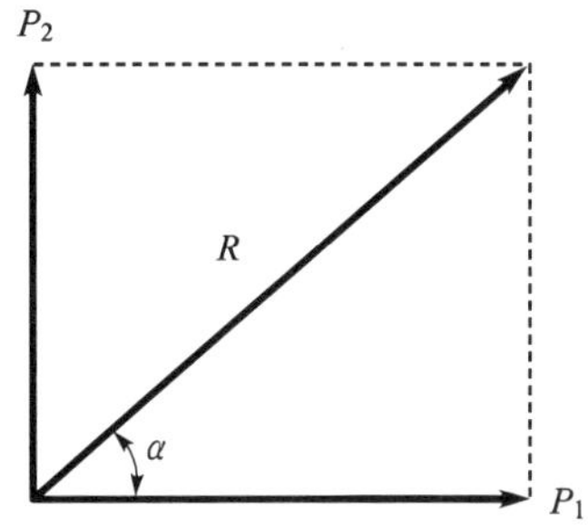

8.12 다음 그림과 같이 두 힘, $P_1 = 20\,\mathrm{tf}$, $P_2 = 10\,\mathrm{tf}$의 작용방향이 $\theta = 45°$ 각도를 이룰 때, 합력의 크기 R과 작용방향 α를 구하라.

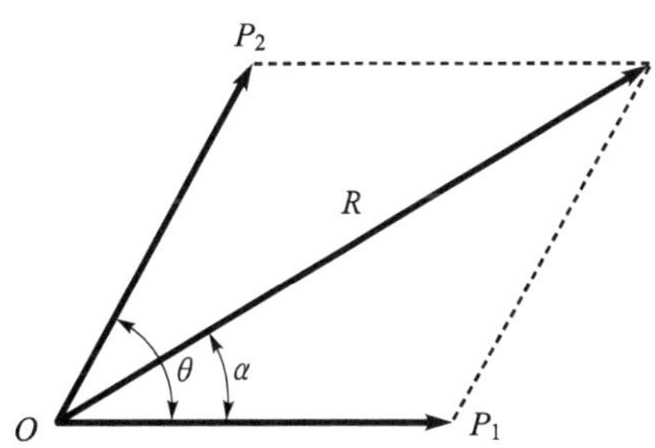

제9장 행렬(Matrix)

9.1 행렬의 뜻과 성분의 표시

행렬이란 직사각형 모양으로 배열란 것을 행렬이라 하며, 배열된 수를 그 행렬의 성분이라 한다.

행렬(行列, matrix)이란 숫자 또는 문자를 그림 9.1과 같이 직사각형 모양으로 배열하여 괄호 또는 대괄호로 묶은 것을 말하며, 행렬에서 괄호 안의 숫자나 문자를 그 행렬의 성분이라고 한다.

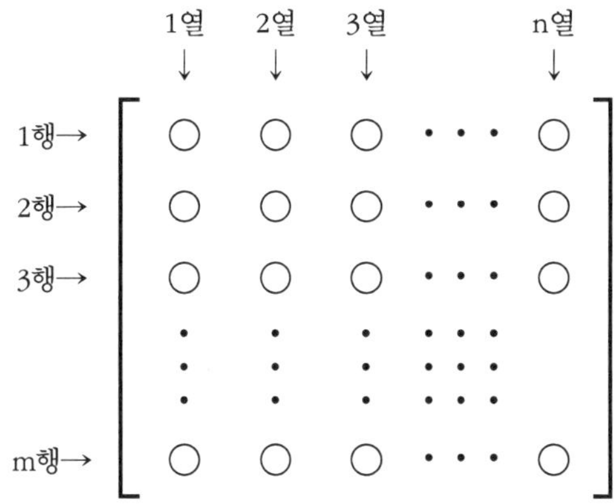

그림 9.1 행과 열

행렬에서 가로줄을 행(行, row)이라고 하고, 세로줄을 열(列, column)이라고 하며, 행의 수가 m, 열의 수가 n 인 행렬을 $m \times n$ 행렬이라고 한다. 특히, 행의 개수와 열의 개수가 같은 행렬을 정사각형 행렬 또는 정방행렬이라 하고, $n \times n$ 행렬을 n 차 정사각형 행렬이라고 한다.

행렬은 일반적으로 대문자 $A, B, \cdots$ 로 나타내며, i 행과 j 열이 만나는 위치에 있는 성분을 그 행렬의 (i, j) 성분이라고 하며, $a_{ij}, b_{ij}, \cdots$ 로 나타낸다.

어떤 행렬 A 가 2×3 행렬이라면, 행렬 A 의 성분을 a_{ij} 로 나타내면 다음과 같다.

$$A=\begin{pmatrix} a_{11} & a_{12} & a_{13} \\ a_{21} & a_{22} & a_{23} \end{pmatrix}$$

예제 9.1

행렬 $A=\begin{pmatrix} 3 & 2 & -1 \\ 1 & 0 & 5 \end{pmatrix}$ 일 때, 다음의 값을 구하라.

(1) 행렬 A 의 $(1,2)$ 성분과 $(2,2)$ 성분은 얼마인가?

(2) $A=(a_{ij}),\ (i=1,2\ ,\ \ j=1,2,3)$ 일 때, $a_{12}, a_{13}, a_{21}, a_{23}$ 를 구하라.

풀이

(1) 행렬 A 의 $(1,2)$ 성분 : 2

행렬 A 의 $(2,2)$ 성분 : 0

(2) $a_{12}=2$, $a_{13}=-1$, $a_{21}=1$, $a_{23}=5$

9.2 행렬의 종류

9.2.1 정사각행렬 또는 정방행렬(square matrix)

행의 개수와 열의 개수가 같은 행렬을 말하며, 행 또는 열의 개수에 따라 n차 정사각행렬이라고 한다. 3차 정사각행렬은 다음과 같다.

ex) $\begin{pmatrix} a_{11} & a_{12} & a_{13} \\ a_{21} & a_{22} & a_{23} \\ a_{31} & a_{32} & a_{33} \end{pmatrix}$

9.2.2 대각선행렬(diagonal matrix)

정사각행렬(또는, 정방행렬)에서 주대각선의 성분을 제외한 모든 성분이 0인 행렬을 대각선행렬이라고 한다.

ex) $\begin{pmatrix} a_{11} & 0 & 0 \\ 0 & a_{22} & 0 \\ 0 & 0 & a_{33} \end{pmatrix}$

9.2.3 단위행렬(unit matrix)

대각선행렬에서 주대각선의 성분이 모두 1이고, 나머지는 모두 0인 행렬을 단위행렬이라고 한다.

ex) $\begin{pmatrix} 1 & 0 & 0 \\ 0 & 1 & 0 \\ 0 & 0 & 1 \end{pmatrix}$

9.2.4 스칼라행렬(scalar matrix)

대각선행렬에서 주대각선의 성분이 모두 같은 숫자이고, 나머지는 모두 0인 행렬을 스칼라행렬이라고 한다.

ex) $\begin{pmatrix} k & 0 & 0 \\ 0 & k & 0 \\ 0 & 0 & k \end{pmatrix}$

9.2.5 삼각행렬(triangular matrix)

정사각행렬에서 주대각선의 위 또는 아래의 성분이 모두 0인 행렬을 삼각행렬이라고 하며, 상삼각행렬과 하삼각행렬이 있다.

ex) $\begin{pmatrix} a_{11} & a_{12} & a_{13} \\ 0 & a_{22} & a_{23} \\ 0 & 0 & a_{33} \end{pmatrix}$ $\qquad$ $\begin{pmatrix} a_{11} & 0 & 0 \\ a_{21} & a_{22} & 0 \\ a_{31} & a_{32} & a_{33} \end{pmatrix}$

9.2.6 대칭행렬(symmetric matrix)

정사각행렬에서 (i, j)성분$=(j, i)$성분일 때, 대칭행렬이라고 한다. 어떤 행렬 A가 대칭행렬이면, 그 전치행렬도 같다. 즉, $A = A^T$이다.

ex) $\begin{pmatrix} 1 & 2 & 3 \\ 2 & 5 & 4 \\ 3 & 4 & 7 \end{pmatrix}$

9.2.7 교대행렬(alternating matrix), 또는 왜대칭행렬(skew symmetric matrix)

정사각행렬에서 (i, j) 성분$= -(j, i)$ 성분이고, 주대각선의 성분이 모두 0인 행렬을 교대행렬(交代行列, alternating matrix), 또는 왜대칭행렬(歪對稱行列, skew symmetric matrix)이라고 한다.

ex) $\begin{pmatrix} 0 & 2 & -5 \\ -2 & 0 & 9 \\ 5 & -9 & 0 \end{pmatrix}$

9.2.8 전치행렬(transposed matrix)

임의의 행렬 A가 주어졌을 때, 그 행렬 A에서 행과 열을 바꾼 행렬을 행렬 A의 전치행렬이라고 하고, A^T로 나타낸다.

ex) $A = \begin{pmatrix} 1 & 2 \\ 3 & 4 \\ 5 & 6 \end{pmatrix} \qquad A^T = \begin{pmatrix} 1 & 3 & 5 \\ 2 & 4 & 6 \end{pmatrix}$

9.2.9 영행렬(zero matrix)

행렬의 모든 성분이 0인 행렬을 영행렬이라고 하며, 주로 0을 표시한다.

9.3 행렬의 연산

9.3.1 행렬의 덧셈과 뺄셈

행렬의 덧셈은 두 행렬 A와 B가 같은 꼴일 때, A와 B의 대응하는 성분의 합을 새로운 성분으로 하는 행렬을 "A와 B의 합"이라고 하고, 기호로 $A+B$로 나타낸다.

또한 행렬의 뺄셈은 A와 B의 대응하는 성분을 뺀 값을 새로운 성분으로 하는 행렬을 "A에서 B를 뺀 차"라고 하고, 기호로 $A-B$로 나타낸다.

두 행렬 A와 B가 2×2 행렬 일 때, $A+B$와 $A-B$는 다음과 같다.

$$A=\begin{pmatrix} a_{11} & a_{12} \\ a_{21} & a_{22} \end{pmatrix} \quad B=\begin{pmatrix} b_{11} & b_{12} \\ b_{21} & b_{22} \end{pmatrix}$$

① $A+B=\begin{pmatrix} a_{11}+b_{11} & a_{12}+b_{12} \\ a_{21}+b_{21} & a_{22}+b_{22} \end{pmatrix}$

② $A-B=\begin{pmatrix} a_{11}-b_{11} & a_{12}-b_{12} \\ a_{21}-b_{21} & a_{22}-b_{22} \end{pmatrix}$

같은 꼴의 행렬 A, B, C, 0 (영행렬)에 대하여, 행렬의 덧셈, 뺄셈에 대한 성질을 정리하면, 다음과 같다.

① $A+B=B+A$ (교환법칙)

② $(A+B)+C=A+(B+C)$ (결합법칙)

③ $A+0=A$

④ $A+(-A)=0$

⑤ $A+(B-A)=B$

예제 9.2

두 행렬 $A=\begin{pmatrix} 2 & 3 & 5 \\ 3 & 4 & 6 \end{pmatrix}$, $B=\begin{pmatrix} 1 & 0 & -2 \\ 2 & 1 & -1 \end{pmatrix}$일 때, 두 행렬의 합 $A+B$와 두 행렬의 차 $A-B$를 구하라.

풀이

$$A+B=\begin{pmatrix} 2+1 & 3+0 & 5+(-2) \\ 3+2 & 4+1 & 6+(-1) \end{pmatrix}=\begin{pmatrix} 3 & 3 & 3 \\ 5 & 5 & 5 \end{pmatrix}$$

$$A-B=\begin{pmatrix} 2-1 & 3-0 & 5-(-2) \\ 3-2 & 4-1 & 6-(-1) \end{pmatrix}=\begin{pmatrix} 1 & 3 & 7 \\ 1 & 3 & 7 \end{pmatrix}$$

9.3.2 행렬의 실수배

행렬 A에 임의의 실수 k배를 하는 것은, 행렬 A의 각 성분에 k배 한 값을 새로운 성분으로 하는 행렬을 "A의 k배"라 하고, kA로 나타낸다.

$A=\begin{pmatrix} a_{11} & a_{12} \\ a_{21} & a_{22} \end{pmatrix}$ 이고, k가 실수일 때,

$$kA = k\begin{pmatrix} a_{11} & a_{12} \\ a_{21} & a_{22} \end{pmatrix} = \begin{pmatrix} ka_{11} & ka_{12} \\ ka_{21} & ka_{22} \end{pmatrix}$$

두 행렬 A, B는 같은 꼴이고, k, l이 실수일 때, 행렬의 실수배의 성질을 정리하면 다음과 같다.

① $(kl)A = k(lA)$ (결합법칙)

② $k(A+B) = kA + kB$ (분배법칙)

③ $1A = A$, $(-1)A = -A$

예제 9.3

행렬 $A = \begin{pmatrix} 3 & 2 \\ -2 & 4 \end{pmatrix}$일 때, 다음 행렬을 구하라.

(1) $2A$ (2) $-3A$

풀이

(1) $kA = 2\begin{pmatrix} 3 & 2 \\ -2 & 4 \end{pmatrix} = \begin{pmatrix} 6 & 4 \\ -4 & 8 \end{pmatrix}$

(2) $kA = -3\begin{pmatrix} 3 & 2 \\ -2 & 4 \end{pmatrix} = \begin{pmatrix} -9 & -6 \\ 6 & -12 \end{pmatrix}$

예제 9.4

두 행렬 $A = \begin{pmatrix} 2 & 3 & 5 \\ 3 & 4 & 6 \end{pmatrix}$, $B = \begin{pmatrix} 1 & 0 & -2 \\ 2 & 1 & -1 \end{pmatrix}$일 때, $A + 2B$를 구하라.

풀이

$$\begin{aligned} A + 2B &= \begin{pmatrix} 2 & 3 & 5 \\ 3 & 4 & 6 \end{pmatrix} + 2\begin{pmatrix} 1 & 0 & -2 \\ 2 & 1 & -1 \end{pmatrix} \\ &= \begin{pmatrix} 2 & 3 & 5 \\ 3 & 4 & 6 \end{pmatrix} + \begin{pmatrix} 2 & 0 & -4 \\ 4 & 2 & -2 \end{pmatrix} = \begin{pmatrix} 4 & 3 & 1 \\ 7 & 6 & 4 \end{pmatrix} \end{aligned}$$

9.3.3 행렬의 곱셈

두 행렬 A, B 의 곱셈 AB 는 A 의 열의 개수와 B 의 행의 개수가 같을 때에만 정의되며, $m\times n$ 행렬 A 와 $n\times l$ 행렬 B 의 곱 AB 는 $m\times l$ 행렬이 된다. 이 때, AB의 (i, j) 성분은 A 의 i 행과 B 의 j 열의 성분을 차례로 곱하여 더한 것이다.

$$A=\begin{pmatrix} a_{11} & a_{12} & a_{13} \\ a_{21} & a_{22} & a_{23} \\ a_{31} & a_{32} & a_{33} \end{pmatrix},\quad B=\begin{pmatrix} b_{11} & b_{12} \\ b_{21} & b_{22} \\ b_{31} & b_{32} \end{pmatrix}\text{일 때,}$$

$$\therefore\ AB=\begin{pmatrix} a_{11}b_{11}+a_{12}b_{21}+a_{13}b_{31} & a_{11}b_{12}+a_{12}b_{22}+a_{13}b_{32} \\ a_{21}b_{11}+a_{22}b_{21}+a_{23}b_{31} & a_{21}b_{12}+a_{22}b_{22}+a_{23}b_{32} \\ a_{31}b_{11}+a_{32}b_{21}+a_{33}b_{31} & a_{31}b_{12}+a_{32}b_{22}+a_{33}b_{32} \end{pmatrix}$$

합과 곱이 정의되는 세 행렬 A, B, C에 대해 행렬의 곱셈의 성질을 정리하면, 다음과 같다.

① $AB \neq BA$ (교환법칙 성립 안됨)
② $(AB)C = A(BC)$ (결합법칙 성립)
③ $A(B+C)= AB+AC$ (분배법칙 성립)
④ $k(AB)=(kA)B = A(kB)$ (단, k 는 실수)

예제 9.5

행렬 $A=\begin{pmatrix} -1 & 1 & 2 \\ 3 & -2 & 1 \\ 4 & 5 & -1 \end{pmatrix}$, $B=\begin{pmatrix} 1 & 3 \\ 2 & -1 \\ -3 & 1 \end{pmatrix}$일 때, AB를 구하라.

풀이

$A=(3\times 3\ \text{행렬})$, $B=(3\times 2\ \text{행렬})$이므로, $AB=(3\times 2\ \text{행렬})$이 된다.

$$\therefore\ AB=\begin{pmatrix} (-1)\times 1+1\times 2+2\times(-3) & (-1)\times 3+1\times(-1)+2\times 1 \\ 3\times 1+(-2)\times 2+1\times(-3) & 3\times 3+(-2)\times(-1)+1\times 1 \\ 4\times 1+5\times 2+(-1)\times(-3) & 4\times 3+5\times(-1)+(-1)\times 1 \end{pmatrix}$$

$$=\begin{pmatrix} -5 & -2 \\ -4 & 12 \\ 17 & 6 \end{pmatrix}$$

예제 9.6

행렬 $A=\begin{pmatrix} 1 & 2 \\ 3 & 6 \end{pmatrix}$, $B=\begin{pmatrix} -2 & 2 \\ 1 & -1 \end{pmatrix}$일 때, AB와 BA를 구하라.

풀이

$$AB=\begin{pmatrix} 1 & 2 \\ 3 & 6 \end{pmatrix}\begin{pmatrix} -2 & 2 \\ 1 & -1 \end{pmatrix}=\begin{pmatrix} 1\times(-2)+2\times 1 & 1\times 2+2\times(-1) \\ 3\times(-2)+6\times 1 & 3\times 2+6\times(-1) \end{pmatrix}=\begin{pmatrix} 0 & 0 \\ 0 & 0 \end{pmatrix}$$

$$BA=\begin{pmatrix} -2 & 2 \\ 1 & -1 \end{pmatrix}\begin{pmatrix} 1 & 2 \\ 3 & 6 \end{pmatrix}=\begin{pmatrix} (-2)\times 1+2\times 3 & (-2)\times 2+2\times 6 \\ 1\times 1+(-1)\times 3 & 1\times 2+(-1)\times 6 \end{pmatrix}=\begin{pmatrix} 4 & 8 \\ -2 & -4 \end{pmatrix}$$

$\therefore\ AB \neq BA$, 즉 교환법칙이 성립하지 않음을 알 수 있다.

9.4 행렬식

9.4.1 행렬식의 의미 및 계산

정사각행렬 A에 대하여 부호를 붙인 기본곱의 합으로 표시한 것을 행렬식(Determinant)이라고 하고, $\det(A)$ 또는 $|A|$로 나타낸다.

(1) Sarrus의 방법

2차, 3차의 행렬식의 값을 구하는데 사용되며, 4차 이상의 행렬식에 대해서는 적용되지 않는다.

1) 2차 행렬식

$$A=\begin{pmatrix} a_{11} & a_{12} \\ a_{21} & a_{22} \end{pmatrix} \text{ 일 때, } \quad |A|=\begin{vmatrix} a_{11} & a_{12} \\ a_{21} & a_{22} \end{vmatrix}=a_{11}a_{22}-a_{12}a_{21}$$

2) 3차 행렬식

$$A=\begin{pmatrix} a_{11} & a_{12} & a_{13} \\ a_{21} & a_{22} & a_{23} \\ a_{31} & a_{32} & a_{33} \end{pmatrix} \text{ 일 때,}$$

$$|A| = \begin{vmatrix} a_{11} & a_{12} & a_{13} \\ a_{21} & a_{22} & a_{23} \\ a_{31} & a_{32} & a_{33} \end{vmatrix}$$

$$= a_{11}a_{22}a_{33} + a_{12}a_{23}a_{31} + a_{13}a_{21}a_{32} - a_{13}a_{22}a_{31} - a_{12}a_{21}a_{33} - a_{11}a_{23}a_{32}$$

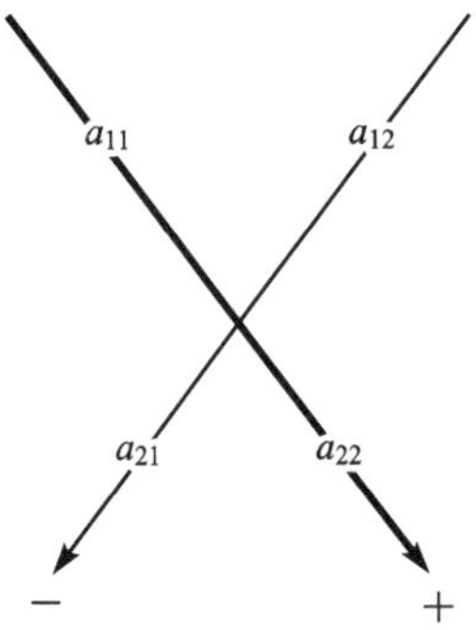

그림 9.2 2차 행렬식

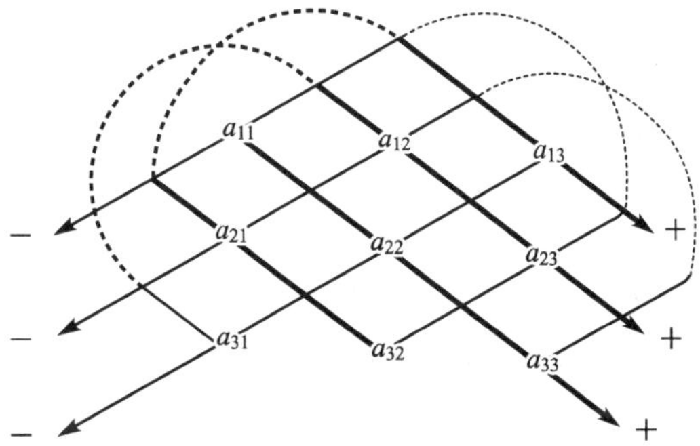

그림 9.3 3차 행렬식

(2) Laplace 전개

a_{ij}가 들어있는 행과 열을 제외한 성분들의 행렬식을 a_{ij}의 소행렬식이라고 하고, M_{ij}로 나타낸다. 그리고 $A_{ij} = (-1)^{i+j}|M_{ij}|$로 놓을 때, A_{ij}를 a_{ij}의 여인수라고 한다.

행렬식의 값은 한 행(열)의 각 성분과 여인수와 곱한 것을 합하면 된다.

$$A = \begin{pmatrix} a_{11} & a_{12} & a_{13} \\ a_{21} & a_{22} & a_{23} \\ a_{31} & a_{32} & a_{33} \end{pmatrix} \text{일 때,}$$

$$|A| = \begin{vmatrix} a_{11} & a_{12} & a_{13} \\ a_{21} & a_{22} & a_{23} \\ a_{31} & a_{32} & a_{33} \end{vmatrix} = a_{11}A_{11} + a_{12}A_{12} + a_{13}A_{13}$$

$$= a_{11}(-1)^{1+1}|M_{11}| + a_{12}(-1)^{1+2}|M_{12}| + a_{13}(-1)^{1+3}|M_{13}|$$

$$= a_{11}|M_{11}| - a_{12}|M_{12}| + a_{13}|M_{13}|$$

$$= a_{11}\begin{vmatrix} a_{22} & a_{23} \\ a_{32} & a_{33} \end{vmatrix} - a_{12}\begin{vmatrix} a_{21} & a_{23} \\ a_{31} & a_{33} \end{vmatrix} + a_{13}\begin{vmatrix} a_{21} & a_{22} \\ a_{31} & a_{32} \end{vmatrix}$$

$$= a_{11}(a_{22}a_{33} - a_{23}a_{32}) - a_{12}(a_{21}a_{33} - a_{23}a_{31}) + a_{13}(a_{21}a_{32} - a_{22}a_{31})$$

$$= a_{11}a_{22}a_{33} + a_{12}a_{23}a_{31} + a_{13}a_{21}a_{32} - a_{11}a_{23}a_{32} - a_{12}a_{21}a_{33} - a_{13}a_{22}a_{31}$$

예제 9.7

다음의 행렬식의 값을 구하라.

(1) $A=\begin{pmatrix} 1 & -2 \\ 3 & -5 \end{pmatrix}$ (2) $B=\begin{pmatrix} 1 & -2 & 1 \\ 3 & -1 & 2 \\ 1 & 1 & -2 \end{pmatrix}$

풀이

(1) Sarrus의 방법으로 풀면,

$$|A|=\begin{vmatrix} 1 & -2 \\ 3 & -5 \end{vmatrix}=1\times(-5)-(-2)\times 3=1$$

(2) ① Sarrus의 방법으로 풀면,

$$|B|=\begin{vmatrix} 1 & -2 & 1 \\ 3 & -1 & 2 \\ 1 & 1 & -2 \end{vmatrix}$$

$$=1\times(-1)\times(-2)+(-2)\times 2\times 1+1\times 3\times 1$$

$$-1\times(-1)\times 1-(-2)\times 3\times(-2)-1\times 2\times 1=-12$$

② Laplace 전개

$$|B|=1\begin{vmatrix} -1 & 2 \\ 1 & -2 \end{vmatrix}-(-2)\begin{vmatrix} 3 & 2 \\ 1 & -2 \end{vmatrix}+1\begin{vmatrix} 3 & -1 \\ 1 & 1 \end{vmatrix}$$

$$=1\times[(-1)\times(-2)-2\times 1]+2[3\times(-2)-2\times 1]+1[3\times 1-(-1)\times 1]$$

$$=1\times[0]+2\times[(-8)]+1\times[4]=-12$$

9.4.2 행렬식의 성질

① 행렬식에서 행과 열을 바꾸어도 그 값은 변하지 않는다.

② 행렬식의 2개의 행(또는 열)을 바꾸어 놓으면 부호가 변한다.

③ 행렬식의 1행(또는 열)의 모든 성분을 k배 하면 행렬식의 값은 k배가 된다.

④ 행렬식의 1행(또는 열)을 k배 해서 다른 행(또는 열)에 더해도 그 값은 변하지 않는다.

⑤ 행렬식의 1행(또는 열)의 모든 성분이 0이면, 행렬식의 값은 0이다.

⑥ 행렬식의 2행(또는 열)의 성분이 같으면, 행렬식의 값은 0이다.

⑦ 어떤 행(또는 열)에 다른 행(또는 열)의 여인수를 곱해서 합하면 0이 된다.

예제 9.8

행렬식의 성질을 이용하여 다음 행렬식의 값을 구하라.

(1) $\begin{vmatrix} -2 & 1 & 1 \\ 1 & -2 & 1 \\ 1 & 1 & -2 \end{vmatrix}$ (2) $\begin{vmatrix} 1 & 2 & 2 \\ 3 & 9 & 6 \\ 2 & 7 & 4 \end{vmatrix}$

풀이

(1) 행렬식의 성질 ④를 이용하여 2번째 열과 3번째 열을 1번째 열에 합하고, 행렬식의 성질 ⑤에 의하면,

$$\begin{vmatrix} -2 & 1 & 1 \\ 1 & -2 & 1 \\ 1 & 1 & -2 \end{vmatrix} = \begin{vmatrix} -2+1+1 & 1 & 1 \\ 1-2+1 & -2 & 1 \\ 1+1-2 & 1 & -2 \end{vmatrix} = \begin{vmatrix} 0 & 1 & 1 \\ 0 & -2 & 1 \\ 0 & 1 & -2 \end{vmatrix} = 0$$

(2) 행렬식의 성질 ③에 의하여 3열의 공통배수 2를 뽑아내면 1열과 3열이 같아지므로 행렬식의 성질 ⑥에 의하면,

$$\begin{vmatrix} 1 & 2 & 2 \\ 3 & 9 & 6 \\ 2 & 7 & 4 \end{vmatrix} = 2\begin{vmatrix} 1 & 2 & 1 \\ 3 & 9 & 3 \\ 2 & 7 & 2 \end{vmatrix} = 0$$

예제 9.9

다음 행렬식의 값을 구하라.

$$|A| = \begin{vmatrix} 2 & 5 & -3 & -2 \\ -2 & -3 & 2 & -5 \\ 1 & 3 & -2 & 2 \\ -1 & -6 & 4 & 3 \end{vmatrix}$$

풀이

3행을 2배하여 1행에 빼고, 3행에 2배하여 2행과 더하고, 3행을 4행과 더하면,

$$|A| = \begin{vmatrix} 0 & -1 & 1 & -6 \\ 0 & 3 & -2 & -1 \\ 1 & 3 & -2 & 2 \\ 0 & -3 & 2 & 5 \end{vmatrix} \begin{matrix} \leftarrow 1\text{행} - (2\times 3\text{행}) \\ \leftarrow 2\text{행} + (2\times 3\text{행}) \\ \\ \leftarrow 4\text{행} + (3\text{행}) \end{matrix}$$

$$= (-1)^{3+1}\cdot 1\begin{vmatrix} -1 & 1 & -6 \\ 3 & -2 & -1 \\ -3 & 2 & 5 \end{vmatrix}$$

$$= 1[(-1)\times(-2)\times 5 + 1\times(-1)\times(-3) + (-6)\times 3\times 2$$
$$-(-6)\times(-2)\times(-3) - 1\times 3\times 5 - (-1)\times(-1)\times 2] = -4$$

예제 9.10

다음 행렬의 값을 구하라.

$$|A| = \begin{vmatrix} 1 & 3 & 2 & -1 \\ 2 & -1 & 3 & 1 \\ -1 & 2 & 1 & 1 \\ -2 & -5 & 2 & 3 \end{vmatrix}$$

풀이

1행에 2배하여 2행에 빼고, 1행과 3행을 더하고, 1행에 2배하여 4행과 더하면,

$$|A| = \begin{vmatrix} 1 & 3 & 2 & -1 \\ 0 & -7 & -1 & 3 \\ 0 & 5 & 3 & 0 \\ 0 & 1 & 6 & 1 \end{vmatrix} \begin{matrix} \\ \leftarrow 2\text{행} - (1\text{행} \times 2) \\ \leftarrow 3\text{행} + 1\text{행} \\ \leftarrow 4\text{행} + (1\text{행} \times 2) \end{matrix}$$

$$= (-1)^{1+1} \cdot 1 \begin{vmatrix} -7 & -1 & 3 \\ 5 & 3 & 0 \\ 1 & 6 & 1 \end{vmatrix}$$

다시, 3행×3을 하여 1행에 빼면,

$$|A| = \begin{vmatrix} -10 & -19 & 0 \\ 5 & 3 & 0 \\ 1 & 6 & 1 \end{vmatrix} \begin{matrix} \leftarrow 1\text{행} - (3\text{행} \times 3) \\ \\ \\ \end{matrix}$$

$$= (-1)^{3+3} \cdot 1 = \begin{vmatrix} -10 & -19 \\ 5 & 3 \end{vmatrix} = 1[(-10) \times 3 - (-19) \times 5] = 65$$

9.5 역행렬

9.5.1 역행렬의 정의

정사각행렬 A와 단위행렬 E에 대하여, $AX = XA = E$를 성립시키는 행렬 X가 존재할 때, X를 A의 역행렬이라고 하고, A^{-1}로 나타낸다. 행렬 A의 역행렬 A^{-1}가 존재하면, $AA^{-1} = A^{-1}A = E$가 성립한다.

예제 9.11

두 행렬 $A=\begin{pmatrix}1 & 2\\ 2 & 3\end{pmatrix}$, $B=\begin{pmatrix}-3 & 2\\ 2 & -1\end{pmatrix}$ 에 대하여, $B=A^{-1}$ 임을 확인하라.

풀이

B가 A의 역행렬일 경우, $AB=E$ 또는 $BA=E$가 되어야 한다.

$$AB=\begin{pmatrix}1 & 2\\ 2 & 3\end{pmatrix}\begin{pmatrix}-3 & 2\\ 2 & -1\end{pmatrix}=\begin{pmatrix}1\times(-3)+2\times 2 & 1\times 2+2\times(-1)\\ 2\times(-3)+3\times 2 & 2\times 2+3\times(-1)\end{pmatrix}=\begin{pmatrix}1 & 0\\ 0 & 1\end{pmatrix}=E$$

$$BA=\begin{pmatrix}-3 & 2\\ 2 & -1\end{pmatrix}\begin{pmatrix}1 & 2\\ 2 & 3\end{pmatrix}=\begin{pmatrix}(-3)\times 1+2\times 2 & (-3)\times 2+2\times 3\\ 2\times 1+(-1)\times 2 & 2\times 2+(-1)\times 3\end{pmatrix}=\begin{pmatrix}1 & 0\\ 0 & 1\end{pmatrix}=E$$

$AB=BA=E$ 이므로 $B=A^{-1}$ 이다.

9.5.2 역행렬 구하기

(1) 정의에 의한 역행렬의 계산

X가 A의 역행렬일 때, $AX=XA=E$임을 이용한다. 즉, $AX=E$(또는 $XA=E$)에서 양변에서 대응하는 성분을 같게 놓아 이루어지는 연립방정식을 풀어 X의 성분을 결정한다.

예제 9.12

역행렬의 정의를 이용하여 다음 행렬의 역행렬을 구하라.

$A=\begin{pmatrix}1 & -2\\ 3 & -5\end{pmatrix}$

풀이

구하는 행렬을 $X=\begin{pmatrix}a & b\\ c & d\end{pmatrix}$로 놓고, $AX=E$를 만족시키는 X를 구한다.

$$\begin{pmatrix}1 & -2\\ 3 & -5\end{pmatrix}\begin{pmatrix}a & b\\ c & d\end{pmatrix}=\begin{pmatrix}1 & 0\\ 0 & 1\end{pmatrix}$$

$$\begin{pmatrix}a-2c & b-2d\\ 3a-5c & 3b-5d\end{pmatrix}=\begin{pmatrix}1 & 0\\ 0 & 1\end{pmatrix}$$

행렬의 정의로부터,

$a-2c=1$, $b-2d=0$, $3a-5c=0$, $3b-5d=1$

4개의 식을 연립하여 풀면,

$\therefore\ a=-5$, $b=2$, $c=-3$, $d=1$

$a=1+2c$를 $3a-5c=0$에 대입하면,

$3(1+2c)-5c=0$

$3+6c-5c=0 \quad \therefore\ c=-3$

$\therefore\ a=1+2c=1+2\times(-3)=-5$

$b-2d=0$ 이므로,

$b=2d$를 $3b-5d=1$에 대입하면,

$3(2d)-5d=1 \quad \therefore\ d=1$

$b=2d$에서, $b=2\times1 \quad \therefore\ b=2$

따라서 $X=\begin{pmatrix}-5 & 2\\ -3 & 1\end{pmatrix}$이므로, 역행렬은

$\therefore\ A^{-1}=\begin{pmatrix}-5 & 2\\ -3 & 1\end{pmatrix}$

확인

$AA^{-1}=E$ 이므로,

$\begin{pmatrix}1 & -2\\ 3 & -5\end{pmatrix}\begin{pmatrix}-5 & 2\\ -3 & 1\end{pmatrix}=\begin{pmatrix}1 & 0\\ 0 & 1\end{pmatrix}$ $\quad O.K$

(2) 공식에 의한 역행렬의 계산

1) 2차 정사각행렬의 역행렬

행렬 $A=\begin{pmatrix}a & b\\ c & d\end{pmatrix}$에서, $D=ad-bc$ 라고 하면,

- $D\neq0$ 일 때, A의 역행렬은 존재하고 $A^{-1}=\dfrac{1}{D}\begin{pmatrix}d & -b\\ -c & a\end{pmatrix}$

즉, A^{-1}의 괄호( ) 안의 성분은 A 성분의 a와 d를 교환하고, b와 c는 부호를 바꾼 것이 된다.

- $D=0$ 일 때, A의 역행렬은 존재하지 않는다.

2) 3차 정사각행렬의 역행렬

a_{ij} 의 여인수를 $A_{ij}=(-1)^{i+j}\,|M_{ij}|$ 라고 할 때, 행렬 (A_{ij}) 의 전치행렬을 A 의 수반행렬(adjoint matrix)이라 하고, $adj(A)$ 로 나타낸다.

$$adj(A)=\begin{pmatrix} A_{11} & A_{12} & A_{13} \\ A_{21} & A_{22} & A_{23} \\ A_{31} & A_{32} & A_{33} \end{pmatrix}^T = \begin{pmatrix} \begin{vmatrix} a_{22} & a_{23} \\ a_{32} & a_{33} \end{vmatrix} & -\begin{vmatrix} a_{21} & a_{23} \\ a_{31} & a_{33} \end{vmatrix} & \begin{vmatrix} a_{21} & a_{22} \\ a_{31} & a_{32} \end{vmatrix} \\ -\begin{vmatrix} a_{12} & a_{13} \\ a_{32} & a_{33} \end{vmatrix} & \begin{vmatrix} a_{11} & a_{13} \\ a_{31} & a_{33} \end{vmatrix} & -\begin{vmatrix} a_{11} & a_{12} \\ a_{31} & a_{32} \end{vmatrix} \\ \begin{vmatrix} a_{12} & a_{13} \\ a_{22} & a_{23} \end{vmatrix} & -\begin{vmatrix} a_{11} & a_{13} \\ a_{21} & a_{23} \end{vmatrix} & \begin{vmatrix} a_{11} & a_{12} \\ a_{21} & a_{22} \end{vmatrix} \end{pmatrix}^T$$

$$\therefore\ A^{-1}=\frac{1}{\det(A)}\,adj(A)$$

예제 9.13

공식을 이용하여 다음 행렬의 역행렬을 구하라.

(1) $A=\begin{pmatrix} 1 & -2 \\ 3 & -5 \end{pmatrix}$　　(2) $B=\begin{pmatrix} 2 & -2 & 1 \\ 3 & -1 & 1 \\ 1 & 2 & -4 \end{pmatrix}$

풀이

(1) 2차 정사각행렬의 역행렬을 구하는 방법을 적용

$D=ad-bc=1\times(-5)-(-2)\times 3=1$

$\therefore\ D\neq 0$이므로 역행렬이 존재함.

$$\therefore\ A^{-1}=\frac{1}{D}\begin{pmatrix} d & -b \\ -c & a \end{pmatrix}=\frac{1}{1}\begin{pmatrix} -5 & -(-2) \\ -3 & 1 \end{pmatrix}=\begin{pmatrix} -5 & 2 \\ -3 & 1 \end{pmatrix}$$

(2) 3차 정사각행렬의 역행렬을 구하는 방법을 적용

$A^{-1}=\dfrac{1}{\det(A)}\,adj(A)$ 에서,

$$\det(A)=|A|=\begin{vmatrix} 2 & -2 & 1 \\ 3 & -1 & 1 \\ 1 & 2 & -4 \end{vmatrix}=8-2+6-(-1+24+4)=12-(27)=-15$$

$$\therefore\ A^{-1}=\frac{1}{\det(A)}\,adj(A)=\frac{1}{\det(A)}\begin{pmatrix} A_{11} & A_{12} & A_{13} \\ A_{21} & A_{22} & A_{23} \\ A_{31} & A_{32} & A_{33} \end{pmatrix}^T$$

$$= \frac{1}{\det(A)} \begin{pmatrix} \begin{vmatrix} a_{22} & a_{23} \\ a_{32} & a_{33} \end{vmatrix} & -\begin{vmatrix} a_{21} & a_{23} \\ a_{31} & a_{33} \end{vmatrix} & \begin{vmatrix} a_{21} & a_{22} \\ a_{31} & a_{32} \end{vmatrix} \\ -\begin{vmatrix} a_{12} & a_{13} \\ a_{32} & a_{33} \end{vmatrix} & \begin{vmatrix} a_{11} & a_{13} \\ a_{31} & a_{33} \end{vmatrix} & -\begin{vmatrix} a_{11} & a_{12} \\ a_{31} & a_{32} \end{vmatrix} \\ \begin{vmatrix} a_{12} & a_{13} \\ a_{22} & a_{23} \end{vmatrix} & -\begin{vmatrix} a_{11} & a_{13} \\ a_{21} & a_{23} \end{vmatrix} & \begin{vmatrix} a_{11} & a_{12} \\ a_{21} & a_{22} \end{vmatrix} \end{pmatrix}^T$$

$$= \frac{1}{-15} \begin{pmatrix} \begin{vmatrix} -1 & 1 \\ 2 & -4 \end{vmatrix} & -\begin{vmatrix} 3 & 1 \\ 1 & -4 \end{vmatrix} & \begin{vmatrix} 3 & -1 \\ 1 & 2 \end{vmatrix} \\ -\begin{vmatrix} -2 & 1 \\ 2 & -4 \end{vmatrix} & \begin{vmatrix} 2 & 1 \\ 1 & -4 \end{vmatrix} & -\begin{vmatrix} 2 & -2 \\ 1 & 2 \end{vmatrix} \\ \begin{vmatrix} -2 & 1 \\ -1 & 1 \end{vmatrix} & -\begin{vmatrix} 2 & 1 \\ 3 & 1 \end{vmatrix} & \begin{vmatrix} 2 & -2 \\ 3 & -1 \end{vmatrix} \end{pmatrix}^T$$

$$= \frac{1}{-15} \begin{pmatrix} 2 & 13 & 7 \\ -6 & -9 & -6 \\ -1 & 1 & 4 \end{pmatrix}^T = \frac{1}{-15} \begin{pmatrix} 2 & -6 & -1 \\ 13 & -9 & 1 \\ 7 & -6 & 4 \end{pmatrix}$$

9.6 행렬의 응용

9.6.1 1차 연립방정식과 행렬

두 개의 미지수 x, y 에 대한 2원 1차 연립방정식을 행렬로 나타내면 다음과 같다.

$$\begin{cases} ax+by=p \\ cx+dy=q \end{cases} \Rightarrow \begin{bmatrix} ax+by \\ cx+dy \end{bmatrix} = \begin{pmatrix} p \\ q \end{pmatrix}$$

행렬의 곱셈의 정의로부터 좌변을 변형하면 다음과 같이 된다.

$$\begin{bmatrix} ax+by \\ cx+dy \end{bmatrix} = \begin{pmatrix} a & b \\ c & d \end{pmatrix} \begin{pmatrix} x \\ y \end{pmatrix}$$

따라서 2원 1차 연립방정식을 행렬로 표현하면, 최종적으로 다음과 같이 된다.

$$\begin{cases} ax+by=p \\ cx+dy=q \end{cases} \Rightarrow \begin{pmatrix} a & b \\ c & d \end{pmatrix} \begin{pmatrix} x \\ y \end{pmatrix} = \begin{pmatrix} p \\ q \end{pmatrix}$$

같은 방법으로 3개의 미지수 x, y, z 에 대한 3원 1차 연립방정식을 행렬로 나타내면, 최종적으로 다음과 같이 된다.

$$\begin{cases} ax+by+cz=p \\ dx+ey+fz=q \\ gx+hy+iz=r \end{cases} \rightarrow \begin{pmatrix} a & b & c \\ d & e & f \\ g & h & i \end{pmatrix}\begin{pmatrix} x \\ y \\ z \end{pmatrix}=\begin{pmatrix} p \\ q \\ r \end{pmatrix}$$

9.6.2 역행렬을 이용한 1차 연립방정식의 풀이

$$\begin{cases} ax+by=p \\ cx+dy=q \end{cases} \Rightarrow \begin{pmatrix} a & b \\ c & d \end{pmatrix}\begin{pmatrix} x \\ y \end{pmatrix}=\begin{pmatrix} p \\ q \end{pmatrix}$$ 에서,

$A=\begin{pmatrix} a & b \\ c & d \end{pmatrix}$, $X=\begin{pmatrix} x \\ y \end{pmatrix}$, $B=\begin{pmatrix} p \\ q \end{pmatrix}$ 라고 하면,

$AX=B$ 로 표현된다.

여기서, 양변의 왼쪽편에 역행렬 A^{-1} 을 곱하면,

$A^{-1}(AX)=A^{-1}B$

$\therefore\ X=A^{-1}B$, 즉 $\begin{pmatrix} x \\ y \end{pmatrix}=\begin{pmatrix} a & b \\ c & d \end{pmatrix}^{-1}\begin{pmatrix} p \\ q \end{pmatrix}$

같은 방법으로 3원 1차 연립방정식의 해는,

$$\therefore\ X=A^{-1}B \text{ , 즉 } \begin{pmatrix} x \\ y \\ z \end{pmatrix}=\begin{pmatrix} a & b & c \\ d & e & f \\ g & h & i \end{pmatrix}^{-1}\begin{pmatrix} p \\ q \\ r \end{pmatrix}$$

예제 9.14

다음의 2원 1차 연립방정식과 3원 1차 연립방정식을 역행렬을 이용하여 해를 구하라.

(1) $\begin{cases} x-2y=3 \\ 3x-5y=6 \end{cases}$

(2) $\begin{cases} 2x-2y+z=2 \\ 3x-y+z=2 \\ x+2y-4z=-8 \end{cases}$

풀이

(1) $\begin{pmatrix} 1 & -2 \\ 3 & -5 \end{pmatrix}\begin{pmatrix} x \\ y \end{pmatrix}=\begin{pmatrix} 3 \\ 6 \end{pmatrix}$ 에서,

$A=\begin{pmatrix} 1 & -2 \\ 3 & -5 \end{pmatrix}$, $X=\begin{pmatrix} x \\ y \end{pmatrix}$, $B=\begin{pmatrix} 3 \\ 6 \end{pmatrix}$ 라고 하면,

$AX = B$ 에서, $\therefore\ X = A^{-1}B$

A 행렬의 $D = ad - bc = -5-(-6) = 1$

$\therefore\ D \neq 0$ 이므로 역행렬이 존재함.

$$\therefore\ A^{-1} = \frac{1}{D}\begin{pmatrix} d & -b \\ -c & a \end{pmatrix} = \frac{1}{1}\begin{pmatrix} -5 & -(-2) \\ -3 & 1 \end{pmatrix} = \begin{pmatrix} -5 & 2 \\ -3 & 1 \end{pmatrix}$$

$$\therefore \begin{pmatrix} x \\ y \end{pmatrix} = \begin{pmatrix} a & b \\ c & d \end{pmatrix}^{-1}\begin{pmatrix} p \\ q \end{pmatrix} = \begin{pmatrix} -5 & 2 \\ -3 & 1 \end{pmatrix}\begin{pmatrix} 3 \\ 6 \end{pmatrix} = \begin{pmatrix} -3 \\ -3 \end{pmatrix}$$

(2) $\begin{pmatrix} 2 & -2 & 1 \\ 3 & -1 & 1 \\ 1 & 2 & -4 \end{pmatrix}\begin{pmatrix} x \\ y \\ z \end{pmatrix} = \begin{pmatrix} 2 \\ 2 \\ -8 \end{pmatrix}$ 에서,

$A = \begin{pmatrix} 2 & -2 & 1 \\ 3 & -1 & 1 \\ 1 & 2 & -4 \end{pmatrix}$, $X = \begin{pmatrix} x \\ y \\ z \end{pmatrix}$, $B = \begin{pmatrix} 2 \\ 2 \\ -8 \end{pmatrix}$ 라고 하면,

$AX = B$에서, $\therefore\ X = A^{-1}B$

A 행렬의 역행렬을 구하면,

$$A^{-1} = \frac{1}{\det(A)}\, adj(A)$$

$$\det(A) = |A| = \begin{vmatrix} 2 & -2 & 1 \\ 3 & -1 & 1 \\ 1 & 2 & -4 \end{vmatrix} = 8-2+6-(-1+24+4) = 12-(27) = -15$$

$$A^{-1} = \frac{1}{-15}\begin{pmatrix} 2 & 13 & 7 \\ -6 & -9 & -6 \\ -1 & 1 & 4 \end{pmatrix}^T = \frac{1}{-15}\begin{pmatrix} 2 & -6 & -1 \\ 13 & -9 & 1 \\ 7 & -6 & 4 \end{pmatrix}$$

$$\therefore \begin{pmatrix} x \\ y \\ z \end{pmatrix} = \frac{1}{-15}\begin{pmatrix} 2 & -6 & -1 \\ 13 & -9 & 1 \\ 7 & -6 & 4 \end{pmatrix}\begin{pmatrix} 2 \\ 2 \\ -8 \end{pmatrix} = \frac{1}{-15}\begin{pmatrix} 0 \\ 0 \\ -30 \end{pmatrix} = \begin{pmatrix} -\frac{0}{15} \\ -\frac{0}{15} \\ \frac{-30}{-15} \end{pmatrix} = \begin{pmatrix} 0 \\ 0 \\ 2 \end{pmatrix}$$

9.6.3 크레이머(Cramer)의 공식

(1) 2원 1차 연립방정식

$$\begin{cases} ax + by = p \\ cx + dy = q \end{cases} \quad \Rightarrow \quad \begin{pmatrix} a & b \\ c & d \end{pmatrix}\begin{pmatrix} x \\ y \end{pmatrix} = \begin{pmatrix} p \\ q \end{pmatrix}$$

이 때, 주어진 방정식의 해는,

$$\therefore\ x = \frac{D_1}{D}, \quad \therefore\ y = \frac{D_2}{D}$$

여기서, $D = \begin{vmatrix} a & b \\ c & d \end{vmatrix}$, $D_1 = \begin{vmatrix} p & b \\ q & d \end{vmatrix}$, $D_2 = \begin{vmatrix} a & p \\ c & q \end{vmatrix}$

D_1은 D의 첫번째 열자리에 p, q를, D_2는 D의 두번째 열자리에 p, q를 대입시켜 얻은 것이다.

(2) 3원 1차 연립방정식

같은 방법으로,

$$\begin{cases} ax + by + cz = p \\ dx + ey + fz = q \\ gx + hy + iz = r \end{cases} \Rightarrow \begin{pmatrix} a & b & c \\ d & e & f \\ g & h & i \end{pmatrix} \begin{pmatrix} x \\ y \\ z \end{pmatrix} = \begin{pmatrix} p \\ q \\ r \end{pmatrix}$$

이 때, 주어진 방정식의 해는,

$$\therefore\ x = \frac{D_1}{D}, \quad \therefore\ y = \frac{D_2}{D}, \quad \therefore\ z = \frac{D_3}{D}$$

여기서, $D = \begin{vmatrix} a & b & c \\ d & e & f \\ g & h & i \end{vmatrix}$, $D_1 = \begin{vmatrix} p & b & c \\ q & e & f \\ r & h & i \end{vmatrix}$, $D_2 = \begin{vmatrix} a & p & c \\ d & q & f \\ g & r & i \end{vmatrix}$, $D_3 = \begin{vmatrix} a & b & p \\ d & e & q \\ g & h & r \end{vmatrix}$

D_1은 D의 첫 번째 열자리에 p, q, r을, D_2는 D의 두 번째 열자리에 p, q, r을, D_3은 D의 세 번째 열자리에 p, q, r을 대입시켜 얻은 것이다.

예제 9.15

다음의 방정식을 크레이머(Cramer)의 공식을 이용하여 해를 구하라.

(1) $\begin{cases} x - 2y = 3 \\ 3x - 5y - 6 \end{cases}$

(2) $\begin{cases} 2x - 2y + z = 2 \\ 3x - y + z = 2 \\ x + 2y - 4z = -8 \end{cases}$

풀이

(1) $\begin{pmatrix} 1 & -2 \\ 3 & -5 \end{pmatrix} \begin{pmatrix} x \\ y \end{pmatrix} = \begin{pmatrix} 3 \\ 6 \end{pmatrix}$ 에서,

$$D = \begin{vmatrix} a & b \\ c & d \end{vmatrix} = \begin{vmatrix} 1 & -2 \\ 3 & -5 \end{vmatrix} = 1$$

$$D_1 = \begin{vmatrix} p & b \\ q & d \end{vmatrix} = \begin{vmatrix} 3 & -2 \\ 6 & -5 \end{vmatrix} = -3$$

$$D_2 \equiv \begin{vmatrix} a & p \\ c & q \end{vmatrix} = \begin{vmatrix} 1 & 3 \\ 3 & 6 \end{vmatrix} = -3$$

$$\therefore\ x = \frac{D_1}{D} = -\frac{3}{1} = -3\ ,\quad \therefore\ y = \frac{D_2}{D} = -\frac{3}{1} = -3$$

(2) $\begin{pmatrix} 2 & -2 & 1 \\ 3 & -1 & 1 \\ 1 & 2 & -4 \end{pmatrix}\begin{pmatrix} x \\ y \\ z \end{pmatrix} = \begin{pmatrix} 2 \\ 2 \\ -8 \end{pmatrix}$ 에서,

$$D = \begin{vmatrix} a & b & c \\ d & e & f \\ g & h & i \end{vmatrix} = \begin{vmatrix} 2 & -2 & 1 \\ 3 & -1 & 1 \\ 1 & 2 & -4 \end{vmatrix} = (8-2+6)-(-1+24+4) = 12-27 = -15$$

$$D_1 = \begin{vmatrix} p & b & c \\ q & e & f \\ r & h & i \end{vmatrix} = \begin{vmatrix} 2 & -2 & 1 \\ 2 & -1 & 1 \\ -8 & 2 & -4 \end{vmatrix} = (8+16+4)-(8+16+4) = 28-28 = 0$$

$$D_2 = \begin{vmatrix} a & p & c \\ d & q & f \\ g & r & i \end{vmatrix} = \begin{vmatrix} 2 & 2 & 1 \\ 3 & 2 & 1 \\ 1 & -8 & -4 \end{vmatrix}$$

$$= (-16+2-24)-(2-24-16) = -38-(-38) = 0$$

$$D_3 = \begin{vmatrix} a & b & p \\ d & e & q \\ g & h & r \end{vmatrix} = \begin{vmatrix} 2 & -2 & 2 \\ 3 & -1 & 2 \\ 1 & 2 & -8 \end{vmatrix} = (16-4+12)-(-2+48+8) = 24-54 = -30$$

$$\therefore\ x = \frac{D_1}{D} = \frac{0}{-15} = 0$$

$$\therefore\ y = \frac{D_2}{D} = \frac{0}{-15} = 0$$

$$\therefore\ z = \frac{D_3}{D} = \frac{-30}{-15} = 2$$

연습문제

9.1 행렬 $A=\begin{pmatrix} 2 & 3 & -1 \\ 1 & 3 & 5 \end{pmatrix}$일 때, 다음의 값을 구하라.

(1) 행렬 A 의 $(1,2)$ 성분과 $(2,2)$ 성분은 얼마인가?

(2) $A=(a_{ij})$, $(i=1,2\ ,\ \ j=1,2,3)$일 때, a_{12}, a_{13}, a_{21}, a_{23}를 구하라.

9.2 행렬 $A=\begin{pmatrix} 2 & 3 \\ 4 & -2 \end{pmatrix}$일 때, 다음 행렬을 구하라.

(1) $2A$

(2) $-3A$

9.3 두 행렬 $A=\begin{pmatrix} 1 & 2 & 3 \\ 3 & 4 & 6 \end{pmatrix}$, $B=\begin{pmatrix} 1 & 0 & 2 \\ 2 & 1 & 1 \end{pmatrix}$일 때, $A+2B$ 를 구하라.

9.4 행렬 $A=\begin{pmatrix} 1 & 2 \\ 3 & 4 \end{pmatrix}$, $B=\begin{pmatrix} 2 & 2 \\ 1 & 1 \end{pmatrix}$일 때, AB 와 BA 를 구하라.

9.5 다음의 행렬식의 값을 구하라.

(1) $A=\begin{pmatrix} 1 & 2 \\ 3 & 5 \end{pmatrix}$

(2) $B=\begin{pmatrix} 1 & 2 & 1 \\ 3 & 1 & 2 \\ 1 & 1 & 2 \end{pmatrix}$

9.6 다음 행렬의 값을 구하라.

$$|A|=\begin{vmatrix} 4 & -1 & 1 & 5 \\ 2 & -3 & 5 & 1 \\ 1 & 1 & -3 & 2 \\ 5 & 0 & -2 & 2 \end{vmatrix}$$

9.7 공식을 이용하여 다음 행렬의 역행렬을 구하라.

(1) $A=\begin{pmatrix} 1 & 2 \\ 3 & 5 \end{pmatrix}$

(2) $A=\begin{pmatrix} 0 & 0 \\ 0 & 0 \end{pmatrix}$

(3) $B=\begin{pmatrix} 1 & 2 & 1 \\ 3 & 1 & 2 \\ 1 & 1 & 2 \end{pmatrix}$

(4) $B=\begin{pmatrix} 1 & 2 & 3 \\ -1 & 4 & 0 \\ 0 & 1 & 2 \end{pmatrix}$

9.8. 다음의 2원 1차 연립방정식과 3원 1차 연립방정식을 역행렬을 이용하여 해를 구하라.

(1) $\begin{cases} x+y=3 \\ 2x+5y=12 \end{cases}$

(2) $\begin{cases} x+y-3z=-10 \\ x-y+2z=11 \\ 2x+y-z=3 \end{cases}$

9.9 다음의 방정식을 크레이머(Cramer)의 공식을 이용하여 해를 구하라.

(1) $\begin{cases} x+y=3 \\ 2x+5y=12 \end{cases}$

(2) $\begin{cases} x+y-3z=-10 \\ x-y+2z=11 \\ 2x+y-z=3 \end{cases}$

제10장 미 분

10.1 평균변화율, 미분계수(순간변화율) 및 도함수

10.1.1 평균변화율

함수 $y=f(x)$ 에서, x 의 값이 a 부터 $a+\Delta x$ 까지 변할 때,

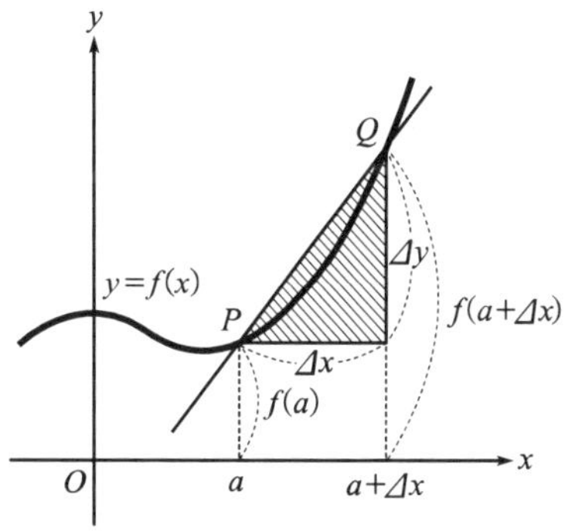

그림 10.1 평균변화율

$$\frac{\Delta y}{\Delta x}=\frac{f(a+\Delta x)-f(a)}{\Delta x}$$

를 구간 $[a,\ a+\Delta x]$ 에서의 "평균변화율"이라고 한다.

- 평균변화율 $\dfrac{\Delta y}{\Delta x}$ 의 의미
  $x=a$ 인 점과 $x=a+\Delta x$ 인 점을 지나는 직선 PQ의 기울기를 의미함.

예제 10.1

함수 $y=x^2$ 의 구간 $[1,\ 3]$ 에서의 평균변화율을 구하라.

풀이

$f(x)=x^2$ 이라고 놓으면,

$\Delta x = 3 - 1 = 2$

$\Delta y = f(3) - f(1) = 3^2 - 1^2 = 8$

$\therefore \dfrac{\Delta y}{\Delta x} = \dfrac{8}{2} = 4$

10.1.2 순간변화율(미분계수)

함수 $y = f(x)$에서, x 의 값이 a 부터 $a + \Delta x$까지 변할 때의 평균변화율에서 $\Delta x \to 0$일 때의 극한값,

$$\lim_{\Delta x \to 0} \frac{\Delta y}{\Delta x} = \lim_{\Delta x \to 0} \frac{f(a + \Delta x) - f(a)}{\Delta x}$$

를 $f(x)$ 의 $x = a$ 에서의 "순간변화율" 또는 "미분계수"라고 하며, 기호로는 $f'(a)$와 같이 나타낸다. 이를 식으로 나타내면 다음과 같다.

$$f'(a) = \lim_{\Delta x \to 0} \frac{f(a + \Delta x) - f(a)}{\Delta x}$$

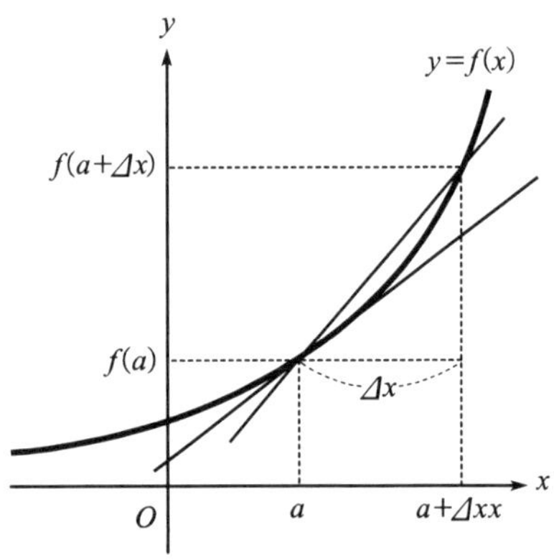

그림 10.2 순간변화율

- 미분계수 $f'(a)$ 의 의미
  $y = f(x)$ 위의 임의의 점 $(a, f(a))$ 에서의 접선의 기울기를 의미함

예제 10.2

함수 $y=x^2$ 의 $x=1$에서의 순간변화율 즉, 미분계수를 구하라.

풀이

$f(x)=x^2$ 이라고 놓으면,

$$f'(1)=\lim_{\Delta x\to 0}\frac{f(1+\Delta x)-f(1)}{\Delta x}=\lim_{\Delta x\to 0}\frac{(1+\Delta x)^2-1^2}{\Delta x}$$
$$=\lim_{\Delta x\to 0}\frac{1+2\Delta x+(\Delta x)^2-1}{\Delta x}$$
$$=\lim_{\Delta x\to 0}\frac{(\Delta x)^2+2\Delta x}{\Delta x}=\lim_{\Delta x\to 0}(\Delta x+2)=2$$

10.1.3 도함수

앞의 미분계수 계산식 $f'(a)=\lim_{\Delta x\to 0}\frac{f(a+\Delta x)-f(a)}{\Delta x}$ 에서, a 대신 변수 x 로 바꾸어 놓은 새로운 함수,

$$f'(x)=\lim_{\Delta x\to 0}\frac{\Delta y}{\Delta x}=\lim_{\Delta x\to 0}\frac{f(x+\Delta x)-f(x)}{\Delta x}$$

를 함수 $f(x)$ 의 도함수라고 한다. $y=f(x)$ 의 도함수를 기호로는 다음과 같이 나타낸다.

$$y',\ f'(x),\ \frac{dy}{dx},\ \frac{df(x)}{dx}$$

- 도함수 $f'(x)$ 의 의미
  $y=f(x)$ 위의 임의의 점 $(x, f(x))$에서 접선의 기울기를 구할 수 있도록 만든 새로운 함수

예제 10.3

함수 $y=x^2$ 의 도함수를 구하라.

풀이

$y'=2x$, $f'(x)=2x$, $\frac{dy}{dx}=2x$, $\frac{df(x)}{dx}=2x$

10.2 기본적인 미분공식의 적용

두 함수 $u=u(x)$, $v=v(x)$라 하고, c 가 상수일 때, 기본적인 미분공식의 적용은 다음과 같다.

10.2.1 상수의 미분

함수 y가 상수식인 경우, 상수를 미분하면 0이 된다.

$y=c$ (단, c는 상수)

$y'=0$ 또는 $f'(x)=0$

예제 10.4

$y=3$을 미분하라.

풀이

$y'=0$

10.2.2 n차식의 미분

함수 y가 n차식인 경우, 미분하면 $n-1$ 차식이 된다.

$y=x^n$ (단, n은 정수이고, $n\neq 0$)

$y'=nx^{n-1}$ 또는 $f'(x)=nx^{n-1}$

예제 10.5

$y=x^5$을 미분하라.

풀이

$y'=5x^4$

10.2.3 상수배의 미분

함수 y가 상수가 곱해진 $c\,u(x)$인 경우에는 상수는 그대로 두고, $u(x)$만 미분한다.

$$(c\,u)' = c(u)' = cu'$$

예제 10.6

$y = 6x^5$을 미분하라.

풀이

$$y' = 6(5x^4) = 30x^4$$

10.2.4 합과 차의 미분

함수 y가 $u(x) \pm v(x)$인 경우에는 따로따로 미분하면 된다.

$$(u \pm v)' = u' + v'$$

예제 10.7

$y = x^5 - 3x^4$을 미분하라.

풀이

$$y' = 5x^4 - 3(4x^3) = 5x^4 - 12x^3$$

10.2.5 곱의 미분

함수 y가 두식 또는 세식의 곱으로 이루어진 경우, 미분공식은 다음과 같다.

$$(uv)' = u'v + uv'$$

$$(uvw)' = u'vw + uv'w + uvw'$$

예제 10.8

$y=(5x+1)(x^2+1)$을 미분하라.

풀이

$$y'=(5x+1)'(x^2+1)+(5x+1)(x^2+1)'$$
$$=5(x^2+1)+(5x+1)(2x)=(5x^2+5)+(10x^2+2x)=15x^2+2x+5$$

예제 10.9

$y=(x+1)(2x+1)(3x+1)$를 미분하라.

풀이

$y'=u'vw+uv'w+uvw'$이므로

$$y'=(x+1)'(2x+1)(3x+1)+(x+1)(2x+1)'(3x+1)+(x+1)(2x+1)(3x+1)'$$
$$=1\cdot(2x+1)(3x+1)+(x+1)\cdot 2\cdot(3x+1)+(x+1)(2x+1)\cdot 3$$
$$=(6x^2+5x+1)+2(3x^2+4x+1)+3(2x^2+3x+1)$$
$$=18x^2+22x+6$$

10.2.6 몫의 미분

함수 y가 $\frac{u}{v}$ 형태의 분수식인 경우, 미분공식은 다음과 같다.

$$\left(\frac{u}{v}\right)'=\frac{u'v-uv'}{v^2}$$

예제 10.10

$y=\dfrac{3x}{x^2+x+1}$을 미분하라.

풀이

$y=\frac{u}{v}$ 형태임.

$$y' = \left(\frac{u}{v}\right)' = \frac{u'v - uv'}{v^2} = \frac{3(x^2+x+1) - 3x(2x+1)}{(x^2+x+1)^2}$$

$$= \frac{(3x^2+3x+3) - (6x^2+3x)}{(x^2+x+1)^2} = \frac{(-3x^2+3)}{(x^2+x+1)^2} = \frac{-(3x^2-1)}{(x^2+x+1)^2}$$

예제 10.11

$y = \dfrac{2x^3 - x^2 + 3}{x^2}$ 을 미분하라.

풀이

$y = \dfrac{u}{v}$ 형태임.

$$y' = \left(\frac{u}{v}\right)' = \frac{u'v - uv'}{v^2} = \frac{(6x^2-2x)(x^2) - (2x^3 - x^2 + 3)(2x)}{(x^2)^2}$$

$$= \frac{(6x^4 - 2x^3) - (4x^4 - 2x^3 + 6x)}{x^4} = \frac{(2x^4 - 6x)}{x^4} = \frac{2x(x^3-3)}{x^4} = \frac{2(x^3-3)}{x^3}$$

• 별해

이 문제의 경우에는 분자에 분모를 나누면, x^n 의 형태로 변형할 수 있다.

이 경우 $y = x^n$ 이면, $y' = nx^{n-1}$ 을 이용하면 더 쉽게 구할 수 있다.

$y = \dfrac{2x^3 - x^2 + 3}{x^2} = 2x - 1 + \dfrac{3}{x^2} = 2x - 1 + 3x^{-2}$ 이므로,

$$y' = 2 + 3\cdot(-2)x^{-3} = 2 - \frac{6}{x^3} = \frac{2x^3 - 6}{x^3} = \frac{2(x^3-3)}{x^3}$$

10.3 합성함수의 미분

$y = x^{10}$ 을 미분하면 $y' = 10x^9$ 이다. 그럼 $y = (x^2+1)^{10}$ 을 미분하면 $y' = 10(x^2+1)^9$ 이 될까? 그렇지 않다.

이러한 경우에 미분하는 방법은 다음의 2가지 방법이 있다.

① 무식하게 전개한 다음, 미분하는 방법
② 합성함수로 처리하여 미분하는 방법

①의 방법은 함수의 차수가 낮은 경우에는 적용될 수도 있으나 $(x^2+1)^{10}$과 같이 차수가 높아지면 전개하는 것은 사실상 불가능하다. 반면 (2)와 같이 합성함수로 처리하여 미분하는 방법은 매우 간단하며, 합성함수의 미분은 다음과 같다.

y가 u의 함수이고, 또 u가 x의 함수일 때, y를 "합성함수"라고 하며 식으로 표현하면 다음과 같다.

$y=y(u)$ 이고, $u=u(x)$ 인 경우, 미분공식은 다음과 같다.

$$\therefore \frac{dy}{dx}=\frac{dy}{du}\cdot\frac{du}{dx}$$

특히, $y=\{f(x)\}^n$ 을 미분하면,

$$\therefore \frac{dy}{dx}=n\{f(x)\}^{n-1}\cdot f'(x)$$

예제 10.12

$y=(x^2+1)^{10}$을 미분하라.

풀이

함수 y를 합성함수로 표현하면,

$y=u^{10}$, $u=x^2+1$

$\frac{dy}{du}=10u^9$, $\frac{du}{dx}=2x$

$$\therefore \frac{dy}{dx}=\frac{dy}{du}\cdot\frac{du}{dx}=10u^9\times(2x)=20xu^9=20x(x^2+1)^9$$

예제 10.13

$y=(3x^2+5x+7)^3$을 미분하라.

풀이

함수 y를 합성함수로 표현하면,

$y = u^3, \ u = 3x^2 + 5x + 7$

$\frac{dy}{du} = 3u^2, \ \frac{du}{dx} = 3 \cdot 2x + 5 = 6x + 5$

$\therefore \frac{dy}{dx} = \frac{dy}{du} \cdot \frac{du}{dx} = 3u^2 \times (6x+5) = 3(6x+5)(3x^2+5x+7)^2$

- 별해

$y = \{f(x)\}^n$을 미분하면, $\frac{dy}{dx} = n\{f(x)\}^{n-1} \cdot f'(x)$이므로.

$y = (3x^2+5x+7)^3$에서,

$\therefore \frac{dy}{dx} = 3(3x^2+5x+7)^2 \cdot (3x^2+5x+7)' = 3(3x^2+5x+7)^2 \cdot (6x+5)$

예제 10.14

$y = \sqrt{(3x+1)}$을 미분하라.

풀이

함수 y를 합성함수로 표현하면,

$y = \sqrt{u} = u^{\frac{1}{2}}, \ u = 3x + 1$

$\frac{dy}{du} = \frac{1}{2} u^{-\frac{1}{2}}, \ \frac{du}{dx} = 3$

$\therefore \frac{dy}{dx} = \frac{dy}{du} \cdot \frac{du}{dx} = \frac{1}{2} u^{-\frac{1}{2}} \times 3 = \frac{3}{2} \frac{1}{\sqrt{u}} = \frac{3}{2\sqrt{u}} = \frac{3}{2\sqrt{3x+1}}$

- 별해

$y = \{f(x)\}^n$을 미분하면, $\frac{dy}{dx} = n\{f(x)\}^{n-1} \cdot f'(x)$ 이므로.

$y = \sqrt{(3x+1)} = (3x+1)^{\frac{1}{2}}$에서,

$\therefore \frac{dy}{dx} = \frac{1}{2}(3x+1)^{-\frac{1}{2}} \cdot (3x+1)' = \frac{1}{2} \frac{1}{\sqrt{3x+1}} (3) = \frac{3}{2} \frac{1}{\sqrt{3x+1}}$

10.4 음함수의 미분

$x^2+y^2=4$는 원의 방정식이다. 식에서 $x=1$에 대응하는 y값은 $\sqrt{3}$, $-\sqrt{3}$ 으로 2개가 존재하므로 엄밀하게 볼 때에는 함수가 아니다.

이처럼 x의 함수 y가 $f(x, y)=0$의 꼴로 주어졌을 때, y를 x의 음함수(implicit function)라고 한다. 음함수의 예를 들면 다음과 같다.

$$y^2-8x=0,\quad x^2-y^2=4,\quad x^2+y^2=5xy,\quad xy=1 \text{ 등}$$

참고로 음함수, 양함수에 대한 정의는 x의 함수 y가 $y=f(x)$의 꼴로 주어질 때, y를 x의 양함수(explicit function)라고 하고, 그렇지 않은 경우를 음함수라고 한다.

음함수를 미분할 때에는 ① 양함수(explicit function)로 고쳐서 하는 방법과 ② 음함수를 양함수로 고치지 않고, y를 x에 대한 함수로 보고 $\frac{dy}{dx}$를 구하는 방법이 있으며, 이를 음함수의 미분법이라고 한다.

음함수를 미분할 때 다음의 두 가지 성질이 이용된다.

1) $\frac{d}{dx}(x^n)=nx^{n-1}$ 2) $\frac{d}{dx}(y^n)=ny^{n-1}\frac{dy}{dx}$

예제 10.15

$x^2+y^2=4$ 를 미분하라.

풀이

(1) 양함수(explicit function)로 고쳐서 미분하는 방법

$x^2+y^2=4$ 를 y에 대해 풀면, 2개의 함수가 나온다.

$y\geqq 0$ 일 때, $y=\sqrt{4-x^2}$

$y\leqq 0$ 일 때, $y=-\sqrt{4-x^2}$

① $y=\sqrt{4-x^2}$ 을 미분하면,

합성함수로 표현하면,

$$y=\sqrt{u}=u^{\frac{1}{2}},\quad u=4-x^2$$

$$\frac{dy}{du}=\frac{1}{2}u^{-\frac{1}{2}},\quad \frac{du}{dx}=-2x$$

$$\therefore \frac{dy}{dx}=\frac{dy}{du}\cdot\frac{du}{dx}=\frac{1}{2}u^{-\frac{1}{2}}\times(-2x)$$

$$=-\frac{x}{\sqrt{u}}=-\frac{x}{\sqrt{4-x^2}}=-\frac{x}{y}(\because y=\sqrt{4-x^2}\text{ 이므로})$$

② $y=-\sqrt{4-x^2}$ 을 미분하면,

합성함수로 표현하면,

$$y=-\sqrt{u}=-u^{\frac{1}{2}},\quad u=4-x^2$$

$$\frac{dy}{du}=-\frac{1}{2}u^{-\frac{1}{2}},\quad \frac{du}{dx}=-2x$$

$$\therefore \frac{dy}{dx}=\frac{dy}{du}\cdot\frac{du}{dx}=-\frac{1}{2}u^{-\frac{1}{2}}\times(-2x)$$

$$=\frac{x}{\sqrt{u}}=\frac{x}{\sqrt{4-x^2}}=\frac{x}{-y}=-\frac{x}{y}(\because y=-\sqrt{4-x^2}\text{ 이므로})$$

①, ②에서 $\therefore \frac{dy}{dx}=-\frac{x}{y}$ (단, $y\neq 0$)

(2) 음함수의 미분법으로 미분하는 방법

$$\frac{d}{dx}(x^2+y^2-4)=0$$

$$\frac{d}{dx}(x^2)+\frac{d}{dx}(y^2)-\frac{d}{dx}(4)=0$$

$$2x+2y\frac{dy}{dx}-0=0$$

$$2y\frac{dy}{dx}=-2x$$

$$\therefore \frac{dy}{dx}=-\frac{x}{y}\quad (\text{단, } y\neq 0)$$

예제 10.16

다음의 음함수에 대해 미분하라.

(1) $2x-y^2=0$ (2) $xy=1$

풀이

(1) $2x-y^2=0$ 의 양변을 x에 대해 미분하면,

$$\frac{d}{dx}(2x-y^2)=0$$

$$2-2y\frac{dy}{dx}=0$$

$$\therefore \frac{dy}{dx}=\frac{1}{y} \quad (\text{단, } y\neq 0)$$

(2) $xy=1$의 양변을 x에 대해 미분하면,

$$\frac{d}{dx}(xy)=\frac{d}{dx}(1)$$

$$y+x\frac{dy}{dx}=0$$

$\left(\because \frac{d(xy)}{dx}\right.$는 곱의 미분이므로 $\left.\frac{d(xy)}{dx}=\frac{dx}{dx}\cdot y+x\frac{dy}{dx}=y+x\frac{dy}{dx}\right)$

$$\therefore \frac{dy}{dx}=-\frac{y}{x} \quad (\text{단, } x\neq 0)$$

10.5 삼각함수의 미분법

삼각함수를 미분하면 다음과 같이 된다.

① $y=\sin x \rightarrow y'=\cos x$ ② $y=\cos x \rightarrow y'=-\sin x$

③ $y=\tan x \rightarrow y'=\sec^2 x$ ④ $y=\sec x \rightarrow y'=\sec x\ \tan x$

⑤ $y=\operatorname{cosec} x \rightarrow y'=-\operatorname{cosec} x\ \cot x$ ⑥ $y=\cot x \rightarrow y'=-\operatorname{cosec}^2 x$

예제 10.17

함수 $y=3\sin x-4\cos x$를 미분하라.

풀이

$y'=3\cos x-4(-\sin x)=3\cos x+4\sin x$

예제 10.18

함수 $y=\sin(5x+3)$을 미분하라.

풀이

합성함수로 표현하면,

$y=\sin u,\ u=5x+3$

$\frac{dy}{du}=\cos u,\ \frac{du}{dx}=5$

$\therefore \frac{dy}{dx}=\frac{dy}{du}\cdot\frac{du}{dx}=\cos u\cdot 5=5\cos(5x+3)$

- 별해

$\{\sin(5x+3)\}'=\cos(5x+3)\cdot(5x+3)'=\cos(5x+3)\cdot 5=5\cos(5x+3)$

예제 10.19

함수 $y=\sin^5 x$를 미분하라.

풀이

합성함수로 표현하면,

$y=u^5,\ u=\sin x$

$\frac{dy}{du}=5u^4,\ \frac{du}{dx}=\cos x$

$\therefore \frac{dy}{dx}=\frac{dy}{du}\cdot\frac{du}{dx}=5u^4\cdot\cos x=5\sin^4\cdot\cos x$

- 별해

$\{\sin^5 x\}'=5\sin^4 x\,(\sin x)'=5\sin^4 x\cdot\cos x$

10.6 역삼각함수의 미분

역삼각함수의 미분은 다음과 같다.

① $y = \sin^{-1}x \rightarrow y' = \dfrac{1}{\sqrt{1-x^2}}$ $\left(|x| < 1,\ -\dfrac{\pi}{2} < y < \dfrac{\pi}{2} \right)$

② $y = \cos^{-1}x \rightarrow y' = \dfrac{-1}{\sqrt{1-x^2}}$ $\left(|x| < 1,\ 0 < y < \pi \right)$

③ $y = \tan^{-1}x \rightarrow y' = \dfrac{1}{1+x^2}$ $\left(-\infty < x < \infty,\ -\dfrac{\pi}{2} < y < \dfrac{\pi}{2} \right)$

④ $y = \cot^{-1}x \rightarrow y' = \dfrac{-1}{1+x^2}$ $\left(-\infty < x < \infty,\ 0 < y < \pi \right)$

⑤ $y = \sec^{-1}x \rightarrow y' = \dfrac{1}{x\sqrt{x^2-1}}$ $\left(|x| > 1,\ -\pi < y < -\dfrac{\pi}{2},\ 0 < y < \dfrac{\pi}{2} \right)$

⑥ $y = \operatorname{cosec}^{-1}x \rightarrow y' = \dfrac{-1}{x\sqrt{x^2-1}}$ $\left(|x| > 1,\ -\pi < y < -\dfrac{\pi}{2},\ 0 < y < \dfrac{\pi}{2} \right)$

예제 10.20

$y = \sin^{-1}\sqrt{x}$ 를 미분하라.

풀이

합성함수로 표현하면,

$y = \sin^{-1}u\ ,\ u = \sqrt{x} = x^{\frac{1}{2}}$

$\dfrac{dy}{du} = \dfrac{1}{\sqrt{1-u^2}},\quad \dfrac{du}{dx} = \dfrac{1}{2}x^{-\frac{1}{2}} = \dfrac{1}{2\sqrt{x}}$

$\therefore \dfrac{dy}{dx} = \dfrac{dy}{du}\cdot\dfrac{du}{dx} = \dfrac{1}{\sqrt{1-u^2}}\cdot\dfrac{1}{2\sqrt{x}} = \dfrac{1}{\sqrt{1-x}}\cdot\dfrac{1}{2\sqrt{x}} = \dfrac{1}{2\sqrt{x}\sqrt{1-x}}$

예제 10.21

$y = \sec^{-1}(x-1)$을 미분하라.

풀이

합성함수로 표현하면,

$y = \sec^{-1}u\ ,\ u = x-1$

$\dfrac{dy}{du} = \dfrac{1}{u\sqrt{u^2-1}},\quad \dfrac{du}{dx} = 1$

$\therefore \dfrac{dy}{dx} = \dfrac{dy}{du}\cdot\dfrac{du}{dx} = \dfrac{1}{u\sqrt{u^2-1}}\cdot 1 = \dfrac{1}{(x-1)\sqrt{(x-1)^2-1}}$

10.7 지수함수 및 로그함수의 미분

지수함수 및 로그함수의 미분은 다음과 같다.

① $y = e^x \quad \rightarrow \quad y' = e^x$

② $y = a^x \quad \rightarrow \quad y' = a^x \ln a$ (단, $a > 0$, $a \neq 1$)

③ $y = \log_a x \quad \rightarrow \quad y' = \dfrac{1}{x \ln a}$ (단, $a > 0$, $a \neq 1$, $x > 0$)

④ $y = \ln x \quad \rightarrow \quad y' = \dfrac{1}{x}$ (단, $x > 0$)

예제 10.22

함수 $y = e^{3x}$ 를 미분하라.

풀이

합성함수로 표현하면,

$y = e^z$, $z = 5x$

$\dfrac{dy}{dz} = e^z$, $\dfrac{dz}{dx} = 5$

$\therefore \dfrac{dy}{dx} = \dfrac{dy}{dz} \cdot \dfrac{dz}{dx} = e^z \cdot 5 = 5e^z = 5e^{5x}$

예제 10.23

함수 $y = \log_2 x$를 미분하라.

풀이

$y' = \dfrac{1}{x \ln 2}$

예제 10.24

함수 $y = \ln(x^2 + 1)$을 미분하라.

풀이

합성함수로 표현하면,

$y = \ln u$, $u = x^2 + 1$

$\dfrac{dy}{du} = \dfrac{1}{u}$, $\dfrac{du}{dx} = 2x$

$\therefore \dfrac{dy}{dx} = \dfrac{dy}{du} \cdot \dfrac{du}{dx} = \dfrac{1}{u} \cdot 2x = \dfrac{2x}{(x^2+1)}$

10.8 미분의 응용

10.8.1 함수의 증가와 감소

함수 $f(x)$가 어떤 구간에 속하는 임의의 값 x_1, x_2에 대하여,
$x_1 < x_2$일 때, $f(x_1) < f(x_2)$이면, $f(x)$는 그 구간에서 증가한다고 하고, 반대로
$x_1 < x_2$일 때, $f(x_1) > f(x_2)$이면, $f(x)$는 그 구간에서 감소한다고 한다.

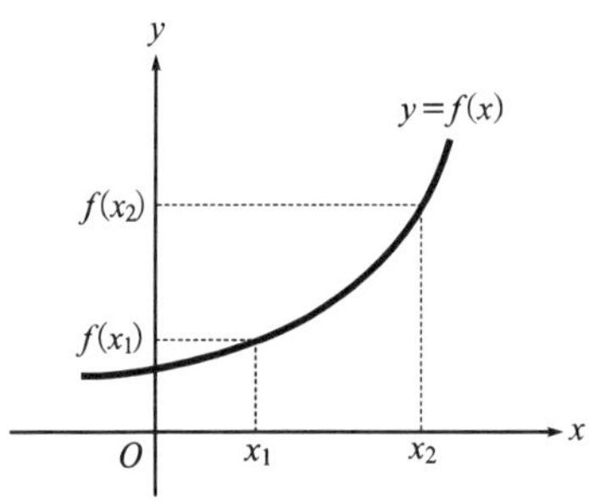

(a) 증가함수

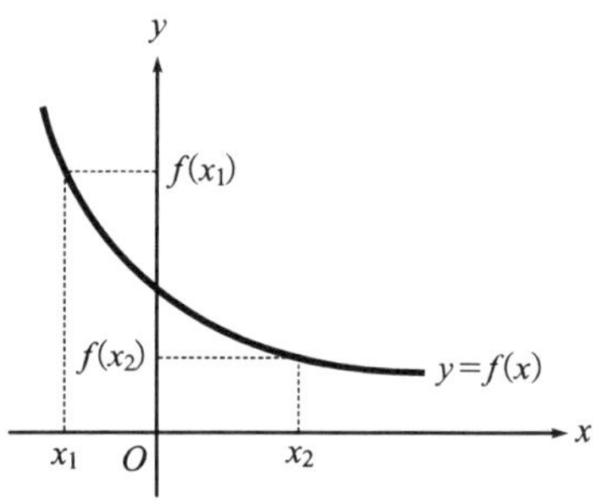

(b) 감소함수

그림 10.3 함수의 증가 및 감소

또한, 함수 $f(x)$가 어떤 구간에서 미분 가능하고, 그 구간에서
$f'(x) > 0$이면, $f(x)$는 그 구간에서 증가하고,
$f'(x) < 0$이면, $f(x)$는 그 구간에서 감소한다.

또, 함수 $f(x)$가 어떤 구간에서 미분 가능할 때, 그 구간에서 항상
$f'(x_1) > 0$이면, $f(x)$는 $x = x_1$에서 증가하고,
$f'(x_1) < 0$이면, $f(x)$는 $x = x_1$에서 감소한다.

예제 10.25

함수 $f(x)=xe^x$ 의 증가, 감소를 조사하라.

풀이

$f(x)=xe^x$ 에서,

$f'(x)=e^x+xe^x=(1+x)e^x$

$f'(x)=(1+x)e^x=0$ 에서, 항상 $e^x>0$ 이므로,

$(1+x)=0 \quad \therefore\ x=-1$

$x<-1$ 이면, $f'(x)<0$

$x>-1$ 이면, $f'(x)>0$

따라서, 함수 $f(x)$ 는 $x<-1$ 에서 감소하고, $x>-1$ 에서 증가한다.

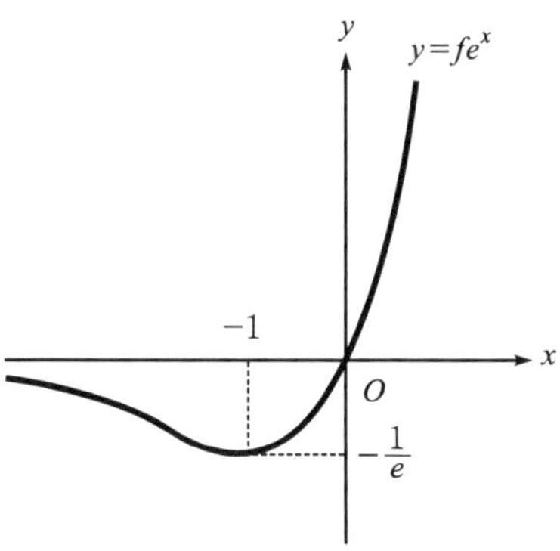

그림 10.4 $f(x)=xe^x$ 의 그래프

10.8.2 함수의 극대와 극소

함수 $f(x)$ 가 $x=a$ 의 좌우에서 미분 가능할 때, $f'(x)$ 의 부호의 변화에 따라 극대, 극소를 판정할 수 있다.

① $x=a$ 의 좌우에서 $f'(x)$ 의 부호가 양에서 음으로 바뀌면 $f(x)$ 는 $x=a$ 에서 극대이고, 극대값은 $f(a)$ 이다.

② $x=a$ 의 좌우에서 $f'(x)$ 의 부호가 음에서 양으로 바뀌면 $f(x)$ 는 $x=a$ 에서 극소이고, 극소값은 $f(a)$ 이다.

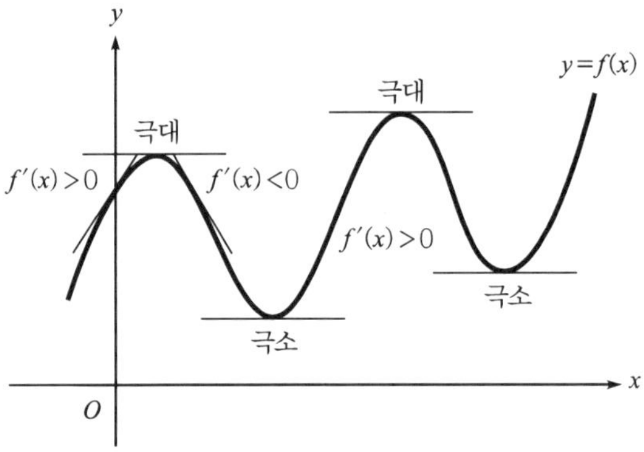

그림 10.5 함수의 극대값 및 극소값

예제 10.26

다음 함수의 극대값, 극소값을 구하라.

(1) $f(x)=3x-x^3$ (2) $f(x)=x^2$

풀이

(1) $f'(x)=3-3x^2=3(1-x^2)$

$f'(x)=0$ 에서, $\therefore\ x=1,\ x=-1$

따라서 함수 $f(x)$는,

$x=-1$에서 극소값, $f(-1)=3\times(-1)-(-1)^3=-2$

$x=1$에서 극대값, $f(1)=3\times1-1^3=2$를 갖는다.

(2) $f'(x)=2x$

$f'(x)=0$에서, $\therefore\ x=0$

따라서 함수 $f(x)$는,

$x=0$에서 극소값, $f(0)=0^2=0$을 갖는다.

예제 10.27

지름이 d인 원형 강봉을 직사각형으로 가공하여 휨에 대한 저항에 가장 유리한 단면을 얻고자 한다. 단면의 폭 b와 높이 h를 결정하라.

풀이

휨에 대한 저항은 단면계수 z가 클수록 유리하다. 단면계수를 계산하는 식은,

$$\therefore\ z = \frac{I}{y} = \frac{\frac{bh^3}{12}}{\frac{h}{2}} = \frac{bh^2}{6}$$

여기서, I는 단면2차모멘트, y는 도심에서 부재 연단까지의 거리이다.

그림에서 $d^2 = b^2 + h^2$이므로, $h^2 = d^2 - b^2$을 단면계수의 계산식에 대입하면,

$$\therefore\ z = \frac{bh^2}{6} = \frac{b(d^2 - b^2)}{6} = \frac{bd^2 - b^3}{6}$$

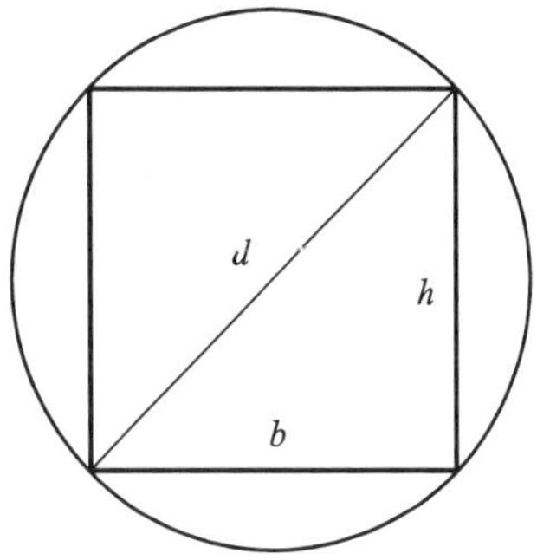

그림 10.6 원형 강봉의 단면

b에 대한 3차식으로 b가 증가하면, z는 증가하다가 감소하는 형태가 됨. 따라서 극대값이 존재할 것이고, 극대값은 $\frac{dz}{db} = 0$일 때, 극대값을 갖게 된다.

$$\frac{dz}{db} = \frac{1}{6}(d^2 - 3b^2) = 0$$

$\therefore\ d^2 - 3b^2 = 0$에서,

$$\therefore\ b^2 = \frac{d^2}{3} \quad \therefore\ b = \frac{d}{\sqrt{3}}$$

즉, 단면의 폭은 $b = \frac{d}{\sqrt{3}}$일 때, 단면계수 z는 최대가 됨.

또한, 단면의 높이는, $h^2 = d^2 - b^2$이므로,

$$h^2 = d^2 - \left(\frac{d}{\sqrt{3}}\right)^2 = d^2 - \frac{d^2}{3} = \frac{2d^2}{3} \qquad \therefore\ h = \sqrt{\frac{2}{3}}\,d$$

이를 비율로 나타내면 $b : h : d = 1 : \sqrt{2} : \sqrt{3}$이 된다.

예제 10.28

위의 예제에서 $d = 30\,\text{cm}$일 때, $z = \frac{bd^2 - b^3}{6}$의 값의 변화를 계산하고, 그림으로 표현하라.

풀이

$b = 0\,\text{cm}$이면, $z = \frac{bd^2 - b^3}{6} = \frac{0 \times 30^2 - 0^3}{6} = 0\ \text{cm}^3$

$b = 5\,\text{cm}$ 이면, $z = \dfrac{bd^2 - b^3}{6} = \dfrac{5 \times 30^2 - 5^3}{6} = 729.2\ \text{cm}^3$

$b = 10\,\text{cm}$ 이면, $z = \dfrac{bd^2 - b^3}{6} = \dfrac{10 \times 30^2 - 10^3}{6} = 1{,}333.3\ \text{cm}^3$

$b = 15\,\text{cm}$ 이면, $z = \dfrac{bd^2 - b^3}{6} = \dfrac{15 \times 30^2 - 15^3}{6} = 1{,}687.5\ \text{cm}^3$

$b = 17.32\,\text{cm}$ 이면, $z = \dfrac{bd^2 - b^3}{6} = \dfrac{17.32 \times 30^2 - 17.32^3}{6} = 1{,}732.1\ \text{cm}^3$

$b = 20\,\text{cm}$ 이면, $z = \dfrac{bd^2 - b^3}{6} = \dfrac{20 \times 30^2 - 20^3}{6} = 1{,}666.7\ \text{cm}^3$

$b = 25\,\text{cm}$ 이면, $z = \dfrac{bd^2 - b^3}{6} = \dfrac{25 \times 30^2 - 25^3}{6} = 1{,}145.8\ \text{cm}^3$

$b = 30\,\text{cm}$ 이면, $z = \dfrac{bd^2 - b^3}{6} = \dfrac{30 \times 30^2 - 30^3}{6} = 0\ \text{cm}^3$

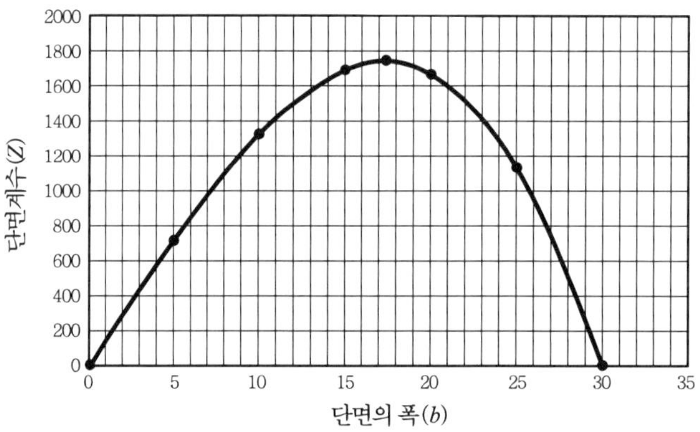

그림 10.7 단면의 폭(b)과 단면계수(Z)의 관계

연습문제

10.1 함수 $y = x^2$의 구간 $[2, 4]$에서의 평균변화율을 구하라.

10.2 함수 $y = x^2$의 $x = 2$에서의 순간변화율 즉, 미분계수를 구하라.

10.3 다음의 함수를 미분하라.

(1) $y = 5$

(2) $y = x^6$

(3) $y = 7x^6$

(4) $y = x^3 - 3x^2$

(5) $y = (2x+1)(x^2+1)$

(6) $y = \dfrac{3x^2}{x^3 + x^2 + 1}$

(7) $y = (x^2 + 31)^{20}$

(8) $y = (2x^2 + 5x + 6)^{10}$

(9) $y = \sqrt{(2x+1)}$

(10) 음함수 $x^2 + y^2 - xy = 1$

(11) 삼각함수 $y = \sin(5x + 3)$

(12) 삼각함수 $y = \cos^5 x$

(13) 삼각함수 $y = \cos^{-1}\sqrt{x}$

(14) 지수함수 $y = 5e^{2x}$

(15) 로그함수 $y = \log_{10} x$

(16) 로그함수 $y = \ln(x^3 + 1)$

제11장 부정적분

11.1 부정적분(不定積分)

11.1.1 부정적분의 뜻

부정적분이란 미분의 역연산이다. 즉 x^2의 미분은 $2x$, $2x$의 부정적분은 x^2이고, x^3의 미분은 $3x^2$이고, $3x^2$의 부정적분은 x^3이며, 부정적분에서는 적분상수 C를 붙여주면 된다.

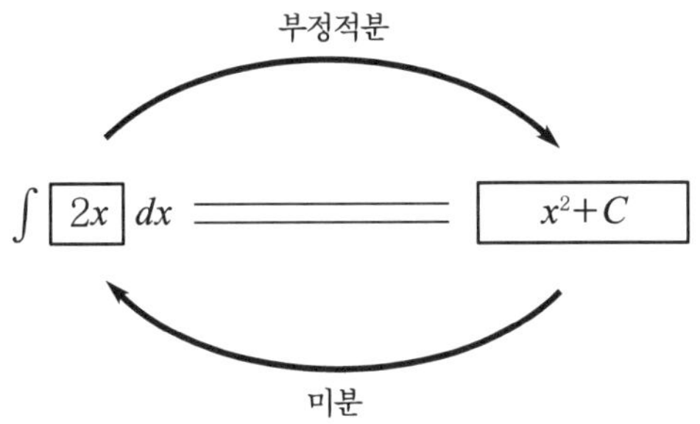

그림 11.1 미분과 적분의 관계

즉, 함수 $f(x)$에 대하여 $F'(x)=f(x)$일 때, $F(x)$를 $f(x)$의 부정적분이라고 한다. 그런데 $f(x)$의 부정적분 중의 하나를 $F(x)$라고 하면 임의의 부정적분은 $F(x)+C$인 꼴로 나타낼 수 있으며, 식으로 나타내면 다음과 같다.

$$\int f(x)\,dx = F(x)+C \qquad (C\text{는 임의의 상수})$$

여기서, $f(x)$를 피적분 함수, x를 적분변수, C를 적분상수라고 하고, $f(x)$의 부정적분을 구하는 것을 $f(x)$를 적분한다고 한다.

11.1.2 부정적분의 기본공식

적분공식은 미분과 반대이므로 미분의 기본공식을 적용하여 구할 수 있다.

① $\int k\,dx = k\int 1\,dx = kx + C$ (단, k는 상수)

② $\int x^n\,dx = \dfrac{x^{n+1}}{n+1} + C$ (단, $n \neq 1$)

③ $\int \dfrac{1}{x}\,dx = \ln x + C$

④ $\int e^x\,dx = e^x + C$

⑤ $\int \sin x\,dx = -\cos x + C$

⑥ $\int \cos x\,dx = \sin x + C$

⑦ $\int \sec^2 x\,dx = \tan x + C$

⑧ $\int \mathrm{cosec}^2 x\,dx = -\cot x + C$

⑨ $\int \sec x \tan x\,dx = \sec x + C$

⑩ $\int \mathrm{cosec}\,x \cot x\,dx = -\mathrm{cosec}\,x + C$

⑪ $\int \dfrac{1}{\sqrt{1-x^2}}\,dx = \sin^{-1}x + C$ 또는 $\int \dfrac{1}{\sqrt{1-x^2}}\,dx = -\cos^{-1}x + C$

⑬ $\int \dfrac{1}{1+x^2}\,dx = \tan^{-1}x + C$ 또는 $\int \dfrac{1}{1+x^2}\,dx = -\cot^{-1}x + C$

예제 11.1

다음의 부정적분을 구하라.

(1) $\int 1\,dx$

(2) $\int 0\,dx$

(3) $\int x\,dx$

(4) $\int (3x+1)^2\,dx$

풀이

(1) $\int 1\,dx = \int x^0\,dx = \dfrac{1}{1}x^1 + C = x + C$

(2) $\int 0\,dx = C$

(3) $\int x\,dx = \dfrac{1}{1+1}x^{1+1} + C = \dfrac{1}{2}x^2 + C$

(4) $\int (3x+1)^2\,dx = \dfrac{1}{2+1}(3x+1)^{2+1} \cdot \dfrac{1}{3} + C = \dfrac{1}{9}(3x+1)^3 + C$

예제 11.2

다음의 부정적분을 구하라.

(1) $\int 6x^2\,dx$　　　(2) $\int (x^4+2x^2-3)\,dx$

(3) $\int (2x+\frac{1}{x})\,dx$

풀이

(1) $\int 6x^2\,dx = 6\cdot\frac{1}{3}x^3 + C = 2x^3 + C$

(2) $\int (x^4+2x^2-3)\,dx = \frac{1}{5}x^5 + 2\cdot\frac{1}{3}x^3 - 3x + C = \frac{1}{5}x^5 + \frac{2}{3}x^3 - 3x + C$

(3) $\int (2x+\frac{1}{x})\,dx = 2\cdot\frac{1}{2}x^2 + \ln x + C = x^2 + \ln x + C$

11.2 치환적분법

부정적분을 구할 때, 식의 일부 또는 전체를 새로운 변수로 치환해 놓고 적분하면 편리한 경우가 있다. 예를 들어, $\int (2x+1)^2\,dx$ 는 $(2x+1)^2$ 을 전개하여 적분할 수 있다. 그러나 $\int (2x+1)^{10}\,dx$ 에서 $(2x+1)^{10}$을 전개하는 것은 매우 복잡하므로 $(2x+1)$을 다른 변수로 치환하여 적분하면, 부정적분을 쉽게 구할 수 있다.

$$F(x) = \int (2x+1)^{10}\,dx \quad \cdots\cdots (1)$$

$t = 2x+1$로 치환하면,

$$F(x) = \int t^{10}\,dx \quad \cdots\cdots (2)$$

그런데, dx로 표현된 것을 dt의 형태로 바꾸어야 적분이 가능하므로, $t = 2x+1$을 x에 대해 미분하면,

$$\frac{dt}{dx}=2, \quad \therefore\ dx=\frac{1}{2}dt \quad \cdots\cdots (3)$$

따라서 (3)식을 (2)식에 대입하면, 다음과 같이 된다.

$$F(x)=\int t^{10}\cdot\frac{1}{2}dt=\frac{1}{2}\int t^{10}dt=\frac{1}{2}\cdot\frac{1}{11}t^{11}+C=\frac{1}{22}(2x+1)^{11}+C$$

로 쉽게 구해진다. 이와같은 적분방법을 "치환적분법"이라고 한다.
즉, 함수 $x=g(t)$ 가 미분 가능하면,

$$\int f(x)\,dx=\int f(g(t))\,g'(t)\,dt$$

예제 11.3

다음의 유리함수, 지수함수, 로그함수, 삼각함수, 무리함수에 대해 치환적분법을 이용하여 부정적분을 구하라.

(1) $\int (3x-1)^5\,dx$ (2) $\int \frac{e^x}{e^x+2}\,dx$ (3) $\int \frac{\ln x}{x}\,dx$

(4) $\int \sin^3 x\cos x\,dx$ (5) $\int \sqrt{2x+5}\,dx$

풀이

(1) $\int (3x-1)^5\,dx$

$t=3x-1$이라고 놓고, 양변을 x에 대해 미분하면,

$$\frac{dt}{dx}=3 \quad \therefore\ dx=\frac{1}{3}dt$$

$$\therefore\ \int(3x-1)^5\,dx=\int t^5\cdot\frac{1}{3}dt=\frac{1}{3}\int t^5\,dt$$

$$=\frac{1}{3}\cdot\frac{1}{6}t^6+C=\frac{1}{18}t^6+C=\frac{1}{18}(3x-1)^6+C$$

(2) $\int \frac{e^x}{e^x+2}\,dx$

$t=e^x+2$ 라고 놓고, 양변을 x에 대해 미분하면,

$$\frac{dt}{dx}=e^x \quad \therefore\ dx=\frac{dt}{e^x}$$

$$\therefore \int \frac{e^x}{e^x+2}\,dx = \int \frac{e^x}{t}\cdot\frac{dt}{e^x} = \int \frac{dt}{t} = \ln t + C = \ln(e^x+2)+C$$

(3) $\int \frac{\ln x}{x}\,dx$

$t = \ln x$ 라고 놓고, 양변을 x 에 대해 미분하면,

$$\frac{dt}{dx} = \frac{1}{x} \qquad \therefore\ dx = \frac{dt}{\frac{1}{x}} = x\,dt$$

$$\therefore \int \frac{\ln x}{x}\,dx = \int \frac{t}{x}\cdot x\,dt = \int t\,dt = \frac{1}{2}t^2 + C = \frac{1}{2}(\ln x)^2 + C$$

(4) $\int \sin^3 x \cos x\,dx$

$t = \sin x$ 라고 놓고, 양변을 x 에 대해 미분하면,

$$\frac{dt}{dx} = \cos x \qquad \therefore\ dx = \frac{dt}{\cos x}$$

$$\therefore \int \sin^3 x\cos x\,dx = \int t^3 \cos x\,\frac{dt}{\cos x} = \int t^3\,dt = \frac{1}{4}t^4 + C$$

$$= \frac{1}{4}t^4 + C = \frac{1}{4}(\sin x)^4 + C = \frac{1}{4}\sin^4 x + C$$

(5) $\int \sqrt{2x+5}\,dx$

$t = 2x+5$ 라고 놓고, 양변을 x 에 대해 미분하면,

$$\frac{dt}{dx} = 2 \qquad \therefore\ dx = \frac{1}{2}dt$$

$$\therefore \int \sqrt{2x+5}\,dx$$

$$= \int \sqrt{t}\cdot\frac{dt}{2} = \frac{1}{2}\int \sqrt{t}\,dt = \frac{1}{2}\int t^{\frac{1}{2}}dt = \frac{1}{2}\cdot\frac{1}{\frac{3}{2}}\,t^{\frac{3}{2}} + C$$

$$= \frac{1}{3}t^{\frac{3}{2}} + C = \frac{1}{3}t\sqrt{t} + C = \frac{1}{3}(2x+5)\sqrt{2x+5} + C$$

11.3 부분적분법

앞에서 배웠던 곱의 미분법을 이용하여 함수의 곱의 적분을 구하는 방법이다.

$$(uv)' = u'v + uv'$$

이 식을 달리 표현하면 즉, $y' = \frac{dy}{dx}$ 이듯이, $(uv)' = \frac{d}{dx}(uv)$로 표현할 수 있으므로,

$$\frac{d}{dx}(uv) = \frac{du}{dx}\cdot v + u\cdot\frac{dv}{dx}$$

$$u\cdot\frac{dv}{dx} = \frac{d}{dx}(uv) - \frac{du}{dx}\cdot v$$

양변을 적분하면,

$$\int u\cdot\frac{dv}{dx}\,dx = \int\frac{d}{dx}(uv)\,dx - \int\frac{du}{dx}\cdot v\,dx$$

$$\boxed{\int u\cdot dv = uv - \int v\,du}$$

이와 같은 적분법을 "부분적분법"이라고 하며, 서로 다른 두 개의 식이 곱하여진 함수에 대해 적용하면, 적분을 쉽게 구할 수 있다.

적분을 할 때, 주어진 식에서 어떤 것을 u로 할 것인지? 어떤 것을 dv로 할 것인지?는 잘 판단하여 선택하여야 부정적분을 쉽게 구할 수 있다.

일반적으로 u로 선택하면 좋은 식은 $1,\ x,\ x^2,\ x^3\cdots$ 등과 같이 미분이 쉽게 가능한 식을, dv로 선택하면 좋은 식은 $\sin x,\ \cos x,\ e^x\cdots$ 등과 같이 적분이 쉽게 가능한 식을 선택하면 된다.

예제 11.4

$\int x\sin x\,dx$를 부분적분법을 적용하여 구하라.

풀이

부분적분법 공식, $\int u\cdot dv = uv - \int v\,du$를 적용하면,

$u = x\,, \quad dv = \sin x\, dx$

$du = dx\,, \ v = -\cos x$

$$\therefore \int x \sin x\, dx = -x\cos x - \int (-\cos x)\, dx$$
$$= -x\cos x + \int \cos x\, dx$$
$$= -x\cos x + \sin x + C$$

예제 11.5

$\int 2x \ln x\, dx$ 를 부분적분법을 적용하여 구하라.

풀이

부분적분법 공식, $\int u \cdot dv = uv - \int v\, du$를 적용하면,

$u = \ln x\,, \qquad dv = 2x\, dx$

$du = \frac{1}{x}\, dx\,, \qquad v = \frac{2}{2}x^2 = x^2$

$$\therefore \int 2x \ln x\, dx = x^2 \ln x - \int x^2 \cdot \frac{1}{x}\, dx$$
$$= x^2 \ln x - \int x\, dx$$
$$= x^2 \ln x - \frac{1}{2}x^2 + C$$

예제 11.6

$\int (x+1)e^x\, dx$ 를 부분적분법을 적용하여 구하라.

풀이

부분적분법 공식, $\int u \cdot dv = uv - \int v\, du$를 적용하면,

$u = x+1\,, \quad dv = e^x\, dx$

$du = 1\, dx\,, \quad v = e^x$

$$\begin{aligned}\therefore \int (x+1)e^x\,dx &= (x+1)e^x - \int e^x\,dx \\ &= (x+1)e^x - e^x + C \\ &= xe^x + e^x - e^x + C \\ &= xe^x + C\end{aligned}$$

연습문제

11.1 다음의 부정적분을 구하라.

(1) $\int 5\, dx$

(2) $\int x^2\, dx$

(3) $\int (2x+3)^2\, dx$

(4) $\int 5x^3\, dx$

(5) $\int (x^5+2x^3-3x)\, dx$

(6) $\int \left(x+\dfrac{1}{x} \right) dx$

11.2 다음의 유리함수, 지수함수, 로그함수, 삼각함수, 무리함수에 대해 치환적분법을 이용하여 부정적분을 구하라.

(1) $\int (2x-1)^7\, dx$

(2) $\int \dfrac{e^x}{e^x+3}\, dx$

(3) $\int \dfrac{\ln x}{x^2}\, dx$

(4) $\int \sin^2 x \cos x\, dx$

(5) $\int \sqrt{3x+1}\, dx$

11.3 다음의 함수에 대해 부분적분법을 적용하여 구하라.

(1) $\int 2x \sin x\, dx$

(2) $\int x \ln x\, dx$

(3) $\int (x+2) e^x\, dx$

제12장 정적분

2,300여 년 전 아르키메데스는 구분구적법을 이용하여 다양한 도형의 면적을 계산해 냈으며, 뉴턴과 라이프니츠 등 미적분학의 창시자들도 구분구적법을 토대로 부정적분을 이용하여 정적분을 쉽게 구하는 방법을 알아냈다.

12.1 정적분의 정의

함수 $y=f(x)$와 x축으로 둘러싸인 부분 중 $x=a$에서 $x=b$까지의 면적을 구분구적법으로 구해보자.

도형의 밑변을 n개의 조각으로 나누고 x축 위의 각 점들은 $x_0, x_1, x_2, \cdots x_k, \cdots x_n$이라고 하고, 점 들 사이의 간격은 Δx라고 한다. 각 구간의 오른쪽 끝점을 기준으로 직사각형을 세우면, k번째 직사각형의 높이는 $f(x_k)$이므로, 면적은 다음과 같다.

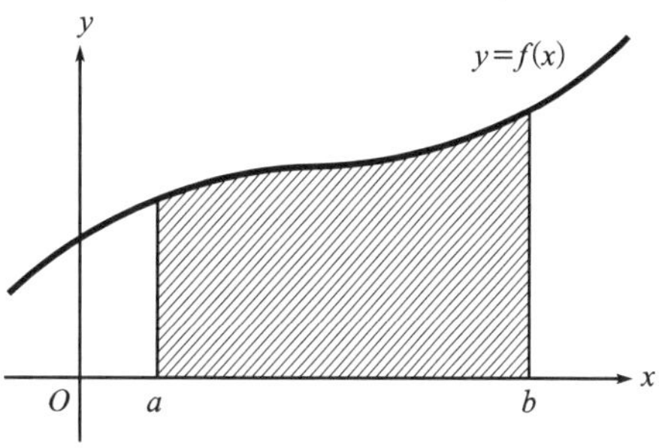

그림 12.1 정적분의 의미

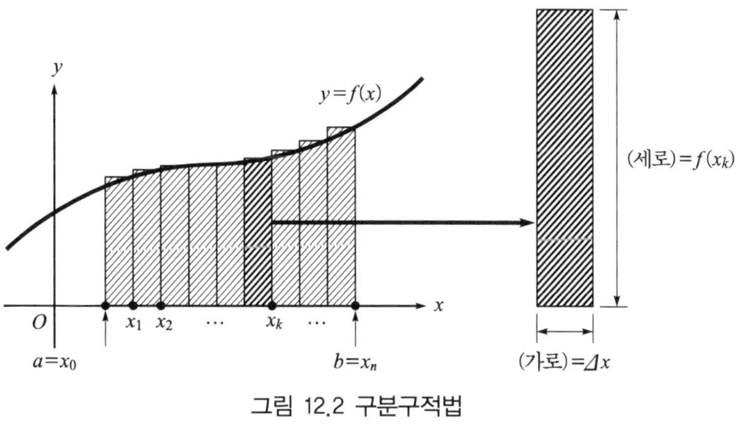

그림 12.2 구분구적법

$$S_n = f(x_1)\Delta x + f(x_2)\Delta x + \cdots + f(x_k)\Delta x + \cdots + f(x_n)\Delta x = \sum_{k=1}^{n} f(x_k)\Delta x$$

면적계산식에 $\lim_{n\to\infty} S_n$ 을 하면,

$\lim_{n\to\infty} S_n = \lim_{n\to\infty} \sum_{k=1}^{n} f(x_k)\Delta x$ (단, $\Delta x = \dfrac{b-a}{n}$, $x_k = a + k\Delta x$)를 $f(x)$의 a에서 b까지의 정적분이라 하고, 이것을 $\int_a^b f(x)\,dx$ 로 나타낸다. 즉,

$$\lim_{n\to\infty} \sum_{k=1}^{n} f(x_k)\Delta x = \int_a^b f(x)\,dx = [F(x)]_a^b = F(b) - F(a)$$

이 식은 구간 [a, b]에서 $f(x) \geq 0$이면, 정적분 $\int_a^b f(x)\,dx$는 곡선 $y = f(x)$와 x축 및 두 직선 $x = a$, $x = b$로 둘러싸인 도형의 면적이 된다.

12.2 정적분의 성질

① $\int_a^a f(x)\,dx = 0$

② $\int_a^b f(x)\,dx = -\int_b^a f(x)\,dx$

③ $\int_a^b kf(x)\,dx = k\int_a^b f(x)\,dx$ (단, k는 상수)

④ $\int_a^b \{f(x) \pm g(x)\}\,dx = \int_a^b f(x)\,dx \pm \int_a^b g(x)\,dx$

⑤ $\int_a^b f(x)\,dx = \int_a^c f(x)\,dx + \int_c^b f(x)\,dx$

예제 12.1

다음 유리함수에 대해 정적분의 값을 구하라.

(1) $\int_1^2 x\,dx$ (2) $\int_1^2 x^2\,dx$ (3) $\int_1^2 (x^2 - 3x + 2)\,dx$ (4) $\int_1^2 \dfrac{2x+3}{x}\,dx$

풀이

(1) $\int_1^2 x\,dx = \left[\frac{1}{2}x^2\right]_1^2 = 2-\frac{1}{2} = \frac{3}{2}$

(2) $\int_1^2 x^2\,dx = \left[\frac{1}{3}x^3\right]_1^2 = \frac{8}{3}-\frac{1}{3} = \frac{7}{3}$

(3) $\int_1^2 (x^2-3x+2)\,dx = \left[\frac{1}{3}x^3-\frac{3}{2}x^2+2x\right]_1^2$

$= \left(\frac{8}{3}-6+4\right)-\left(\frac{1}{3}-\frac{3}{2}+2\right) = \frac{2}{3}-\frac{5}{6} = -\frac{1}{6}$

(4) $\int_1^2 \frac{2x+3}{x}\,dx = \int_1^2 \left(2+\frac{3}{x}\right)dx = [\,2x+3\ln x\,]_1^2 = (4+3\ln 2)-2 = 2+3\ln 2$

12.3 정적분의 치환적분법

함수 $f(x)$의 부정적분을 $F(x)$라고 하면,

$$\int_a^b f(x)\,dx = [F(x)]_a^b = F(b)-F(a)$$

한편, 부정적분의 치환적분법에서 $F(x) = \int f(x)\,dx$를 구할 때, $x = g(t)$라고 놓으면,

$$F(x) = F(g(t)) = \int f(g(t))\,g'(t)\,dt$$

여기서, t가 α에서 β까지 변할 때, $x = g(t)$ 가 a에서 b까지 변한다고 하면,

$$a = g(\alpha)\ ,\ b = g(\beta)$$

$$\therefore \int_\alpha^\beta f(g(t))\,g'(t)\,dt = [F(g(t))]_\alpha^\beta = F(g(\beta))-F(g(\alpha)) = F(b)-F(a)$$

따라서, $\int_a^b f(x)\,dx = \int_\alpha^\beta f(g(t))\,g'(t)\,dt$ 가 성립함을 알 수 있다.

예제 12.2

다음 정적분의 값을 치환적분법으로 구하라.

(1) $\int_0^2 \sqrt{x+1}\, dx$ (2) $\int_0^1 \frac{6x}{3x^2+2}\, dx$

풀이

(1) $\int_0^2 \sqrt{x+1}\, dx$

$t = x+1$라고 놓고, 양변을 x에 대해 미분하면,

$\frac{dt}{dx} = 1 \quad \therefore\ dx = dt$

또, $x=0$일 때, $t=1$, $x=2$일 때, $t=3$이므로,

$$\therefore \int_0^2 \sqrt{x+1}\, dx = \int_1^3 \sqrt{t}\, dt = \int_1^3 t^{\frac{1}{2}}\, dt = \left[\frac{1}{\frac{3}{2}} t^{\frac{3}{2}}\right]_1^3 = \left[\frac{2}{3} t^{\frac{3}{2}}\right]_1^3$$

$$= \frac{2}{3}\cdot 3^{\frac{3}{2}} - \frac{2}{3} = \frac{2}{3}(3\sqrt{3}-1) = 2.797$$

(2) $\int_0^1 \frac{6x}{3x^2+2}\, dx$

$t = 3x^2+2$라고 놓고, 양변을 x에 대해 미분하면,

$\frac{dt}{dx} = 2\times 3x = 6x \quad \therefore\ dx = \frac{dt}{6x}$

또, $x=0$일 때, $t=2$, $x=1$일 때, $t=5$이므로,

$$\therefore \int_0^1 \frac{6x}{3x^2+2}\, dx = \int_2^5 \frac{6x}{t}\cdot\frac{dt}{6x} = \int_2^5 \frac{t}{dt} = [\ln t]_2^5 = \ln 5 - \ln 2 = \ln\frac{5}{2}$$

12.4 정적분의 부분적분법

앞에서 배웠던 곱의 미분법을 이용하여 함수의 곱의 적분을 구하는 방법이다.

$$(uv)' = u'v + uv'$$

이 식을 달리 표현하면 즉, $y' = \dfrac{dy}{dx}$ 이듯이, $(uv)' = \dfrac{d}{dx}(uv)$로 표현할 수 있으므로,

$$\frac{d}{dx}(uv) = \frac{du}{dx} \cdot v + u \cdot \frac{dv}{dx}$$

$$u \cdot \frac{dv}{dx} = \frac{d}{dx}(uv) - \frac{du}{dx} \cdot v$$

양변을 적분하면,

$$\int u \cdot \frac{dv}{dx}\, dx = \int \frac{d}{dx}(uv)\, dx - \int \frac{du}{dx} \cdot v\, dx$$

따라서, 정적분은 다음과 같이 구하면 된다.

$$\int_a^b u \cdot dv = [uv]_a^b - \int_a^b v\, du$$

이와 같은 적분법을 부분적분법이라고 하며, 서로 다른 두 개의 식이 곱하여진 함수에 대해 적용하면, 적분을 쉽게 구할 수 있다.

적분을 할 때, 주어진 식에서 어떤 것을 u 로 할 것인지? 어떤 것을 dv 로 할 것인지? 는 잘 판단하여 선택하여야 부정적분을 쉽게 구할 수 있다.

일반적으로 u 로 선택하면 좋은 식은 $1,\ x,\ x^2,\ x^3 \cdots$ 등과 같이 미분이 쉽게 가능한 식을, dv 로 선택하면 좋은 식은 $\sin x,\ \cos x,\ e^x \cdots$ 등과 같이 적분이 쉽게 가능한 식을 선택하면 된다.

예제 12.3

$\displaystyle\int_1^2 x\, e^x\, dx$ 의 정적분의 값을 부분적분법을 적용하여 구하라.

풀이

부분적분법 공식, $\displaystyle\int_a^b u \cdot dv = [uv]_a^b - \int_a^b v\, du$를 적용하면,

$u = x\ ,\quad dv = e^x\, dx$

$du = dx\ ,\quad v = e^x$

$$\therefore \int_1^2 x\,e^x\,dx = [\,x\,e^x\,]_1^2 - \int_1^2 e^x\,dx$$

$$= [\,x\,e^x\,]_1^2 - [\,e^x\,]_1^2 = (2e^2 - e^1) - (e^2 - e^1) = e^2 = 7.389$$

예제 12.4

$\int_0^{\frac{\pi}{2}} 2x\cos x\,dx$를 부분적분법을 적용하여 구하라.

풀이

부분적분법 공식, $\int u \cdot dv = uv - \int v\,du$를 적용하면,

$$u = 2x\,, \qquad dv = \cos x\,dx$$

$$du = 2\,dx\,, \qquad v = \sin x$$

$$\therefore \int_0^{\frac{\pi}{2}} 2x\cos x\,dx = [\,2x\cos x\,]_0^{\frac{\pi}{2}} - \int_0^{\frac{\pi}{2}} 2\sin x\,dx$$

$$= [\,2x\cos x\,]_0^{\frac{\pi}{2}} - 2[\,-\cos x\,]_0^{\frac{\pi}{2}}$$

$$= \left[2\cdot\frac{\pi}{2}\cos\left(\frac{\pi}{2}\right) - 0\right] - 2\,[\,0-(-1)\,] = -2$$

12.5 정적분의 활용

12.5.1 곡선과 x축 사이의 면적 계산

함수 $f(x)$가 구간 $[a,\,b]$에서 연속일 때, $y=f(x)$와 x축 및 두 직선 $x=a$, $x=b$로 둘러싸인 도형의 면적 A는,

$$A = \int_a^b |f(x)|\,dx$$

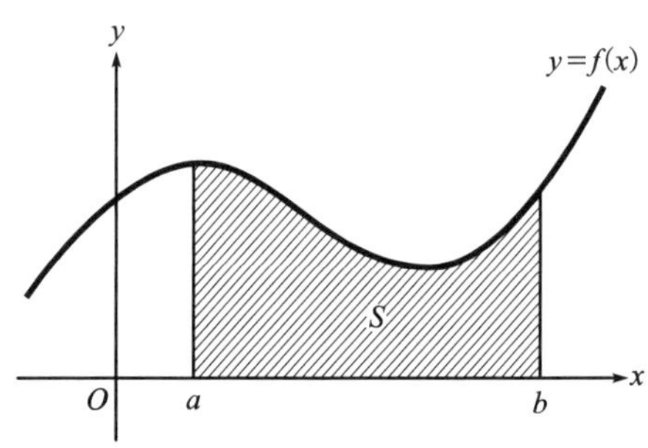

12.5.2 곡선과 y축 사이의 면적 계산

함수 $g(y)$가 구간 $[c, d]$에서 연속일 때, $x=g(y)$와 y축 및 두 직선 $x=c$, $x=d$로 둘러싸인 도형의 면적 A는,

$$A=\int_c^d |g(y)|\,dy$$

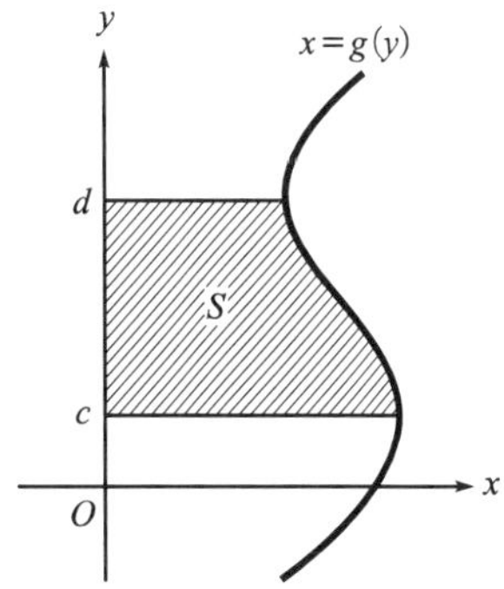

12.5.3 두 곡선 사이의 면적 계산(1)

두 곡선 $y=f(x)$, $y=g(x)$와 두 직선 $x=a$, $x=b$로 둘러싸인 도형의 면적 A는,

$$A=\int_a^b |f(x)-g(x)|\,dx$$

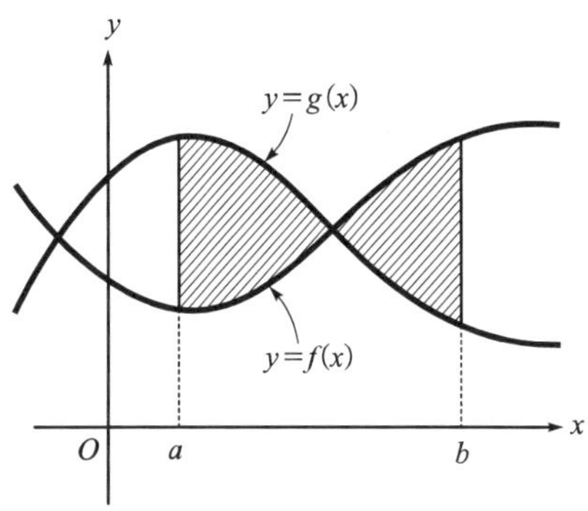

12.5.4 두 곡선 사이의 면적 계산(2)

두 곡선 $x=f(y)$, $x=g(y)$와 두 직선 $y=c$, $y=d$로 둘러싸인 도형의 면적 A는,

$$A=\int_c^d |f(y)-g(y)|\,dy$$

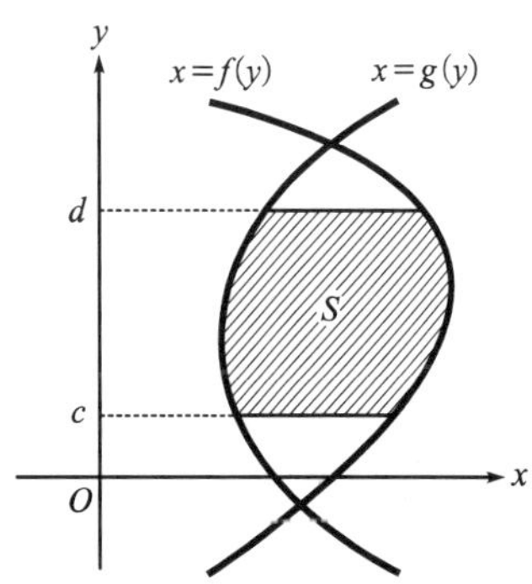

예제 12.5

곡선 $y=x^2$과 x축 및 두 직선 $x=0$, $x=2$로 둘러싸인 도형의 면적 A를 구하라.

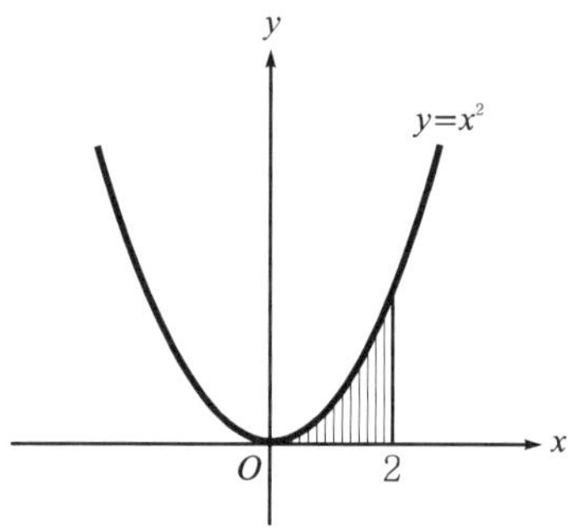

그림 12.3 $y=x^2$과 x축 사이의 면적

풀이

$$\therefore A=\int_a^b |f(x)|\,dx=\int_0^2 x^2\,dx$$

$$=\left[\frac{1}{3}x^3\right]_0^2=\frac{8}{3}-0=\frac{8}{3}=2.667$$

예제 12.6

곡선 $y=x^2$과 y축 및 두 직선 $y=0$, $y=4$로 둘러싸인 도형의 면적 A를 구하라.

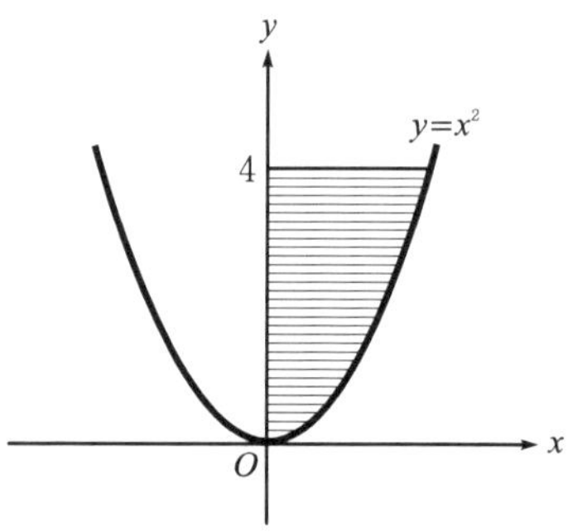

그림 12.4 $y=x^2$과 y축 사이의 면적

풀이

$$\therefore A=\int_c^d |g(y)|\,dy=\int_0^4 \sqrt{y}\,dy=\int_0^4 y^{\frac{1}{2}}\,dy$$

$$=\int_0^4 y^{\frac{1}{2}}\,dy=\left[\frac{1}{\frac{3}{2}}y^{\frac{3}{2}}\right]_0^4=\left[\frac{2}{3}y^{\frac{3}{2}}\right]_0^4$$

$$=\frac{2}{3}\times 4^{\frac{3}{2}}-0=\frac{2}{3}\times(2^2)^{\frac{3}{2}}=\frac{2}{3}\times 2^3=\frac{2^4}{3}=5.333$$

예제 12.7

곡선 $y=x^2-1$과 직선 $y=x+1$로 둘러싸인 도형의 면적 A를 구하라.

풀이

곡선과 직선의 교점을 구하면,

$x^2-1=x+1$ 에서,

$x^2-x-2=0 \quad \rightarrow \quad \therefore x=-1, \quad x=2$

구간 $[-1,\ 2]$ 에서 직선이 곡선의 위쪽에 있으므로,

$$\therefore A=\int_{-1}^{2}\{(x+1)-(x^2-1)\}dx$$
$$=\int_{-1}^{2}(-x^2+x+2)dx$$
$$=\left[-\frac{1}{3}x^3+\frac{1}{2}x^2+2x\right]_{-1}^{2}$$
$$=\left(-\frac{8}{3}+\frac{4}{2}+4\right)-\left(\frac{1}{3}+\frac{1}{2}-2\right)=\frac{9}{2}$$

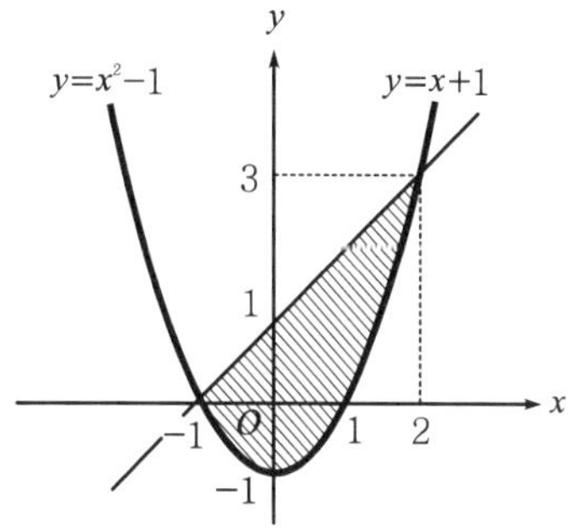

그림 12.5 $y=x^2-1$과 직선 $y=x+1$ 사이의 면적

12.6 정적분의 응용

12.6.1 단면 1차모멘트와 도심(圖心)

(1) 단면 1차모멘트

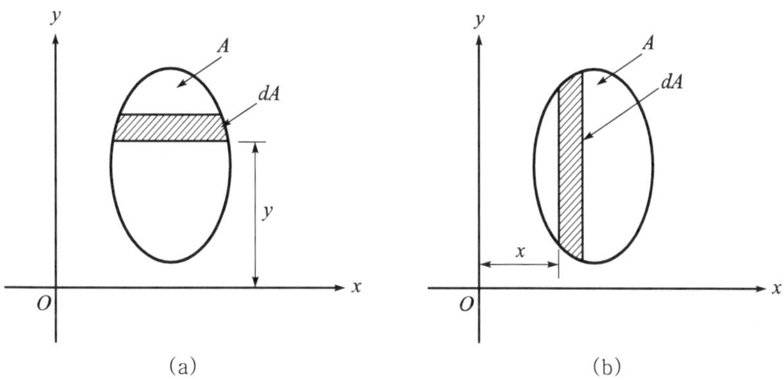

그림 12.6 도형의 미소면적 분할

면적을 힘과 같은 개념으로 생각했을 때, 단면 1차 모멘트 및 도심은 다음과 같이 정적분을 이용하여 구할 수 있다. 그림 12.6(a)에서 면적이 A 인 단면의 미소면적 dA 가 x 축

에 대해 일으키는 모멘트는 $y\,dA$ 이며, 전체 단면적에 대해 적분한 것을 x 축에 대한 단면 1차 모멘트라 하고, G_x 로 표기한다.

또한 그림 12.6(b)에서도 마찬가지로 미소면적 dA 가 y 축에 대해 일으키는 모멘트는 $x\,dA$ 이며, 전체 단면적에 대해 적분한 것을 y 축에 대한 단면 1차 모멘트라 하고, G_y 로 표기한다.

$$G_x = \int_A y\,dA$$

$$G_y = \int_A x\,dA$$

여기서, 기호 $\int_A$ 는 적분을 전체면적에 대해 행한다는 의미이며, 단면 1차 모멘트는 면적과 거리를 곱한 것이므로 단위는 cm^3 또는 m^3 이 된다.

(2) 도심(圖心)

도심의 위치는 바리논의 정리(Varignon's theorem)를 적용하여 구할 수 있다. 바리논의 정리는 "여러 개의 힘이 작용할 때, 어떤 특정한 지점에 대해 각각의 힘에 의해 발생되는 모멘트의 합은 전체합력에 의해 발생되는 모멘트와 동일하다."라고 하는 정리이며, 역학에서 합력의 위치를 구하는데 유용하게 사용되고 있다.

도심의 위치를 구하기 위해 바리논의 정리를 변형하면, "각각의 면적이 어떤 축에 대하여 일으키는 단면 1차모멘트는 전체면적이 그 축에 대해 일으키는 단면 1차모멘트와 동일하다."라고 표현할 수 있으며, 이를 적분을 이용하여 표현하면 다음과 같다.

1) 도심의 위치, $\bar{x}$

생각하는 축 y 에서 미소면적 dA 까지의 거리를 x 라고 하면,

$$A\bar{x} = \int_A x\,dA$$

$$\therefore \quad \bar{x} = \frac{\int_A x\,dA}{A} = \frac{G_y}{A}$$

2) 도심의 위치, $\bar{y}$

생각하는 축 x 에서 미소면적 dA 까지의 거리를 y 라고 하면,

$$A\bar{y}=\int_A y\,dA$$

$$\therefore \quad \bar{y}=\frac{\int_A y\,dA}{A}=\frac{G_x}{A}$$

즉, 평면도형의 도심(圖心)은 단면 1차모멘트를 면적으로 나눈 값이며, $\bar{x}$, $\bar{y}$ 는 단면의 도심에서 y축 및 x축까지의 거리이다.

예제 12.8

다음의 삼각형에 대해 y축에 대한 단면 1차 모멘트 G_y와 도심 $\bar{x}$를 구하라.

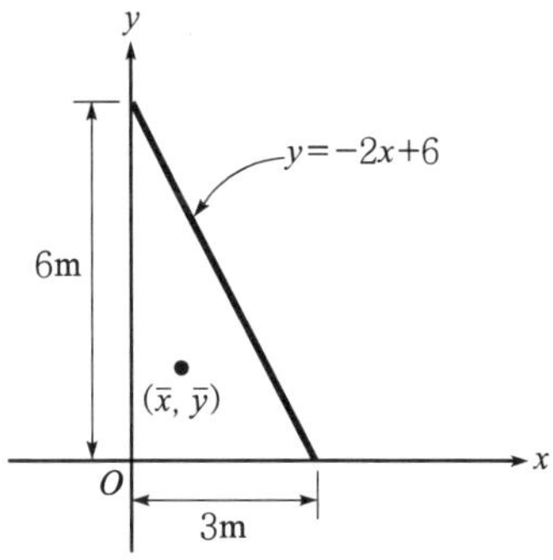

그림 12.7 직각삼각형의 단면 1차모멘트 및 도심

풀이

(1) 도형에 대한 직선의 방정식

정적분을 적용하기 위해서는 도형에 대해 방정식을 만들어야 한다.

두 점 $A(x_1,\ y_1)$, $B(x_2,\ y_2)$를 지나는 직선의 방정식은,

직선의 기울기는 $a=\dfrac{y_2-y_1}{x_2-x_1}$

직선의 방정식은 $y-y_1=\dfrac{y_2-y_1}{x_2-x_1}(x-x_1)$이므로

주어진 문제에서는 두 점 $(3,0)$, $(0,6)$을 지나므로

직선의 기울기는 $a=\dfrac{6-0}{0-3}=-2$

직선의 방정식은 $y-0=-2(x-3)$ $\quad\therefore\ y=-2x+6$

(2) 면적, A

$dA=y\,dx$ 이므로

$$\begin{aligned}\therefore\ A&=\int_A dA=\int_0^3 y\,dx\\&=\int_0^3(-2x+6)\,dx\\&=\left[-x^2+6x\right]_0^3\\&=-9+18-0\\&=9\end{aligned}$$

(3) y 축에 대한 단면 1차 모멘트, G_y

$G_y = \int_A x\, dA$ 에서,

$dA = y\, dx$ 이므로

$$\therefore\ G_y = \int_A x\, dA = \int_0^3 x\, y\, dx$$
$$= \int_0^3 x(-2x+6)\, dx$$
$$= \int_0^3 (-2x^2+6x)\, dx$$
$$= \left[-\frac{2}{3}x^3 + \frac{6}{2}x^2\right]_0^3 = \left[-\frac{2}{3}x^3 + 3x^2\right]_0^3$$
$$= (-18+27) - 0 = 9$$

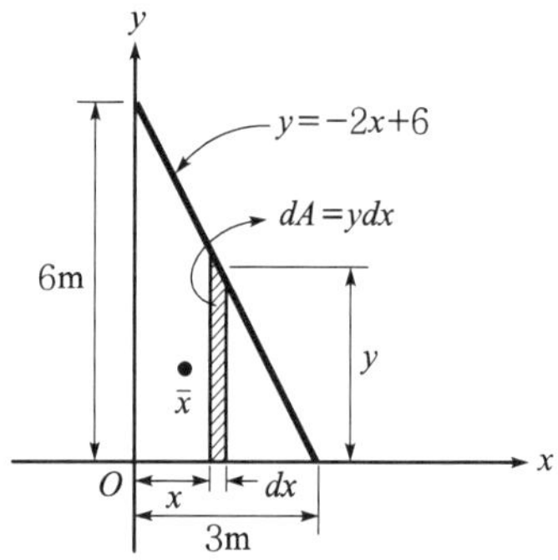

그림 12.8 y 축에 대한 단면 1차모멘트 G_y 및 도심 $\bar{x}$

(4) 도심, $\bar{x}$

$\bar{x} = \dfrac{G_y}{A}$ 에서,

$$\therefore\ \bar{x} = \frac{G_y}{A} = \frac{9}{9} = 1$$

예제 12.9

앞의 예제에서 x 축에 대한 단면 1차 모멘트 G_x 와 도심 $\bar{y}$ 를 구하라.

풀이

(1) 도형에 대한 직선의 방정식

정적분을 적용하기 위해서는 도형에 대해 방정식을 만들어야 한다.

두 점 $A(x_1,\ y_1)$, $B(x_2,\ y_2)$를 지나는 직선의 방정식은,

직선의 기울기는 $a = \dfrac{y_2 - y_1}{x_2 - x_1}$

직선의 방정식은 $y - y_1 = \dfrac{y_2 - y_1}{x_2 - x_1}(x - x_1)$이므로

주어진 문제에서는 두 점 $(3, 0)$, $(0, 6)$을 지나므로

직선의 기울기는 $a = \dfrac{6-0}{0-3} = -2$

직선의 방정식은 $y - 0 = -2(x-3)$ $\quad\therefore\ y = -2x+6$

(2) 면적, A

$dA = x\ dy$ 이고,

$y = -2x + 6$에서 $x = 3 - \frac{y}{2}$이므로,

$$\therefore A = \int_A dA = \int_0^6 x\ dy = \int_0^6 (3 - \frac{1}{2}y)\ dy$$

$$= \int_0^6 (3 - \frac{1}{2}y)\ dy = \left[3y - \frac{1}{2} \cdot \frac{1}{2} y^2 \right]_0^6$$

$$= \left[3y - \frac{1}{4} y^2 \right]_0^6$$

$$= (18 - 9) - 0 = 9$$

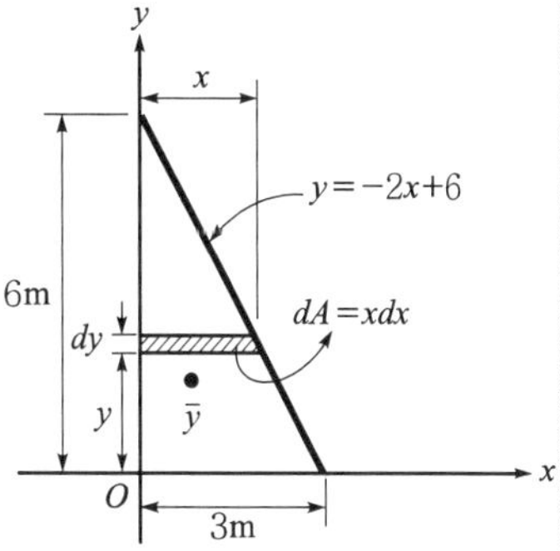

그림 12.9 x 축에 대한 단면 1차모멘트 G_x 및 도심 $\bar{y}$

(3) x 축에 대한 단면 1차 모멘트, G_x

$G_x = \int_A y\ dA$에서,

$dA = x\ dy$ 이므로

$$\therefore G_x = \int_A y\ dA = \int_0^6 y\ x\ dy = \int_0^6 y(3 - \frac{1}{2}y)\ dy = \int_0^6 (3y - \frac{1}{2}y^2)\ dy$$

$$= \left[\frac{3}{2}y^2 - \frac{1}{2} \cdot \frac{1}{3} y^3 \right]_0^6 = \left[\frac{3}{2}y^2 - \frac{1}{6}y^3 \right]_0^6 = (54 - 36) - 0 = 18$$

(4) 도심, $\bar{y}$

$\bar{y} = \frac{G_x}{A}$에서,

$$\therefore \bar{y} = \frac{G_x}{A} = \frac{18}{9} = 2$$

예제 12.10

다음의 포물선에 대해 도심의 거리, $\bar{x}$를 구하라.

풀이

단면의 도심($\bar{x}$)및 면적(A)과 y 축에 대한 단면 1차모멘트(G_y)의 관계는,

$\bar{x} = \frac{G_y}{A}$이므로, 도심($\bar{x}$)을 구하기 위해서는 면적(A) 및 y 축에 대한 단면 1차모멘트(G_y)를 구해야 한다.

(1) 포물선 식

주어진 포물선은 원점(0,0)을 지나므로 일반식은 $y = ax^2$임.

문제에서 주어진 포물선은 점(b, h)를 지나므로 이 점을 포물선의 일반식에 대입하면,

$$h = ab^2 \quad \therefore\ a = \frac{h}{b^2}$$

따라서 문제에서 주어진 포물선의 식은,

$$y = \frac{h}{b^2}x^2$$

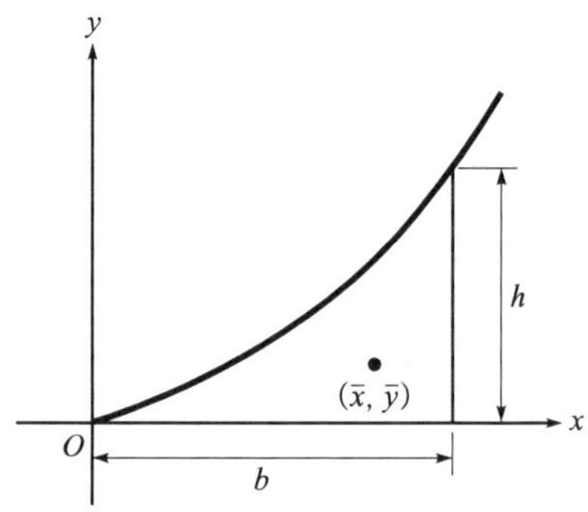

그림 12.10 포물선의 단면 1차모멘트 및 도심

(2) 포물선과 x 축이 이루는 면적(A) 계산

면적은 앞에서 배운 정적분을 적용하면 쉽게 계산할 수 있다.

미소단면적은 $dA = y\,dx$, 적분구간은 $x = 0$에서 $x = b$ 까지이므로,

$$A = \int_A dA = \int_0^b y \cdot dx$$
$$= \int_0^b \frac{h}{b^2} \cdot x^2 \cdot dx = \frac{h}{b^2}\left[\frac{1}{3}x^3\right]_0^b$$
$$= \frac{h}{b^2}\left[\frac{b^3}{3} - 0\right] = \frac{bh}{3}$$

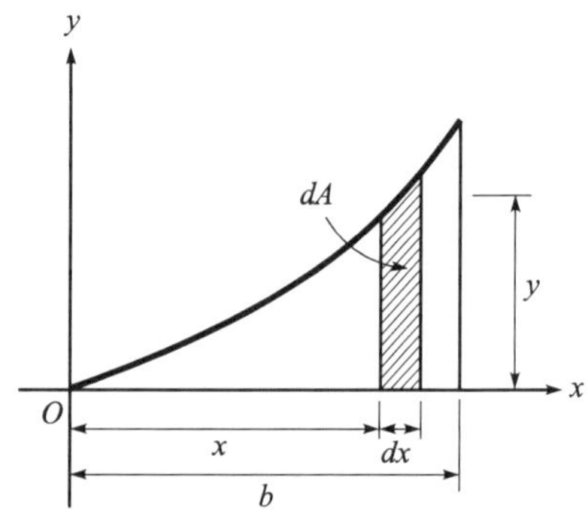

그림 12.11 y 축에 대한 단면 1차모멘트 G_y 및 도심 $\bar{x}$

(3) y 축에 대한 단면 1차모멘트, G_y

미소단면적은 $dA = y\,dx$, 적분구간은 $x = 0$에서 $x = b$까지이므로,

$$G_y = \int_A x\,dA = \int_0^b x \cdot y \cdot dx$$
$$= \int_0^b x \cdot \frac{h}{b^2}x^2 \cdot dx = \frac{h}{b^2}\int_0^b x^3\,dx = \frac{h}{b^2}\left[\frac{1}{4}x^4\right]_0^b$$
$$= \frac{h}{b^2}\left[\frac{b^4}{4} - 0\right] = \frac{hb^2}{4}$$

(4) 도심, $\bar{x}$

단면 1차모멘트, G_y의 정의에 의하면, 단면의 도심은 $\bar{x} = \dfrac{G_y}{A}$ 이므로,

$$\therefore \quad \bar{x} = \frac{G_y}{A} = \frac{\frac{hb^2}{4}}{\frac{bh}{3}} = \frac{3}{4}b$$

예제 12.11

다음의 포물선에 대해 도심의 거리, $\bar{y}$ 를 구하라.

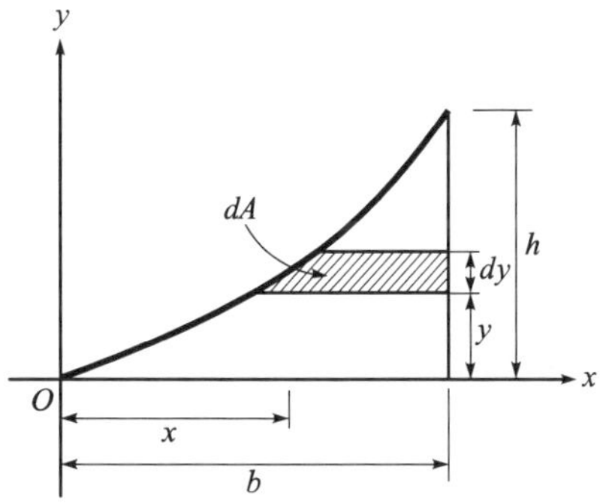

그림 12.12 x 축에 대한 단면 1차모멘트 G_x 및 도심 $\bar{y}$

풀이

단면의 도심($\bar{y}$) 및 면적(A)과 x 축에 대한 단면 1차모멘트(G_x)의 관계는, $\bar{y} = \frac{G_x}{A}$

이므로, 도심($\bar{y}$)을 구하기 위해서는 면적(A) 및 x 축에 대한 단면 1차모멘트(G_x)를 구해야 한다.

(1) 포물선 식

앞의 예제에서 이미 구하였으며, 포물선 식은, $y = \frac{h}{b^2}x^2$

(2) 포물선과 x 축이 이루는 면적(A) 계산

앞의 예제에서 이미 구하였으며, $A = \frac{bh}{3}$

(3) x 축에 대한 단면 1차모멘트, G_x

미소단면적은 $dA = x\,dy$, 적분구간은 $y = 0$ 에서 $y = h$ 까지 이므로,

$$G_x = \int_A y\,dA = \int_0^h y \cdot (b-x) \cdot dy = \int_0^h (by - xy)dy$$

여기서, 포물선 $y = \frac{h}{b^2}x^2$ 식을 변형하면, $x^2 = \frac{b^2}{h}y$,

즉 $x = \left(\frac{b^2}{h}\right)^{\frac{1}{2}} y^{\frac{1}{2}}$ 이므로,

$$G_x = \int_0^h \left(by - \left(\frac{b^2}{h}\right)^{\frac{1}{2}} y^{\frac{1}{2}} \cdot y\right)dy = \int_0^h \left(by - \left(\frac{b^2}{h}\right)^{\frac{1}{2}} y^{\frac{3}{2}}\right)dy$$

$$= \left[\frac{b}{2}y^2 - \left(\frac{b^2}{h}\right)^{\frac{1}{2}} \times \frac{2}{5} y^{\frac{5}{2}}\right]_0^h = \frac{bh^2}{2} - \left(\frac{b^2}{h}\right)^{\frac{1}{2}} \times \frac{2}{5} h^{\frac{5}{2}}$$

$$= \frac{bh^2}{2} - \frac{b}{\sqrt{h}} \times \frac{2}{5} \times h^2 \times \sqrt{h} = \frac{bh^2}{2} - \frac{2bh^2}{5} = \frac{(5-4)bh^2}{10} = \frac{1}{10}bh^2$$

(4) 도심, $\bar{y}$

단면 1차모멘트, G_x 의 정의에 의하면, 단면의 도심은 $\bar{y} = \frac{G_x}{A}$ 이므로,

$$\therefore \quad \bar{y} = \frac{G_x}{A} = \frac{\frac{1}{10}bh^2}{\frac{4bh}{3}} = \frac{3}{10}h$$

12.6.2 단면 2차 모멘트

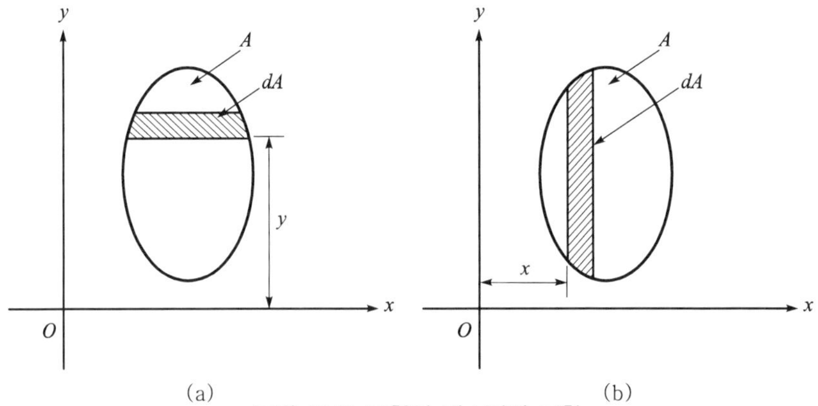

그림 12.13 도형의 미소면적 분할

그림 12.13(a)에서 미소면적 dA 에 거리의 제곱(y^2)을 곱하여 전체단면적에 대해 적분한 것을 x 축에 대한 단면 2차 모멘트라고 하고 I_x 로 표기한다.

또한, 그림 12.13(b)에서도 마찬가지로 미소면적 dA 에 거리의 제곱(x^2)을 곱하여 전체 단면적에 대해 적분한 것을 y 축에 대한 단면 2차 모멘트라고 하고 I_y 로 표기한다. 단면 2차 모멘트는 면적(cm^2)×거리의 제곱(cm^2)이므로 단위는 cm^4 또는 m^4 이 나온다.

$$I_x = \int_A y^2\, dA, \quad I_y = \int_A x^2\, dA$$

그리고, 단면 2차모멘트에서는 단면 1차모멘트의 경우와 마찬가지로 좌표축에 대한 평행축 이동의 정리가 성립한다. 새로운 좌표축을 x축, y축이라고 하면,

$$I_x = I_X + A\, e_y^{\,2}$$

$$I_y = I_Y + A\, e_x^{\,2}$$

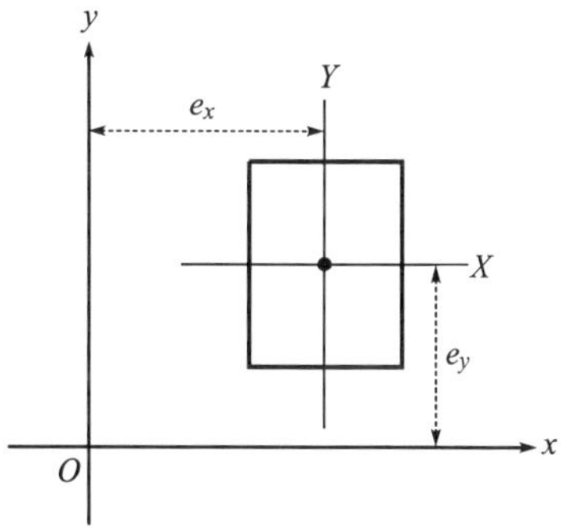

그림 12.14 평행축 이동의 정리

예제 12.12

그림과 같은 직사작형 단면에 대해, 단면2차 모멘트 I_X, I_Y, I_x, I_y 를 구하라.

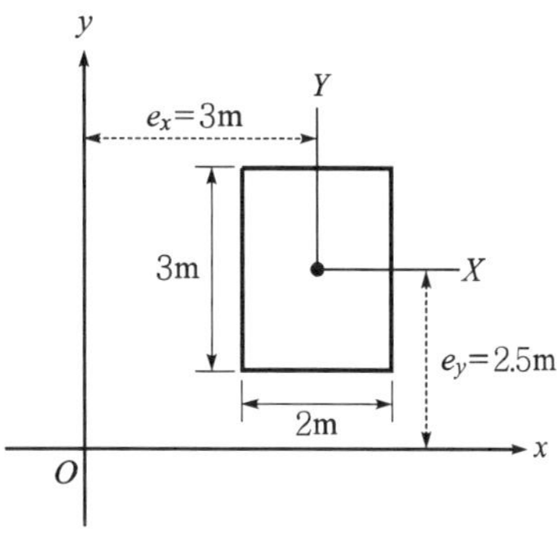

풀이

$$I_X = \frac{1}{12}bh^3 = \frac{1}{12}\times 2\times 3^3 = 4.5\ \mathrm{m}^4$$

$$I_Y = \frac{1}{12}hb^3 = \frac{1}{12}\times 3\times 2^3 = 2.0\ \mathrm{m}^4$$

$$I_x = I_X + A\, e_y^{\,2} = \frac{1}{12}bh^3 + bh\, e_y^{\,2} = \frac{1}{12}\times 2\times 3^3 + (2\times 3)\times 2.5^2 = 42.0\ \mathrm{m}^4$$

$$I_y = I_Y + A\, e_x^{\,2} = \frac{1}{12}hb^3 + bh\, e_x = \frac{1}{12}\times 3\times 2^3 + (3\times 2)\times 3.0^2 = 56.0\ \mathrm{m}^4$$

예제 12.13

그림과 같은 직사각형 단면의 도심축 $X-X$에 대한 단면 2차모멘트 I_X와 밑변을 지나는 $x-x$축에 대한 단면 2차모멘트 I_x를 구하라.

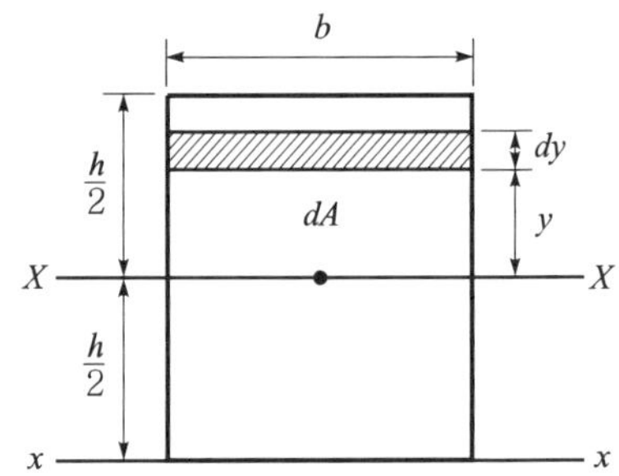

그림 12.15 직사각형단면의 단면 2차모멘트(I_X 및 I_x)

풀이

(1) 도심에 대한 단면 2차모멘트, I_X

X축에 평행한 미소면적 dA를 생각하면,

$dA = b\,dy$

$$\therefore\ I_X = \int_{-\frac{h}{2}}^{\frac{h}{2}} y^2\,dA = \int_{-\frac{h}{2}}^{\frac{h}{2}} y^2\,(b\,dy) = b\int_{-\frac{h}{2}}^{\frac{h}{2}} y^2\,dy$$

$$= b\left[\frac{1}{3}y^3\right]_{-\frac{h}{2}}^{\frac{h}{2}} = \frac{b}{3}\left[y^3\right]_{-\frac{h}{2}}^{\frac{h}{2}} = \frac{b}{3}\left[\frac{h^3}{8} - \left(-\frac{h^3}{8}\right)\right] = \frac{bh^3}{12}$$

(2) 밑면 ($x-x$ 축)에 대한 단면 2차모멘트, I_x

- 정적분을 이용하여 구하는 경우

$$\therefore\ I_x = \int_0^h y^2\,dA = \int_0^h y^2\,(b\,dy) = b\int_0^h y^2\,dy$$

$$= b\left[\frac{1}{3}y^3\right]_0^h = \frac{b}{3}\left[y^3\right]_0^h = \frac{b}{3}(h^3 - 0) = \frac{bh^3}{3}$$

- 평행축 이동의 정리를 적용하여 구하는 경우

$I_x = I_X + A\,d^2$

(여기서, d는 도심의 좌표축(X축)과 새 좌표축(x축) 사이의 떨어진 거리)

$$\therefore\ I_x = I_X + A\,d^2 = \frac{bh^3}{12} + (bh)\left(\frac{h}{2}\right)^2 = \frac{bh^3}{12} + \frac{bh^3}{4} = \frac{4\,bh^3}{12} = \frac{1}{3}bh^3$$

예제 12.14

그림과 같은 직사각형 단면의 도심축 $Y-Y$에 대한 단면 2차모멘트 I_Y와 맨 좌측, $y-y$축에 대한 단면 2차모멘트 I_y를 구하라.

풀이

(1) 도심에 대한 단면 2차모멘트, I_Y

Y축에 평행한 미소면적 dA를 생각하면, $dA = h\,dx$

$$\therefore\ I_Y = \int_{-\frac{b}{2}}^{\frac{b}{2}} x^2\,dA = \int_{-\frac{b}{2}}^{\frac{b}{2}} x^2\,(h\,dx)$$

$$= h\int_{-\frac{b}{2}}^{\frac{b}{2}} x^2\,dx = h\left[\frac{1}{3}x^3\right]_{-\frac{b}{2}}^{\frac{b}{2}}$$

$$= \frac{h}{3}\left[x^3\right]_{-\frac{b}{2}}^{\frac{b}{2}} = \frac{h}{3}\left[\frac{b^3}{8} - \left(-\frac{b^3}{8}\right)\right] = \frac{hb^3}{12}$$

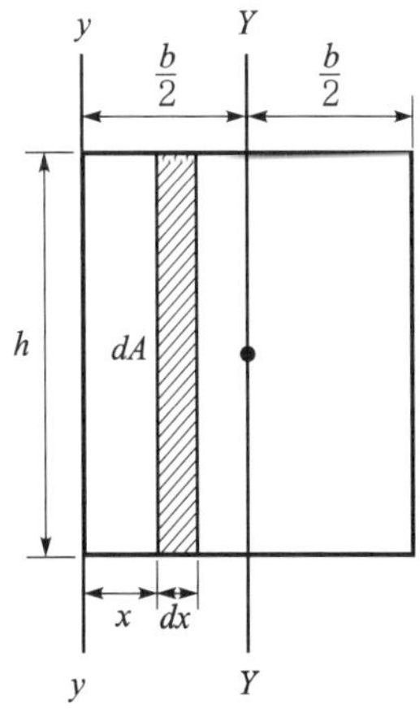

그림 12.16 직사각형단면의 단면 2차모멘트(I_Y 및 I_y)

(2) 좌측 ($y-y$ 축)에 대한 단면 2차모멘트, I_y

• 정적분을 이용하여 구하는 경우

$$\therefore\ I_y = \int_0^b x^2\,dA = \int_0^b x^2\,(h\,dx) = h\int_0^b x^2\,dx$$

$$= h\left[\frac{1}{3}x^3\right]_0^b = \frac{h}{3}\left[x^3\right]_0^b = \frac{h}{3}(b^3 - 0) = \frac{hb^3}{3}$$

• 평행축 이동의 정리를 적용하여 구하는 경우

$$I_y = I_Y + A\,d^2$$

(여기서, d는 도심의 좌표축 (Y축)과 새 좌표축 (y축) 사이의 떨어진 거리)

$$\therefore\ I_y = I_Y + A\,d^2 = \frac{hb^3}{12} + (bh)\left(\frac{b}{2}\right)^2 = \frac{hb^3}{12} + \frac{b^3h}{4} = \frac{4\,b^3h}{12} = \frac{1}{3}b^3h$$

12.7 정적분의 근사계산

정적분을 이용하여 면적을 구하기 위해서는 함수로 표현될 수 있어야 한다. 지표의 형상과 같이 매우 불규칙하여 함수로 표현하는 것이 불가능하거나, 또는 적분하기 어려운 함수로 표현될 경우에는 정적분의 값을 근사적으로 구할 수 밖에 없으며, 이러한 방법에는 사다리꼴 법칙과 심프슨 제1법칙 및 심프슨 제2법칙이 있다.

12.7.1 사다리꼴 법칙

경계선에서의 굴곡이 비교적 심하지 않은 경우 적용될 수 있는 방법이며, 각 경계선을 직선으로 간주하고 구하고자 하는 면적을 몇 개의 사다리꼴로 구분하여 면적을 구하는 방법이다.

다음의 그림 12.17과 같은 형상에 대해, 사다리꼴 법칙을 적용하여 면적을 계산하면 다음과 같다.

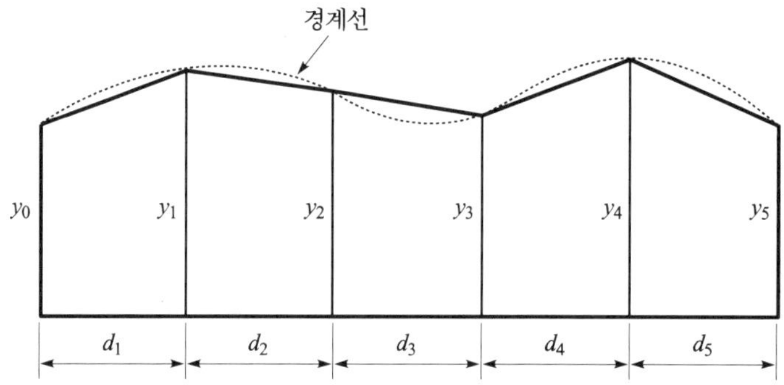

그림 12.17 사다리꼴 공식

그림 12.17에서 면적을 A라고 하면,

$$A = A_1 + A_2 + A_3 + A_4 + A_5$$

$$A = \frac{(y_0 + y_1)}{2} d_1 + \frac{(y_1 + y_2)}{2} d_2 + \frac{(y_2 + y_3)}{2} d_3 + \frac{(y_3 + y_4)}{2} d_4 + \frac{(y_4 + y_5)}{2} d_5$$

$$\begin{aligned} A &= \frac{1}{2}\{(y_0 + y_1)d_1 + (y_1 + y_2)d_2 + (y_2 + y_3)d_3 + (y_3 + y_4)d_4 + (y_4 + y_5)d_5\} \\ &= \frac{1}{2}\{y_0 d_1 + y_1(d_1 + d_2) + y_2(d_2 + d_3) + y_3(d_3 + d_4) + y_4(d_4 + d_5) + y_5 d_5\} \\ &= \frac{1}{2}\{d_1 y_0 + (d_1 + d_2) y_1 + (d_2 + d_3) y_2 + (d_3 + d_4) y_3 + (d_4 + d_5) y_4 + d_5 y_5\} \end{aligned}$$

이 식을 일반식으로 나타내면,

$$A = \frac{1}{2}\{d_1 y_0 + (d_1 + d_2) y_1 + (d_2 + d_3) y_2 + \cdots + (d_{n-1} + d_n) y_{n-1} + d_n y_n\}$$

여기서, 지거(支距)의 간격이 일정하게 같을 경우에는, $d_1 = d_2 = \cdots = d_n = d$이므로, 다음과 같이 된다.

$$A = \frac{1}{2}\{d\,y_0 + (2d)\,y_1 + (2d)\,y_2 + \cdots + (2d)\,y_{n-1} + d\,y_n\}$$

$$A = \frac{1}{2}d\{y_0 + (2)\,y_1 + (2)\,y_2 + \cdots + (2)\,y_{n-1} + y_n\}$$

$$A = d\{\frac{y_0}{2} + \frac{(2)\,y_1}{2} + \frac{(2)\,y_2}{2} + \cdots + \frac{(2)\,y_{n-1}}{2} + \frac{y_n}{2}\}$$

$$\therefore\ A = d\left(\frac{y_0 + y_n}{2} + y_1 + y_2 + \cdots + y_{n-1}\right)$$

이를 일반식의 형태로 나타내면 다음과 같으며, 이를 사다리꼴 공식(trapezoidal formula)이라고 한다.

$$\therefore A = d\left(\frac{y_0 + y_n}{2} + \sum_{i=1}^{n-1} y_i\right)$$

또한, 이를 계산식의 형태로 표현하면 다음과 같다.

$$\therefore A = d\left(\frac{y_0 + y_n}{2} + y_1 + y_2 + \cdots + y_{n-1}\right)$$

예제 12.15

$\int_0^2 \sqrt{x+1}\,dx$ 의 근사값을 사다리꼴 공식을 이용하여 구하라.(단, 구간 [0, 2]를 4등분한다).

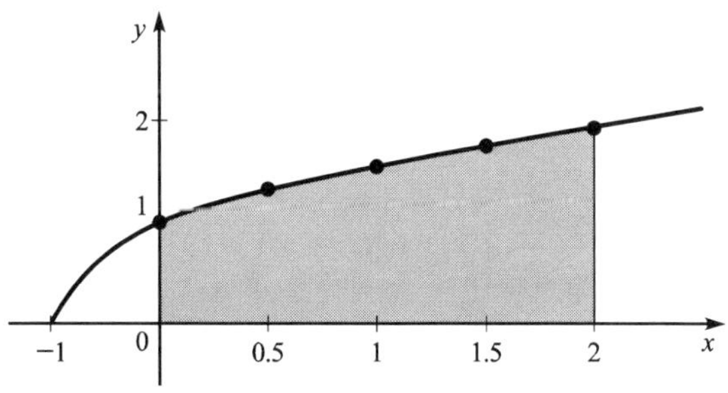

풀이

적분구간 [0, 2]를 4등분 하면, 각 분점간의 간격은, $d = \dfrac{2-0}{4} = 0.5$ 이다.

$y = \sqrt{x+1}$ 의 x 에 $x = 0,\ 0.5, 1,\ 1.5,\ 2$ 를 차례로 대입하였을 때의 y의 값을 $y_0,\ y_1,\ y_2,\ y_3,\ y_4$ 라 하면,

$y_0 = 1$, $y_1 = 1.225$, $y_2 = 1.414$, $y_3 = 1.581$, $y_4 = 1.732$ 이므로,

$$\therefore \int_0^2 \sqrt{x+1}\,dx \fallingdotseq d\left(\frac{y_0 + y_4}{2} + y_1 + y_2 + y_3\right)$$

$$\fallingdotseq 0.5 \times \left(\frac{1+1.732}{2} + 1.225 + 1.414 + 1.581\right) = 2.793$$

예제 12.16

다음의 그림과 같은 형상에 대해 사다리꼴 공식을 적용하여 면적을 구하라.

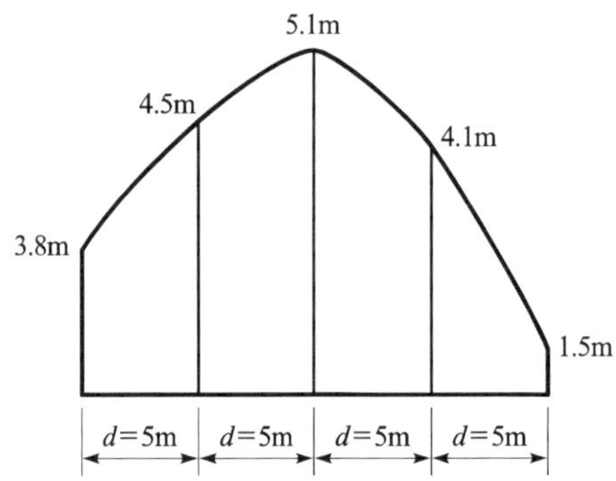

풀이

$$\therefore A = d\left(\frac{y_0 + y_4}{2} + y_1 + y_2 + y_3\right)$$

$$= 5.0 \times \left(\frac{3.8 + 1.5}{2} + 4.5 + 5.1 + 4.1\right) = 81.75\,\mathrm{m}$$

12.7.2 심프슨의 제1법칙(1/3법칙)

심프슨의 제1법칙의 특징은 앞의 사다리꼴 공식이 경계를 직선으로 가정함으로 인해 오차가 크게 발생되는 단점을 보완하기 위하여 경계선을 3점의 포물선으로 연결하여 근사적으로 면적을 구한 것이다. 먼저 단면을 일정한 간격 d로 n개의 등간격으로 나누면 그림 12.18(b)와 같이 나타낼 수 있다.

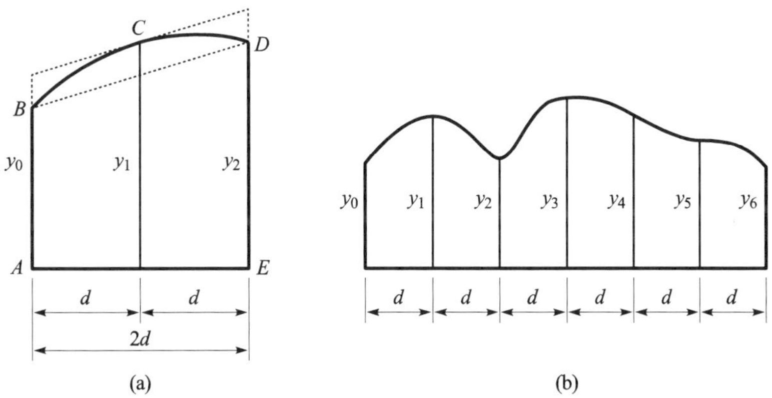

그림 12.18 심프슨의 제1법칙

그림 12.18(a)에서 면적은 (사다리꼴 면적 $ABDE$)와 근사적으로 3점을 연결한 (포물선으로 둘러싸인 면적 BCD)의 합과 같다.

이 때, 각각의 면적은,

$$(\text{사다리꼴 } ABDE\text{의 면적}) = 2d \times \left(\frac{y_0 + y_2}{2}\right)$$

$$(\text{포물선으로 둘러싸인 } BCD\text{의 면적}) = \frac{2}{3} \times (\text{포물선의 밑변}) \times (\text{포물선의 높이})$$

$$= \frac{2}{3} \times (2d) \times \left(y_1 - \frac{y_0 + y_2}{2}\right)$$

가 된다.

즉,

$$\text{면적 } A_1 = 2d \times \left(\frac{y_0 + y_2}{2}\right) + \frac{2}{3} \times (2d) \times \left(y_1 - \frac{y_0 + y_2}{2}\right)$$

$$= d\times(y_0+y_2)+\frac{4d}{3}\times\left(y_1-\frac{y_0+y_2}{2}\right)$$

$$= d\times(y_0+y_2)+\frac{4d}{3}\times y_1-\frac{4d}{3}\times\left(\frac{y_0+y_2}{2}\right)$$

$$= d\times(y_0+y_2)+\frac{4d}{3}\times y_1-\frac{2d}{3}\times(y_0+y_2)$$

$$= \frac{d}{3}\times(y_0+y_2)+\frac{4d}{3}\times y_1$$

$$= \frac{d}{3}(y_0+4y_1+y_2)$$

$$A_2 = \frac{d}{3}(y_2+4y_3+y_4)$$

$$A_3 = \frac{d}{3}(y_4+4y_5+y_6)$$

$$\cdots\cdots\cdots\cdots$$

$$A_n = \frac{d}{3}(y_{2n-2}+4y_{2n-1}+y_{2n})$$

으로 되며, 전체 면적 A는 A_1, A_2, A_3, … 순으로 더하면 구할 수 있다.

즉,

$$A = \frac{d}{3}(y_0+4y_1+y_2)+\frac{d}{3}(y_2+4y_3+y_4)+\cdots\cdots+\frac{d}{3}(y_{2n-2}+4y_{2n-1}+y_{2n})$$

$$= \frac{d}{3}\{(y_0+y_{2n})+4(y_1+y_3+y_5+\cdots\cdots+y_{2n-1})+2(y_2+y_4+y_6+\cdots\cdots+y_{2n-2})\}$$

여기서,

y_0는 맨 좌측선의 높이

y_{2n}은 맨 우측선의 높이

$y_1, y_3, y_5, \ldots, y_{2n-1}$ 은 홀수선의 높이

$y_2, y_4, \ldots, y_{2n-2}$ 는 짝수선의 높이

이므로, 일반식의 형태로 나타내면 다음과 같으며, 이를 심프슨 제1법칙이라고 한다.

$$\therefore\ A = \frac{d}{3}\left(y_0 + y_n + 4\Sigma y_{\text{홀수}} + 2\Sigma y_{\text{짝수}}\right)$$

(단, n은 짝수이며, 홀수인 경우에는 맨 마지막 면적은 사다리꼴로 계산하여야 함.)

또한, 이를 계산식의 형태로 표현하면 다음과 같다.

$$A = \frac{d}{3}(1 \times y_0 + 4 \times y_1 + 2 \times y_2 + 4 \times y_3 + 2 \times y_4 + \cdots\cdots + 4 \times y_{n-1} + 1 \times y_n)$$

심프슨 제1법칙의 계산순서는 다음과 같다.

① 도형을 짝수의 등간격으로 나눈다(이때 간격은 d로 한다).

② 각 높이 y에 1, 4, 2, … , 2, 4, 1의 가중치를 곱하여 더한다.
즉, 양 끝단의 높이에는 각각 1을 곱하고, 중간부분에서는 4와 2를 번갈아 곱하며 끝에서 2번째에는 4를 곱한다.

③ ②에서 구한 값에 $d/3$을 곱한 값이 면적 A이다.

예제 12.17

다음의 그림과 같은 형상에 대해 심프슨 제1법칙(1/3법칙)을 적용하여 면적을 구하라.

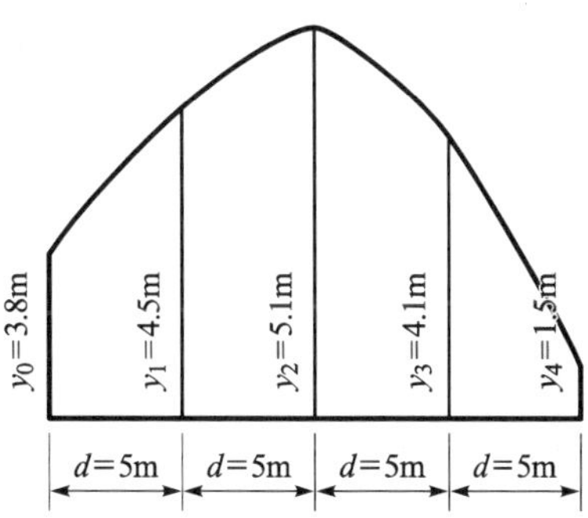

풀이

$$A = \frac{d}{3}(1 \times y_0 + 4 \times y_1 + 2 \times y_2 + 4 \times y_3 + 1 \times y_4)$$

또는,

$$A = \frac{d}{3}(y_0 + y_4 + 4\Sigma y_{홀수} + 2\Sigma y_{짝수})$$

$$= \frac{5}{3}\{3.8 + 1.5 + 4\times(4.5 + 4.1) + 2\times 5.1\} = \frac{5}{3}\times 49.9 = 83.17\,\mathrm{m}^2$$

12.7.3 심프슨의 제2법칙(3/8법칙)

심프슨의 제2법칙의 특징은 앞의 심프슨 제1법칙(1/3법칙)이 경계를 포물선으로 가정함으로 인해 오차가 발생되는 단점을 보완하기 위하여 경계선을 4점의 3차곡선(弓形)으로 연결하여 근사적으로 면적을 구한 것이다. 먼저 단면을 일정한 간격 d로 n개의 등간격으로 나누면 그림 12.19와 같이 나타낼 수 있다.

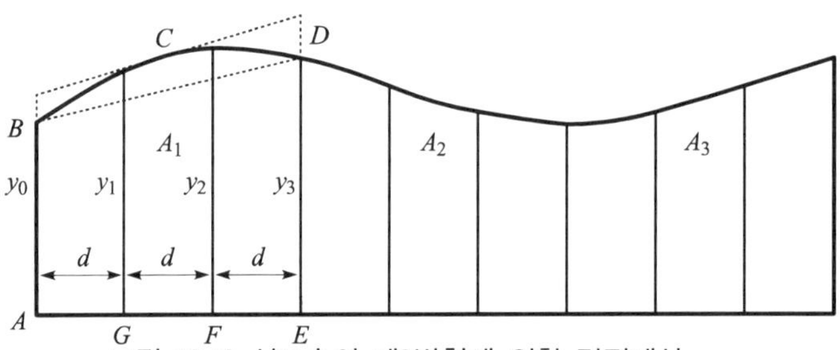

그림 12.19 심프슨의 제2법칙에 의한 면적계산

그림 12.19에서 3구간을 1조로 하여, 도형 $ABCDEFG$의 면적 A_1을 구하면, 면적은 (사다리꼴 면적 $ABDE$)와 근사적으로 4점을 연결한 (3차 곡선으로 둘러싸인 면적 BCD)의 합과 같다.

이 때, 각각의 면적은,

$$(\text{사다리꼴 } ABDE\text{의 면적}) = \left(3d \times \frac{y_0 + y_3}{2}\right)$$

(3차 곡선으로 둘러싸인 BCD의 면적)

$$= \frac{3}{4}\times(\text{3차 곡선의 밑변})\times(\text{3차 곡선의 높이})$$

$$= \frac{3}{4} \times 3d \times \left(\frac{y_1 + y_2}{2} - \frac{y_0 + y_3}{2} \right)$$

가 된다.

즉,

$$\text{면적 } A_1 = \left(3d \times \frac{y_0 + y_3}{2} \right) + \frac{3}{4} \times 3d \times \left(\frac{y_1 + y_2}{2} - \frac{y_0 + y_3}{2} \right)$$

$$= \frac{3d}{2} \times (y_0 + y_3) + \frac{9d}{4} \times \left(\frac{y_1 + y_2}{2} - \frac{y_0 + y_3}{2} \right)$$

$$= \frac{3d}{2} \times (y_0 + y_3) + \frac{9d}{8} \times (y_1 + y_2) - \frac{9d}{8} \times (y_0 + y_3)$$

$$= \frac{12d}{8} \times (y_0 + y_3) + \frac{9d}{8} \times (y_1 + y_2) - \frac{9d}{8} \times (y_0 + y_3)$$

$$= \frac{3d}{8} \times (y_0 + y_3) + \frac{9d}{8} \times (y_1 + y_2)$$

$$= \frac{3d}{8} (y_0 + 3y_1 + 3y_2 + y_3)$$

$$A_2 = \frac{3d}{8} (y_3 + 3y_4 + 3y_5 + y_6)$$

$$A_3 = \frac{3d}{8} (y_6 + 3y_7 + 3y_8 + y_9)$$

$$\cdots\cdots\cdots\cdots$$

$$A_n = \frac{3d}{8} (y_{3n-3} + 3y_{3n-2} + 3y_{3n-1} + y_{3n})$$

으로 되며, 전체 면적 A는 A_1, A_2, A_3, … 순으로 더하면 구할 수 있다.

즉,

$$A = \frac{3d}{8} \{ y_0 + y_{3n} + 2(y_3 + y_6 + y_9 + \cdots + y_{3n-3})$$
$$+ 3(y_1 + y_2 + y_4 + y_5 + \cdots + y_{3n-2} + y_{3n-1}) \}$$

여기서,

y_0는 맨 좌측선의 높이

y_{3n}은 맨 우측선의 높이

$y_3, y_6, y_9, \ldots, y_{3n-3}$은 3배수인 선의 높이

$y_1, y_2, y_4, y_5, \ldots, y_{3n-2}, y_{3n-1}$는 3배수가 아닌 선의 높이

이므로, 일반식의 형태로 나타내면 다음과 같으며, 이를 심프슨 제2법칙(3/8법칙)이라고 한다.

$$\therefore\ A = \frac{3d}{8}\{y_0 + y_n + 2\sum y_{3\text{배수}} + 3\sum y_{\text{나머지수}}\}$$

(단, n은 3의 배수이며, 3의 배수가 아닌 경우에는 나머지 1~2개의 부분에 대해서는 사다리꼴 또는 심프슨 제1법칙으로 계산하여야 함.)

또한, 이를 계산식의 형태로 표현하면 다음과 같다.

$$\therefore A = \frac{3d}{8}\{y_0 + y_n + 2(y_3 + y_6 + y_9 + \cdots + y_{n-3}) + 3(y_1 + y_2 + y_4 + y_5 + \cdots + y_{n-2} + y_{n-1})$$

심프슨 제2법칙(3/8법칙)의 계산순서는 다음과 같다.

① 도형을 3배수의 등간격으로 나눈다(이때 간격은 d로 한다).

② 각 높이 y에 1, 3, 3, 2, ⋯, 2, 3, 3, 1의 가중치를 곱하여 더한다.
즉, 양 끝단의 높이에는 각각 1을 곱하고, 중간부분에서는 3의 배수인 경우에는 2를 곱하고, 그 외의 경우에는 3을 곱한다.

③ ②에서 구한 값에 $3d/8$을 곱한 값이 면적 A이다.

예제 12.18

다음의 그림과 같은 형상에 대해 심프슨 제2법칙(3/8법칙)을 적용하여 면적을 구하라.

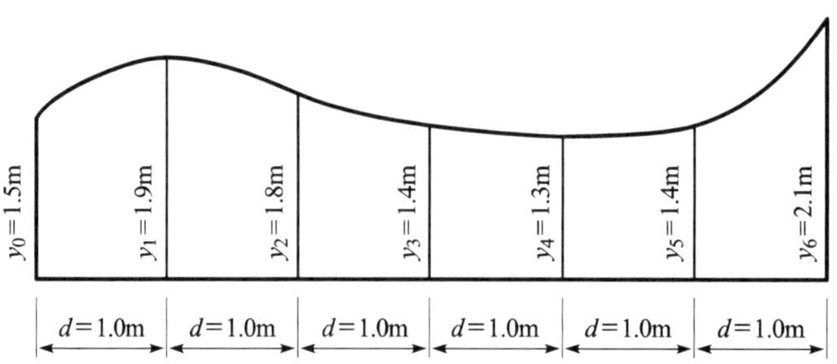

풀이

$$A = \frac{3d}{8}\{ y_0 + y_6 + 2(y_3) + 3(y_1 + y_2 + y_4 + y_5)\}$$

또는,

$$A = \frac{3d}{8}\{ y_0 + y_6 + 2\sum y_{3배수} + 3\sum y_{나머지수}$$

$$= \frac{3 \times 1.0}{8}\{1.5 + 2.1 + 2 \times (1.4) + 3 \times (1.9 + 1.8 + 1.3 + 1.4)\}$$

$$= \frac{3 \times 1.0}{8} \times 25.6 = 9.6\,\mathrm{m}^2$$

●● 연습문제

12.1 다음 유리함수에 대해 정적분의 값을 구하라.

(1) $\int_1^2 2x\,dx$

(2) $\int_1^2 x^3\,dx$

(3) $\int_1^2 (x^3 + x^2 - x - 1)\,dx$

(4) $\int_1^2 \frac{2x^2 + 3x}{x}\,dx$

12.2 다음 함수에 대해 정적분의 값을 치환적분법으로 구하라.

(1) $\int_0^2 \sqrt{2x+1}\,dx$

(2) $\int_0^1 \frac{4x}{2x^2 + 2}\,dx$

12.3 다음의 함수에 대해 정적분의 값을 부분적분법을 적용하여 구하라.

(1) $\int_1^2 (x+1)\,e^x\,dx$

(2) $\int_0^{\frac{\pi}{2}} x \sin x\,dx$

12.4 곡선 $y = x^3$ 과 x 축 및 두 직선 $x = 0$, $x = 4$ 로 둘러싸인 도형의 면적 A 를 구하라.

12.5 곡선 $y = x^3$ 과 y 축 및 두 직선 $y = 0$, $y = 4$ 로 둘러싸인 도형의 면적 A 를 구하라.

12.6 곡선 $y = x^2 - 1$ 과 x 축으로 둘러싸인 도형의 면적 A 를 구하라.

12.7 $\int_0^4 \sqrt{x}\, dx$ 의 근사값을 사다리꼴 공식을 이용하여 구하라.

(단, 구간 [0, 4]를 4등분 한다).

12.8 지거의 간격을 $2\,\mathrm{m}$ 의 등간격으로 하였을 때, 각각의 지거가 $y_0 = 1.8\,\mathrm{m}$, $y_1 = 4.7\,\mathrm{m}$, $y_2 = 6.0\,\mathrm{m}$, $y_3 = 6.5\,\mathrm{m}$, $y_4 = 5.5\,\mathrm{m}$, $y_5 = 3.5\,\mathrm{m}$, $y_6 = 1.5\,\mathrm{m}$ 일 때, 사다리꼴 공식을 적용하여 면적을 구하라.

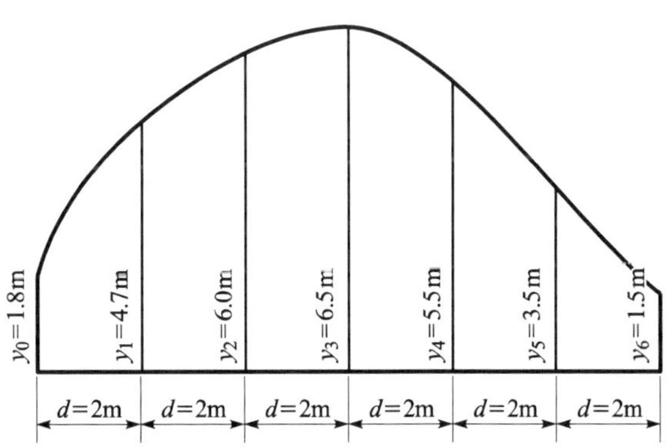

12.9 앞의 12.8 문제를 심프슨 제1법칙(1/3법칙)을 적용하여 면적을 구하라.

12.10 앞의 12.8 문제를 심프슨 제2법칙(3/8법칙)을 적용하여 면적을 구하라.

제13장 확률

13.1 경우의 수와 사건 및 확률

13.1.1 경우의 수

경우의 수(number of cases)란 한번 시행으로 일어날 수 있는 모든 사건의 가짓수 또는 방법의 수를 말한다. 예를 들면, 1개의 동전을 던졌을 때, 나오는 경우의 수는 앞면, 또는 뒷면이 나올 수 있으므로 경우의 수는 2이고, 앞면이 나올 경우의 수는 1, 뒷면이 나올 경우의 수도 1 이다.

1개의 주사위를 던지면 발생되는 결과는 1~6 중에서 어떤 것이든 언제든지 나올 수 있으므로 경우의 수는 6이다. 이중에서 짝수(2, 4, 6)가 나올 경우의 수는 3, 홀수(1, 3, 5)가 나올 경우의 수도 3이다.

13.1.2 사건과 확률

1개의 주사위를 던질 때 5가 나올 확률은 $\frac{1}{6}$이고, 짝수가 나올 확률은 $\frac{3}{6}=\frac{1}{2}$이다. 여기서 '5가 나온다', '짝수가 나온다'는 것을 사건(또는 사상)이라고 하며, 사건이 일어날 수 있는 가능성을 확률이라고 하고 다음과 같이 계산된다.

$$\text{확률} = \frac{\text{어떤 사건을 만족하는 경우의 수}}{\text{모든 가능한 경우의 수}}$$

예제 13.1

동전 한 개를 던질 때 "앞면이 나올" 확률은?

풀이

모든 가능한 경우의 수 = {앞면, 뒷면} = 2가지

사건을 만족하는 경우의 수 = {앞면} = 1가지

$$확률 = \frac{어떤\ 사건을\ 만족하는\ 경우의\ 수}{모든\ 가능한\ 경우의\ 수} = \frac{1}{2} = 0.5 = 50\%$$

예제 13.2

1개의 주사위를 던질 때 "짝수가 나올" 확률은?

풀이

모든 가능한 경우의 수 = {1,2,3,4,5,6} = 6가지
사건을 만족하는 경우의 수 = {2,4,6} = 3가지

$$확률 = \frac{어떤\ 사건을\ 만족하는\ 경우의\ 수}{모든\ 가능한\ 경우의\ 수} = \frac{3}{6} = 0.5 = 50\%$$

예제 13.3

100원 짜리 동전 1개와 주사위 1개를 동시에 던질 때, "동전은 앞면이 나오고, 주사위는 2의 배수가 나올" 확률은?

풀이

모든 가능한 경우의 수 = {(앞면, 1), (앞면, 2), (앞면, 3), (앞면, 4), (앞면, 5), (앞면, 6),
(뒷면, 1), (뒷면, 2), (뒷면, 3), (뒷면, 4), (뒷면, 5),
(뒷면, 6)} = 12가지
사건을 만족하는 경우의 수 = {(앞면, 2), (앞면, 4), (앞면, 6)} = 3가지

$$확률 = \frac{어떤\ 사건을\ 만족하는\ 경우의\ 수}{모든\ 가능한\ 경우의\ 수} = \frac{3}{12} = 0.25 = 25\%$$

두 사건 또는 세 사건에 대해 경우의 수를 구할 때에는 집합의 개념을 이용하면 편리하다. 즉,

사건 A가 일어나는 경우의 집합을 A,
사건 B가 일어나는 경우의 집합을 B,

사건 A와 B가 동시에 일어나는 경우의 집합을 $A \cap B$로 나타내면, 두 사건 A, B가 일어나는 경우의 수는 각각 $n(A)$, $n(B)$이고, 사건A,

B가 동시에 일어나는 경우의 수는 $n(A \cap B)$일 때,

두 사건 A, B에 대하여, 사건 A 또는 사건 B가 일어나는 경우의 집합은 $A \cup B$ 이므로 식으로 표현하면 다음과 같다.

$$n(A \cup B) = n(A) + n(B) - n(A \cap B)$$

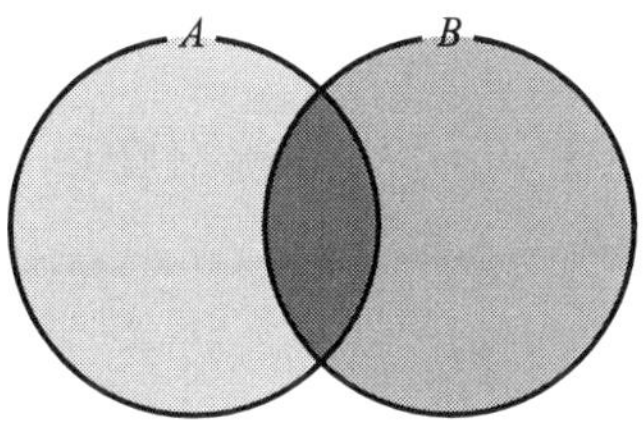

(1) 합의 법칙

한편, 위의 식에서, 두 사건 A, B가 동시에 일어나지 않는 경우에는 $A \cap B = \phi$ 이므로 $n(A \cap B) = 0$ 이다.

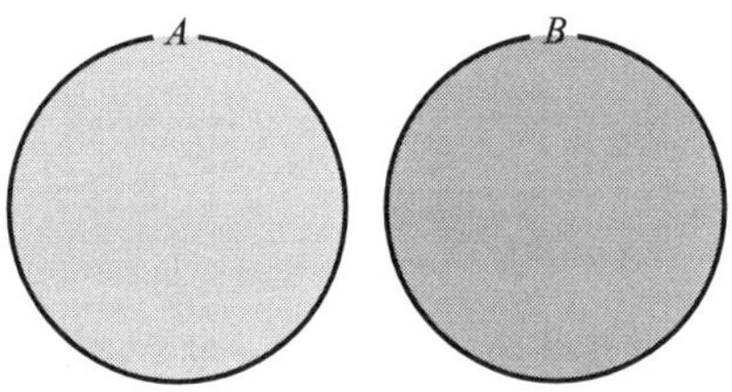

따라서 두 사건 A, B가 동시에 일어나지 않을 때, 사건 A 또는 사건 B가 일어나는 경우의 수는, $n(A \cup B) = n(A) + n(B)$ 이며, 두 사건 A, B가 동시에 일어나지 않을 때에는 합의 법칙이 성립한다.

- 합의 법칙과 집합

두 사건 A, B가 동시에 일어나지 않을 때, 두 사건 A, B가 일어나는 경우의 수를 각각 $n(A)$, $n(B)$라 하면, 사건A 또는 사건B가 일어나는 경우의 수는,

$$n(A \cup B) = n(A) + n(B)$$

예제 13.4

1부터 10까지 숫자가 적힌 카드가 10장이 있다. 이중에서 한 장을 뽑을 때, 다음에 대해 경우의 수를 구하라.

① 2의 배수가 나오는 사건의 경우의 수
② 3의 배수가 나오는 사건의 경우의 수
③ 2의 배수 또는 3의 배수가 나오는 사건의 경우의 수

풀이

뽑힌 카드가 2의 배수인 사건을 A, 3의 배수인 사건을 B라 하고, 두 사건 A, B가 일어나는 경우를 각각 집합 A, B로 나타내면,

① $A = \{2,\ 4,\ 6,\ 8,\ 10\} = 5$
② $B = \{3,\ 6,\ 9\} = 3$
③ 두 사건 A, B가 동시에 일어나는 경우는 $A \cap B = \{6\}$이므로, 합의 법칙이 성립되지 않는다.

이때 2의 배수 또는 3의 배수가 나오는 경우는 $A \cup B$이며, 따라서, 2의 배수 또는 3의 배수가 나오는 경우의 수는,

$\therefore\ n(A \cup B) = n(A) + n(B) - n(A \cap B) = 5 + 3 - 1 = 7$

예제 13.5

1부터 10까지 숫자가 적힌 카드가 10장이 있다. 이중에서 한 장을 뽑을 때, 2의 배수 또는 7의 배수가 나오는 경우의 수를 구하라.

풀이

뽑힌 카드가 2의 배수인 사건을 A, 7의 배수인 사건을 B라 하고, 두 사건 A, B가 일어나는 경우를 각각 집합 A, B로 나타내면,
$A = \{2,\ 4,\ 6,\ 8,\ 10\} = 5$
$B = \{7\} = 1$
두 사건 A, B가 동시에 일어날 수 없으므로 $A \cap B = \phi$이다. 따라서 합의 법칙이 성립하므로
$\therefore\ n(A \cup B) = n(A) + n(B) = 5 + 1 = 6$

한편, 합의 법칙은 셋 이상의 사건에 대해서도 성립한다.

$$n(A \cup B \cup C) = n(A) + n(B) + n(C)$$

예제 13.6

1부터 10까지 숫자가 적힌 카드가 10장이 있다. 이중에서 한 장을 뽑을 때, 2의 배수 또는 7의 배수 또는 9의 배수가 나오는 경우의 수를 구하라.

풀이

뽑힌 카드가 2의 배수인 사건을 A, 7의 배수인 사건을 B, 9의 배수인 사건을 C라 하고, 세 사건 A, B, C가 일어나는 경우를 각각 집합 A, B, C로 나타내면,

$A = \{2, 4, 6, 8, 10\}$

$B = \{7\}$

$C = \{9\}$

세 사건 A, B, C가 동시에 일어지 않으므로 $A \cap B = \phi$, $A \cap C = \phi$, $B \cap C = \phi$, $A \cap B \cap C = \phi$이다. 따라서, 합의 법칙이 성립하므로

$$\therefore\ n(A \cup B \cup C) = n(A) + n(B) + n(C) = 5 + 1 + 1 = 7$$

(2) 여사건의 경우의 수

어떤 사건 A에 대하여, 사건 A가 일어나지 않는 사건을 "사건 A의 여사건"이라고 하고, A^C로 표현한다. 이때,

(사건A가 일어나지 않는 경우의 수) = (전체 경우의 수)
− (사건A가 일어나는 경우의 수)

로 계산되며 집합으로 표현하면,

$$n(A^C) = n(U) - n(A)$$

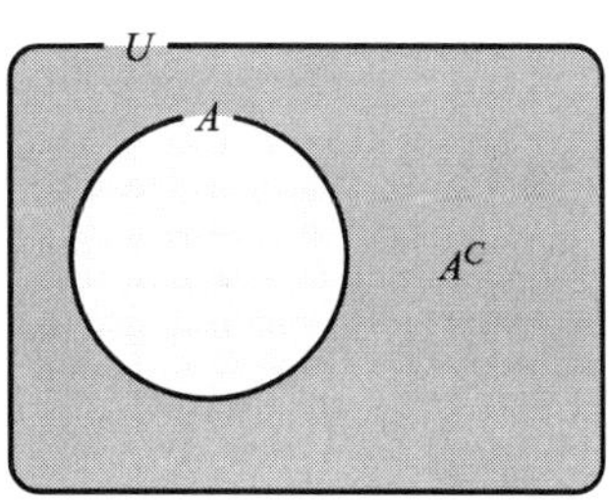

예제 13.7

주사위를 던져서 2의 배수가 나오지 않는 경우의 수를 구하라.

풀이

(2의 배수가 나오지 않는 경우의 수) = (전체 경우의 수) − (2의 배수가 나오는 경우의 수)로 계산되므로, 주사위를 던져 2의 배수인 사건의 집합을 A 라고 하고, 전체 발생될 수 있는 경우의 집합을 U, 사건 A 가 일어나지 않는 경우의 집합을 A^C 로 나타내면,

사건 A 가 일어나는 경우의 집합 $A = \{2,\ 4,\ 6\}$

전체 발생되는 경우의 집합 $U = \{1,\ 2,\ 3,\ 4,\ 5,\ 6\}$

사건 A 가 일어나지 않는 경우의 집합 $A^C = \{1,\ 3,\ 5\}$

$\therefore\ n(A^c) = n(U) - n(A) = 6 - 3 = 3$

(3) 곱의 법칙

집에서 지하철역까지는 a, b 2개의 노선이 있고, 지하철역에서 학교까지는 p, q, r 의 3개의 노선이 있다. 이때 집에서 학교까지 가는 방법의 수(경우의 수)는?

위의 그림과 같이 집에서 지하철역까지 가는 노선 a, b 2가지 각각의 경우에 대해, 지하철역에서 학교까지 가는 노선은 p, q, r 인 3가지씩 있으므로 구하는 방법의 수(경우의 수)는, $2 \times 3 = 6$ 가지이며, 이를 표현하면 다음의 그림과 같다.

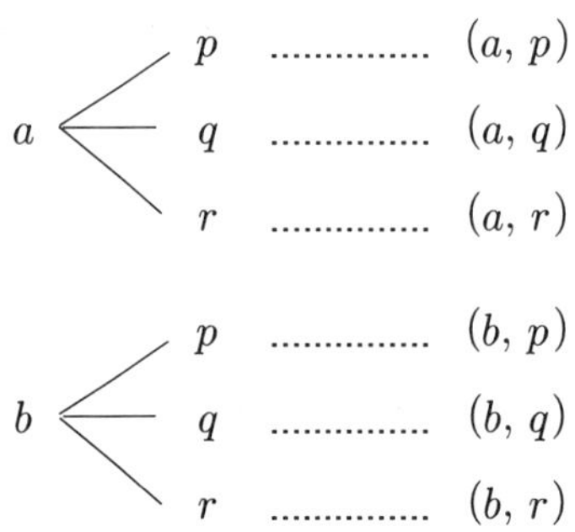

이를 집합의 개념을 이용하여 표현하면,

집에서 지하철역까지 가는 노선의 집합을 A, 지하철역에서 학교까지 가는 노선의 집합을 B라 하면,

$A=\{a, b\}$ = 2가지

$B=\{p, g, r\}$ = 3가지

이고, 구하는 방법의 수(경우의 수)는 A의 원소 a, b 각각에 대하여, B의 원소 p, q, r을 택하는 것과 같으므로,

$n(A\times B)=n(A)\times n(B)=2\times 3=6$ 가지

이다. 일반적으로 경우의 수에 대하여 다음과 같은 곱의 법칙이 성립한다.

- **곱의 법칙과 집합**

두 사건 A, B가 일어나는 경우의 수가 각각 $n(A), n(B)$일 때, 사건 A와 사건 B가 잇달아 일어나는 경우의 수는,

$\therefore n(A\times B)=n(A)\times n(B)$

예제 13.8

100원짜리 동전 1개와 주사위 1개를 동시에 던질 때, 나올 수 있는 경우의 수는?

풀이

100원짜리 동전을 던질 때 나올 수 있는 면의 집합을 A, 주사위를 던질 때 나올 수 있는 눈의 집합을 B라 하면,

$A=$ {앞면, 뒷면} = 2가지

$B=$ {1, 2, 3, 4, 5, 6} = 6가지

$n(A\times B)=n(A)\times n(B)=2\times 6=12$이며, 이를 나열해 보면,

(앞면, 1), (앞면, 2), (앞면, 3), (앞면, 4), (앞면, 5), (앞면, 6)

(뒷면, 1), (뒷면, 2), (뒷면, 3), (뒷면, 4), (뒷면, 5), (뒷면, 6) =12가지이다.

한편, 곱의 법칙은 셋 이상의 사건에 대해서도 성립한다.

사건 A가 일어나는 경우의 수가 p이고, 그 각각에 대하여,

사건 B가 일어나는 경우의 수가 q이고, 또 그 각각에 대하여,
사건 C가 일어나는 경우의 수가 r일 때,
세 사건 A, B, C가 동시에 일어나는 경우의 수는 $p \times q \times r$ 이다.

예제 13.9

어학과목은 4강좌(영어, 중국어, 일어, 독어), 전공과목은 3강좌(역학1, 역학2, 역학3), 수학과목은 2강좌(수학1, 수학2)가 개설되어 있는 경우, 각 과목별 1강좌씩 3개의 강좌를 신청하는 방법의 수(경우의 수)를 구하라.

풀이

어학과목 : $p = 4$ 강좌
전공과목 : $q = 3$ 강좌
수학과목 : $r = 2$ 강좌 이므로,
각 과목별 1개 강좌씩 3개의 강좌를 신청하는 방법의 수는

$$p \times q \times r = 4 \times 3 \times 2 = 24 \text{ 가지}$$

13.2 순열과 조합

13.2.1 순열

1, 2, 3의 번호가 적힌 3장의 카드 중에서 2장을 선택하여 두 자리의 수를 만들 수 있는 방법에 대해 알아보자.

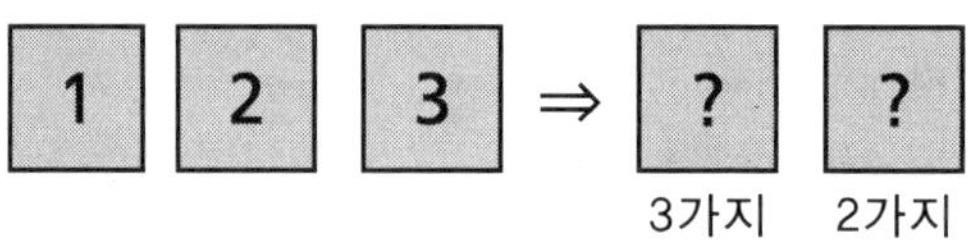

십의 자리에는 1, 2, 3 세장의 카드가 올 수 있고, 그 각각에 대해 일의 자리에 올 수 있는 숫자는 십의 자리에 사용된 카드를 제외한 나머지 2장 중에서 1장이 올 수 있다. 따라서, 두 자리의 수를 만드는 방법의 수는 곱의 법칙에 의하여, $3 \times 2 = 6$가지이다.

이와 같이 서로 다른 원소를 순서를 생각하면서 일렬로 배열하는 것을 순열(Permutation)이라고 하고, 순열의 수를 기호로 표현하면,

$${}_3P_2 = 3 \times 2 = 6 \text{ 가지}$$

와 같이 나타내며, 6가지의 수를 나열하면 다음과 같다.

12, 13
21, 23
31, 32

예제 13.10

A, B, C 3명의 사람을 일렬로 세우는 방법 또는 발표순서를 정하는 방법을 구하라.

풀이

맨 앞에는 A, B, C 3명의 사람이 올 수 있고, 그 각각에 대하여 가운데에 올 수 있는 사람은 맨 앞에 이미 선 사람을 제외한 2명이 올 수 있으며, 맨 끝에는 나머지 1명이 올 수 있다.

따라서, A, B, C 3명의 사람을 일렬로 세우는 방법의 수는 곱의 법칙에 의하여, $3 \times 2 \times 1 = 6$ 가지이다.

이와 같이 서로 다른 원소를 순서를 생각하면서 일렬로 배열하는 것을 순열(Permutation)이라고 하고, 순열의 수를 기호로 표현하면,

$${}_3P_3 = 3! = 3 \times 2 \times 1 = 6 \text{가지}$$

와 같이 나타낸다. 이를 나열하면 다음과 같다.

$ABC,\ ACB,\ BAC,\ BCA,\ CAB,\ CBA = 6$ 가지

서로 다른 n개에서 중복됨이 없이 r개를 택하여 일렬로 배열하는 것을 순열(Permutation)이라고 하고, 순열의 수는 기호로 ${}_nP_r$로 나타낸다, 여기서 ${}_nP_r$에서, P는 Permutation(순열)의 첫글자이다. 서로 다른 n개에서 중복됨이 없이 $r(0 < r \leqq n)$개를 택하여 일렬로 배열할 때, 첫 번째 자리에 올 수 있는 것은 n가지, 그 각각에 대하여 두 번째 자리에 올 수 있는 것은 첫 번째 자리에 놓인 것을 제외한 $(n-1)$가지이고, r번째 자리에 올 수 있는 것은 $\{n-(r-1)\}$가지이므로 순열의 수 ${}_nP_r$은 곱의 법칙에 의하여 다음과 같다.

$$ {}_nP_r = n\underbrace{(n-1)(n-2)\cdots\{n-(r-1)\}}_{r\text{ 개}} \qquad (\text{단, } 0 < r \le n) $$
$$ = \frac{n!}{(n-r)!} $$

예제 13.11

숫자 1,2,3,4 중에서 서로 다른 2개의 숫자를 선택하여 만들 수 있는 두 자리 자연수의 갯수를 구하라.

풀이

4개의 숫자 1,2,3,4 중에서 십의 자리에 올 수 있는 숫자는 4가지이고, 이들 각각에 대해 일의 자리에 올 수 있는 숫자는 3가지이므로, 구하는 두 자리 자연수의 갯수는 서로 다른 4개에서 중복됨이 없이 2개를 택하여 일렬로 배열하는 순열의 수와 같다.

따라서 구하는 두 자리 자연수의 개수는,

$$ {}_4P_2 = 4 \times 3 = 12 $$
$$ {}_4P_2 = \frac{4!}{(4-2)!} = 4 \times 3 = 12 $$

구하는 두 자리 자연수를 나열해 보면,

{12, 13, 14}, {21, 23, 24}, {31, 32, 34}, {41, 42, 43} = 12가지

예제 13.12

400m 계주경기에 철수, 영수, 민수, 길동이 4명이 대표로 선발되었다. 4명의 선수에 대해 뛰는 순서를 정할 때, 방법의 수를 구하라.

풀이

첫번째 주자 : 4명중 1명 – 4가지
두번째 주자 : 나머지 3명중 1명 – 3가지
세번째 주자 : 나머지 2명중 1명 – 2가지
네번째 주자 : 나머지 1명 – 1가지
따라서, 계주 주자의 순서를 정하는 방법은 $4 \times 3 \times 2 \times 1 = 24$ 가지
즉, $\therefore {}_4P_4 = 4 \times 3 \times 2 \times 1 = 24$ 가지,

또는, $\therefore {}_4P_4 = \frac{4!}{(4-4)!} = \frac{4 \times 3 \times 2 \times 1}{1} = 24$ 가지

예제 13.13

4명으로 구성된 봉사단에서 회장, 부회장을 각각 1명씩 선출하는 경우의 수를 구하라.

풀이

순열의 문제이므로, $\therefore {}_4P_2 = 4 \times 3 = 12$가지

예제 13.14

4명으로 구성된 봉사단에서 대표 2명을 선출하는 경우의 수를 구하라.

풀이

조합의 문제이므로, $\therefore {}_4C_2 = \dfrac{{}_4P_2}{2!} = \dfrac{4!}{2!(4-2)!} = \dfrac{4\times 3}{2!} = 6$ 가지

회장	부회장
1	2
1	3
1	4
2	1
2	3
2	4
3	1
3	2
3	4
4	1
4	2
4	3

그림 13.1 순열의 문제(예제 13.13)

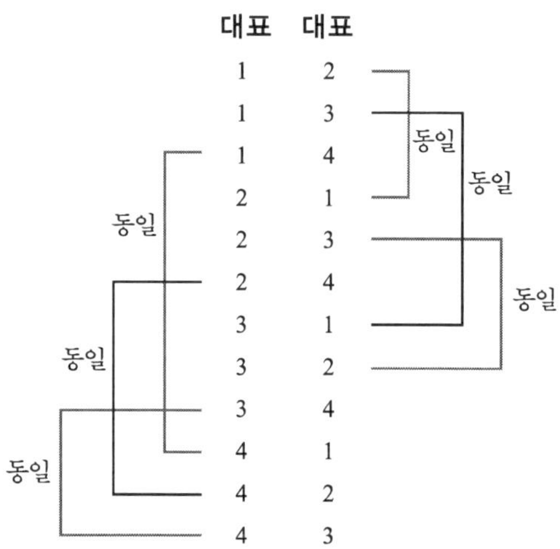

그림 13.2 조합의 문제(예제 13.14)

> 1부터 n까지의 자연수를 차례로 곱한 것을 n의 계승이라고 하고, 기호로 $n!$ 이라고 나타낸다. 즉,
>
> $$n! = n\times(n-1)\times(n-2)\times\cdots\times 3\times 2\times 1$$

주) $n!$은 'n Factorial'이라고 읽는다.

$$ {}_nP_r = \frac{n!}{(n-r)!} \quad (\text{단, } 0 < r \le n) $$

$$ {}_nP_n = n!\,, \quad {}_nP_0 = 1\,, \quad 0! = 1 $$

예제 13.15

다음의 값을 구하라.

① ${}_5P_2$ ② ${}_5P_5$ ③ ${}_4P_0$ ④ $4!$ ⑤ $0!$

풀이

① ${}_5P_2 = 5 \times 4 = 20$

또는 ${}_5P_2 = \dfrac{5!}{(5-2)!} = \dfrac{5!}{3!} = \dfrac{5 \times 4 \times 3 \times 2 \times 1}{3 \times 2 \times 1} = 5 \times 4 = 20$

② ${}_5P_5 = 5! = 5 \times 4 \times 3 \times 2 \times 1 = 120$

또는 $= \dfrac{5!}{(5-5)!} = \dfrac{5!}{0!} = \dfrac{5 \times 4 \times 3 \times 2 \times 1}{1} = 120$

③ ${}_4P_0 = \dfrac{4!}{(4-0)!} = \dfrac{4!}{4!} = 1$

④ $4! = 4 \times 3 \times 2 \times 1 = 24$

⑤ $0! = 1$

13.2.2 원순열

앞의 13.2.1절에서 A, B, C 3명의 사람을 일렬로 세우는 방법의 수는 ${}_3P_3 = 3!$이며, 이를 나열하면 다음과 같다.

$ABC,\ ACB,\ BAC,\ BCA,\ CAB,\ CBA = 6$가지

그렇다면 이번에는 A, B, C 3명의 사람을 원형의 탁자에 앉히는 방법은 몇 가지인지 구해보자.

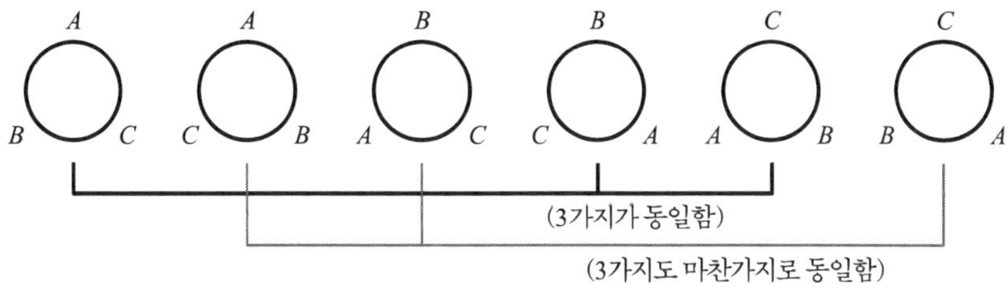

그림 13.3 순열을 원순열로 표현했을 때

즉, 3명의 사람을 일렬로 세우는 방법의 수 3! 개의 순열(Permutation)중에서 3가지씩 같은 것이 발생하게 되므로 원형의 탁자에 앉히는 방법의 수는,

$$\frac{{}_3P_3}{3} = \frac{3!}{3} = 2! = 2\text{ 가지}$$

이다. 즉, 서로 다른 n 개를 원형으로 배열하는 것을 원순열이라고 하며, 원순열에서는 회전하여 일치하는 경우를 모두 같은 것으로 정의한다.

서로 다른 n 개를 일렬로 배열하는 순열의 수는 $n!$ 이고, 이 각각을 원형으로 배열하면 그 전체에는 같은 것이 n 가지씩 있으므로, 서로 다른 n 개를 원형으로 배열하는 원순열의 수는,

$$\frac{{}_nP_n}{n} = \frac{n!}{n} = (n-1)!\text{ 이다.}$$

또는, 1개를 고정시키고 $(n-1)$ 개만 배열하면 되므로 $(n-1)!$

예제 13.16

A, B, C, D 4명을 일렬로 세우는 방법의 수를 구하라.

풀이

순열의 문제이므로,

$${}_4P_4 = \frac{4!}{(4-4)!} = \frac{4\times3\times2\times1}{1} = 24\text{ 가지}$$

예제 13.17

A, B, C, D 4명이 원형의 탁자에 둘러앉는 방법의 수를 구하라.

풀이

원순열의 문제이므로,

$$\frac{{}_nP_n}{n} = \frac{{}_4P_4}{4} = \frac{4!}{4} = (4-1)! = 3\times2\times1 = 6 \text{ 가지}$$

즉, A, B, C, D 4명을 원형의 탁자에 앉히는 방법의 수는, 4명중에서 1명의 위치를 미리 정해놓고, 나머지 3명의 위치를 정하는 순열의 수와 같으므로 $(4-1)! = 6$가지이다.

원순열을 구하는 방법에 대해 최종적으로 정리하면, 다음과 같다.

- **원순열 구하는 방법**

  서로 다른 n개를 원형으로 배열하는 원순열의 수는,

  (방법 1) 순열에서 같은 경우가 n가지씩 있으므로 $\frac{{}_nP_n}{n} = \frac{n!}{n}$

  (방법 2) 1개를 고정시키고 $(n-1)$개만 배열하면 되므로 $(n-1)!$

예제 13.18

5명의 가족이 원형의 탁자에 둘러앉을 때, 경우의 수를 구하라.

풀이

원순열의 문제이므로,

(방법1) $\frac{{}_5P_5}{5} = \frac{5!}{5} = \frac{5\times4\times3\times2\times1}{5} = 24$ 가지

(방법2) $(5-1)! = 4\times3\times2\times1 = 24$ 가지

13.2.3 중복순열

앞에서 공부한 순열에서는 한번 선택하는 것은 중복하여 선택할 수 없는 경우에 대해

경우의 수를 구하였으나, 중복순열에서는 서로 다른 n개에서 중복을 허용하면서 r개를 택하여 일렬로 배열하는 것을 중복순열이라고 한다.

> 서로 다른 n개에서 중복을 허락하여 r개를 택하여 일렬로 배열하는 것을 n개에서 r개를 택하는 중복순열이라고 하고, 중복순열의 수를 기호로 $_n\Pi_r$로 표현한다.
>
> $$_n\Pi_r = n \times n \times \cdots\cdots n \times n = n^r$$

주) $_n\Pi_r$에서 Π는 product(곱)의 첫 글자 P에 해당하는 그리스 문자이며, '파이'라고 읽는다.

1, 2, 3의 번호가 적힌 3장의 카드 중에서 중복을 허락하면서 2장을 선택하여 두 자리의 수를 만들 수 있는 방법에 대해 구해보자.

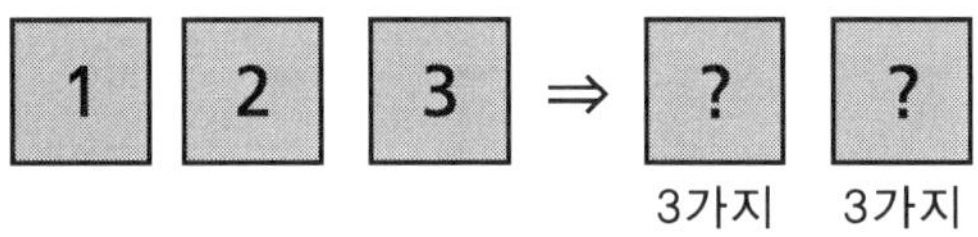

십의 자리에는 1,2,3 세장의 카드가 올 수 있고, 일의 자리에도 중복을 허락하므로 1, 2, 3 세장의 카드가 올 수 있다. 따라서 두 자리의 수를 만드는 방법의 수는 곱의 법칙에 의하여, $3 \times 3 = 9$가지이다.

이와 같이 중복을 허락하여 택할 수 있는 순열을 중복순열이라고 하고, 순열의 수를 기호로 표현하면,

$$_3\Pi_2 = 3^2 = 9 \text{ 가지}$$

와 같이 나타내며, 9가지의 수를 나열하면 다음과 같다.

11, 21, 31
12, 22, 32
13, 23, 33

예제 13.19

1, 2, 3 세장의 카드 중에서 중복을 허락하여 4장의 카드를 선택하여 4자리의 수를 만들 수 있는 방법의 수를 구하라.

풀이

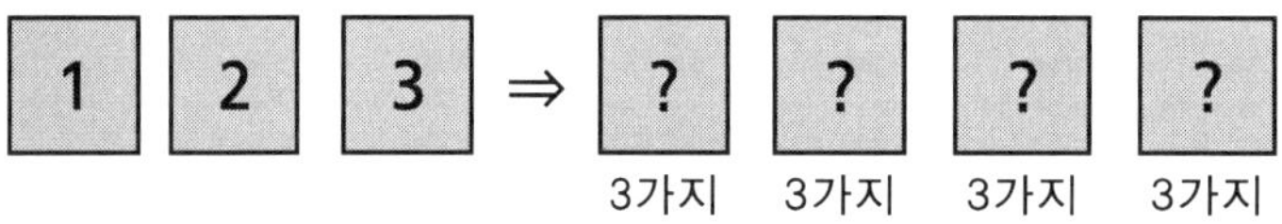

$_3\Pi_4 = 3^4 = 3\times3\times3\times3 = 81$ 가지

예제 13.20

다음 값을 구하라.

① $_2\Pi_5$ ② $_3\Pi_2$ ③ $_3\Pi_4$

풀이

① $_2\Pi_5 = 2^5 = 32$

② $_3\Pi_2 = 3^2 = 9$

③ $_3\Pi_4 = 3^4 = 81$

13.2.4 조합

순열에서는 원소를 택하는 방법(중복 허락, 또는 중복 불허)과 배열하는 순서(일렬배열, 또는 원형배열)에 의해 순열, 원순열, 중복순열이 적용된다.

그러나 10명의 위원 중 3명의 홍보위원을 뽑는다던가 또는 30명의 학급인원 중 축구선수 11명을 뽑거나 또는 농구선수 5명을 뽑는 것처럼 배열의 순서에는 관계없이 오직 선택하는 방법의 수만을 생각하게 되는 경우도 있다.

이와 같이 배열의 순서는 생각하지 않고 선택하는 것을 조합이라고 하고, 이 조합의 수를 기호로 표현하면, $_{10}C_3$, $_{30}C_{11}$, $_{30}C_5$ 로 나타낸다.

서로 다른 n개에서 순서를 생각하지 않고 중복됨이 없이 r개를 택하는 것을 조합이라 하고, 조합의 수를 기호로 ${}_nC_r$로 표현한다.

$$ {}_nC_r = \frac{{}_nP_r}{r!} = \frac{n!}{r!(n-r)!} \qquad (\text{단, } 0 < r \le n) $$

주) ${}_nC_r$에서 C는 Combination(조합)의 첫 글자이다.

예제 13.21

10명의 위원 중에서 3명의 위원을 선택하여 홍보위원회를 구성할려고 할 때, 방법의 수를 구하라.

풀이

10명의 위원중 3명을 뽑는 조합의 수이므로 ${}_{10}C_3$ 이다.

$$ {}_{10}C_3 = \frac{{}_{10}P_3}{3!} = \frac{10\times 9\times 8}{3\times 2\times 1} = 120 $$

또는, $ {}_{10}C_3 = \frac{10!}{3!(10-3)!} = \frac{10!}{3!\,7!} = 120 $

예제 13.22

다음의 조합에 대해 계산하라.

① ${}_nC_0$ 및 ${}_nC_n$　　② ${}_5C_3$　　③ ${}_{30}C_{11}$　　④ ${}_{30}C_5$

풀이

① ${}_nC_0 = 1,\quad {}_nC_n = 1$

② $ {}_5C_3 = \frac{{}_5P_3}{3!} = \frac{5\times 4\times 3}{3\times 2\times 1} = 10 $　또는, $ {}_5C_3 = \frac{5!}{3!\,(5-3)!} = 10 $

③ $$ {}_{30}C_{11} = \frac{{}_{30}P_{11}}{11!} = \frac{30\times 29\times 28\times 27\times 26\times 25\times 24\times 23\times 22\times 21\times 20}{11\times 10\times 9\times 8\times 7\times 6\times 5\times 4\times 3\times 2\times 1} $$
$$ = 54{,}627{,}300 $$

또는, $ {}_{30}C_{11} = \frac{30!}{11!\,(30-11)!} = 54{,}627{,}300 $

④ $_{30}C_5 = \frac{_{30}P_5}{5!} = \frac{30 \times 29 \times 28 \times 27 \times 26}{5 \times 4 \times 3 \times 2 \times 1} = 142,506$

또는, $_{30}C_5 = \frac{30!}{5!(30-5)!} = 142,506$

예제 13.23

로또복권에서 1등, 2등, 3등, 4등, 5등 각각에 당첨될 확률을 구하라.

풀이

$$당첨확률 = \frac{어떤\ 사건을\ 만족하는\ 경우의\ 수}{모든\ 가능한\ 경우의\ 수}$$

로또 추첨은 전체 45개의 숫자 중에서 순서에 상관없이 6개를 추출하므로 발생될 수 있는 모든 가능한 경우의 수는 $_{45}C_6 = 8,145,060$ 가지이다.

① 1등 당첨확률

로또 1등은 당첨번호 6개 중에서 모두 맞아야 하므로, $_6C_6 = 1$ 가지

$$\therefore\ 당첨확률 = \frac{1}{8,145,060} = 0.000000123 = 0.0000123\%$$

② 2등 당첨확률

로또 2등은 보너스 번호 1개를 포함하고, 그리고 당첨번호 6개 중에서 5개가 맞아야 하므로, $_6C_5 = 6$ 가지

$$\therefore\ 당첨확률 = \frac{6}{8,145,060} = \frac{1}{1,357,510} = 0.000000737 = 0.0000737\%$$

③ 3등 당첨확률

로또 3등은 당첨번호 6개 중에서 5개가 맞아야 하고, 그리고 당첨번호 6개와 보너스번호 1개를 제외한 38개의 숫자 중에서 아무거나 1개가 포함되면 되므로, $_6C_5 \times {_{38}C_1} = 228$ 가지

$$\therefore\ 당첨확률 = \frac{228}{8,145,060} = \frac{1}{35,724} = 0.000028 = 0.0028\%$$

④ 4등 당첨확률

로또 4등은 당첨번호 6개 중에서 4개가 맞아야 하고, 그리고 당첨번호 6개를 제외한 39

개의 숫자 중에서 2개가 포함되면 되므로, ${}_{6}C_4 \times {}_{39}C_2 = 11,115$ 가지

$\therefore$ 당첨확률 $= \dfrac{11,115}{8,145,060} = \dfrac{1}{733} = 0.00136 = 0.136\%$

⑤ 5등 당첨확률

로또 5등은 당첨번호 6개 중에서 3개가 맞아야 하고, 그리고 당첨번호 6개를 제외한 39개의 숫자 중에서 3개가 포함되면 되므로, ${}_{6}C_3 \times {}_{39}C_3 = 182,780$ 가지

$\therefore$ 당첨확률 $= \dfrac{182,780}{8,145,060} = \dfrac{1}{45} = 0.0224 = 2.24\%$

13.2.5 중복조합

2개의 문자 a, b에 대해, 중복을 허락하여 3개를 택하여 일렬로 배열할 때, 만들어지는 단어의 수를 모두 써보면 다음과 같다.

$aaa,\ aab,\ aba,\ abb,\ baa,\ bab,\ bba,\ bbb$

로 ${}_{2}\Pi_3 = 8$ 가지임을 중복순열에서 이미 배웠다.

그러나 조합에서는 배열의 순서에는 관계없이 오직 선택하는 방법의 수만을 생각하므로, aab, aba, baa는 a가 2개, b가 1개인 조합으로 모두 동일한 것으로 취급되며, 또한, abb, bab, bba는 a가 1개, b가 2개인 조합으로 취급되므로 중복조합은 전체 4가지가 나오게 된다.

aaa	aab, aba, baa	abb, bab, bba	bbb	← **중복순열에서는 8가지**
↓	↓	↓	↓	
aaa	aab	abb	bbb	← **중복조합에서는 4가지**

서로 다른 n개에서 순서를 생각하지 않고 중복을 허용하여 r개를 택하는 것을 중복조합이라 하고, 중복조합의 수를 기호로 ${}_{n}H_r$로 표현한다.

$${}_{n}H_r = \frac{(n+r-1)!}{r!(n-1)!} = {}_{n+r-1}C_r$$

주) ${}_{n}H_r$에서 H는 Homogeneous(동차)의 첫 글자이다.

예제 13.24

두 종류의 꽃(장미, 백합)을 이용하여 3송이가 들어가는 꽃다발을 만드는 경우의 수를 구하라.

풀이

2개에서 3개를 택하는 중복조합이므로, ${}_2H_3 = {}_{2+3-1}C_3 = {}_4C_3 = 4$가지 이며, 중복조합 4가지를 표현하면 다음과 같다.

장미, 장미, 장미
장미, 장미, 백합
장미, 백합, 백합
백합, 백합, 백합

예제 13.25

다음의 중복조합을 계산하라.

① ${}_3H_5$ ② ${}_3H_6$ ③ ${}_4H_6$ ④ ${}_7H_2$

풀이

① ${}_3H_5 = {}_{3+5-1}C_5 = {}_7C_5 = 21$
② ${}_3H_6 = {}_{3+6-1}C_6 = {}_8C_6 = 28$
③ ${}_4H_6 = {}_{4+6-1}C_6 = {}_9C_6 = 84$
④ ${}_7H_2 = {}_{7+2-1}C_2 = {}_8C_2 = 28$

13.2.6 순열과 조합 총정리

지금까지 배운 순열, 중복순열, 조합, 중복조합에 대해 정리하면 다음과 같다.

순　열(${}_nP_r$) : 중복을 허락하지 않고, 순서를 고려한다.
중복순열(${}_n\Pi_r$) : 중복을 허락하고, 순서를 고려한다.
조　합(${}_nC_r$) : 중복을 허락하지 않고, 순서를 고려하지 않는다.
중복조합(${}_nH_r$) : 중복을 허락하고, 순서를 고려하지 않는다.

예제 13.26

세 개의 문자 a, b, c에 대하여, 다음을 구하라.

① 서로 다른 2개를 뽑아 일렬로 배열하는 경우의 수

② 중복을 허락하여 2개를 뽑아 일렬로 배열하는 경우의 수

③ 서로 다른 2개를 뽑는 경우의 수

④ 중복을 허락하여 2개를 뽑는 경우의 수

풀이

① 순열의 문제이므로, ${}_3P_2 = 6$가지 $(ab,\ ba,\ ac,\ ca,\ bc,\ cb)$

② 중복순열의 문제이므로, ${}_3\Pi_2 = 9$가지 $(aa,\ bb,\ cc,\ ab,\ ba,\ ac,\ ca,\ bc,\ cb)$

③ 조합의 문제이므로, ${}_3C_2 = 3$가지 $(ab,\ bc,\ ca)$

④ 중복조합의 문제이므로, ${}_3H_2 = 6$가지 $(aa,\ bb,\ cc,\ ab,\ bc,\ ca)$

13.3 확률의 활용

13.3.1 시행과 사건

주사위나 동전을 던지는 경우와 같이 동일한 조건으로 반복하여 던질 때, 그 결과가 우연에 의해 결정되는 실험이나 관찰을 시행이라고 하며, 어떤 시행에서 일어날 수 있는 모든 가능한 결과의 집합을 표본공간이라고 한다.

사건이란, 주사위를 던질 때 5가 나올 확률은? 동전을 던질 때 짝수가 나올 확률은? 에서, "5가 나온다", "짝수가 나온다"는 것을 사건(또는 사상)이라고 하며, 표본공간의 부분집합이 된다.

표본공간 S의 부분집합인 두 사건 A, B에 대하여,

1) A 또는 B가 일어나는 사건을 $\boldsymbol{A}$와 $\boldsymbol{B}$의 합사건이라고 하고, $A \cup B$로 나타낸다.

2) A와 B가 동시에 일어나는 사건을 $\boldsymbol{A}$와 $\boldsymbol{B}$의 곱사건이라고 하고, $A \cap B$로 나타낸다.

3) 두 사건 A와 B가 동시에 일어나지 않을 때, $\boldsymbol{A}$와 $\boldsymbol{B}$를 서로 배반사건이라고 하고,

이때 $A \cap B = \varnothing$ 이다.

4) 사건 A가 일어나지 않는 사건을 **A**의 여사건이라고 하고 A^C로 나타낸다.

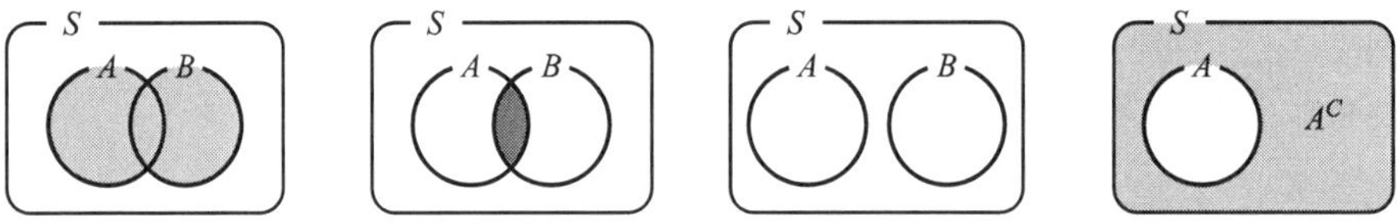

예제 13.27

한 개의 주사위를 던지는 시행에서 짝수의 눈이 나오는 사건을 A, 3의 배수가 나오는 사건을 B라 할 때, 다음을 구하라.

(1) $A \cup B$ (2) $A \cap B$ (3) A^C

풀이

한 개의 주사위를 던질 때, 나올 수 있는 모든 눈은 1,2,3,4,5,6이다. 즉 표본공간은
$S = \{1, 2, 3, 4, 5, 6\}$, $A = \{2, 4, 6\}$, $B = \{3, 6\}$
이다.

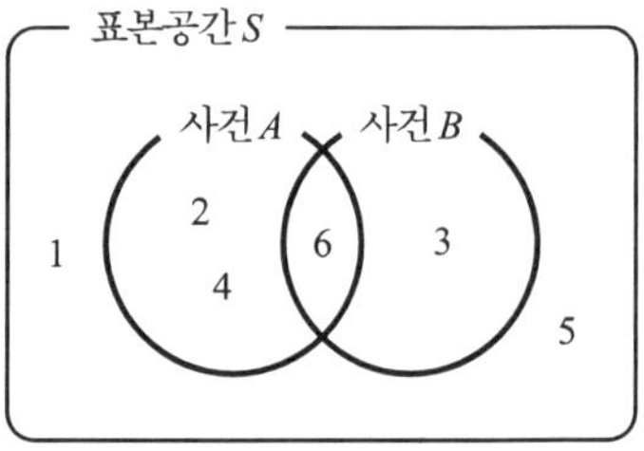

(1) A 또는 B가 일어나는 사건,
$A \cup B = \{2, 3, 4, 6\}$

(2) A와 B가 동시에 일어나는 사건, $A \cap B = \{6\}$

(3) A가 일어나지 않는 사건, $A^C = S - A = \{1, 3, 5\}$

13.3.2 수학적 확률과 통계적 확률

(1) 수학적 확률

한 개의 주사위를 던지는 시행에서 어떤 눈이 나오게 될지 예측하는 것을 불가능하다. 그러나 주사위가 정상적인 주사위라면, 나오게 되는 주사위의 눈은 {1, 2, 3, 4, 5, 6} 중에서 하나가 나올 것이고, 각각의 눈이 나올 가능성은 동일하므로 각각의 눈이 나올 확률은 모두 $\frac{1}{6}$ 이라고 할 수 있다. 이와 같이 어떤 시행에서, 사건 A가 일어날 가능성을 수치

로 나타낸 것을 "사건 A의 확률" 이라고 하고, 기호로 $P(A)$와 같이 나타낸다. 여기서 $P(A)$의 P는 확률을 의미하는 Probability의 첫 글자이다.

어떤 시행에서 일어날 수 있는 모든 결과의 집합을 표본공간 S라 하자. 이 시행에서 각 결과가 일어날 가능성이 모두 같은 정도로 기대될 때, 사건 A가 일어날 확률 $P(A)$는 다음과 같이 정의되며, 이와 같이 정의된 확률을 '수학적 확률'이라고 한다.

$$P(A) = \frac{n(A)}{n(S)} = \frac{(\text{사건 } A\text{가 일어날 경우의 수})}{(\text{일어날 수 있는 모든 경우의 수})}$$

예제 13.28

서로 다른 2개의 동전을 동시에 던질 때, 두 개의 동전이 모두 앞면이 나올 확률을 구하라.

풀이

2개의 동전이 모두 앞면이 나오는 사건을 A라 하면,
일어날 수 있는 모든 경우는 $S = \{(\text{앞, 앞}), (\text{앞, 뒤}), (\text{뒤, 앞}), (\text{뒤, 뒤})\}$
일어날 수 있는 모든 경우의 수는 $n(S) = 4$ 가지
두 개의 동전이 모두 앞면이 나오는 경우는 $A = \{(\text{앞, 앞})\}$
두 개의 동전이 모두 앞면이 나오는 경우의 수는 $n(A) = 1$ 가지
$\therefore\ P(A) = \frac{n(A)}{n(S)} = \frac{1}{4} = 25\%$

예제 13.29

서로 다른 2개의 주사위를 동시에 던질 때, 나오는 두 눈의 합이 10 이상일 확률을 구하라.

풀이

두 눈의 합이 10 이상이 나오는 사건을 A라 하면,
일어날 수 있는 모든 경우는
$S = \{(1, 1), (1, 2), (1, 3), \cdots\cdots\cdots\cdots\cdots, (6, 4), (6, 5), (6, 6)\}$
일어날 수 있는 모든 경우의 수는 $n(S) = 36$ 가지
두 눈의 합이 10 이상인 경우 $A = \{(4, 6), (5, 5), (5, 6), (6, 4), (6, 5), (6, 6)\}$

두 눈의 합이 10 이상일인 경우의 수는 $n(A)=6$ 가지

$$\therefore\ P(A)=\frac{n(A)}{n(S)}=\frac{6}{36}=16.7\%$$

예제 13.30

로또복권 1등에 당첨될 확률을 구하라.

풀이

로또복권은 1~45까지의 숫자 중에서 6개의 수를 골라서 순서에 상관없이 당첨번호와 일치하면 된다.

1등에 당첨되는 사건을 A 라 하면,

일어날 수 있는 모든 경우의 수는 $n(S)={}_{45}C_6=8,145,060$ 가지

1등에 당첨될 경우의 수는 $n(A)={}_6C_6=1$ 가지

$$P(A)=\frac{n(A)}{n(S)}=\frac{1}{8,145,060}=1.228\times 10^{-7}=1.228\times 10^{-5}\%=0.00001228\%$$

(2) 통계적 확률

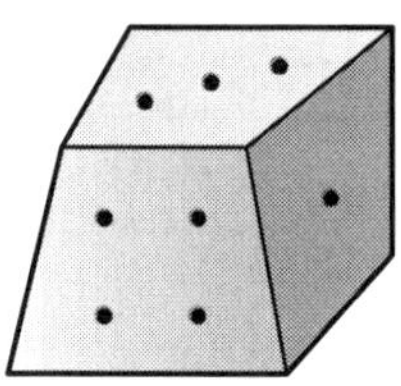

위의 그림과 같이 정육면체가 아닌 주사위에서는 1~6 까지 각 눈이 나올 확률은 $\frac{1}{6}$ 이 아닐 것이다. 그러면 이런 기형적인 주사위에서 3의 눈이 나올 확률은 어떻게 구해야 하나?

이와 같이 수학적 확률로 정의할 수 없는 경우에는 시행을 여러 번 반복함으로써 얻어지는 상대도수를 통하여 확률을 짐작할 수 있을 것이다.

시행횟수(n)	100	200	300	…	1,000
3의 눈이 나온 횟수	18	38	66	…	200
확률	0.18	0.19	0.22	…	0.2

1,000번 시행했을 때 3의 눈이 200번 나왔다면, 이 기형적인 주사위에서 3의 눈이 나올 확률은 $\frac{200}{1,000}$, 즉 $\frac{1}{5}$이라고 할 수 있을 것이다. 이와 같이 여러 번 반복을 통한 실험결과로부터 얻는 확률을 **"통계적 확률(statistical probability)"**이라고 한다.

일반적으로 같은 시행을 n번 반복할 때, 사건 A가 일어난 횟수가 r_n이면, n이 한없이 커짐에 따라 상대도수, $\frac{r_n}{n}$은 일정한 값 p에 가까워지게 되며, 이때 p를 사건 A가 일어날 '통계적 확률'이라고 한다.

통계적 확률은 농구선수가 자유투를 성공시킬 확률, 기상청에서 발표하는 비가 올 확률, 어떤 사람의 혈액형이 O형일 확률, 어떤 프로야구선수가 안타를 칠 확률 등에서 적용될 수 있다.

예제 13.31

다음은 어느 프로야구 선수의 한 시즌 동안의 경기결과에 대한 기록이다.

타수	안타	홈런	아웃
100	36	5	55

(1) 이 선수가 한 시즌 동안 안타를 칠 확률은?

(2) 아웃을 당할 확률은?

풀이

통계적 확률의 문제이므로,

(1) 안타를 칠 확률은 $\frac{36}{100}$

(2) 아웃을 당할 확률은 $\frac{55}{100}$

13.3.3 조건부 확률

두 사건 A, B에 대하여, 사건 A가 일어났을 때, 사건 B가 일어날 확률을 "사건 **A**가 일어났을 때의 사건 **B**의 조건부 확률"이라고 하고, 기호로는 $P(B/A)$와 같이 나타낸다. 즉,

$$P(B/A)=\frac{n(A\cap B)}{n(A)}=\frac{\dfrac{n(A\cap B)}{n(S)}}{\dfrac{n(A)}{n(S)}}=\frac{P(A\cap B)}{P(A)}$$

예제 13.32

1부터 10까지의 숫자가 하나씩 적혀있는 10장의 카드가 있다. 이들 중에서 한 장을 뽑을 때, 2의 배수인 카드가 나왔을 때, 그것이 3의 배수일 확률을 구하라.

풀이

표본공간 $S=\{1,2,3,4,5,6,7,8,9,10\}$
2의 배수가 나올 사건을 $A=\{2,4,6,8,10\}$
3의 배수가 나올 사건을 $B=\{3, 6, 9\}$
$A\cap B=\{6\}$ 이므로, $n(A)=5$, $n(A\cap B)=1$
구하는 확률은 사건 A가 일어났을 때의 사건 B의 조건부 확률이므로,

$$\therefore\ P(B/A)=\frac{n(A\cap B)}{n(A)}=\frac{1}{5} \quad \text{또는, } P(B/A)=\frac{P(A\cap B)}{P(A)}=\frac{\dfrac{1}{10}}{\dfrac{5}{10}}=\frac{1}{5}$$

13.3.4 독립시행의 확률

동전이나 주사위를 여러 번 반복하여 던지는 경우와 같이 어떤 동일한 시행을 여러 번 반복할 때, 각 시행의 결과가 다른 시행의 결과에 아무런 영향을 받지 않는 시행, 즉 매번 일어나는 사건이 서로 독립일 때, 이러한 시행을 **독립시행**이라고 한다.

1회의 시행에서 사건 A가 일어날 확률을 p라고 할 때, 이 시행을 n회 반복하는 독립시행에서 사건 A가 r회 일어날 확률은,

$${}_nC_r\, p^r\, q^{n-r} \qquad (\text{단, } q=1-p,\ \ r=0,1,2,\cdots,n)$$

예제 13.33

1개의 동전을 5번 던질 때, 앞면이 2회 나올 확률을 구하라.

풀이

시행 : 동전을 5회 던진다. $\therefore\ n=5$ 회

사건 : 앞면이 2회 나온다. $\therefore\ p=\frac{1}{2}$, $r=2$ 회

1회의 시행에서, 사건 A가 일어날 확률을 p라 할 때, 이 시행을 n회 반복하는 독립시행에서 사건 A가 r회 일어날 확률이므로,

$$\therefore \text{확률} = {}_5C_2\left(\frac{1}{2}\right)^2\left(1-\frac{1}{2}\right)^{5-2} = 10\times\left(\frac{1}{2}\right)^2\left(\frac{1}{2}\right)^3 = 10\times\left(\frac{1}{2}\right)^5 = \frac{10}{32} = \frac{5}{16}$$

예제 13.34

1개의 주사위를 5번 던질 때, 1의 눈이 3번 나올 확률을 구하라.

풀이

시행 : 주사위를 5회 던진다. $\therefore\ n=5$ 회

사건 : 1의 눈이 3회 나온다. $\therefore\ p=\frac{1}{6}$, $r=3$ 회

1회의 시행에서, 사건 A가 일어날 확률을 p라 할 때, 이 시행을 n회 반복하는 독립시행에서 사건 A가 r회 일어날 확률이므로,

$$\therefore \text{확률} = {}_5C_3\left(\frac{1}{6}\right)^3\left(1-\frac{1}{6}\right)^{5-3} = 10\times\left(\frac{1}{6}\right)^3\left(\frac{5}{6}\right)^2 = \frac{10\times1\times5^2}{7,776} = \frac{250}{7,776} = \frac{125}{3,888}$$

13.4 확률분포

어떤 시행에서 표본공간 S의 각 원소를 실수전체의 집합 R의 한 원소에 대응시키는 변수 X를 확률변수(確率變數, random variable)라고 하며, 확률변수 X가 갖는 값과 그 값

을 가질 확률의 대응관계를 X의 확률분포(確率分布, probability distribution)라고 한다.

확률분포를 이해하기 위해서는 표본공간에 대한 이해가 필요한데, 표본공간(sample space)이란 어떤 시행에서 일어날 수 있는 모든 경우의 집합을 의미하며, 기호로 S로 나타내며, 몇 가지 예를 들면 다음과 같다.

① 1개의 동전을 던지고 나오는 면의 종류를 관찰할 때, $S=\{$앞면, 뒷면$\}$
② 1개의 주사위를 던지고 나오는 눈의 종류를 관찰할 때, $S=\{1, 2, 3, 4, 5, 6\}$
③ 콘크리트 공시체에 대해 압축강도시험을 하고, 압축강도의 값을 관찰할 때, $S=\{\sigma_c\}$
④ 철근에 대해 인장강도시험을 하고, 인장강도의 값을 관찰할 때, $S=\{\sigma_y\}$

표본공간에 대한 위의 예에서, ①, ②와 같이 표본공간의 원소를 하나씩 셀 수 있는 경우에는 이산표본공간(離散標本空間, discrete sample space)이라고 하고, ③, ④와 같이 표본공간의 원소를 하나씩 셀 수 없는 경우에는 연속표본공간(連續標本空間, continuous sample space)이라고 한다.

13.4.1 이산확률분포

(1) 이산확률변수

"동전을 2회 던질 때, 앞면이 나오는 횟수", "주사위를 6번 던질 때, 1의 눈이 나오는 횟수" 등과 같이 확률변수 X가 가질 수 있는 값이 유한개 이거나 자연수와 같이 셀 수 있을 때, X를 이산확률변수(離散確率變數, random variable of discrete type)라고 하고, 이산확률변수 X가 어떤 값 x를 가질 확률을 기호 $P(X=x)$와 같이 나타낸다.

(2) 확률질량함수

이산확률변수 X가 가질 수 있는 값이 $x_1, x_2, x_3, \cdots, x_n$ 이고, X가 그 값을 가질 확률이 각각 $p_1, p_2, p_3, \cdots, p_n$ 일 때, 이 확률분포를 나타내는 $P(X=x_i)=p_i$ (여기서, $i=1, 2, 3, \cdots, n$)를 이산확률변수 X의 **확률질량함수**(probability mass function)라고 한다.

이때, 확률변수 X의 확률분포를 표로 나타내면, 다음과 같다.

이산확률변수 X	x_1	x_2	x_3	$\cdots$	x_n	계
확률질량함수 $P(X=x)$	p_1	p_2	p_3	$\cdots$	p_n	1

(3) 확률질량함수의 성질

이산확률변수 X의 확률질량함수 $P(X=x_i)=p_i\,(i=1,2,3,\cdots,n)$에 대하여, 다음과 같은 내용이 성립한다.

① $0 \leq p_i \leq 1$

② $\sum_{i=1}^{n} p_i = 1$

③ $P(X=x_i \text{ 또는 } X=x_j)=P(X=x_i)+P(X=x_j)=p_i+p_j$ (단, $i \neq j$)

(4) 이산확률변수의 평균, 분산, 표준편차

이산확률변수 X의 확률질량함수가 $P(X=x_i)=p_i\,(i=1,2,3,\cdots,n)$일 때,

① 평균(기대값) : $E(X)=m=\sum_{i=1}^{n} x_i p_i$

② 분산 : $V(X)=E((X-m)^2)=E(X^2)-\{E(X)\}^2$

③ 표준편차 : $\sigma(X)=\sqrt{V(X)}$

예제 13.35

주머니 속에 1, 2, 3 의 숫자가 적혀있는 공이 각각 1개씩 들어 있다. 주머니 속에서 임의로 1개의 공을 꺼낼 때, 공에 적힌 수를 확률변수 X라 할 때, X의 기대값(평균), 분산, 표준편차를 구하라.

풀이

확률변수 X가 가질 수 있는 값은 1,2,3 이며, 확률변수 X의 확률분포를 표로 나타내면, 다음과 같다.

X	1	2	3	합계
$P(X=x)$	$\frac{1}{3}$	$\frac{1}{3}$	$\frac{1}{3}$	1

기대값(평균) : $E(X)=\sum_{i=1}^{3} x_i p_i = 1\times\frac{1}{3}+2\times\frac{1}{3}+3\times\frac{1}{3}=2$

분산 :

$$V(X)=E(X^2)-\{E(X)\}^2=\left(1^2\times\frac{1}{3}+2^2\times\frac{1}{3}+3^2\times\frac{1}{3}\right)-2^2=\frac{14}{3}-4=0.67$$

표준편차 : $\sigma(X)=\sqrt{V(X)}=\sqrt{0.67}=0.82$

(5) 이항분포

1회의 시행에서 사건 A가 일어날 확률을 p, 일어나지 않을 확률을 q(단, $q=1-p$) 라 하고, n회의 독립시행중 사건 A가 일어나는 횟수를 확률변수 X라 하면, X는 $0, 1, 2, \cdots, n$ 의 값을 갖는 이산확률변수이고, X의 확률질량함수는,

$$P(X=x)={}_nC_x\, p^x q^{(n-x)} \quad (\text{여기서, } x=0, 1, 2, \cdots, n)$$

이다. 이와 같이 이산확률변수 X의 확률분포를 이항분포(Binomial distribution)라고 하고, 기호로 $B(n, p)$와 같이 나타낸다. 이때, 확률변수 X는 이항분포 $B(n, p)$를 따른다고 표현한다.

〈이항분포의 평균, 분산, 표준편차〉

확률변수 X가 이항분포 $B(n, p)$를 따를 때, 확률변수 X의 평균, 분산, 표준편차는 각각 다음과 같이 계산한다.

① 평균 : $E(X)=np$
② 분산 : $V(X)=npq$ (단, $q=1-p$)
③ 표준편차 : $\sigma(X)=\sqrt{npq}$

예제 13.36

1개의 주사위를 6번 던질 때, 1의 눈이 나오는 횟수를 확률변수 X라 할 때, X의 평균, 분산, 표준편차를 구하라.

풀이

1회의 시행에서 1의 눈이 나올 확률은 $\frac{1}{6}$ 이고, 6번의 독립시행에서 1의 눈이 나오는 횟수가 확률변수 X이므로, 확률변수 X는 이항분포 $B\left(6, \frac{1}{6}\right)$을 따른다. 그리고 $q=1-p=1-\frac{1}{6}=\frac{5}{6}$ 이므로,

평균 : $E(X)=np=6\times\frac{1}{6}=1$

분산 : $V(X)=npq=6\times\frac{1}{6}\times\frac{5}{6}=0.83$

표준편차 : $\sigma(X)=\sqrt{0.83}=0.91$

13.4.2 연속확률분포변수

(1) 연속확률변수

신생아에 대해 키를 조사하거나 몸무게를 조사할 때, 또는 콘크리트 공시체에 대해 압축강도값을 조사할 때, 철근에 대해 인장강도 값을 조사할 때 등과 같이 확률변수 X가 가질 수 있는 값이 어떤 범위에 속하는 모든 실수값을 취할 수 있는 확률변수를 연속확률변수(連續確率變數, random variable of continuous type)라고 한다.

(2) 확률밀도함수

연속확률변수 X가 닫힌구간 $\alpha \leqq X \leqq \beta$의 모든 실수값을 가질 때, 함수 $f(x)$가 다음의 조건을 만족시키면, 함수 $f(x)$를 연속확률변수 X의 **확률밀도함수**(probability density function) 라고 한다.

① $f(x) \geqq 0 \quad (\alpha \leqq x \leqq \beta)$

② 함수 $f(x)$의 그래프와 x축 및 두 직선 $x=\alpha$, $x=\beta$로 둘러싸인 부분의 넓이는 1이다. 즉, $\int_{\alpha}^{\beta} f(x)dx = 1$

③ $P(a \leqq X \leqq b)$는 함수 $f(x)$의 그래프와 x축 및 두 직선 $x=a$, $x=b$로 둘러싸인 부분의 넓이와 같다. 즉, $P(a \leqq X \leqq b) = \int_{a}^{b} f(x)dx$ (단, $\alpha \leqq a \leqq b \leqq \beta$)

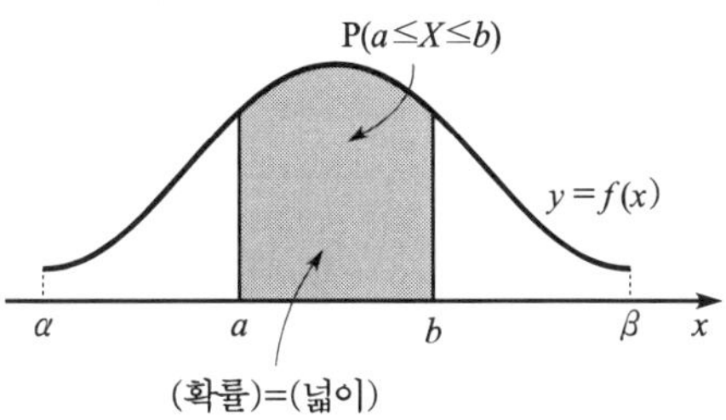

(3) 연속확률변수의 평균, 분산, 표준편차

연속확률변수 X가 닫힌구간 $\alpha \leqq X \leqq \beta$의 모든 실수값을 취하고, 연속확률변수 X의 확률밀도함수가 $f(x)$일 때,

① 평균 : $E(X)=m=\int_{\alpha}^{\beta} xf(x)dx$

② 분산 : $V(X)=E((X-m)^2)=\int_{\alpha}^{\beta}(x-m)^2 f(x)dx$

$$=\int_{\alpha}^{\beta}x^2 f(x)dx-m^2=E(X^2)-\{E(X)\}^2$$

③ 표준편차 : $\sigma(X)=\sqrt{V(X)}$

예제 13.37

연속확률변수 X의 확률밀도함수 $f(x)$의 그래프가 다음과 같을 때, $P(1\leqq X\leqq 3)$을 구하라.

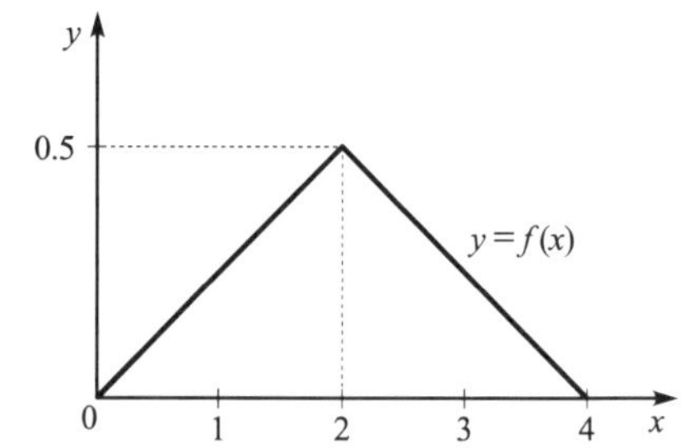

풀이

$P(1\leqq X\leqq 3)$은 그림에서 음영부분의 넓이이므로, 직선 OA의 방정식은,

$$y=\frac{\frac{1}{2}}{2}x=\frac{1}{4}x$$

$P(1\leqq X\leqq 3)$

$=1-$(양끝 2개의 흰색 삼각형의 면적)

$=1-2개\times\left(\frac{1}{2}\times 1\times 0.25\right)=0.75$

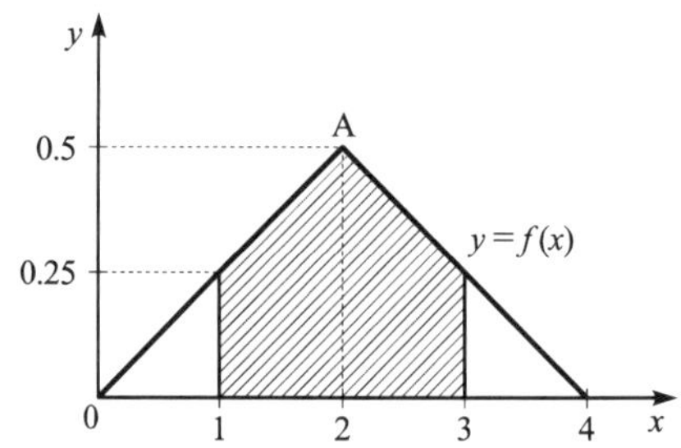

예제 13.38

연속확률변수 X의 확률밀도함수 $f(x)$가 다음과 같을 때, 다음의 값을 구하라.

$$f(x)=\begin{cases}1+x & (-1\leqq x\leqq 0)\\ 1-x & (0\leqq x\leqq 1)\\ 0 & (\text{그외 범위})\end{cases}$$

① $P(-1<X<0)$ ② $P(-\infty<X<\infty)$

③ $E(X)$ ④ $V(X)$ ⑤ $\sigma(X)$

풀이

① $P(-1 < X < 0) = \int_{-1}^{0} f(x)dx = \int_{-1}^{0} (1+x)dx = \left[x + \frac{x^2}{2}\right]_{-1}^{0} = \frac{1}{2}$

② $P(-\infty < X < \infty) = \int_{-\infty}^{\infty} f(x)dx$

$$= \int_{-\infty}^{-1} f(x)dx + \int_{-1}^{0} f(x)dx + \int_{0}^{1} f(x)dx + \int_{1}^{\infty} f(x)dx$$

$$= 0 + \int_{-1}^{0} (1+x)dx + \int_{0}^{1} (1-x)dx + 0$$

$$= \left[x + \frac{x^2}{2}\right]_{-1}^{0} + \left[x - \frac{x^2}{2}\right]_{0}^{1} = \frac{1}{2} + \frac{1}{2} = 1$$

③ $E(X) = \int_{-\infty}^{\infty} xf(x)dx$

$$= \int_{-\infty}^{-1} xf(x)dx + \int_{-1}^{0} xf(x)dx + \int_{0}^{1} xf(x)dx + \int_{1}^{\infty} xf(x)dx$$

$$= 0 + \int_{-1}^{0} x(1+x)dx + \int_{0}^{1} x(1-x)dx + 0$$

$$= \int_{-1}^{0} (x+x^2)dx + \int_{0}^{1} (x-x^2)dx = \left[\frac{x^2}{2} + \frac{x^3}{3}\right]_{-1}^{0} + \left[\frac{x^2}{2} - \frac{x^3}{3}\right]_{0}^{1}$$

$$= \left[(0+0) - (\frac{1}{2} - \frac{1}{3})\right] + \left[(\frac{1}{2} - \frac{1}{3}) - (0-0)\right] = \frac{-1}{2} + \frac{1}{3} + \frac{1}{2} - \frac{1}{3} = 0$$

④ $V(X) = \int_{-\infty}^{\infty} x^2 f(x)dx - m^2 = \int_{-\infty}^{\infty} x^2 f(x)dx - \{E(X)\}^2$

$$= \int_{-\infty}^{-1} x^2 f(x)dx + \int_{-1}^{0} x^2 f(x)dx + \int_{0}^{1} x^2 f(x)dx$$

$$+ \int_{1}^{\infty} x^2 f(x)dx - \{E(X)\}^2$$

$$= 0 + \int_{-1}^{0} x^2(1+x)dx + \int_{0}^{1} x^2(1-x)dx + 0 - 0^2$$

$$= \int_{-1}^{0} (x^2+x^3)dx + \int_{0}^{1} (x^2-x^3)dx = \left[\frac{x^3}{3} + \frac{x^4}{4}\right]_{-1}^{0} + \left[\frac{x^3}{3} - \frac{x^4}{4}\right]_{0}^{1}$$

$$- \left[(0+0) - (\frac{-1}{3} + \frac{1}{4})\right] + \left[(\frac{1}{3} - \frac{1}{4}) - (0-0)\right]$$

$$= \left(\frac{1}{3} - \frac{1}{4}\right) + \left(\frac{1}{3} - \frac{1}{4}\right) = \frac{1}{6}$$

⑤ $\sigma(X) = \sqrt{V(X)} = \sqrt{\frac{1}{6}} = 0.41$

(4) 정규분포

수능시험의 성적분포, 사람의 키의 분포 등 세상의 많은 현상들은 대부분 종모양(bell shape)의 정규분포를 나타내는 경우가 많다.

연속확률변수 X가 모든 실수값을 취하고, 그 확률밀도함수 $f(x)$가 두 상수 m, σ $(\sigma > 0)$에 대하여,

$$f(x) = \frac{1}{\sqrt{2\pi}\,\sigma} e^{-\frac{(x-m)^2}{2\sigma^2}} \quad (\text{단, } -\infty < x < \infty,\ e = 2.71828\cdots \text{ 오일러의 수})$$

로 주어질 때, 확률변수 X는 정규분포(normal distribution)를 따른다고 하고, 확률밀도함수 $f(x)$의 그래프를 정규분포곡선이라고 한다.

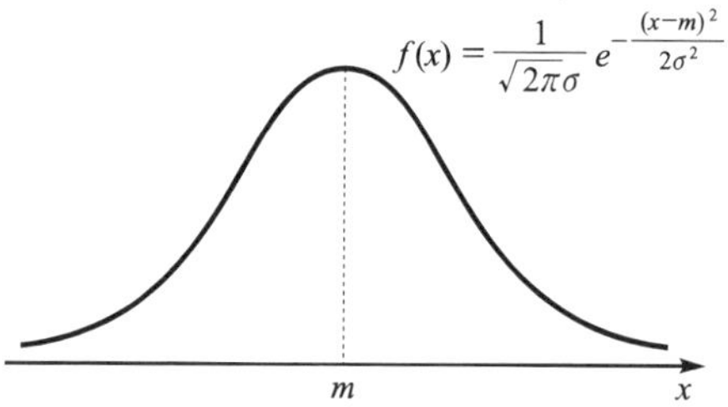

이때, 확률변수 X의 평균과 표준편차는 각각 m, σ이고, 평균이 m이고, 표준편차가 σ인 정규분포를 기호로 $N(m, \sigma^2)$과 같이 나타낸다.

그리고 확률 $P(a \leqq X \leqq b)$는 오른쪽 그림에서 색칠한 부분의 넓이이다.

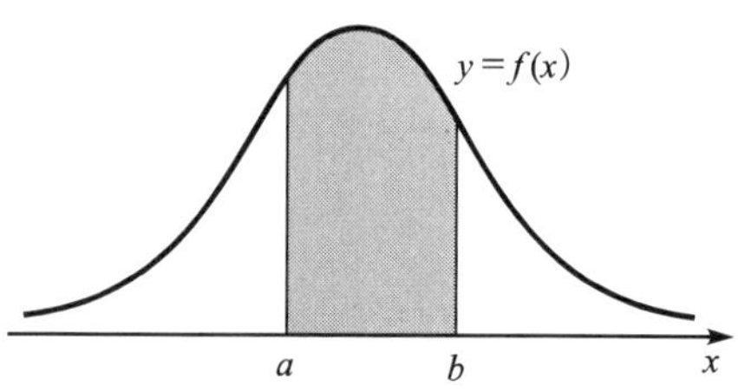

〈정규분포곡선의 성질〉

① 곡선과 x축 사이의 넓이는 1 이다.

② 직선 $x = m$에 대해 대칭인 종모양(bell shape)의 곡선이고, x축을 점근선으로 한다.

③ $x = m$ 일 때, 최대값 $\dfrac{1}{\sqrt{2\pi}\,\sigma}$ 을 갖는다.

④ m 의 값이 일정할 때, σ 의 값이 커지면 곡선의 중앙부분이 낮아지면서 옆으로 퍼지고, σ 의 값이 작아지면 곡선의 중앙부분이 높아지고 옆으로 폭이 좁아진다.

⑤ σ 의 값이 일정할 때, m 의 값이 변하면 대칭축의 위치는 변하지만 곡선의 모양과 크기는 변하지 않는다.

〈정규분포 $N(m, \sigma^2)$ 의 평균, 분산, 표준편차〉

$$E(X) = m$$

$$V(X) = \sigma^2$$

$$\sigma(X) = \sqrt{V(X)} = \sigma$$

〈정규분포곡선과 x 축 사이의 넓이〉

① $m-\sigma \leqq X \leqq m+\sigma$ 일 때,

$P(m-\sigma \leqq X \leqq m+\sigma) = 0.6826$

② $m-2\sigma \leqq X \leqq m+2\sigma$ 일 때,

$P(m-2\sigma \leqq X \leqq m+2\sigma) = 0.9544$

③ $m-3\sigma \leqq X \leqq m+3\sigma$ 일 때,

$P(m-3\sigma \leqq X \leqq m+3\sigma) = 0.9974$

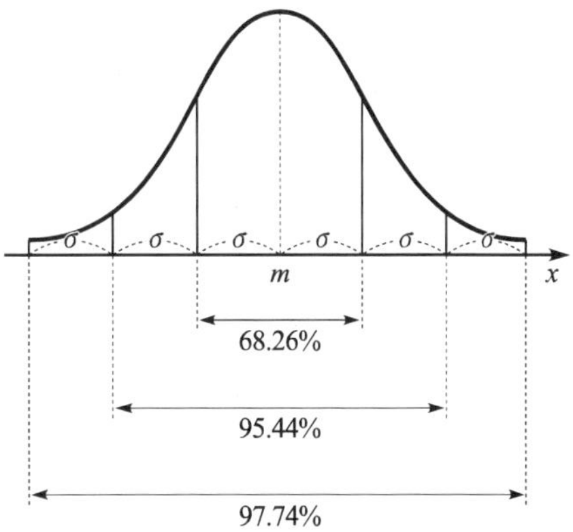

예제 13.39

확률변수 X 가 정규분포 $N(100, 5^2)$ 을 따를 때, 다음의 확률을 구하라.

① $P(95 \leq X \leq 105)$

② $P(100 \leq X \leq 110)$

풀이

① $P(100-5 \leqq X \leqq 100+5) = 0.6826$

② $P(100 \leqq X \leqq 110) = P(100 \leqq X \leqq 100+2\times 5) = \dfrac{1}{2}\times 0.9544 = 0.4772$

(5) 표준정규분포

평균이 0이고, 표준편차가 1인 정규분포를 표준정규분포(standard normal distribution)라고 하고, 이때, 표준정규분포를 따르는 확률변수를 Z라고 한다. 표준정규분포는 기호로 $N(0,\ 1)$과 같이 나타낸다.

〈표준정규분포에서의 확률〉

양수 a에 대하여 확률 $P(0 \leq Z \leq a)$는 아래의 그림 13.4에서 색칠한 부분의 넓이와 같고, 표준정규분포표에 대략적인 값이 계산되어 있다. 예를 들어 $P(0 \leq Z \leq 1.25)$의 값은 그림 13.5의 표준정규분포표에서 1.2의 가로줄과 0.05의 세로줄이 만나는 곳의 값을 찾으면 된다. 즉, $P(0 \leq Z \leq 1.25) = 0.3944$이다.

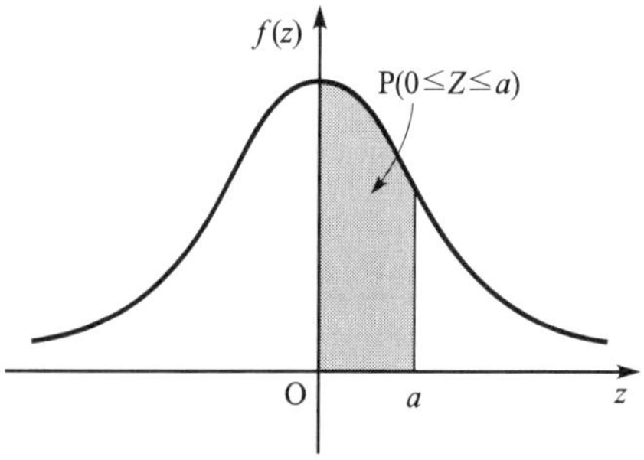

그림 13.4 표준정규분포 곡선

〈표준정규분포표〉

z	0.00	···	0.05	···
0.0				
⋮				
1.2			0.3944	
⋮				

그림 13.5 표준정규분포표

예제 13.40

확률변수 Z가 표준정규분포 $N(0,\ 1)$을 따를 때, 주어진 표준정규분포표를 이용하여 다음을 구하라.

z	$P(0 \leq Z \leq z)$
1.0	0.3413
2.0	0.4772

① $P(0 \leq Z \leq 1)$

② $P(1 \leq Z \leq 2)$

풀이

확률을 구할 때에는 표준정규분포곡선을 이용하여 나타낸 후, 표준정규분포표를 이용하면 쉽게 계산할 수 있다.

① $P(0 \leq Z \leq 1)$을 표준정규분포곡선에 나타내면 아래의 그림 13.6과 같고, 표준정규

분포표를 이용하여 구하면, $\therefore\ P(0 \leqq Z \leqq 1) = 0.3413$

② $P(1 \leqq Z \leqq 2)$ 를 표준정규분포곡선에 나타내면 아래의 그림 13.7과 같고, 표준정규분포표를 이용하여 구하면,

$\therefore\ P(1 \leqq Z \leqq 2) = P(0 \leqq Z \leq 2) - P(0 \leqq Z \leq 1) = 0.4772 - 0.3413 = 0.1359$

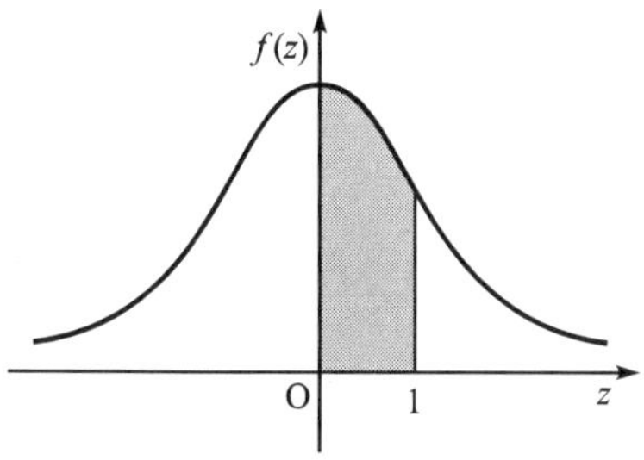

그림 13.6 표준정규분포 곡선(예제 13.40, ①)

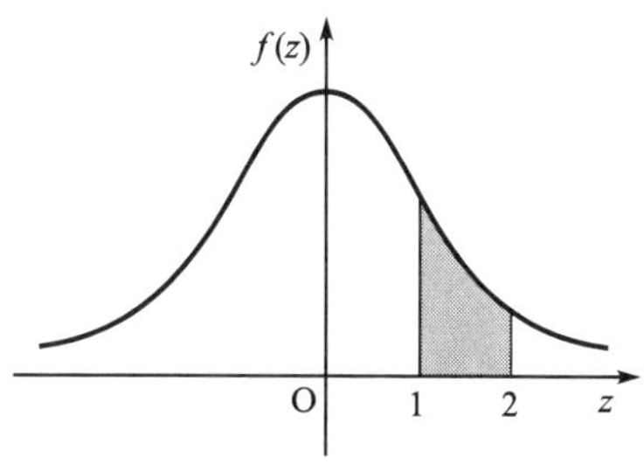

그림 13.7 표준정규분포 곡선(예제13.40, ②)

〈정규분포의 표준화〉

확률변수 X가 정규분포 $N(m, \sigma^2)$ 을 따를 때, 확률변수 Z를

$$Z = \frac{X - m}{\sigma}$$

이라 하면, Z는 표준정규분포 $N(0, 1)$ 을 따른다.

그러므로 확률 $P(a \leqq X \leqq b)$ 는 표준화를 이용하여 나타내면 다음과 같다.

$$P(a \leqq X \leqq b) = P\left(\frac{a-m}{\sigma} \leqq Z \leqq \frac{b-m}{\sigma}\right)$$

예제 13.41

확률변수 X가 정규분포 $N(60, 5^2)$ 을 따를 때, 표준정규분포표를 이용하여 $P(55 \leqq X \leqq 70)$ 의 값을 구하라. 표준정규분포표는 다음과 같다.

z	$P(0 \leqq Z \leqq z)$
1.0	0.3413
2.0	0.4772

$$
\begin{aligned}
P(55 \leqq X \leqq 70) &= P\left(\frac{55-60}{5} \leqq Z \leqq \frac{70-60}{5}\right) = P(-1 \leqq Z \leqq 2) \\
&= P(-1 \leqq Z \leqq 0) + P(0 \leqq Z \leqq 2) \\
&= P(0 \leqq Z \leqq 1) + P(0 \leqq Z \leqq 2) \\
&= 0.3413 + 0.4772 = 0.8185
\end{aligned}
$$

(6) 이항분포와 정규분포의 관계

확률변수 X가 이항분포 $B(n, p)$를 따를 때, n이 충분히 크면, X는 근사적으로 정규분포 $N(np, npq)$를 따른다.(단, $q = 1-p$)

즉, 주사위를 n회 던질 때, 1의 눈이 나오는 횟수를 확률변수 X라 하면, X는 이항분포 $B(n, \frac{1}{6})$을 따른다. 여기서, $n = 10, 20, 30, 40, 50$으로 증가시키면 그래프는 다음과 같이 정규분포에 가까워지는 것을 알 수 있다. 즉, 일반적으로 이항분포 $B(n, p)$는 n이 충분히 클 때에는 정규분포 $N(np, npq)$에 가까워지는 것을 알 수 있다.

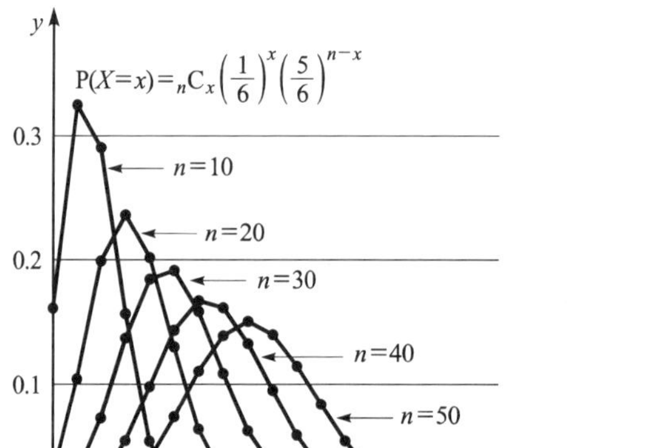

그림 13.8 이항분포와 정규분포의 관계

그리고 X를 표준화한 확률변수,

$$Z = \frac{X-m}{\sigma}$$

는 근사적으로 표준정규분포 $N(0, 1)$을 따른다.

예제 13.42

1개의 주사위를 600번 던질 때, 1의 눈이 나오는 횟수를 확률변수 X라 하면, X는 근사적으로 정규분포 $N(m, \sigma^2)$ 즉, $N(np, npq)$를 따른다고 할 때, 평균과 분산, 표준편차를 구하라.

풀이

시행횟수가 600번 이고, 한 번의 시행에서 1의 눈이 나올 확률은 $\frac{1}{6}$ 이다.

즉, 확률변수 X가 이항분포 $B(600, \frac{1}{6})$을 따르며, $q = 1 - p$ 이므로, $q = 1 - \frac{1}{6} = \frac{5}{6}$

$m = E(X) = np = 600 \times \frac{1}{6} = 100$

$\sigma^2 = V(X) = npq = 600 \times \frac{1}{6} \times \frac{5}{6} = 83.3$

$\sigma = \sqrt{V(X)} = \sqrt{83.3} = 9.13$

●● 연습문제

13.1 1개의 주사위를 던질 때 "5가 나올" 확률은?

13.2 1개의 주사위를 던질 때 "2보다 큰 수가 나올" 확률은?

13.3 숫자 1,2,3,4,5 중에서 서로 다른 3개의 숫자를 선택하여 만들 수 있는 세 자리 자연수의 갯수를 구하라.

13.4 4개의 문자 a, b, c, d 중에서 중복을 허락하여 3개를 택하여 일렬로 배열하는 경우의 수를 구하라.

13.5 빨, 주, 노, 초, 파, 남, 보 7가지의 물감 중에서 2개를 선택하여 일정량씩 섞어서 만들 수 있는 색깔 종류의 수를 구하라.

13.6 1개의 주사위를 던질 때, 홀수가 나올 확률을 구하라.

13.7 어떤 공장에서 생산된 제품 중에서 1,000개를 조사하였더니 25개의 불량품이 있었다. 전체 제품 중에서 임의로 1개의 제품을 뽑을 때, 그 제품이 불량품일 확률을 구하라.

13.8 서로 다른 두 개의 주사위를 동시에 던질 때, 나오는 눈의 수의 합이 4 이하일 확률을 구하라.

13.9 한 개의 주사위를 던져 홀수의 눈이 나왔을 때, 그것이 4보다 큰 숫자일 확률을 구하라.

13.10 1부터 10까지의 숫자가 하나씩 적혀있는 10장의 카드가 있다. 이들 중에서 한 장을 뽑을 때, 3의 배수인 카드가 나왔을 때, 그것이 2의 배수일 확률을 구하라.

13.11 1개의 동전을 5번 던질 때, 앞면이 5회 나올 확률을 구하라.

13.12 1개의 주사위를 5번 던질 때, 1의 눈이 5회 나올 확률을 구하라.

13.13 주사위를 한번 던질 때, 나오는 눈의 수를 확률변수 X라 할 때, X의 기대값(평균), 분산, 표준편차를 구하라.

13.14 1개의 동전을 2번 던질 때, 앞면이 나오는 횟수를 확률변수 X라 할 때, X의 평균, 분산, 표준편차를 구하라.

13.15 연속확률변수 X의 확률밀도함수 $f(x)$의 그래프가 다음과 같을 때, $P(1.5 \leq X \leq 2.5)$를 구하라.

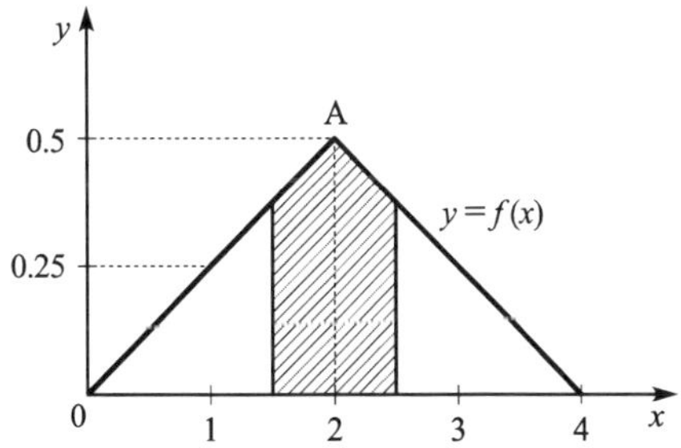

〈그림〉 확률밀도함수

13.16 확률변수 X가 정규분포 $N(10, 16)$을 따를 때, 다음을 계산하라.

(1) $E(X)$

(2) $\sigma(X)$

13.17 확률변수 X가 정규분포 $N(10, 5^2)$을 따를 때, 표준정규분포표를 이용하여 다음을 구하라. 표준정규분포표는 다음과 같다.

z	$P(0 \leqq Z \leqq z)$
1.0	0.3413
2.0	0.4772

(1) $P(X \leqq 15)$

(2) $P(10 \leqq X \leqq 20)$

13.18 확률변수 X가 이항분포 $B\left(450, \dfrac{1}{3}\right)$을 따를 때, $P(140 \leqq X \leqq 160)$의 값을 구하라.

(단, Z가 표준정규분포를 따르는 확률변수일 때, $P(0 \leqq Z \leqq 1) = 0.3413$으로 계산한다.)

제14장 통계

인구증가율, 경제성장률, 실업률, 쌀 생산량, 물가지수, 주가지수 등등 우리는 일상생활에서 여러 가지 통계를 접하고 있다. 이러한 통계는 우리에게 유용한 정보를 제공해 주고 있으며, 국가적인 정책을 수립하거나 개인의 사회생활을 영위하는데 중요한 역할을 하고 있다.

통계학(統計學, statistics)은 주어진 자료에서 합계나 평균 등과 같이 필요한 정보를 계산하는 등 자료를 수집·정리·요약하는 기술 통계학(記述 統計學, descriptive statistics)과 표본자료에서 얻은 정보를 이용하여 모집단(자료를 뽑은 대상 전체)에 대한 정보를 예측하고 불확실한 사실에 대한 결론을 이끌어내는데 필요한 이론과 방법을 제시하는 추론 통계학(推論 統計學, inferential statistics)이 있다.

14.1 자료의 처리 방법

통계자료를 조사하고 분석하는 데에는 주로 표와 그래프가 사용된다. 특히 그래프는 복잡한 통계자료를 간단하게 나타내어 준다. 자료의 양이 많지 않을 때에는 점도표(dot diagram) 또는 막대 그래프(line diagram)를 사용하고, 자료의 양이 많을 때에는 히스토그램(histogram)을 사용한다. 통계자료의 조사 및 분석과 관련하여 다음의 용어들이 있다.

- 도수(frequency) : 특정한 자료의 값이 몇 번 반복해서 나오는 경우 반복되는 횟수
- 도수분포(frequency distribution) : 자료의 배열 그 자체
- 도수분포표(frequency table) : 도수를 이용하여 자료를 알아보기 쉽게 분류하여 배열해 놓은 표
- 계급(class) : 자류의 값을 적당한 간격으로 분류한 것
- 상대도수(relative frequency) : 각 계급의 도수를 전체도수로 나눈 값

(1) 점도표(點圖表, dot diagram)

점도표는 모든 자료를 수평선 위에 점으로 표시한 것이다.

예제 14.1

학교 앞을 지나가는 자동차들의 속도(km/hr)를 측정해서 다음과 같은 15개의 자료를 얻었다. 점도표로 나타내어라.

28 30 33 35 36 38 40 41 42 43 45 47 48 40 38

풀이

점도표는 아래의 그림과 같고, 38과 40 km/hr 사이의 점에 대해 거의 대칭임을 알 수 있다.

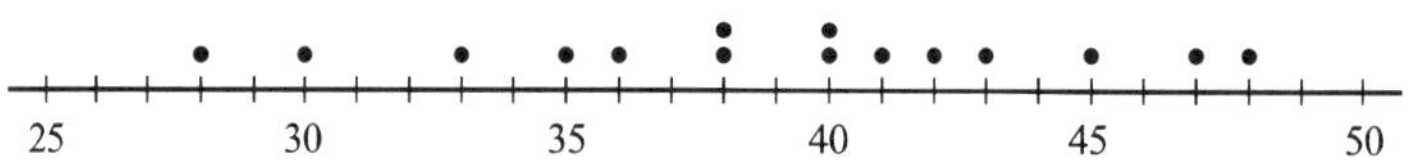

그림 14.1 점도표

(2) 상대도수(相對度數) 막대그래프

어느 한 가정의 가족 구성원의 수 또는 어떤 가정에서의 자녀의 수와 같이 측정값이 이산적(離散的)이면서 자료의 수가 많지 않을 경우, 수평선 위에 각각의 관측값을 잡아 그 위에 상대도수와 같은 높이의 직선을 그어서 자료의 분포상황을 알 수 있도록 나타낸 것을 상대도수 막대그래프라고 한다.

예제 14.2

20가구에 대해 자녀의 수를 조사한 결과 다음과 같은 결과를 얻었다. 상대도수 막대그래프로 표현하라.

자녀의 수(명)	도수	상대도수
0	2	0.10
1	4	0.20
2	8	0.40
3	3	0.15
4	2	0.10
5	1	0.05
합계	20	1.00

풀이

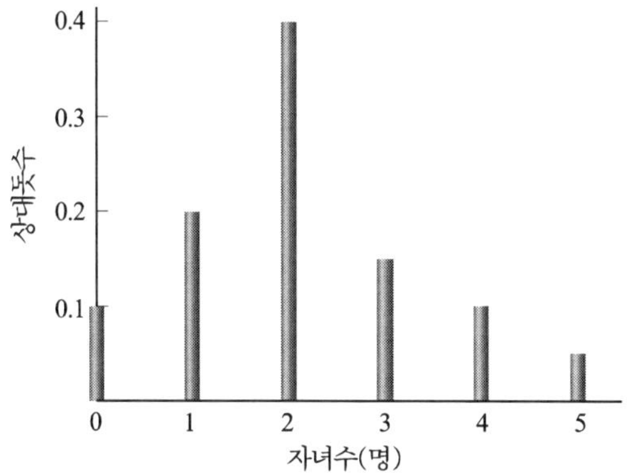

그림 14.2 상대도수 막대그래프

(3) 도수분포표

자료의 양이 많을 때에는 점도표나 상대도수 막대그래프를 작성하는 것이 매우 번거로우며, 또한 자료의 정리가 잘 되지 않는다. 이러한 경우에는 유사한 관측 값들을 묶어서 도수분포표(frequency table)를 작성하면 매우 편리하다.

도수분포표를 작성할 때, 계급의 갯수와 계급구간의 결정은 자료의 양과 성질에 따라 달라진다. 일반적으로 계급의 갯수를 너무 적게 설정하면, 각 계급에서 자료들의 분포상태에 대한 정보를 많이 놓치게 되고, 계급의 갯수를 너무 많이 설정하게 되면, 자료의 전반적인 형태를 파악하기 어렵게 된다. 따라서 계급의 갯수를 설정하는 데 있어서 명확한 공식은 없으나 대략 5~15 정도로 적당히 결정하거나, 또는 50~200개 정도의 자료에 대해서는 보통 $\sqrt{n}$ 을 중심으로 ±3개 정도가 적당하다. 예를 들어 자료의 갯수가 100개 정도인 경우, 계급의 갯수는 7~13개 정도로 하는 것이 적당하다.

또한, 계급의 간격은 주어진 자료와 같은 소수점 자리수를 갖도록 하며, 계급의 경계값은 주어진 자료보다 한 단위 낮은 소수점 자리수를 갖도록 하는 것이 좋다.

예제 14.3

현장에서 옹벽시공을 하면서 콘크리트 공시체를 50개 제작하여 압축강도(Mpa)를 측정하였더니 측정결과가 다음의 표와 같았다. 적절한 도수분포표를 작성하라.

20	25	28	28	23
21	26	29	26	21
27	27	26	25	25
28	26	24	27	30
27	24	25	25	26
23	27	22	28	24
24	29	24	26	26
24	24	23	25	25
22	29	25	23	25
26	25	26	25	22

풀이

자료의 최대값과 최소값을 조사해 보면, $x_{\max} = 30$, $x_{\min} = 20$

이제, 계급의 갯수를 $k = 11$로 하여 도수분포표를 작성해 보면,

측정 자료의 최소단위는 $u = 1$이므로, 계급의 간격은,

$$\frac{x_{\max} - x_{\min} + u}{k} = \frac{30 - 20 + 1}{11} \fallingdotseq 1.0$$

제1번 계급의 하측 경계값은, $x_{\min} - \frac{1}{2}u = 20 - \frac{1}{2} \times 1 = 19.5$로 하여 도수분포표를 작성하면,

계급번호	계급 구간	계급의 중앙값	도수	상대도수
1	19.5 ~ 20.5	20	1	0.02
2	20.5 ~ 21.5	21	2	0.04
3	21.5 ~ 22.5	22	3	0.06
4	22.5 ~ 23.5	23	4	0.08
5	23.5 ~ 24.5	24	7	0.14
6	24.5 ~ 25.5	25	11	0.22
7	25.5 ~ 26.5	26	9	0.18
8	26.5 ~ 27.5	27	5	0.10
9	27.5 ~ 28.5	28	4	0.08
10	28.5 ~ 29.5	29	3	0.06
11	29.5 ~ 30.5	30	1	0.02

(4) 히스토그램(막대기둥 그래프)과 도수분포다각형

도수분포표를 만든 후에는 한눈에 자료의 분포상태를 보면서 중심위치, 산포도, 치우침의 정도 등을 파악할 수 있는 히스토그램(histogram)을 만들게 된다. 히스토그램은 x축(밑변)을 구간의 경계값으로, y축(높이)을 도수빈도 또는 도수, 상대도수로 하는 직사각형을 차례로 그려놓은 그래프이다. 또한 히스토그램에서 계급의 중앙값들을 수평축의 좌표로 하여 각 계급에 해당하는 점을 찍어 나타낸 선을 도수분포다각형(frequency polygon)이라고 하며, 주어진 자료의 대칭성을 알아볼 수 있도록 해준다.

예제 14.4

앞의 예제에서 구한 도수분포표에 대해 히스토그램(histogram)으로 나타내고, 또한 도수분포다각형을 나타내시오.

풀이

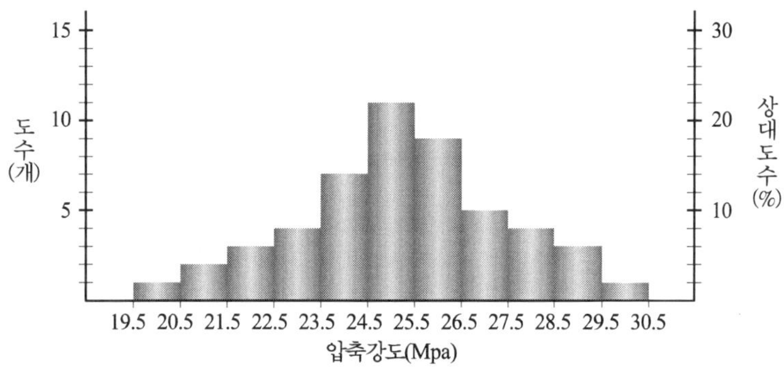

그림 14.3 히스토그램(막대기둥그래프)

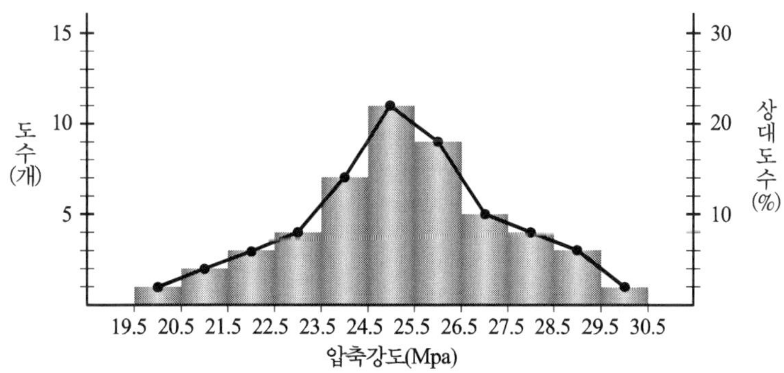

그림 14.4 도수분포다각형

(5) 기타의 방법

이외에도 꺾은선그래프, 면적그래프 등이 있다. 꺾은선 그래프는 그림 14.5와 같이 시간에 따른 자료의 변화 추이를 나타내는데 많이 사용되며, 면적그래프는 그림 14.6과 같이 원형그래프가 파악이 쉽고, 또한 전체적인 관계를 알아보기 쉬우므로 많이 사용되고 있다.

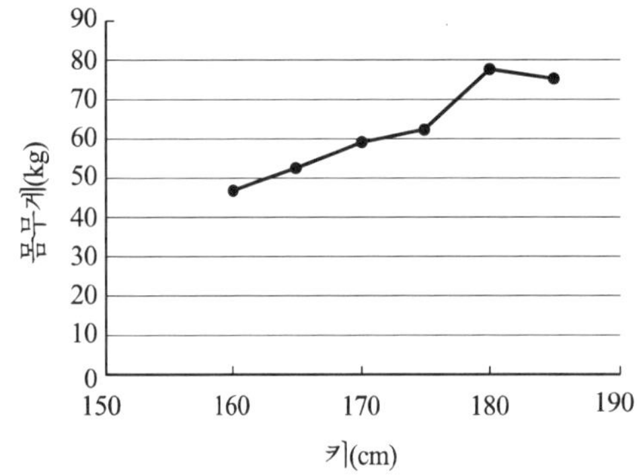

그림 14.5 꺾은선 그래프

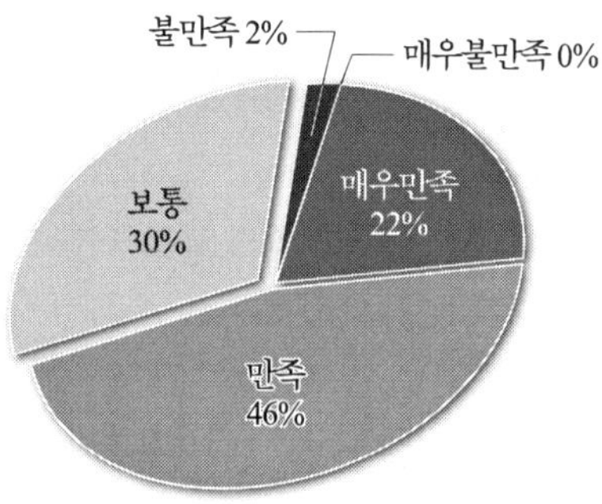

그림 14.6 원형 그래프

14.2 대표값과 산포도

(1) 대표값

주어진 자료 $x_1, x_2, x_3, \ldots\ldots, x_n$ 이 어떤 값을 중심(中心)으로 분포되어 있는지를 나타내는 양에는 자료의 평균(mean), 중앙값(median), 최빈값(最頻값, mode), 기하평균, 조화평균, 백분위수(percentiles) 등이 있으며, 이들을 통틀어 대표값이라고 한다.

일반적으로 이들 중에서 가장 흔히 사용되고 있는 대표값은 평균과 중앙값이며, 다음과 같이 정의된다.

> • **평균값과 중앙값**
>
> (1) 자료의 평균값은 $\overline{x} = \dfrac{1}{n}\displaystyle\sum_{i=1}^{n} x_i$
>
> (2) 자료의 중앙값은 자료를 크기에 따라 늘어놓았을 때, 정 가운데에 위치하는 값을 뜻한다. 자료의 갯수가 짝수일 때에는 중앙에 있는 2개 값의 평균으로 중앙값을 정한다.

예제 14.5

옹벽시공을 하면서 제작한 5개의 공시체에 대해 압축강도(Mpa)를 측정하였더니 다음과 같았다. 공시체의 평균과 중앙값을 구하라.

20, 22, 23, 28, 30

풀이

평균, $\bar{x} = \dfrac{20 + 22 + 23 + 28 + 30}{5} = 24.6\,(Mpa)$

중앙값, $M_e = 23$

주어진 자료에 대해 점도표를 그려보면, 일정한 무게의 추를 각각의 점에 올려놓는다면 평균인 24.6에서 균형을 이루게 됨을 알 수 있다.

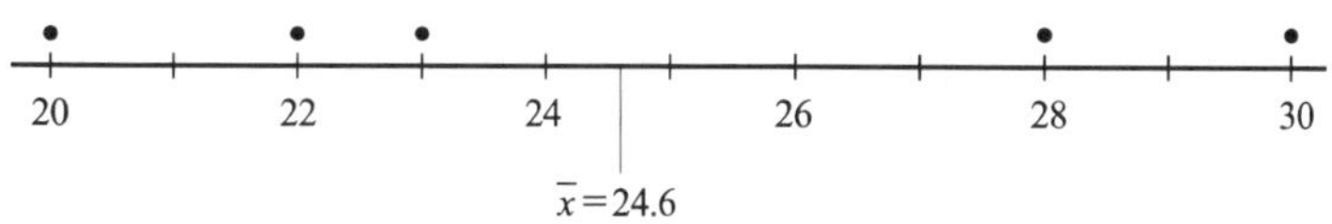

예제 14.6

임의로 추출한 6명의 직장인에 대해 월급을 알아보았더니, 다음과 같았다. 월급의 평균과 중앙값을 구하라.

200만원, 230만원, 300만원, 320만원, 350만원, 1,000만원

풀이

평균, $\bar{x} = \dfrac{200\text{만원} + 230\text{만원} + 300\text{만원} + 320\text{만원} + 350\text{만원} + 1{,}000\text{만원}}{6}$

$= 400\text{만원}$

중앙값, $M_e = \dfrac{300\text{만원} + 320\text{만원}}{2} = 310\text{만원}$

평균값 및 중앙값과 직장인의 월급에 대해 비교하여 고찰해 보면, 6명 중에서 5명의 월급이 평균값($\bar{x}$) 400만원 보다 작다. 따라서 이 경우 평균값($\bar{x}$) 400만원이 과연 6명의 월급을 대표할 수 있는지 상당히 의심스럽다. 이와같이 단 한명의 엄청난 월급의 차

> 이 때문에 평균값이 크게 증가되었음을 알 수 있다.
> 반면, 중앙값(M_e)은 310만원이며, 이 문제에 있어서는 평균값 400만원 보다 대표값으로서 더 의미가 있음을 알 수 있다. 즉, 평균값은 특이한 이상값에 의하여 많은 영향을 받지만, 중앙값은 특이한 이상값에 무관함을 알 수 있다.
> 대체로 자료의 분포상태가 극도로 비대칭인 경우에는 중앙값이 평균값보다 대표값으로서 더 큰 의미를 가짐을 알 수 있다. 그러나 중앙값으로는 모집단을 추정하기가 어렵기 때문에 분포상태가 어느정도 대칭이라면 대표값으로 평균($\overline{x}$)을 사용하는 것이 좋다.

(2) 평균

평균(mean)은 기호로 $\overline{x}$ 또는 M으로 표시하며, 구하는 방법에는 단순 산술평균과 가중 산술평균이 있다.

1) 단순 산술평균

n개의 자료 $x_1, x_2, x_3, \ldots\ldots, x_n$ 에 대하여 산술평균은,

$$\therefore \overline{x} = \frac{x_1 + x_2 + x_3 + \ldots\ldots + x_n}{n} = \frac{\sum_{i=1}^{n} x_i}{n}$$

2) 가중 산술평균

k개의 서로 다른 자료 $x_1, x_2, x_3, \ldots\ldots, x_k$에 대하여 각각의 도수가 $f_1, f_2, f_3, \ldots\ldots, f_k$ 일 때 산술평균은,

$$\therefore \overline{x} = \frac{f_1x_1 + f_2x_2 + f_3x_3 + \ldots\ldots + f_kx_k}{f_1 + f_2 + f_3 + \ldots\ldots + f_k} = \frac{\sum_{i=1}^{k} f_ix_i}{\sum_{i=1}^{k} f_i}$$

$$= \frac{\sum_{i=1}^{k} f_ix_i}{N} \quad \text{(단, } N\text{은 자료의 총갯수)}$$

일반적으로 정리되지 않은 자료의 평균을 구할 때에는 단순 산술평균으로, 도수분포표를 사용해서 평균을 구할 때에는 가중 산술평균으로 구하면 된다.

(3) 중앙값

산술평균이 극단적인 값의 영향을 받는 결점을 보완하기 위해 고안된 대표값으로 n개의 자료를 크기 순으로 나열했을 때, 정중앙에 위치한 자료를 중앙값(Median : M_e)이라고 한다. 중잉값을 구하는 방법은 다음과 같다.

1) 자료의 수(n)가 홀수인 경우 : $\dfrac{1+n}{2}$ 번째의 값

2) 자료의 수(n)가 짝수인 경우 : $\dfrac{n}{2}$ 번째와 $\dfrac{n}{2}+1$ 번째 값의 산술평균값이 중앙값이 된다. 즉,

$$M_e = \frac{\left(\frac{n}{2}\text{ 번째의 값}\right) + \left(\frac{n}{2}+1\text{ 번째의 값}\right)}{2}$$

예제 14.7

5개의 자료 3, 4, 7, 9, 11 에 대해 중앙값을 구하라.

풀이

자료가 홀수이므로 $\dfrac{1+n}{2} = \dfrac{1+5}{2} = 3$ 번째 값이 중앙값이므로 $\therefore\ M_e = 7$

예제 14.8

6개의 자료 3, 4, 7, 9, 11, 12 에 대해 중앙값을 구하라.

풀이

자료가 짝수이므로 $\dfrac{n}{2}$ 번째와 $\dfrac{n}{2}+1$ 번째 값의 산술평균값이 중앙값이므로,

$\dfrac{6}{2}$ 번째 = 3번째의 자료값은 7

$\dfrac{6}{2}+1$ 번째 = 4번째의 자료값은 9

$\therefore\ M_e = \dfrac{7+9}{2} = 8$

(4) 산포도

대표값과 함께 분포형태를 나타내는 중요한 척도로서 산포도가 있다. 아래의 점도표에서 알 수 있듯이 서로 다른 두 그룹의 자료는 평균은 같더라도 자료의 분포형태는 서로 완전히 다르다.

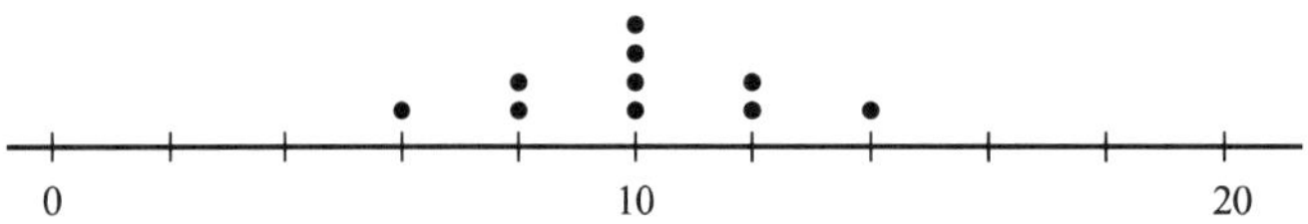

(a) A그룹 자료에 대한 점도표

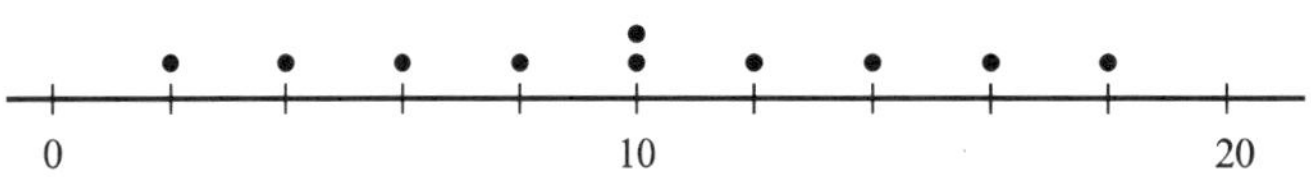

(b) B그룹 자료에 대한 점도표

그림 14.7 평균은 같으나 분포가 서로 다른 예

따라서 개개의 자료가 대표값을 중심으로 얼마만큼 벗어나 있는지 알아 볼 필요가 있다. A 그룹 자료는 B 그룹 자료와 대표값(평균)은 같더라도 자료의 분포가 대표값(평균) 주위에 밀집되어 있음을 알 수 있다. 즉, 각각의 변량이 어느 정도로 흩어져 있는지 나타내기 위해 분산과 표준편차가 사용된다.

그런데 각각의 변량에서 평균을 빼서 모두 더하면 0 이 되므로, 즉

$$\sum_{i=1}^{n}(x_i - \overline{x}) = \sum_{i=1}^{n} x_i - n\overline{x} = 0$$

이므로 각각의 편차의 제곱의 합을 생각하게 되었고, 또한 편차의 합은 항상 0 이므로 n 개의 편차 중에서 $(n-1)$ 개의 편차를 안다면, 나머지 1개의 편차는 저절로 결정된다. 따라서 이들의 제곱의 합을 $(n-1)$ 로 나눈 값을 분산(variance)이라고 정의한다.

$$S^2 = \frac{\sum_{i=1}^{n}(x_i - \overline{x})^2}{(n-1)}$$

그리고 분산은 자료의 단위와 동일하지 않으므로, 자료와 같은 단위를 갖는 산포도의 척도로서 분산값의 제곱근을 표준편차(standard deviation)라고 한다. 분산과 표준편차, 그리고 분산을 구하는 간편 계산법을 정리하면 다음과 같다.

- 분산과 표준편차

(a) 분산 : $S^2 = \dfrac{\sum_{i=1}^{n}(x_i - \bar{x})^2}{(n-1)}$

(b) 표준편차 : $S = \sqrt{S^2}$

- 분산의 간편 계산법

$$S^2 = \frac{\sum_{i=1}^{n}(x_i - \bar{x})^2}{(n-1)} = \frac{\sum_{i=1}^{n}x_i^2 - n\,\bar{x}^2}{(n-1)}$$

예제 14.9

예제 14.3의 자료에 대해 평균, 분산, 표준편차를 구하라.

풀이

주어진 50개의 자료로부터,

평균, $\bar{x} = \dfrac{\sum_{i=1}^{n} x_i}{n} = \dfrac{\sum_{i=1}^{50} x_i}{50} = \dfrac{1,261}{50} = 25.22$

분산, $S^2 = \dfrac{\sum_{i=1}^{n}(x_i - \bar{x})^2}{(n-1)} = \dfrac{\sum_{i=1}^{n}x_i^2 - n\,\bar{x}^2}{(n-1)} = \dfrac{32,045 - 50 \times 25.22^2}{(50-1)} = 4.95$

표준편차, $S = \sqrt{S^2} = \sqrt{4.95} = 2.22$

산포도를 나타내는 다른 척도로서, 자료의 최대값과 최소값의 차로 정의되는 자료의 범위(range), 제1사분위수와 제3사분위수의 차로 정의되는 사분위수범위(interquartile range) 등이 있으며, 또한 상대적인 산포도의 척도로서 $v = S / \bar{x}$ 로 정의되는 변동계수(coefficient of variation)가 있다.

그리고 계급별로 분류된 도수분포표를 사용해서 평균 및 분산을 구하는 방법을 정리하면, 다음과 같다.

• 계급별로 분류된 경우 평균을 계산하는 방법

$$\overline{x} = \frac{\sum_{i=1}^{k} m_i f_i}{n}$$

여기서, $m_1, m_2, m_3, \ldots\ldots, m_k$는 계급값이고, f_i 는 i번째 계급의 도수이며, $\sum_{i=1}^{k} f_i = n$이다.

• 계급별로 분류된 경우 분산을 계산하는 방법

$$S^2 = \frac{\sum_{i=1}^{k} (m_i - \overline{x})^2 f_i}{n} = \frac{\sum_{i=1}^{k} m_i^2 f_i}{n} - \overline{x}^2$$

자료의 양이 충분히 큰 경우에는 $\frac{1}{n} \fallingdotseq \frac{1}{(n-1)}$이므로 분산의 계산에서 n으로 나누어도 큰 차이가 없다.

예제 14.10

40세 이하의 기혼 남성 100명을 임의로 추출하여 결혼 당시의 나이를 조사하여, 다음과 같은 도수분포표를 얻었다. 평균, 분산, 표준편차를 구하라.

계급구간	계급값	도수
14.5 ~ 19.5	17	9
19.5 ~ 24.5	22	37
24.5 ~ 29.5	27	31
29.5 ~ 34.5	32	13
34.5 ~ 39.5	37	10
총 계		100

풀이

도수분포표로부터 100명의 조사자에 대한 개개의 결혼 연령은 모르지만, 계급구간에 속해 있는 조사자들의 결혼 연령은 계급값과 같다고 가정하면, 계급값 17은 9번, 계급값 22는 37번, …… 등 반복되는 100개의 자료를 갖고 있다고 할 수 있다.

평균, $\overline{x} = \frac{17 \times 9 + 22 \times 37 + 27 \times 31 + 32 \times 13 + 37 \times 10}{100} = 25.9$

분산 및 표준편차는 문제에서 주어진 도수분포표를 활용해서 계산하면,

계급구간	m_i	f_i	$m_i f_i$	$m_i^2 f_i$
14.5 ~ 19.5	17	9	153	2,601
19.5 ~ 24.5	22	37	814	17,908
24.5 ~ 29.5	27	31	837	22,599
29.5 ~ 34.5	32	13	416	13,312
34.5 ~ 39.5	37	10	370	13,690
총 계		100	2,590	70,110

분산, $S^2 = \dfrac{\sum_{i=1}^{k} m_i^2 f_i}{n} - \overline{x}^2 = \dfrac{70,110}{100} - 25.9^2 = 30.29$

표준편차, $S = \sqrt{30.29} = 5.50$

14.3 상관과 회귀

2개의 변량 x , y 사이에 존재하는 종속관계, 즉 한쪽의 변화가 다른 쪽의 변화에 어떤 영향을 주는 경향이 있을 때, x 와 y 사이에는 상관관계(correlation)가 있다고 한다. 그리고 상관관계를 구체적인 수학적 함수관계로 파악하여 표현할 때, 함수적인 관계를 회귀관계(regression)라고 하고, 변수들 간의 함수적인 관련성을 규명하기 위하여 어떤 수학적 모형을 가정하고, 이 모형을 측정된 변수들의 자료로부터 추정하는 통계적 분석방법 즉, 자료를 매개체로 하여 독립변수와 종속변수 간의 함수관계를 통계적으로 찾아보는 분석방법을 회귀분석(回歸分析, regression analysis)이라고 한다.

14.3.1 상관관계

두 종류 또는 그 이상의 통계적 변량 (x_1, y_1), (x_2, y_2), ... , (x_n, y_n)을 측정하였을 때, 각 변량들 사이에 존재하는 상호관계를 상관관계(correlation)라고 하고, 두 변량 사이의 상관을 단순상관(simple correlation), 두 변량들 이상의 상관을 중상관(multiple correlation) 이라고 한다.

n 개의 통계적 변량 (x_1, y_1), (x_2, y_2), ... , (x_n, y_n)을 직교 좌표상에 점들로 나타낸 것을 산점도(散點圖, scatter diagram)라고 한다.

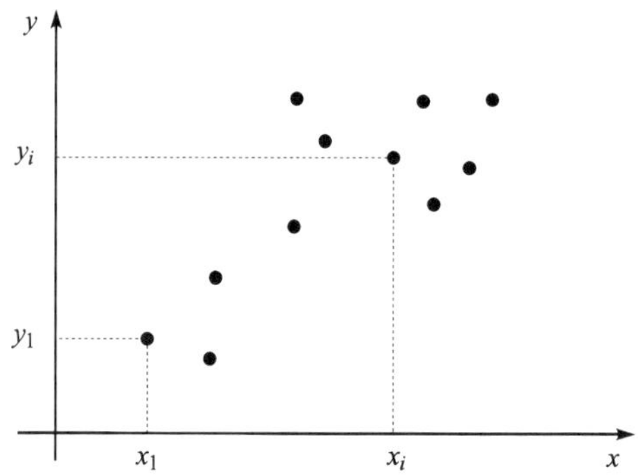

그림 14.8 산점도

(1) 상관계수

두 변량 $(x_1, y_1), (x_2, y_2), \ldots\ldots, (x_n, y_n)$ 사이의 회귀관계가 직선인 경우에 한하여, 상관관계의 강약을 측정하는 양을 상관계수(correlation coefficient)라 하고, 상관계수는 다음과 같은 성질을 갖는다.

① 상관계수(r)는 −1 에서 1 사이의 값을 갖는다. (즉, $-1 \leqq r \leqq 1$)

② 산점도(scatter diagram) 상의 점집합이,

a. 일직선 상에 있으면, $|r| = 1$ 이며 완전상관이라고 한다.(그림 14.9 및 그림 14.10 참조)

b. 직선 상태에 가까울수록 상관계수는 1 또는 −1에 가까워지며($|r| \to 1$), 강한상관이라고 한다.(그림 14.12 및 그림 14.14 참조)

c. 직선적 경향이 아닌 경우 상관계수는 0 이며($|r| \to 0$), 무상관이라고 한다.(그림 14.15 참조)

d. 상관관계가 그림 14.11 및 그림 14.12와 같은 경우에는 양의 상관, 그림 14.13 및 그림 14.14와 같은 경우에는 음의 상관이라고 하며, 산점도의 폭이 좁을수록 강한 상관이다.(그림 14.12 및 그림 14.14 참조)

e. 변량 X와 Y의 상관계수를 r이라 할 때, $aX+b$와 $cY+d$의 상관계수는 $ac > 0$ 이면 r이며, $ac < 0$이면 $-r$로 표현된다.

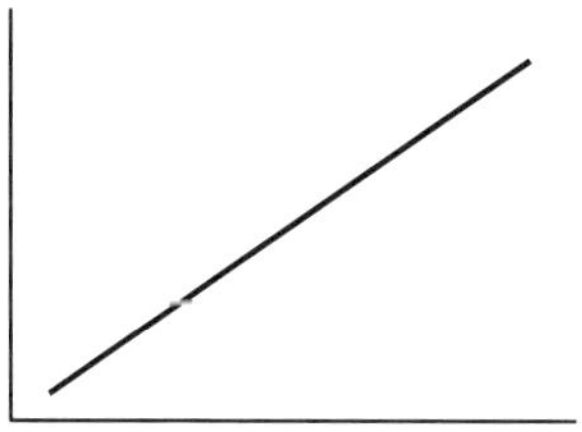

그림 14.9 완전상관($r=1$)

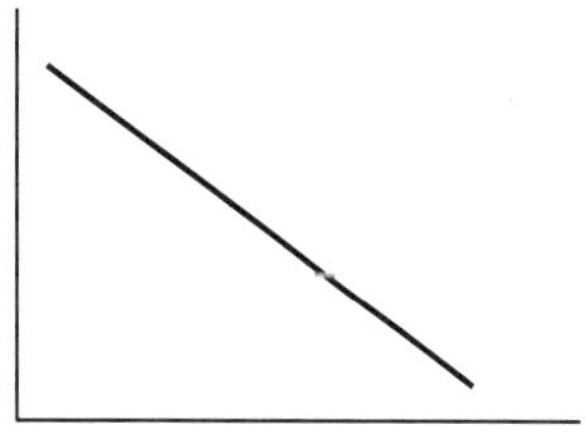

그림 14.10 완전상관($r=-1$)

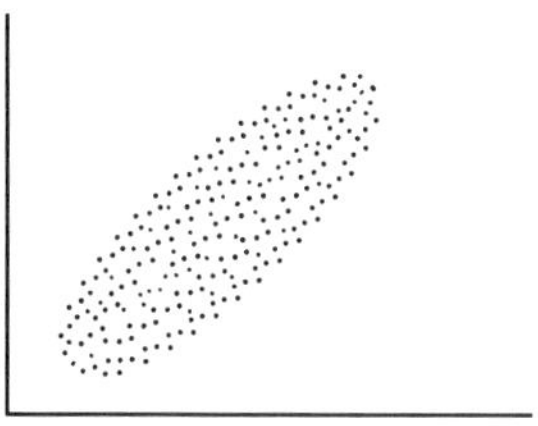

그림 14.11 약한상관($0<r<1$)

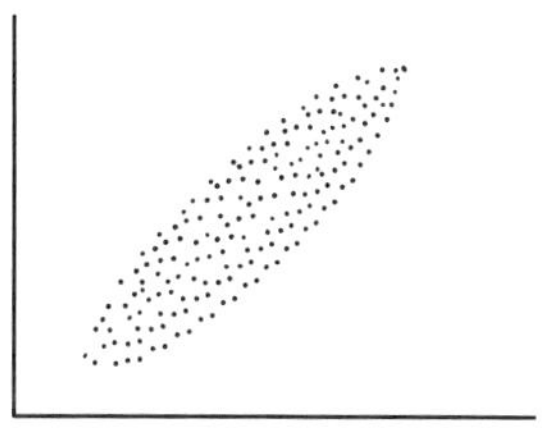

그림 14.12 강한상관($0<r<1$)

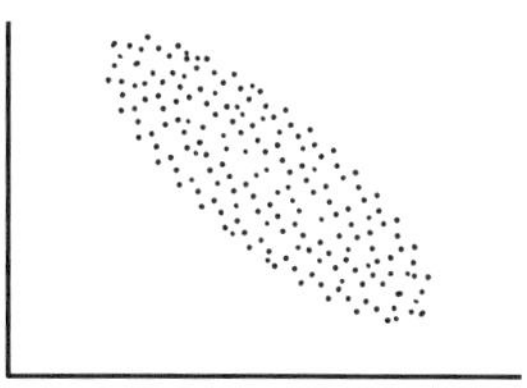

그림 14.13
약한상관($-1<r<0$)

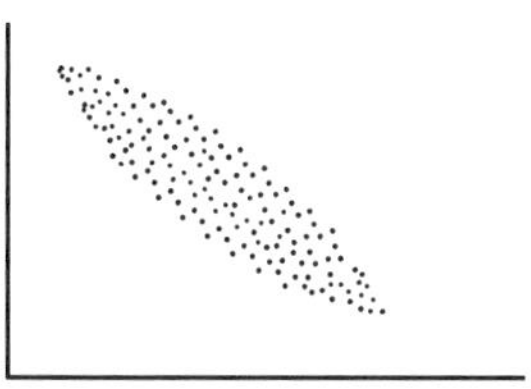

그림 14.14
강한상관($-1<r<0$)

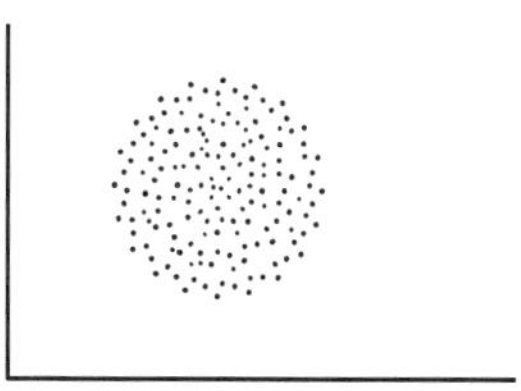

그림 14.15
무상관($r \fallingdotseq 0$)

(2) 상관계수 계산 방법

각 변량 $(x_1, y_1), (x_2, y_2), \ldots\ldots, (x_n, y_n)$ 에서, x 와 y 의 상관계수 r_{xy} 를 계산하는 방법은 다음과 같다.

① $$r_{xy}=\frac{S_{xy}}{\sqrt{S_{xx}\cdot S_{yy}}}=\frac{\sum(x_i-\bar{x})(y_i-\bar{y})}{\sqrt{\sum(x_i-\bar{x})^2\cdot\sum(y_i-\bar{y})^2}}$$

$$=\frac{\sum x_i y_i-n\bar{x}\bar{y}}{\sqrt{\sum(x_i^2-n\bar{x}^2)\cdot\sum(y_i^2-n\bar{y}^2)}}$$

$$=\frac{\sum x_i\cdot y_i-\sum x_i\cdot\sum y_i/n}{\sqrt{\left\{\sum x_i^2-(\sum x_i)^2/n\right\}\left\{\sum y_i^2-(\sum y_i)^2/n\right\}}}$$

② $r_{xy} = \dfrac{S_{xy}/n}{\sqrt{S_{xx}/n \cdot S_{yy}/n}} = \dfrac{\sigma_{xy}}{\sigma_x \cdot \sigma_y}$

③ $$r_{xy} = \frac{\sigma_{xy}}{\sigma_x \cdot \sigma_y} = \frac{\dfrac{\sum(x_i - \overline{x})(y_i - \overline{y})}{n}}{\sqrt{\dfrac{\sum(x_i - \overline{x})^2}{n} \cdot \dfrac{\sum(y_i - \overline{y})^2}{n}}}$$

$$= \frac{n\sum x_i \cdot y_i - \sum x_i \cdot \sum y_i}{\sqrt{\left\{n\sum x_i^2 - (\sum x_i)^2\right\} \cdot \left\{n\sum y_i^2 - (\sum y_i)^2\right\}}}$$

④ 확률변수 X, Y의 기대치를 $E(X)$, $E(Y)$라 할 때,

$$r_{xy} = \frac{\sigma_{xy}}{\sigma_x \cdot \sigma_y} = \frac{E[(X - E(X))(Y - E(Y))]}{\sqrt{[E(X^2) - (E(X))^2] \cdot [E(Y^2) - (E(Y))^2]}}$$

$$= \frac{E(XY) - E(X)E(Y)}{\sqrt{[E(X^2) - (E(X))^2] \cdot [E(Y^2) - (E(Y))^2]}}$$

⑤ 두 집단의 변량 $X_1, X_2, \ldots\ldots, X_n$ 와 $Y_1, Y_2, \ldots\ldots, Y_n$을 표준변환한 변량을 $x_1, x_2, \ldots\ldots, x_n$ 와 $y_1, y_2, \ldots\ldots, y_n$ 이라 할 때,

$$r_{xy} = \frac{1}{n}\sum_{i=1}^{n} x_i y_i$$

예제 14.11

X, Y 두 집단의 측정치 10개가 다음과 같을 때, 두 집단 X, Y의 상관계수를 구하라.

키(X)	148	154	161	164	165	168	164	171	171	170
몸무게(Y)	49	52	53	51	59	60	61	62	70	80

풀이

x_i	y_i	x_i^2	y_i^2	$x_i y_i$
148	49	21,904	2,401	7,252
154	52	23,716	2,704	8,008
161	53	25,921	2,809	8,533
164	51	26,896	2,601	8,364
165	59	27,225	3,481	9,735
168	60	28,224	3,600	10,080
164	61	26,896	3,721	10,004
171	62	29,241	3,844	10,602
171	70	29,241	4,900	11,970
170	80	28,900	6,400	13,600
$\sum x_i = 1,636$	$\sum y_i = 597$	$\sum x_i^2 = 268,164$	$\sum y_i^2 = 36,461$	$\sum x_i y_i = 98,148$

$$\therefore r(X, Y) = \frac{n\sum x_i \cdot y_i - \sum x_i \cdot \sum y_i}{\sqrt{\left\{n\sum x_i^2 - (\sum x_i)^2\right\} \cdot \left\{n\sum y_i^2 - (\sum y_i)^2\right\}}}$$

$$= \frac{10 \times 98,148 - 1,636 \times 597}{\sqrt{[10 \times 268,164 - 1,636^2] \times [10 \times 36,461 - 597^2]}}$$

$$= \frac{4,788}{\sqrt{5,144 \times 8,201}} \fallingdotseq 0.737$$

(3) 공분산

두 집단 X, Y의 두 변량이 $(x_1, y_1), (x_2, y_2), \ldots\ldots, (x_n, y_n)$ 일 때 x, y의 공분산 (covariance)은 다음과 같이 나타낼 수 있다.

$$COV(X, Y) = \frac{1}{n}\sum_{i=1}^{n}(x_i - \bar{x})(y_i - \bar{y})$$

그러므로 상관계수는 $r(X, Y) = \dfrac{COV(X, Y)}{\sigma_x \cdot \sigma_y}$

예제 14.12

X, Y 두 집단의 측정치 5개가 다음과 같을 때. 두 집단 X, Y의 공분산 및 상관계수를 구하라.

X	1	2	3	4	5
Y	5	5	5	5	5

풀이

x_i	y_i	x_i^2	y_i^2	$x_i y_i$
1	5	1	25	5
2	5	4	25	10
3	5	9	25	15
4	5	16	25	20
5	5	25	25	25
$E(X)=3$	$E(Y)=5$	$E(X^2)=11$	$E(Y^2)=25$	$E(XY)=15$

방법 1)

$$E(X)=\frac{1}{n}\sum_{i=1}^{5}x_i=\frac{1}{5}(1+2+3+4+5)=3$$

$$E(Y)=\frac{1}{n}\sum_{i=1}^{5}y_i=\frac{1}{5}(5+5+5+5+5)=5$$

$$E(X^2)=\frac{1}{n}\sum_{i=1}^{5}x_i^2=\frac{1}{5}(1^2+2^2+3^2+4^2+5^2)=11$$

$$E(Y^2)=\frac{1}{n}\sum_{i=1}^{5}y_i^2=\frac{1}{5}(5^2+5^2+5^2+5^2+5^2)=25$$

$$E(XY)=\frac{1}{n}\sum_{i=1}^{5}x_i y_i=\frac{1}{5}(1\times5+2\times5+3\times5+4\times5+5\times5)=15$$

$$\therefore\ r_{xy}=\frac{E(XY)-E(X)\cdot E(Y)}{\sqrt{[E(X^2)-(E(X))^2]\cdot[E(Y^2)-(E(Y))^2]}}=\frac{15-3\times5}{\sqrt{(11-3^2)\times(25-5^2)}}=0$$

방법 2)

$$\bar{x}=\frac{1}{5}(1+2+3+4+5)=3$$

$$\bar{y}=\frac{1}{5}(5+5+5+5+5)=5$$

$$\sigma_x=\sqrt{\frac{\sum(x_i-\bar{x})^2}{n}}=\sqrt{\frac{(1-3)^2+(2-3)^2+(3-3)^2+(4-3)^2+(5-3)^2}{5}}$$

$$= \sqrt{\frac{10}{5}} = \sqrt{2}$$

$$\sigma_y = \sqrt{\frac{\sum(y_i - \bar{y})^2}{n}} = \sqrt{\frac{(5-5)^2+(5-5)^2+(5-5)^2+(5-5)^2+(5-5)^2}{5}}$$

$$= \sqrt{\frac{0}{5}} = 0$$

$$COV(X,Y) = \frac{\sum_{i=1}^{n}(x_i - \bar{x})(y_i - \bar{y})}{n}$$

$$= \frac{1}{5}[(1-3)(5-5)+(2-3)(5-5)+(3-3)(5-5)$$

$$+(4-3)(5-5)+(5-3)(5-5)] = 0$$

또는,

$$COV(X,Y) = \frac{\sum x_i y_i - n\bar{x}\,\bar{y}}{n}$$

$$= \frac{(1\times5+2\times5+3\times5+4\times5+5\times5)-5\times3\times5}{5} = \frac{0}{5} = 0$$

$$\therefore\ r(X,Y) = \frac{COV(X,Y)}{\sigma_x \cdot \sigma_y} = \frac{0}{\sqrt{2}\cdot 0} = 0$$

14.3.2 회귀직선

n 개의 통계자료 $(x_1, y_1), (x_2, y_2), \ldots\ldots, (x_n, y_n)$을 직교좌표 상에 나타낸 후, 모든 점의 집합을 하나의 직선에 의하여 대표시키려 할 때, x_i 에 대응하는 자료값 y_i 와 x_i 에 대응하는 직선 $y = a + bx$ 상의 y 의 값 $y_i' = a + bx_i$ 와의 차의 자승합,

$$S = \sum_{i=1}^{n}(y_i - y_i')^2 = \sum_{i=1}^{n}\{y_i - (a + bx_i)\}^2$$

을 최소로 하는 a, b 의 값을 구하면 된다.

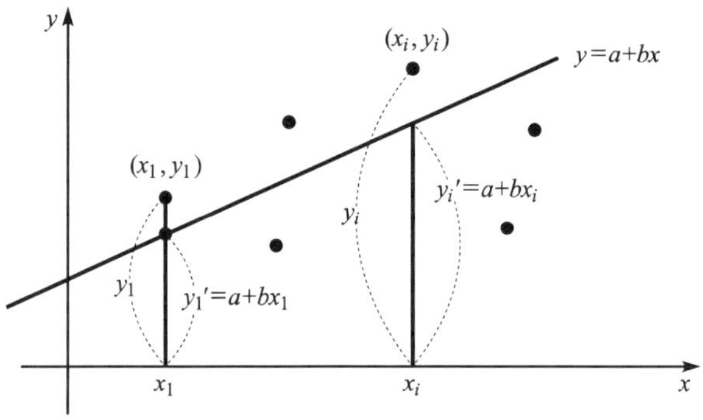

그림 14.16 회귀분석

즉, S를 최소로 하는 a, b의 값은,

$$\frac{\partial S}{\partial a}=0\ ,\quad \frac{\partial S}{\partial b}=0$$

의 근이다.

$$S=\sum_{i=1}^{n}\{y_i-(a+bx_i)\}^2 \text{ 이므로,}$$

$$\frac{\partial S}{\partial a}=\sum_{i=1}^{n}2(y_i-a-bx_i)(-1)=2\sum_{i=1}^{n}(a+bx_i-y_i)$$
$$=2(na+b\sum_{i=1}^{n}x_i-\sum_{i=1}^{n}y_i)=0$$

$$\therefore\ na+b\sum_{i=1}^{n}x_i=\sum_{i=1}^{n}y_i$$

$$\frac{\partial S}{\partial b}=\sum_{i=1}^{n}2(y_i-a-bx_i)(-x_i)=2\sum_{i=1}^{n}(ax_i+bx_i^2-x_iy_i)$$
$$=2\left(a\sum_{i=1}^{n}x_i+b\sum_{i=1}^{n}x_i^2-\sum_{i=1}^{n}x_iy_i\right)=0$$

$$\therefore\ a\sum_{i=1}^{n}x_i+b\sum_{i=1}^{n}x_i^2=\sum_{i=1}^{n}x_iy_i$$

따라서, a, b는 연립방정식,

$$na+b\sum_{i=1}^{n}x_i=\sum_{i=1}^{n}y_i \quad \text{------------------- ①}$$

$$a\sum_{i=1}^{n} x_i + b\sum_{i=1}^{n} x_i^2 = \sum_{i=1}^{n} x_i y_i \quad \text{---------------- ②}$$

의 근이다. 이 방정식을 정규방정식(normal equation) 이라고 하며, 최소자승법을 이용하여 근을 구하게 된다.

①식을 n 으로 나누면,

$$a + b\overline{x} = \overline{y} \qquad \therefore\ a = \overline{y} - b\overline{x} \quad \text{-------------- ③}$$

③식을 ②식에 대입하면,

$$(\overline{y} - b\overline{x})\sum_{i=1}^{n} x_i + b\sum_{i=1}^{n} x_i^2 = \sum_{i=1}^{n} x_i y_i$$

$$b\left\{\sum_{i=1}^{n} x_i^2 - n\overline{x}^2\right\} = \sum_{i=1}^{n} x_i y_i - n\overline{x}\,\overline{y} \quad \left(\because \sum_{i=1}^{n} x_i = n\overline{x} \text{ 이므로}\right)$$

$$\therefore\ b = \frac{\sum_{i=1}^{n} x_i y_i - n\overline{x}\,\overline{y}}{\sum_{i=1}^{n} x_i^2 - n\overline{x}^2} = \frac{S_{xy}}{S_{xx}} \quad \text{----------- ④}$$

$y = a + bx$ 에서, a 대신 ③식을 대입하여 회귀 직선식을 구하면,

$$y = \overline{y} - b\overline{x} + bx = \overline{y} + b(x - \overline{x}) \qquad \left(\text{단, } b = \frac{S_{xy}}{S_{xx}}\right)$$

와 같이 된다.

n 개의 통계자료에 대하여, 점의 집합을 대표하는 직선식을 회귀직선, 그 기울기 b 를 회귀계수라고 하며, y 를 종속변수, x 를 독립변수로 하여 나타낸 회귀직선을 x 에 관한 y 의 회귀직선이라고 한다.

예제 14.13

10개의 자료에 대한 x, y변량의 값이 다음과 같을 때, 회귀직선의 방정식 $y = a + bx$ 를 구하라.

x	9	7	4	8	6	7	6	10	5	8
y	10	6	5	9	7	9	8	10	7	9

풀이

x 에 관한 y 의 회귀직선식은, $y = \overline{y} + b(x - \overline{x})$ $\left(단,\ b = \dfrac{S_{xy}}{S_{xx}}\right)$

x	y	x^2	xy
9	10	81	90
7	6	49	42
4	5	16	20
8	9	64	72
6	7	36	42
7	9	49	63
6	8	36	48
10	10	100	100
5	7	25	35
8	9	64	72
$\sum x_i = 70$	$\sum y_i = 80$	$\sum x_i^2 = 520$	$\sum x_i y_i = 584$

$$\overline{x} = \frac{\sum_{i=1}^{10} x_i}{n} = \frac{70}{10} = 7$$

$$\overline{y} = \frac{\sum_{i=1}^{10} y_i}{n} = \frac{80}{10} = 8$$

$$S_{xx} = \sum_{i=1}^{n} x_i^2 - n\overline{x}^2 = 520 - 10 \times 7^2 = 30$$

$$S_{xy} = \sum_{i=1}^{n} x_i y_i - n\overline{x}\,\overline{y} = 584 - 10 \times 7 \times 8 = 24$$

$$b = \frac{S_{xy}}{S_{xx}} = \frac{24}{30} = 0.8$$

구하는 회귀 직선식은,

$$\therefore\ y = \overline{y} + b(x - \overline{x}) = 8 + 0.8(x - 7) = 2.4 + 0.8x$$

14.3.3 회귀곡선

통계자료의 점의 분포가 직선관계가 아니라 곡선관계를 갖는다면, 두 변량 사이의 관계를 곡선으로 대표시키는 것이 더 나을 것이다. 이때 구하는 곡선을 회귀곡선(regression curve) 이라고 한다.

n 개의 통계자료 $(x_1, y_1), (x_2, y_2), \ldots\ldots, (x_n, y_n)$들을 하나의 회귀곡선으로 대표시키려 할 때, 회귀곡선이 y 축에 대칭인 포물선, $y = a + bx + cx^2$ 이라하면,

x_i에 대응하는 자료값 y_i와 x_i에 대응하는 곡선 $y = a + bx + cx^2$ 상의 y의 값 $y_i' = a + bx_i + cx_i^2$ 과의 차의 자승합,

$$S = \sum_{i=1}^{n} (y_i - y_i')^2 = \sum_{i=1}^{n} \left\{ y_i - (a + bx_i + cx_i^2) \right\}^2$$

을 최소로 하는 정규방정식은 다음과 같으며, 최소자승법을 이용하여 근을 구하게 된다.

$$na + b\sum_{i=1}^{n} x_i + c\sum_{i=1}^{n} x_i^2 = \sum_{i=1}^{n} y_i \quad \text{--------------------} \ ①$$

$$a\sum_{i=1}^{n} x_i + b\sum_{i=1}^{n} x_i^2 + c\sum_{i=1}^{n} x_i^3 = \sum_{i=1}^{n} x_i y_i \quad \text{----------------} \ ②$$

$$a\sum_{i=1}^{n} x_i^2 + b\sum_{i=1}^{n} x_i^3 + c\sum_{i=1}^{n} x_i^4 = \sum_{i=1}^{n} x_i^2 y_i \quad \text{---------------} \ ③$$

에서 a, b, c를 구한 후, $y = a + bx + cx^2$에 대입하여 회귀곡선의 방정식을 구한다.

예제 14.14

5개의 자료에 대한 x, y변량의 값이 다음과 같을 때, 회귀곡선의 방정식 $y = a + bx + cx^2$을 구하라.

x	0	1	2	3	4
y	1.06	2.34	4.26	7.14	11.46

풀이

x	y	xy	x^2	x^2y	x^3	x^4
0	1.06	0	0	0	0	0
1	2.34	2.34	1	2.34	1	1
2	4.26	8.52	4	17.04	8	16
3	7.14	21.42	9	64.26	27	81
4	11.46	45.84	16	183.36	64	256
10	26.26	78.12	30	267	100	354

$y=a+bx+cx^2$ 의 정규방정식은 다음과 같다.

$5a+10b+30c=26.26$

$10a+30b+100c=78.12$

$30a+100b+354c=267$

연립방정식을 풀면,

$a=1.1377,\ \ b=0.5486,\ \ c=0.5029$

따라서 구하는 회귀곡선 방정식은, $\therefore\ y=1.1377+0.5486x+0.5029x^2$

14.4 통계적 추정

통계조사의 정확성을 위해서는 조사의 대상이 되는 집단전체에 대해 전수조사(全數調査, complete enumeration)를 실시하면 된다. 그러나, 조사의 대상이 되는 집단의 크기가 클 경우, 전수조사에는 시간이 오래 걸리거나 비용이 많이 소요되므로 일반적으로 모집단으로부터 표본(sample)을 추출하여 조사한 후, 표본조사(標本調査, sampling survey)의 결과로부터 모집단의 분포상태 및 특징을 추측하는 것을 통계적 추정(推定, statistical inference)이라고 한다.

14.4.1 모집단과 표본

통계적 조사방법에는 전수조사와 표본조사가 있다. 전수조사에는 대한민국 전체국민을 대상으로 하는 인구총조사, 국세조사, 학교에서 전체학생을 대상으로 하는 신체검사 등이 있으며, 이때 전수(全數)라고 하는 것은 학급, 학교, 회사 등 일정한 모집단 속에서의 전수이면 된다.

전수조사(全數調査, complete enumeration)는 표본으로부터 모집단을 추정하는 것이 아니므로 표본오차가 없다는 장점은 있으나, 모집단의 크기가 클 경우에는 시간과 비용이 많이 소요되므로 모집단이 아주 적은 경우 이외에는 거의 실시가 불가능하다.

표본조사(標本調査, sampling survey)는 조사의 성격상 전수조사가 불가능할 경우(ex. 파괴시험을 수반하는 제품검사), 전수조사는 가능하나 시간과 비용의 문제로 인해 표본조사가 선호되는 경우에 실시되며, 오늘날 각종 통계조사나 여론조사 및 출구조사는 시간과 비용의 문제로 인해 표본조사를 주로 채용하고 있다.

통계조사에서 조사의 대상이 되는 집단전체를 모집단(母集團)이라고 하고, 표본조사를 하기 위해 모집단에서 추출한 일부를 표본(sample) 이라고 하고, 표본에 포함된 자료의 갯수를 표본의 크기라고 한다. 또한 모집단으로부터 표본을 추출하는 방법에는 한번 추출된 대상을 되돌려 놓은 후, 다음 대상을 추출하는 복원추출과 대상을 되돌려 놓지 않고, 다음 대상을 추출하는 비복원추출이 있다.

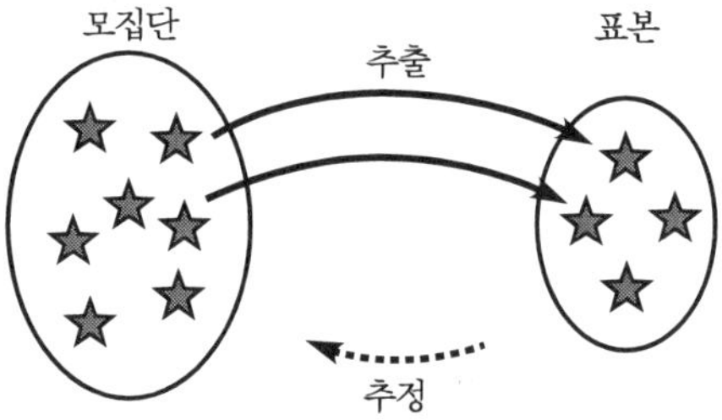

그림 14.17 모집단과 표본

14.4.2 모평균과 표본평균

모집단의 어떤 특성을 나타내는 확률변수 X의 평균 m, 분산 σ^2, 표준편차 σ를 각각 모평균, 모분단, 모표준편차라고 한다. 한편, 모집단에서 크기가 n인 표본 X_1, X_2, X_3, $\cdots$, X_n을 임의로 추출하였을 때, 이들의 평균, 분산, 표준편차를 각각 표본평균, 표본분산, 표본표준편차 라고 하고, 각각 $\overline{X}$, S^2, S로 나타낸다.

모집단 : m, σ^2, σ	→	표본 : $\overline{X}$, S^2, S

예제 14.15

모집단에 2, 4, 6 인 세 개의 자료가 있다. 모평균 (m), 모분산 (σ^2), 모표준편차 (σ)를 구하라.

풀이

모평균 $m = \dfrac{2+4+6}{3} = 4$

모분산 $\sigma^2 = \dfrac{\{(2-4)^2+(4-4)^2+(6-4)^2\}}{3} = \dfrac{8}{3}$

모표준편차 $\sigma = \sqrt{\dfrac{8}{3}}$

모집단에서 크기가 n 인 표본 $X_1, X_2, X_3, \cdots, X_n$ 을 임의추출 하였을 때,

표본평균, $\overline{X} = \dfrac{1}{n}(X_1 + X_2 + \cdots + X_n) = \dfrac{1}{n}\sum_{i=1}^{n} X_i$

표본분산,

$$S^2 = \frac{1}{n-1}\left\{(X_1 - \overline{X})^2 + (X_2 - \overline{X})^2 + \cdots + (X_n - \overline{X})^2\right\} = \frac{1}{n-1}\sum_{i=1}^{n}(X_i - \overline{X})^2$$

$$= \frac{1}{n-1}\sum_{i=1}^{n}(X_i^2 - \overline{X}^2)$$

표본표준편차, $S = \sqrt{S^2}$

표본분산은 모분산과 달리 편차의 제곱의 합을 $n-1$ 로 나누는데, 이는 표본분산과 모분산의 차이를 줄이기 위해서이다.

예제 14.16

모집단 2, 4, 6인 세 개의 자료가 있다. 여기에서 크기 $n=2$인 표본 2, 4를 임의 추출하였다. 표본평균($\overline{X}$), 표본분산(S^2), 표본표준편차(S)를 구하라.

풀이

표본평균 $\overline{X}=\frac{1}{2}(2+4)=3$

표본분산 $S^2=\frac{1}{2-1}\{(2-3)^2+(4-3)^2\}=2$

표본표준편차 $S=\sqrt{2}$

예제 14.17

모집단 2, 4, 6인 세 개의 자료가 있다. 여기에서 크기 $n=2$인 표본 4, 6을 임의 추출하였다. 표본평균($\overline{X}$), 표본분산(S^2), 표본표준편차(S)를 구하라.

풀이

표본평균 $\overline{X}=\frac{1}{2}(4+6)=5$

표본분산 $S^2=\frac{1}{2-1}\{(4-5)^2+(6-5)^2\}=2$

표본표준편차 $S=\sqrt{2}$

14.4.3 표본평균의 평균과 분산 및 표준편차

전절의 예제에서 알 수 있듯이 모집단 2, 4, 6에서 크기 $n=2$인 표본을 추출할 때, 추출된 숫자가 2와 4일 때의 표본평균 $\overline{X}=3$이었고, 추출된 숫자가 4와 6일 때의 표본평균 $\overline{X}=5$였다. 이와 같이 표본이 어떻게 추출되느냐에 따라 표본평균 $\overline{X}$는 여러 가지가 나올 수 있다. 따라서 나올 수 있는 모든 표본에 따른 표본평균들을 평균한 것이 표본평균의 평균 $E(\overline{X})$이다.

(1) 표본평균의 평균

그러면 지금까지 배운 모평균, 표본평균, 표본평균의 평균이라는 3개의 용어에 대한 차

이점에 대해 알아보자.

전절의 예제에서와 같이 2, 4, 6의 숫자가 적혀있는 3개의 구슬이 들어있는 BOX를 모집단으로 하고, 여기에서 1개의 구슬을 꺼낼 때, 구슬에 적혀있는 숫자를 확률변수 X라 하면,

① 모평균 m은 지금까지 공부했던 평균의 의미이므로

$$m = E(X) = \frac{2+4+6}{3} = 4$$

② 크기 $n=2$인 표본을 복원추출할 때, 표본평균($\overline{X}$)는 표본이 어떻게 추출되느냐에 따라 달라지게 된다. 따라서 가능한 표본의 종류를 나열해 보면 다음과 같이 9가지가 된다.

(2,2), (2,4), (2,6)

(4,2), (4,4), (4,6)

(6,2), (6,4), (6,6)

각각의 표본에 대해 표본평균($\overline{X}$)을 구하면,

$\overline{X_1} = \frac{2+2}{2} = 2$, $\overline{X_2} = \frac{2+4}{2} = 3$, $\overline{X_3} = \frac{2+6}{2} = 4$, …… , $\overline{X_9} = \frac{6+6}{2} = 6$이다.

즉, 표본평균($\overline{X}$)은 추출된 표본에 따라 그 값이 다르게 나오고 있다.

따라서, 표본평균($\overline{X}$)을 확률변수로 하는 확률분포표를 만들어 보면 다음과 같다.

$\overline{X}$	2	3	4	5	6	합계
$P(\overline{X}=\overline{x})$	$\frac{1}{9}$	$\frac{2}{9}$	$\frac{3}{9}$	$\frac{2}{9}$	$\frac{1}{9}$	1

③ 표본평균의 평균 $E(\overline{X})$는 표본평균들로 이루어진 자료 $\overline{X_1}, \overline{X_2}, \overline{X_3}, \cdots, \overline{X_9}$의 평균이므로 위의 확률분포표를 이용하여 구해 보면,

$$\therefore\ E(\overline{X}) = 2\times\frac{1}{9} + 3\times\frac{2}{9} + 4\times\frac{3}{9} + 5\times\frac{2}{9} + 6\times\frac{1}{9} = \frac{36}{9} = 4$$

①,②,③에서 모평균, 표본평균, 표본평균의 평균을 계산해 보았으며, 표본의 크기에 관계없이 항상 모평균과 표본평균의 평균은 같음을 알 수 있다.

$$m = E(\overline{X}) = \frac{\overline{X_1} + \overline{X_2} + \cdots + \overline{X_n}}{n}$$

(2) 표본평균의 분산

이번에는 '모분산'과 '표본평균의 분산'의 차이점에 대해 알아보자. 전절의 예제에서와 같이 2, 4, 6의 숫자가 적혀있는 3개의 구슬이 들어있는 BOX를 모집단으로 하고, 여기에서 1개의 구슬을 꺼낼 때, 구슬에 적혀있는 숫자를 확률변수 X라 하면,

① 모분산 σ^2은 $V(X)$이므로,

$$\sigma^2 = V(X) = \frac{(2-4)^2+(4-4)^2+(6-4)^2}{3} = \frac{8}{3}$$

② 표본평균의 분산 $V(\overline{X})$는 표본평균들로 이루어진 자료 $\overline{X_1}, \overline{X_2}, \overline{X_3}, \cdots, \overline{X_9}$의 분산이므로 앞에서 구한 표본평균($\overline{X}$)를 확률변수로 하는 확률분포표를 이용하여 구할 수 있다.

$\overline{X}$	2	3	4	5	6	합계
$P(\overline{X}=\overline{x})$	$\frac{1}{9}$	$\frac{2}{9}$	$\frac{3}{9}$	$\frac{2}{9}$	$\frac{1}{9}$	1

$$\therefore\ V(\overline{X}) = 2^2\times\frac{1}{9}+3^2\times\frac{2}{9}+4^2\times\frac{3}{9}+5^2\times\frac{2}{9}+6^2\times\frac{1}{9}-4^2 = \frac{156}{9}-4^2$$
$$= \frac{156}{9}-\frac{144}{9}=\frac{12}{9}=\frac{4}{3}$$

①,②에서, $\frac{8}{3}\div 2=\frac{4}{3}$가 됨을 알 수 있으며,

일반적으로 표본의 크기가 n일 때, $\frac{\sigma^2}{n}= V(\overline{X})$ 라고 알려져 있다.

즉, $\text{표본평균의 분산} = \frac{\text{모집단의 분산}}{\text{표본의 크기}}$

지금까지의 내용을 정리해 보면 다음과 같다.

> 모평균이 m이고, 모표준편차가 σ인 모집단에서, 크기가 n인 표본을 임의 추출할 때, 표본평균 $\overline{X}$에 대하여,
>
> 표본평균의 평균, $E(\overline{X}) = m$
>
> 표본평균의 분산, $V(\overline{X}) = \frac{\sigma^2}{n}$
>
> 표본평균의 표준편차, $\sigma(\overline{X}) = \frac{\sigma}{\sqrt{n}}$

최종적으로 모집단으로부터 크기가 n 인 표본을 추출할 때, 모집단과 표본평균$(\overline{X})$의 집단 사이의 관계를 그림으로 나타내면 다음과 같다.

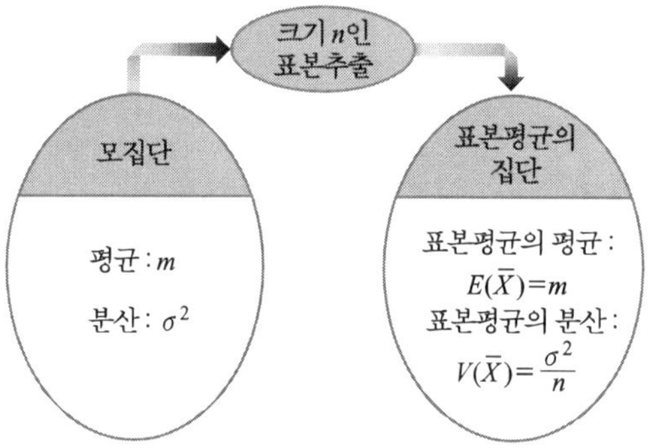

그림 14.18 모집단과 표본평균 집단 사이의 관계

예제 14.18

모집단 2, 4, 6, 8, 10에서, 크기 $n=3$ 인 표본을 복원추출할 때, 표본평균 $\overline{X}$의 평균과 분산 및 표준편차를 구하라.

풀이

모집단의 평균과 분산을 이용하여 표본평균 $\overline{X}$의 평균과 분산을 구할 수 있다.

모평균, $m=\dfrac{2+4+6+8+10}{5}=\dfrac{30}{5}=6$

모분산, $\sigma^2=\dfrac{(2-6)^2+(4-6)^2+(6-6)^2+(8-6)^2+(10-6)^2}{5}=\dfrac{40}{5}=8$

모표준편차, $\sigma=\sqrt{8}$

표본평균$(\overline{X})$의 평균, $E(\overline{X})=m=6$

표본평균$(\overline{X})$의 분산, $V(\overline{X})=\dfrac{\sigma^2}{n}=\dfrac{8}{3}$

표본평균$(\overline{X})$의 표준편차, $\sigma(\overline{X})=\dfrac{\sigma}{\sqrt{n}}=\sqrt{\dfrac{8}{3}}$

예제 14.19

모집단의 평균은 4, 표준편차는 $\sqrt{\frac{8}{3}}$ 일 때, 모집단으로부터 크기 $n=2$ 인 표본을 임의추출할 때, 표본평균($\overline{X}$)의 평균, 분산, 표준편차를 구하라.

풀이

표본평균($\overline{X}$)의 평균은 $E(\overline{X})=m$ 이므로, $E(\overline{X})=4$

표본평균($\overline{X}$)의 분산은 $V(\overline{X})=\frac{\sigma^2}{n}$ 이므로, $V(\overline{X})=\frac{\left(\sqrt{\frac{8}{3}}\right)^2}{2}=\frac{\frac{8}{3}}{2}=\frac{4}{3}$

14.4.4 표본평균의 확률분포

모집단이 정규분포 $N(m,\sigma^2)$을 따르면, 표본평균($\overline{X}$)도 정규분포를 따르는 것으로 알려져 있다. 앞에서 공부한 바와 같이 표본의 크기가 n인 표본평균($\overline{X}$)의 평균 및 표본평균($\overline{X}$)의 분산은 각각 $E(\overline{X})=m$, $V(\overline{X})=\frac{\sigma^2}{n}$이므로, 표본평균($\overline{X}$)는 정규분포 $N\left(m,\frac{\sigma^2}{n}\right)$을 따른다.

또한, 설령 모집단이 정규분포를 따르지 않더라도 표본의 크기 n이 충분히 크면, 표본평균($\overline{X}$)의 분포는 근사적으로 정규분표 $N\left(m,\frac{\sigma^2}{n}\right)$을 따른다.

그리고 표본평균 $\overline{X}$가 정규분포 $N\left(m,\frac{\sigma^2}{n}\right)$을 따를 때, $Z=\frac{\overline{X}-m}{\frac{\sigma}{\sqrt{n}}}$으로 놓으면, 확률변수 Z는 표준정규분포 $N(0,1^2)$을 따른다. 이들의 관계를 그림으로 표현하면 다음과 같다.

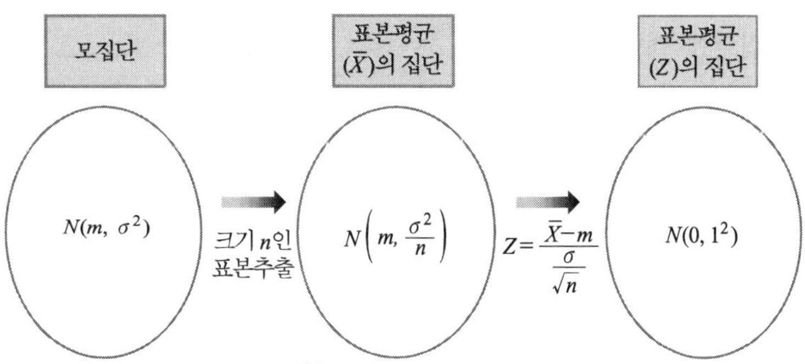

그림 14.19 모집단, 표본평균($\overline{X}$)의 집단 및 표본평균(Z)의 집단 사이의 관계

예제 14.20

평균이 6, 분산이 8인 정규분포를 따르는 모집단에서 표본의 크기가 $n=3$ 인 표본을 추출하였을 때, 표본평균 $\overline{X}$ 의 평균, 분산, 표준편차를 구하라.

풀이

표본평균$(\overline{X})$의 평균, $E(\overline{X})=m=6$

표본평균$(\overline{X})$의 분산, $V(\overline{X})=\dfrac{\sigma^2}{n}=\dfrac{8}{3}$

표본평균$(\overline{X})$의 표준편차, $\sigma(\overline{X})=\dfrac{\sigma}{\sqrt{n}}=\dfrac{\sqrt{8}}{3}=\sqrt{\dfrac{8}{3}}$

예제 14.21

평균이 80, 표준편차가 20인 모집단에서 표본의 크기 $n=100$ 인 표본을 추출할 때, 표본평균 $\overline{X}$의 확률분포는?

풀이

표본의 크기 n 이 충분히 크므로, 즉 $n \geq 30$ 이므로 정규분포를 따른다.

$E(\overline{X})=m=80$

$V(\overline{X})=\dfrac{\sigma^2}{n}=\dfrac{400}{100}=4$ 이므로

표본평균 $\overline{X}$는 정규분포 $N(80, 2^2)$을 따른다.

14.4.5 모평균의 추정

일반적으로 모집단에 대한 평균, 표준편차 등의 특정값을 모를 때, 모집단으로부터 추출한 표본으로부터 얻은 정보를 이용하여 모집단의 성질인 모평균, 모분산, 모표준편차 등을 확률적으로 추측하는 것을 추정(推定)이라고 한다.

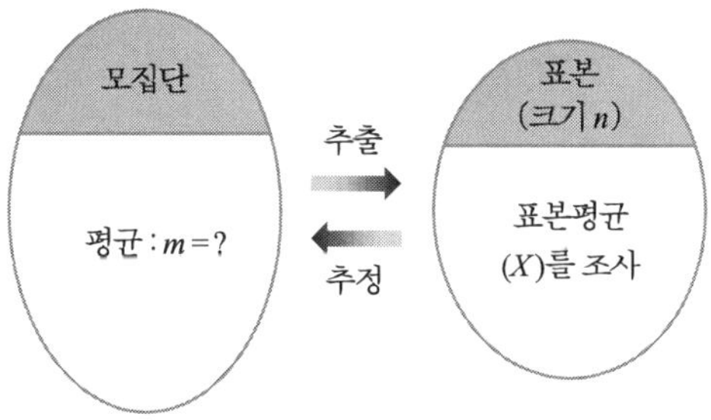

그림 14.20 표본으로부터 모집단의 추정

모집단의 분포가 정규분포 $N(m, \sigma^2)$을 따를 때, 모집단으로부터 크기가 n인 표본을 임의로 추출하면, 표본평균 $\overline{X}$는 정규분포 $N\left(m, \frac{\sigma^2}{n}\right)$을 따르게 되며, 그리고 $\overline{X}$를 표준화한 확률변수,

$$Z = \frac{\overline{X} - m}{\frac{\sigma}{\sqrt{n}}}$$

는 표준정규분포 $N(0, 1^2)$을 따른다. 그리고 표준정규분포표에서, $P(-1.96 \leq Z \leq 1.96) = 0.95$ 이므로,

$$P\left(-1.96 \leq \frac{\overline{X} - m}{\frac{\sigma}{\sqrt{n}}} \leq 1.96\right) = 0.95 \quad \text{에서,}$$

$$\therefore \quad P\left(\overline{X} - 1.96\frac{\sigma}{\sqrt{n}} \leq m \leq \overline{X} + 1.96\frac{\sigma}{\sqrt{n}}\right) = 0.95$$

여기서, 표본평균 $\overline{X}$의 값을 $\overline{x}$라고 하면, 모평균 m은 신뢰구간,

$$\overline{X} - 1.96\frac{\sigma}{\sqrt{n}} \leq m \leq \overline{X} + 1.96\frac{\sigma}{\sqrt{n}}$$

의 범위에 속해 있을 확률이 0.95, 즉 신뢰도는 95%가 된다.

마찬가지로, $P(-2.58 \leq Z \leq 2.58) = 0.99$ 를 적용하면,

$$\therefore \quad P\left(\overline{X} - 2.58\frac{\sigma}{\sqrt{n}} \leq m \leq \overline{X} + 2.58\frac{\sigma}{\sqrt{n}}\right) = 0.99$$

여기서, 표본평균 $\overline{X}$의 값을 $\overline{x}$라고 하면, 모평균 m은 신뢰구간,

$$\overline{X}-2.58\frac{\sigma}{\sqrt{n}} \leqq m \leqq \overline{X}+2.58\frac{\sigma}{\sqrt{n}}$$

의 범위에 속해 있을 확률이 0.99, 즉 신뢰도는 99%가 된다.

예제 14.22

정규분포 $N(m, \sqrt{8}^{\,2})$을 따르는 모집단에서 크기가 $n=3$인 표본을 임의추출했을 때, 표본평균($\overline{X}$)이 6 이었다. 모평균 m에 대해 신뢰도 95%, 99%로 추정하라.

풀이

$\sigma=\sqrt{8}$, $n=3$, $\overline{x}=6$ 이므로,

① 신뢰도 95%일 때,

$$6-1.96\times\frac{\sqrt{8}}{\sqrt{3}} \leqq m \leqq 6+1.96\times\frac{\sqrt{8}}{\sqrt{3}} \qquad \therefore\ 2.80 \leqq m \leqq 9.20$$

② 신뢰도 99%일 때,

$$6-2.58\times\frac{\sqrt{8}}{\sqrt{3}} \leqq m \leqq 6+2.58\times\frac{\sqrt{8}}{\sqrt{3}} \qquad \therefore\ 1.79 \leqq m \leqq 10.21$$

예제 14.23

정규분포 $N(m, 20^2)$을 따르는 모집단에서 크기가 $n=100$인 표본을 임의추출했을 때, 표본평균($\overline{X}$)이 80이었다. 모평균 m에 대해 신뢰도 95%, 99%로 추정하라.

풀이

$\sigma=20$, $n=100$, $\overline{x}=80$ 이므로,

① 신뢰도 95%일 때,

$$80-1.96\times\frac{20}{\sqrt{100}} \leqq m \leqq 80+1.96\times\frac{20}{\sqrt{100}} \qquad \therefore\ 76.08 \leqq m \leqq 83.92$$

② 신뢰도 99%일 때,

$$80-2.58\times\frac{20}{\sqrt{100}} \leqq m \leqq 80+2.58\times\frac{20}{\sqrt{100}} \qquad \therefore\ 74.84 \leqq m \leqq 85.16$$

14.4.6 모비율의 추정

(1) 모비율과 표본비율

모집단에서 어떤 속성을 가진 것의 비율을 모비율이라 하고, 기호로 p 와 같이 나타낸다. 또한 모집단에서 임의추출한 표본에서 어떤 속성을 가진 것의 비율을 표본비율이라고 하고, 기호 $\hat{p}$ 과 같이 나타내며, 크기가 n 인 표본에서 어떤 사건이 일어난 횟수를 확률변수 X 라 할 때, 이 사건에 대한 표본비율은 $\hat{p} = \frac{X}{n}$ 이다.(참고 : $\hat{p}$ 는 피햇(p hat)이라고 읽는다.)

예제 14.24

어느 대학교의 재학생 5,000명 중에서 3,500명이 여학생이다. 이중에서, 100명을 임의로 선택했을 때, 여학생이 60명 이었다면, 모비율(p) 과 표본비율($\hat{p}$) 을 구하라.

풀이

① 전체 학생에 대한 여학생의 모비율은,

$$p = \frac{3,500}{5,000} = \frac{7}{10}$$

② 표본 100명에 대한 여학생의 표본비율은,

$$\hat{p} = \frac{60}{100} = \frac{3}{5}$$

(2) 표본비율의 평균, 분산, 표준편차

모집단에서 사건 A 의 모비율을 p 라고 하면, 한번의 시행에서 사건 A 가 일어날 확률은 p 이다. 그리고, 모집단에서 임의추출한 크기가 n 인 표본에서 사건 A 가 일어나는 횟수를 X 라고 하면, 표본비율은 $\hat{p} = \frac{X}{n}$ 이다. 이때, 확률변수X는 크기가 n 인 표본중에서 어떤 속성을 갖는 사건의 갯수이므로 X 가 취하는 값은 $0, 1, 2, \cdots ,n$ 이고, 그 속성을 갖는 사건의 확률은 모비율이 p 이므로 이항분포 $B(n, p)$ 를 따른다. 따라서 확률변수 X 의 평균과 분산은,

$$E(\overline{X}) = np$$
$$V(\overline{X}) = npq \quad (단,\ q = 1 - p)$$

이므로, 표본비율 $\hat{p}$ 의 평균과 분산 및 표준편차는 다음과 같다.

$$E(\hat{p}) = E\left(\frac{X}{n}\right) = \frac{1}{n}E(X) = \frac{1}{n}\times np = p$$

$$V(\hat{p}) = V\left(\frac{X}{n}\right) = \frac{1}{n^2}V(X) = \frac{1}{n^2}\times npq = \frac{pq}{n}$$

$$\sigma(\hat{p}) = \sqrt{V(\hat{p})} = \sqrt{\frac{pq}{n}}$$

예제 14.25

앞의 예제에 대해, 표본비율 $\hat{p}$ 의 평균, 분산 및 표준편차를 구하라.

풀이

$E(\hat{p}) = p = 0.7$

$V(\hat{p}) = \dfrac{pq}{n} = \dfrac{0.7\times 0.3}{100} = 0.0021$

$\sigma(\hat{p}) = \sqrt{V(\hat{p})} = \sqrt{0.0021} = 0.046$

표본비율 $\hat{p}$ 는 정규분포 $N(0.7,\ 0.046^2)$를 따른다.

(3) 표본비율의 분포

표본비율 $\hat{p} = \dfrac{X}{n}$ 에서, 확률변수 X는 이항분포 $B(n, p)$를 따르므로, 표본의 크기 n이 충분히 크면, X는 근사적으로 정규분포 $N(np, npq)$를 따른다고 이미 앞에서 배웠다.

따라서, 표본비율 $\hat{p}$ 도 마찬가지로 표본의 크기 n이 충분히 크면, 정규분포 $N\left(p, \dfrac{pq}{n}\right)$를 따른다.

그리고 $\hat{p}$ 을 표준화한 확률변수, $Z = \dfrac{\hat{p}-p}{\sqrt{\dfrac{pq}{n}}}$ 는 근사적으로 표준정규분포 $N(0, 1)$을 따른다.

(4) 모비율의 추정

모비율이 p인 모집단에서 크기 n인 표본을 임의추출할 때, n이 충분히 크면 표본비율 $\hat{p}$ 은 근사적으로 정규분포 $N\left(p, \dfrac{pq}{n}\right)$를 따르며, $\hat{p}$ 을 표준화한 확률변수,

$$Z=\frac{\hat{p}-p}{\sqrt{\frac{pq}{n}}}$$

는 근사적으로 표준정규분포 $N(0, 1)$을 따른다.(단, $q=1-p$)

또, 표본의 크기 n이 충분히 크면, $\hat{p}$의 표준편차 $\sqrt{\frac{pq}{n}}$에서 모비율 p 대신에 표본비율 $\hat{p}$을 이용한,

$$Z=\frac{\hat{p}-p}{\sqrt{\frac{\hat{p}\hat{q}}{n}}}$$

도 근사적으로 표준정규분포 $N(0, 1)$을 따른다고 알려져 있다(단, $\hat{q}=1-\hat{p}$).

그리고 표준정규분포표에서, $P(-1.96 \leqq Z \leqq 1.96)=0.95$ 이므로,

$$P(-1.96 \leqq \frac{\hat{p}-p}{\sqrt{\frac{\hat{p}\hat{q}}{n}}} \leqq 1.96)=0.95 \quad \text{에서,}$$

$$\therefore \quad P\left(\hat{p}-1.96\sqrt{\frac{\hat{p}\hat{q}}{n}} \leqq p \leqq \hat{p}+1.96\sqrt{\frac{\hat{p}\hat{q}}{n}}\right)=0.95$$

여기서, 모비율 p는 신뢰구간,

$$\hat{p}-1.96\sqrt{\frac{\hat{p}\hat{q}}{n}} \leqq p \leqq \hat{p}+1.96\sqrt{\frac{\hat{p}\hat{q}}{n}}$$

의 범위에 속해 있을 확률이 0.95, 즉 신뢰도는 95%가 된다.

마찬가지로, $P(-2.58 \leqq Z \leqq 2.58)=0.99$를 적용하면,

$$P(-2.58 \leqq \frac{\hat{p}-p}{\sqrt{\frac{\hat{p}\hat{q}}{n}}} \leqq 2.58)=0.99 \quad \text{에서,}$$

$$\therefore \quad P\left(\hat{p}-2.58\sqrt{\frac{\hat{p}\hat{q}}{n}} \leqq p \leqq \hat{p}+2.58\sqrt{\frac{\hat{p}\hat{q}}{n}}\right)-0.99$$

여기서, 모비율 p는 신뢰구간,

$$\hat{p}-2.58\sqrt{\frac{\hat{p}\hat{q}}{n}} \leqq p \leqq \hat{p}+2.58\sqrt{\frac{\hat{p}\hat{q}}{n}}$$

의 범위에 속해 있을 확률이 0.99, 즉 신뢰도 99%가 된다.

예제 14.26

어느 대학교의 재학생 중에서 100명을 임의추출하여 조사하였더니 여학생이 60명 이었다. 이 학교 전체학생 중에서 여학생의 비율 즉, 모비율 p 에 대해 신뢰도 95%, 99%로 추정하라.

풀이

$n=100$ 이고, 여학생 비율의 표본비율 $\hat{p}=\dfrac{60}{100}=0.6$ 이고, 따라서
$\hat{q}=1-\hat{p}=1-0.6=0.4$ 이므로,
① 여학생의 비율 p 에 대한 신뢰도 95%인 신뢰구간은

$$\hat{p}-1.96\sqrt{\frac{\hat{p}\,\hat{q}}{n}} \leqq p \leqq \hat{p}+1.96\sqrt{\frac{\hat{p}\,\hat{q}}{n}}$$

$$0.6-1.96\sqrt{\frac{0.6\times0.4}{100}} \leqq p \leqq 0.6+1.96\sqrt{\frac{0.6\times0.4}{100}}$$

$$\therefore\ 0.5040 \leqq p \leqq 0.6960$$

② 여학생의 비율 p 에 대한 신뢰도 99%인 신뢰구간은

$$\hat{p}-2.58\sqrt{\frac{\hat{p}\,\hat{q}}{n}} \leqq p \leqq \hat{p}+2.58\sqrt{\frac{\hat{p}\,\hat{q}}{n}}$$

$$0.6-2.58\sqrt{\frac{0.6\times0.4}{100}} \leqq p \leqq 0.6+2.58\sqrt{\frac{0.6\times0.4}{100}}$$

$$\therefore\ 0.4736 \leqq p \leqq 0.7264$$

예제 14.27

투표권을 갖고 있는 국민 900명을 임의추출하여 조사하였더니 540명이 A 정당을 지지하였다. 투표권을 갖고 있는 대한민국 국민중에서 A 정당을 지지하는 비율, 즉 모비율 p 에 대해 신뢰도 95%, 99%의 신뢰구간을 구하라

풀이

A 정당에 대한 지지율의 표본비율 $\hat{p}=\dfrac{540}{900}=0.6$ 이고, 따라서

$\hat{q}=1-\hat{p}=1-0.6=0.4$, $n=900$ 이 충분히 크므로, $Z=\dfrac{\hat{p}-p}{\sqrt{\dfrac{\hat{p}\hat{q}}{n}}}$ 는 근사적으로 표준정규분포 $N(0,1)$ 을 따른다.

① A 정당을 지지하는 모비율 p 에 대한 신뢰도 95%인 신뢰구간은

$$\hat{p}-1.96\sqrt{\frac{\hat{p}\hat{q}}{n}} \leqq p \leqq \hat{p}+1.96\sqrt{\frac{\hat{p}\hat{q}}{n}}$$

$$0.6-1.96\sqrt{\frac{0.6\times0.4}{900}} \leqq p \leqq 0.6+1.96\sqrt{\frac{0.6\times0.4}{900}}$$

$$\therefore\ 0.5680 \leqq p \leqq 0.6320$$

② A 정당을 지지하는 모비율 p 에 대한 신뢰도 99%인 신뢰구간은

$$\hat{p}-2.58\sqrt{\frac{\hat{p}\hat{q}}{n}} \leqq p \leqq \hat{p}+2.58\sqrt{\frac{\hat{p}\hat{q}}{n}}$$

$$0.6-2.58\sqrt{\frac{0.6\times0.4}{900}} \leqq p \leqq 0.6+2.58\sqrt{\frac{0.6\times0.4}{900}}$$

$$\therefore\ 0.5579 \leqq p \leqq 0.6421$$

연습문제

14.1 학교 앞을 지나가는 자동차들의 속도(km/hr)를 측정해서 다음과 같은 10개의 자료를 얻었다. 점도표로 나타내어라.

38	40	41	42	43	45	47	48	40	38

14.2 20가구에 대해 자녀의 수를 조사한 결과 다음과 같은 결과를 얻었다. 상대도수 막대그래프로 표현하라.

자녀의 수(명)	도수	상대도수
0	1	0.05
1	5	0.25
2	7	0.35
3	4	0.20
4	2	0.10
5	1	0.05
합계	20	1.00

14.3 옹벽시공을 하면서 제작한 5개의 공시체에 대해 압축강도(Mpa)를 측정하였더니 다음과 같았다. 공시체의 평균과 중앙값을 구하라.

22,	24,	26,	28,	29

14.4 임의로 추출한 6명의 직장인에 대해 월급을 알아보았더니, 다음과 같았다. 월급의 평균과 중앙값을 구하라.

100만원,	200만원,	300만원,	400만원,	600만원,	1,000만원

14.5 5개의 자료 4, 5, 8, 9, 11 에 대해 중앙값을 구하라.

14.6 6개의 자료 4, 5, 6, 9, 11, 15 에 대해 중앙값을 구하라.

14.7 40세 이하의 기혼 남성 100명을 임의로 추출하여 결혼 당시의 나이를 조사하여, 다음과 같은 도수분포표를 얻었다. 평균, 분산, 표준편차를 구하라.

계급구간	계급값	도수
15.5 ~ 20.5	18	10
20.5 ~ 25.5	23	34
25.5 ~ 30.5	28	33
30.5 ~ 35.5	33	14
35.5 ~ 40.5	38	9
	총계 100	

14.8 X, Y 두 집단의 측정치 10개가 다음과 같을 때, 두 집단 X, Y의 상관계수를 구하라.

키(X)	150	154	161	164	165	168	164	171	171	170
몸무게(Y)	48	52	53	51	58	60	61	62	70	75

14.9 10개의 자료에 대한 x, y변량의 값이 다음과 같을 때, 회귀직선의 방정식 $y = a + bx$를 구하라.

x	8	7	4	9	6	9	6	9	5	8
y	9	6	5	8	7	7	8	9	7	9

14.10 모집단에 1, 3, 5 인 세 개의 자료가 있다. 모평균 (m), 모분산 (σ^2), 모표준편차 (σ)를 구하라.

14.11 모집단 1, 3, 5 인 세 개의 자료가 있다. 여기에서 크기 $n=2$ 인 표본 2, 4를 임의 추출하였다. 표본평균$(\overline{X})$, 표본분산(S^2), 표본표준편차(S)를 구하라.

14.12 모집단 1, 3, 5, 7, 9에서, 크기 $n=3$ 인 표본을 복원추출할 때, 표본평균 $\overline{X}$의 평균과 분산 및 표준편차를 구하라.

14.13 평균이 5, 분산이 9인 정규분포를 따르는 모집단에서 표본의 크기가 $n=3$ 인 표본을 추출하였을 때, 표본평균 $\overline{X}$ 의 평균, 분산, 표준편차를 구하라.

14.14 평균이 70, 표준편차가 10인 모집단에서 표본의 크기 $n=100$ 인 표본을 추출할 때, 표본평균 $\overline{X}$의 확률분포는?

14.15 어느 고등학교 학생들의 몸무게는 표준편차가 $15\,\mathrm{kg}$ 인 정규분포를 따른다고 한다. 100명의 학생을 임의추출하여 조사한 결과, 이들 몸무게의 평균은 $70\,\mathrm{kg}$ 이었다.

(1) 이 학교 학생들의 몸무게의 평균 m 에 대한 신뢰도 95%의 신뢰구간을 구하라.

(2) 신뢰구간의 길이를 $5\,\mathrm{kg}$ 이하가 되도록 하기 위한 표본의 최소크기 n 을 구하라.

14.16 1,000가구를 대상으로 국가대표팀 축구경기 시청율을 조사한 결과, 800가구가 시청한 것으로 나타났다. 대한민국 전체 가구중에서 국가대표팀 축구경기를 시청한 비율, 즉 모비율 p 에 대한 신뢰도 95%의 신뢰구간을 구하라.

부 록

1. 그리스 문자(Greek Alphabet)

대문자	소문자	읽는방법		대문자	소문자	읽는방법	
		영어	한국			영어	한국
A	α	Alpha	알파	N	ν	Nu	뉴우
B	β	Beta	베타	Ξ	ξ	Xi	크사이
Γ	γ	Gamma	감마	O	o	Omicron	오미크론
Δ	δ	Delta	델타	Π	π	Pi	파이
E	ε	Epsilon	엡실론	P	ρ	Rho	로
Z	ζ	Zeta	제타	Σ	σ	Sigma	시그마
H	η	Eta	에타	T	τ	Tau	타우
Θ	θ	Theta	쎄타	Y	υ	Upsilon	웁실론
I	ι	Iota	이오타	Φ	ϕ	Phi	파이
K	κ	Kappa	카파	X	χ	Chi	카이
Λ	λ	Lambda	람다	Ψ	ψ	Psi	프사이
M	μ	Mu	뮤우	Ω	ω	Omega	오메가

2. 단위환산표

(1) 길이

1inch = 1in = 2.54cm = 25.4mm

(2) 무게

1 pound = 1lb = 0.45359kg

(3) 힘

1N = 질량 1kg의 물체에 작용하여 $1m/sec^2$의 가속도를 내게 하는 힘

= $(1kg) \times (1m/sec^2)$

= $1kg \cdot m/sec^2$

1kgf = 1kg 중 = 1kg의 무게 = 1kg의 힘

= 1kg의 무게 = 1kg의 힘

= $(1kg) \times (9.8m/sec^2)$

= $9.8kg \cdot m/sec^2$

= 9.8N

= 질량 1kg의 물체에 작용하여 중력가속도를 내게 하는 힘

= 질량을 지지할 수 있는 힘

※ $1N = \frac{1}{9.8} kgf = 0.102kgf$

1lbf = 1lb 중 = 1lb의 무게 = 1lb의 힘

= $(1lb) \times (32.2\ ft/sec^2)$

= $32.2lb \cdot ft/sec^2)$

= $32.2lb \cdot ft/sec^2$

= $32.2 \times 0.45359kg \times 0.3048m/sec^2$

= $4.45kg \cdot m/sec^2$

= 4.45N

※ $1N = \frac{1}{4.45} lbf = 0.2247lbf$

(4) 하중

1 lb/ft=1.49kg/m=14.6N/m

$1\ lb/ft^2 = 4.88kg/m^2 = 47.9\ N/m^2$

$1\ lb/ft^3 = 16.02kg/m^3 = 157\ N/m^3$

표 1. SI계, CGS계 및 MKS계의 단위 대조표

양 / 단위계	길이 L	질량 M	시간 T	힘	응력, 압력	에너지 (일)	공률
SI 계	m	kg	sec	N	N/m^2 또는 Pa	J	W
CGS 계	cm	g	sec	dyne	$dyne/cm^2$	erg	erg/s
MKS 계	m	$kgf \cdot s^2/m$	sec	kgf	kgf/m^2	kgf· m	kgf· m/s

주) N : Newton, Pa : Pascal, J : Joule, W : Watt

표 2. SI 접두어

단위에 곱하는 배수	접두어의 명칭	기호	단위에 곱하는 배수	접두어의 명칭	기호
10^{12}	테라(tera)	T	10^{-1}	데시(deci)	d
10^{9}	기가(giga)	G	10^{-2}	센티(centi)	c
10^{6}	메가(mega)	M	10^{-3}	밀리(milli)	m
10^{3}	킬로(kilo)	k	10^{-6}	마이크로(micro)	μ
10^{2}	헥토(hecto)	h	10^{-9}	나노(nano)	n
10	데카(deca)	da	10^{-12}	피코(pico)	p

표 3. 힘의 단위

N	dyne	kgf	1bf
1	1×10^{5}	1.01972×10^{-1}	2.2481×10^{-1}
1×10^{-5}	1	1.01972×10^{-6}	2.2481×10^{-6}
9.80665	9.80665×10^{5}	1	2.20462
4.44822	4.44822×10^{5}	4.5359×10^{-1}	1

표 4. 모멘트의 단위

N · m	kg · m	lb · ft
1	0.10197	0.73756
9.80665	1	7.23305
1.35581	0.13825	1

표 5. 응력의 단위

kPa	N/mm^2 또는 MPa	kgf/mm^2	kgf/cm^2	psi(lbf/in^2)
1	1×10^{-3}	1.01972×10^{-4}	1.01972×10^{-2}	1.4504×10^{-1}
1×10^{3}	1	1.01972×10^{-1}	1.01972×10^{1}	1.4504×10^{2}
9.80665×10^{3}	9.80665	1	1×10^{2}	1.4223×10^{3}
9.80665×10^{1}	9.80665×10^{-2}	1×10^{-2}	1	1.4223×10^{1}
6.89476	6.89476×10^{-3}	7.031×10^{-4}	7.031×10^{-2}	1

주) kPa = 1,000Pa, MPa=10^6Pa

표 6. 압력의 단위

Pa	bar	kgf/cm^2	atm	psi(lbf/in^2)
1	1×10^{-5}	1.01972×10^{-5}	9.86923×10^{-6}	1.4504×10^{-4}
1×10^{5}	1	1.01972	9.86923×10^{-1}	1.4504×10^{1}
9.80665×10^{4}	9.80665×10^{-1}	1	9.67841×10^{-1}	1.4223×10^{1}
1.01325×10^{5}	1.01325	1.03323	1	1.470×10^{1}
6.89476×10^{3}	6.89476×10^{-2}	7.031×10^{-2}	6.804×10^{-2}	1

표 7. 응력환산표(1)

kgf/cm^2	psi(lbf/in^2)	N/mm^2(MPa)	kgf/cm^2	psi(lbf/in^2)	N/mm^2(MPa)
1	14.2	0.098	210	2,987	20.6
4	56.9	0.39	240	3,414	23.5
12	170.7	1.18	280	3,982	27.5
16	227.6	1.57	350	4,978	34.3
60	853.4	5.88	500	7,112	49.0
70	995.6	6.86	1,400	19,912	137.3
80	1,138	7.85	2,400	34,135	235.4
90	1,280	8.83	4,200	59,737	411.9
180	2,560	17.65			

표 9. 응력환산표(2)

N/mm^2(MPa)	kgf/cm^2	psi(lbf/in^2)	N/mm^2(MPa)	kgf/cm^2	psi(lbf/in^2)
1	10.2	145	23	234.5	3,336
3	30.6	435	28	285.5	4,061
7	71.4	1,015	35	357	5,076
9	91.8	1,305	137	1,397	19,870
18	183.5	2,611	235	2,396	34,084
21	214.1	3,046	412	4,201	59,756

3. 표준정규분포표

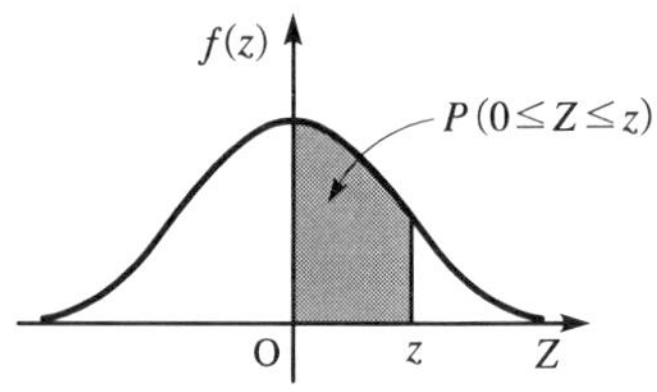

z	0.00	0.01	0.02	0.03	0.04	0.05	0.06	0.07	0.08	0.09
0.0	.0000	.0040	.0080	.0120	.0160	.0199	.0239	.0279	.0319	.0359
0.1	.0398	.0438	.0478	.0517	.0557	.0596	.0636	.0675	.0714	.0753
0.2	.0793	.0832	.0871	.0910	.0948	.0987	.1206	.1064	.1103	.1141
0.3	.1179	.1217	.1255	.1293	.1331	.1368	.1406	.1443	.1480	.1517
0.4	.1554	.1591	.1628	.1664	.1700	.1736	.1772	.1808	.1844	.1879
0.5	.1915	.1950	.1985	.2019	.2054	.2088	.2123	.2157	.2190	.2224
0.6	.2257	.2291	.2324	.2357	.2389	.2422	.2454	.2486	.2517	.2549
0.7	.2580	.2611	.2642	.2673	.2704	.2734	.2764	.2794	.2823	.2852
0.8	.2881	.2910	.2939	.2967	.2995	.3023	.3051	.3078	.3106	.3133
0.9	.3159	.3186	.3212	.3238	.3264	.3289	.3315	.3340	.3365	.3389
1.0	.3413	.3438	.3461	.3485	.3508	.3531	.3554	.3577	.3599	.3621
1.1	.643	.3665	.3686	.3708	.3729	.3749	.3770	.3790	.3810	.3830
1.2	.3849	.3869	.3888	.3907	.3925	.3944	.3962	.3980	.3997	.4015
1.3	.4032	.4049	.4066	.4082	.4099	.4115	.4131	.4147	.4162	.4177
1.4	.4192	.4207	.4222	.4236	.4251	.4265	.4279	.4292	.4306	.4319
1.5	.4332	.4345	.4357	.4370	.4382	.4394	.4406	.4418	.4429	.4441
1.6	.4452	.4463	.4474	.4484	.4495	.4505	.4515	.4525	.4535	.4545
1.7	.4554	.4564	.4573	.4582	.4591	.4599	.4608	.4616	.4625	.4633
1.8	.4641	.4649	.4656	.4664	.4671	.4678	.4686	.4693	.4699	.4706
1.9	.4713	.4719	.4726	.4732	.4738	.4744	.4750	.4756	.4761	.4767
2.0	.4772	.4778	.4783	.4788	.4793	.4798	.4803	.4808	.4812	.4817
2.1	.4821	.4826	.4830	.4834	.4838	.4842	.4846	.4850	.4854	.4857
2.2	.4861	.4864	.4868	.4871	.4875	.4878	.4881	.4884	.4887	.4890
2.3	.4893	.4896	.4898	.4901	.4904	.4906	.4909	.4911	.4913	.4916
2.4	.4918	.4920	.4922	.4925	.4927	.4929	.4931	.4932	.4934	.4936
2.5	.4938	.4940	.4941	.4943	.4945	.4946	.4948	.4949	.4951	.4952
2.6	.4953	.4955	.4956	.4957	.4959	.4960	.4961	.4962	.4963	.4964
2.7	.4965	.4966	.4967	.4968	.4969	.4970	.4971	.4972	.4973	.4974
2.8	.4974	.4975	.4976	.4977	.4977	.4978	.4979	.4980	.4980	.4981
2.9	.4981	.4982	.4983	.4983	.4984	.4984	.4985	.4985	.4986	.4986
3.0	.4987	.4987	.4987	.4988	.4988	.4989	.4989	.4989	.4990	.4990
3.1	.4990	.4991	.4991	.4991	.4992	.4992	.4992	.4992	.4993	.4993
3.2	.4993	.4993	.4994	.4994	.4994	.4994	.4994	.4995	.4995	.4995
3.3	.4995	.4995	.4996	.4996	.4996	.4996	.4996	.4996	.4996	.4997
3.4	.4997	.4997	.4997	.4997	.4997	.4997	.4997	.4997	.4998	.4998

찾아보기

저자 소개

김 도 열(金 道 烈)

• 학력

· 한양대학교 공과대학 토목공학과 공학사
· 한양대학교 대학원 토목공학과 공학석사
· 한양대학교 대학원 토목공학과 공학박사

• 경력

· 한국도로공사 감리공단(現 한국건설관리공사) 지반기술처 근무
· 현재, 경복대학교 건설환경디자인과 교수

• 학회활동

· 대한토목학회, 한국지반공학회, 한국지반환경공학회 등 정회원
· 국제토질공학회(ISSMGE) 정회원

• 사회활동

· 경기도 문화재위원회 위원
· 경기도 소하천정비위원회 위원
· 서울특별시 도봉구청 재해영향평가위원
· 경기도 포천시 설계자문위원회 위원
· 경기도 양주시 지진피해 위험도 평가단 위원
· 경기도 남양주시, 의정부시, 포천시 안전관리자문단 및 재해영향평가위원

직업기초능력 향상을 위한

공학기초수학 정가 15,000원

저자 : 김도열

발행인 : 임해진
발행처 : 도서출판 구미서관

발행 : 2013년 3월 12일 초 판 1쇄
2017년 2월 22일 증보판 1쇄

등록 : 1979년 6월 29일 No.9–6호
주소 : 서울시 마포구 신촌로 2길 5-15 구미빌딩
전화 : 02–333–1101
팩스 : 02–335–2201
http://www.goomibook.com

ISBN 978–89–8225–180–1 (93530)

저자와의 협의 하에 인지를 생략합니다.
파본이나 잘못된 책은 교환하여 드립니다.

복제불허